普通高等教育"十五"国家级规划教材

# 生物分离工程

## 第三版

孙 彦 著

化学工业出版社

·北京·

本书以生物大分子分离纯化技术为核心，系统介绍了生物产物分离纯化的基本原理、分离操作、过程理论及应用。本书共11章，即绪论、细胞分离与破碎、初级分离、膜分离、萃取、吸附分离技术和理论基础、色谱、亲和色谱、蛋白质复性、结晶和干燥等。其中第2章和第3章主要介绍了生物分离过程的前处理以及沉淀分级和泡沫分离等初级分离技术；第4章介绍了各种膜分离方法、特点及其在生物分离中的应用；第5章介绍了各种萃取方法，特别是可用于生物大分子分离纯化的双水相萃取和反胶团萃取技术；第6章至第9章阐述了吸附（包括离子交换）、色谱和蛋白质复性等生物分离过程的核心技术的基本原理、特点、基础理论和应用，内容包括近年来该领域的最新研究进展，是本书的核心部分；最后两章介绍了结晶和干燥的基础理论及其在生物分离中的应用。

本书主要作为高等院校生物工程和生物技术等相关专业本科生的教材，也可供相关专业研究生以及生物技术、生物化工和生物制药领域的科研、技术和管理人员使用和参考。

**图书在版编目（CIP）数据**

生物分离工程/孙彦著. —3 版. —北京：化学工业出版社，
2013.5（2023.1重印）
普通高等教育"十五"国家级规划教材
ISBN 978-7-122-16840-5

Ⅰ.①生…　Ⅱ.①孙…　Ⅲ.①生物工程-分离-高等学校-教材
Ⅳ.①Q81

中国版本图书馆 CIP 数据核字（2013）第 058881 号

责任编辑：赵玉清　　　　　　　　　　文字编辑：周　偲
责任校对：吴　静　　　　　　　　　　装帧设计：尹琳琳

出版发行：化学工业出版社（北京市东城区青年湖南街 13 号　邮政编码 100011）
印　　装：三河市延风印装有限公司
787mm×1092mm　1/16　印张 17　字数 419 千字　　2023 年 1 月北京第 3 版第 12 次印刷

购书咨询：010-64518888　　　　　　售后服务：010-64518899
网　　址：http：//www.cip.com.cn

凡购买本书，如有缺损质量问题，本社销售中心负责调换。

定　　价：36.00 元

# 第三版前言

近十年来，我国生物工程高等教育发展迅速。据报道，截至 2012 年中国大陆已有 290 个高等院校设立了"生物工程"本科专业，与其密切相关的"生物技术"本科专业更多，达到 345 个高校。随着生物工程一级学科的设立，生物工程本科教育所面临的主要课题将是整合资源，提高教育教学质量，满足社会需求。教材建设是其中重要的一环。

本书初版于 1998 年面世，距今已过去 14 年，多年来，本书得到了有关教育界和科技界的关注。期间，国内各大学从事"生物分离工程"教学的同事们向作者提出了许多宝贵的意见和建议，使作者受到很大启发。同时，作者在教学和科研工作中也发现了一些问题和不足。例如，本书涉及的部分理论内容难度较高，主要适用于研究生教学参考；有些内容涉及的生物分离技术处在研究发展阶段，并未在生产实践中应用。这些内容并不适合本科生学习掌握。因此，本书第三版除整体内容的更新外，还重点进行了以下 4 个方面的修订。

（1）删除部分理论性较强的内容，包括大部分模型的推导、第 5 章中部分与萃取动力学相关的内容、第 6 章的吸附过程传质动力学理论、第 7 章的置换色谱理论、第 8 章的亲和色谱过程分析等。

（2）删除或简化了对某些分离方法的介绍，如删除了第二版的第 9 章"电泳和电色谱"和第 8 章的"其他亲和分离技术"一节；简化了对第 6 章中"膨胀床吸附"以及第 7 章中"流通色谱"和"置换色谱"的讲解。

（3）补充和更新了部分内容，如第 5 章中的双水相胶团系统，第 9 章中的荷电粒子促进同电荷蛋白质复性等内容。

（4）在每章的最后，增加"本章总结"一节，概括一章的重点和有关分离技术的关键点，并展望有关生物分离技术和理论的发展。其中所引的文献可供教师在教学中参考使用，或方便学生进一步阅读学习。

在第三版即将付梓之际，作者衷心感谢清华大学沈忠耀教授！14 年前沈先生为本书初版撰写的序言，至今仍然激励着作者积极投身于生物分离工程研究和教学工作。同时，感谢我在天津大学和国内其他单位的同事、同行、学长和领导多年来的支持和鼓励。此外，我要感谢过去近 20 年从本实验室毕业的一百多名研究生以及目前在读的三十多名研究生。除了感谢他们中的部分人（见前两版的前言）对本书第三版所做的付出外，还要感谢他们所有人对实验室的发展和生物分离工程研究所做的贡献！最后，仍然需要特别感谢我的家人多年来对我的关怀和支持，使我有充足的时间和精力投身于教学科研工作。

孙 彦

2012 年初冬于天津大学

# 第二版前言

近 30 年来，以基因工程为标志的现代生物技术迅速发展，成为影响世界经济的主要科学技术之一。进入 21 世纪，随着人类基因组工程取得巨大成就，生物技术步入了后基因组时代。蛋白质组学、药物基因组学、生物信息学和系统生物学研究蓬勃兴起，为生物技术的发展注入了巨大的生机和活力。生物技术的主要目标是生物物质的高效生产，而分离纯化过程是生物产品工程的重要环节。因此，生物分离工程是生物技术的重要组成部分，在生物技术研究和产业发展中发挥着重要作用。生物分离工程的根本任务是设计和优化分离过程，提高分离效率，降低过程成本；而研究开发高容量、高速度和高分辨率的新技术、新介质和新设备则是生物分离工程发展的主要目标。

《生物分离工程》出版 6 年来，得到了有关教育界和科技界的广泛关注，多次重印。但是，初版中多有不完备之处；同时，与生物技术同步，近年来生物分离工程研究也取得了长足的发展。因此，有必要重新修订，以提高其作为生物工程及相关学科领域本科生与研究生教材的水平，并充分反映生物分离工程研究的最新进展。

本书第二版保留了初版的大部分内容。除文字方面的全面修订、部分章节标题的改动和章节次序的改变外，主要修订工作集中在以下 4 点。

（1）在第 2 章中删除了"包含体的分离和蛋白质的复性"一节，新增"蛋白质复性"一章（第 10 章），以突出蛋白质复性在生物分离过程中的重要性。

（2）吸附和色谱是生物分离过程的核心技术，为加强有关部分的系统性，对第 6 章至第 8 章进行了重点修订。在第 6 章中增加了"吸附平衡理论"和"吸附过程传质动力学"的内容，充实了近年来发展较快的"膨胀床吸附"部分的内容；在第 7 章中增加了"置换色谱"一节，充实了"流通色谱"（原名"灌注层析"）一节的内容；将第 8 章标题改为"亲和色谱"，突出了色谱方法作为亲和分离纯化技术主体的重要地位，并增加了亲和吸附平衡方面的内容。

（3）第 9 章更名为"电泳和电色谱"，对内容也进行了部分修订，强调了电场存在下的色谱方法在生物分离技术中的重要性。

（4）第 3 章更名为"初级分离"，将"沉淀"部分合并为一节，新增"泡沫分离"一节。

在第二版即将付梓之际，作者对国家自然科学基金委员会、国家教育部、天津市科委和天津市教委等部门多年来提供的基金资助表示诚挚的谢意，该书中有关作者的研究成果都是在上述多项基金资助下取得的。同时，作者衷心感谢国家教育部将此书列为国家"十五"规划教材并提供基金资助；天津大学也对本书出版提供了大力支持，激励作者尽最大努力完成了修订工作。史清洪博士在繁忙的教学科研工作之余通读了书稿，提出许多修改意见，作者对其敬业精神和辛勤劳动深表谢意。在书稿整理过程中，本室研究生杨征、杨坤、施扬、佟晓冬和孙国勇等同学在文献整理和绘图等方面提供了大力协助，在此一并表示感谢。最后，特别感谢我的家人多年来对我的关怀和支持，使我有充足的时间和精力投身于教学科研工作。

孙　彦

2004 年 9 月于天津大学

# 初版前言

分离过程贯穿于人们的日常生活以及社会的生产实践中，在化学工业、生物工业、资源开发和环境保护等领域发挥着重要作用。就生产实践而言，分离过程的重要性在于，天然的以及化学和生物过程所产生的物质，均不同程度地与其他物质以混合物的形式存在。有用物质的最终产品需要达到较高的纯度，而有害物质需要充分净化和妥善处理，这些都必须借助各种分离操作加以实现。混合物的分离不能自发进行，需要外界能量。这种能量可以储存于分离介质中，或者通过分离设备以热能和（或）机械能的形式提供。因此，高效分离介质、分离技术与设备的开发和设计是生产实践的重要环节。对于生物物质，由于其性质和用途的特殊性，需要特殊的分离技术和更多步骤的分离过程，进一步增加了分离操作的难度，使分离过程在生物技术产业中的地位愈显重要。近 30 年来，高效生物分离技术的研究开发一直是产学界注目的焦点，取得了许多重要研究成果。可以预计，随着 21 世纪生物技术产业的飞速发展，生物分离技术的研究开发将得到更广泛的重视，人才需求将不断增长，竞争更趋激烈。因此，生物化工高等教育面临着更大的机遇和挑战。

作者从 1993 年春开始为天津大学生物化工专业硕士研究生开设"高等生物分离工程"学位课，其间深感由于教学资料零散给学生掌握授课内容带来的困难。有鉴于此，从 1993年夏起，作者结合科研工作，着手"生物分离工程"讲义的编写。1995 年后，由于生物化工专业本科生"生化分离工程"教学的需要，又对原讲义内容做了全面充实，加强了内容的系统性和完整性，形成本书的初稿。后经反复增删，并请资深教授审阅，最终完成了本书的修改工作。与此同时，书稿经过近年本科生和研究生课教学实践的检验，收到了良好的教学效果。因此，本书的大部分章节可作为本科生教材，部分章节可用于研究生的教学参考书。

本书重点阐述了近年来生物物质、特别是蛋白质类生物大分子的分离技术和理论的重要发展，如新型液液萃取、膜分离、色谱、电泳和亲和分离纯化技术等。对于涉及"化工原理"教材中较多的内容，如离心分离、过滤和干燥等从简介绍，仅针对其在生物过程中的应用背景略做阐述。

全书共分 11 章，其中第 4 章至第 9 章是本书的核心。第 1 章概述生物分离过程（生物下游加工过程）、分离操作和各种生物物质；第 2 章介绍了细胞分离和破碎的主要方法，以及基因重组包含体蛋白质的复性；第 3 章以盐析沉淀为主，简述蛋白质的各种沉淀分级方法和动力学；第 4 章阐述了萃取的原理和萃取过程的设计基础，萃取方法既包括传统的溶剂萃取和浸取，也包括双水相萃取、液膜萃取、反胶团萃取和超临界流体萃取等新型萃取技术；第 5 章以超滤和微滤为中心，介绍各种膜分离技术的原理、特点和应用；第 6 章以固定床吸附过程理论为重点，介绍了主要吸附剂和离子交换剂、吸附和离子交换平衡、膨胀床和流化床等新型吸附分离方法；第 7 章以凝胶过滤和离子交换层析为重点，介绍层析过程的基本理论和各种层析方法的原理、层析介质、特点和应用；第 8 章阐述了生物亲和作用的本质，重点介绍了亲和层析的相关技术和过程理论，并概述了近年来不断发展的其他亲和纯化技术的原理和研究现状；第 9 章介绍了蛋白质的各种电泳分离方法；第 10 章介绍结晶原理、结晶动力学、主要工业结晶器和结晶操作与应用；第 11 章简要介绍干燥的一般原理、干燥过程的基础理论和生物过程中的主要干燥设备。

清华大学沈忠耀教授、天津大学王世昌教授和王静康教授在百忙中审阅了本书稿，提出许多宝贵的意见和建议。沈忠耀教授欣然为本书作序，体现了老一代科学家对青年教师的热情支持与鼓励。作者谨向三位先生表示崇高的敬意和衷心的感谢。作者还特别感谢天津市教委和天津大学分别将本书作为重点教材立项，使其得以顺利出版。

在本书整理过程中，本研究室历届研究生何利中、史清洪、李凌燕、李玉龙和金仙华等同学参与了部分书稿的计算机文字处理工作。化学工业出版社领导对本书的出版给予了大力支持，在此谨向他们表示真诚的谢意。另外，借此机会，作者向各界朋友、老师、学长、同事以及天津大学各级领导多年来给予作者的支持、鼓励和教诲表示感谢。

生物分离工程是蓬勃发展中的学科领域，由于作者知识和经验有限，加之时间较短，书中错误和不足之处在所难免，敬请读者给予批评指正。如果本书能激发更多青年学子投身于生物工程研究和生产实践，并成为生物工程研究和教育工作者的实用参考书，将是作者编著此书的最大收获。

孙　彦

1998 年盛夏于天津大学

# 目　录

# 5 萃取 ·········· 66

# 6 吸附分离技术和理论基础 ·········· 119

# 7 色谱 ····················································· **149**

# 8 亲和色谱 ····················································· **184**

# 9 蛋白质复性 ····················································· **211**

# 1 绪论

## 1.1 生物技术与生物分离

生物技术（biotechnology）即有机体的操作和应用有机体生产有用物质、改善人类生存环境的技术。

1953 年，Watson 和 Crick 提出了脱氧核糖核酸（DNA）的双螺旋结构模型，阐明了 DNA 是生物遗传信息（基因）的携带者，开辟了现代分子生物学的新纪元，为生物技术及其产业的发展开辟了广阔的空间。20 世纪 70 年代，重组 DNA（recombinant DNA，rDNA）技术[1]和细胞融合技术[2]相继建立，现代生物技术步入了崭新的发展时期。1980 年前后，世界主要发达国家先后实施生物技术发展计划，生物技术迎来了日新月异的高速发展阶段。进入 21 世纪，人类基因组研究取得巨大成就，各染色体测序工作逐步完成[3,4]，迎来了生物技术的后基因组时代，蛋白质组学[5]、药物基因组学、生物信息学、系统生物学和合成生物学研究蓬勃兴起，为生物技术的发展不断注入巨大的生机和活力。

生物技术的主要目标是生物物质的高效生产，而分离纯化是生物产品工程（bioproduct engineering）的重要环节。因此，生物分离工程（bioseparations engineering）是生物技术的重要组成部分[6]。在生物技术领域，一般将生物产品的生产过程称为生物加工过程（bioprocess），包括优良生物物种的选育、基因工程、细胞工程、生物反应过程（酶反应、微生物发酵、动植物细胞培养等）及目标产物的分离纯化过程，后者又称下游生物加工过程（downstream bioprocessing）。生物分离过程包括目标产物的提取（isolation）、浓缩（concentration）、纯化（purification）及成品化（product polishing）等过程。生物分离过程特性主要体现在生物产物的特殊性、复杂性和对生物产品要求的严格性上，其结果导致分离过程成本往往占整个生产过程成本的大部分[7]。例如，大多数工业酶（enzyme）的分离过程成本约占生产过程的 70%，而对纯度要求更高的医用酶如天冬酰胺酶（asparaginase），分离过程成本高达生产过程的 85%；基因重组蛋白质药物的分离过程成本一般占 85%～90% 以上。与此相比，小分子生物产物的分离成本较低，如青霉素的分离过程成本约占 50%，而乙醇的分离过程成本仅占 14%。因此，在生物大分子药物的生产过程中，分离过程的质量往往决定整个生物加工过程的成败。开发高效的分离技术、设计合理的生物分离过程可大幅度降低生物加工过程成本，提高产品的市场竞争力，促进人类健康水平和生活质量的提高以及社会经济的发展。

## 1.2 生物物质和生物分离

### 1.2.1 生物物质

生物物质种类繁多，包括小分子化合物、生物大分子、超大分子、细胞和具有复杂结构与构成成分的生物体组织，在大小、形态和性质上具有广泛的分布。生物物质的来源包括自然界存在的各种生物资源，但现代生物技术主要通过生物反应过程生产各种有用生物物质，如生物医药、疫苗、诊断试剂、精细生物化学品、大宗生物化学品、生物材料、生物能源（生物制氢、生物柴油）、人工器官、药物输送载体、功能食品和添加剂、饲料、化妆品等。常见的生物制品有抗生素、有机酸、氨基酸、多肽、蛋白质（包括酶、抗体）、核苷酸、聚核苷酸、核酸、病毒、糖类、脂类、生物碱、糖苷等，其中与人类健康直接相关的生物大分子类治疗药物（蛋白质、核酸）和疫苗是现代生物分离工程研究的主要内容。

现代生物技术产品的主体是蛋白质药物[8~10]，包括细胞因子（如干扰素、生长因子、红细胞生成素）、激素（如胰岛素、生长激素）、抗体药物（单克隆抗体、抗体片段、基因工程抗体）、酶类药物、溶血栓药物（如尿激酶、组织纤溶酶原激活剂）等。在功能基因组学和蛋白质组学研究的推动下，蛋白质药物将获得更大发展。近年来，基因工程疫苗、反义核酸药物和核酸疫苗研究进展迅速[9~12]，为治疗和预防各种疑难疾病开辟了新的发展空间。同时，随着2004年初第一个基因治疗药物获得生产批文[13]，基因治疗[14]也进入了新的发展时期。基因治疗药物的主体是目的基因的载体（vector）。基因治疗载体包括病毒载体（如腺病毒、逆转录病毒）和非病毒载体（如质粒DNA），其相对分子质量（或颗粒尺寸）均远大于蛋白质（相对分子质量$10^6 \sim 10^7$数量级，尺寸$30 \sim 1000nm$），可称作超大生物分子，其大规模分离纯化为生物分离工程的发展带来了新的机遇和挑战。在各种蛋白质药物中，单克隆抗体药物种类繁多，社会需求和市场规模巨大，因而其分离纯化技术受到国际生物技术产学界的广泛关注[15]。

## 1.2.2　生物分离过程

生物分离的原料主要来源于生物反应过程。生物反应的产物一般是由细胞、游离的细胞外代谢产物、细胞内代谢产物、残存底物及惰性组分组成的混合液。常见生物药物和天然药物（中药）的分离制备过程已编辑成书或手册可供参考[16,17]。图1.1是通过细胞（包括微生物和动植物细胞）培养生产生物物质的分离过程的一般流程。首先，将细胞与培养液分离开来。若目标产物存在于细胞内（胞内产物），需首先利用细胞破碎等方法将目标产物释放到液相中，除去细胞碎片后进行一系列粗分离和纯化操作（路线1a）；若胞内目标产物是以包含体（inclusion bodies，IB）形式存在的蛋白质，则需利用盐酸胍等变性剂溶解包含体，然后进行蛋白质的体外折叠复性（in vitro refolding），获得具有活性的目标蛋白质（路线1b），再进行后续的分离纯化操作。若目标产物为胞外产物，即在细胞培养过程中已分泌到培养液中，则可在除去细胞后直接对上清液进行浓缩、分离和纯化处理，得到一定纯度的目标产物溶液（路线2）。最后经过脱盐、浓缩、结晶和干燥处理，得到最终产品。

从图1.1可以看出，生物分离过程的设计应首先考虑目标产物存在的位置（胞内或胞外）和存在形式（活性表达产物或包含体），应用的分离纯化技术则取决于产物分子的大小、疏水性、电荷形式、溶解度和稳定性等。此外，生物加工过程的规模、目标产物的商业价值和对纯度的要求也是选择分离纯化技术的重要因素。例如，色谱技术分离精度很高，多应用于价格较昂贵的生物技术药物和生理活性物质（如激素、抗体、细胞因子等蛋白质药物，疫苗、质粒DNA和病毒等基因治疗载体）的分离纯化，但因其生产规模有限，不适用于低价格产物的大规模分离过程。由于生物技术药物是生物技术产品的核心部分，因此，色谱是生物分离过程的核心技术[18~20]。

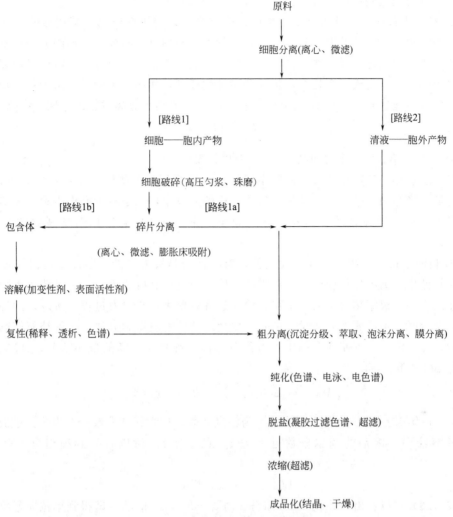

图 1.1 生物分离过程的一般流程

注：括号内为各步骤的主要分离纯化方法

## 1.3 生物分离过程的特点

生物物质，尤其是生物大分子（蛋白质、核酸和病毒类基因治疗载体等）具有生理活性及药理作用，在分离纯化过程中必须根据目标产物的特点，在保持其生物活性和功能的前提下进行分离纯化操作。因此，生物分离具有不同于一般分离过程的显著特点。

① 生物物质的生物活性大多是在生物体内的温和条件下维持并发挥作用的，当遇到高温、pH 值的改变以及某些化学药物存在时极不稳定，容易发生活性降低甚至丧失（变性失活）。同时，原料液中常存在降解目标产物的杂质（例如，可水解蛋白质的蛋白酶）。因此，必须设计合理的分离过程和操作条件，实现目标产物的快速分离纯化，获得高活性目标产品。

② 用作医药、食品和化妆品的生物产物与人类生命息息相关。因此，要求分离纯化过程必须除去原料液中含有的热原（pyrogen）及具有免疫原性的异体蛋白质等有害人类健康

的物质，并且防止这些物质在分离操作过程中从外界混入。

③ 原料液中常存在与目标分子在结构、构成成分等理化性质上极其相似的分子及异构体，形成用常法难于分离的混合物，因此，一般需要利用具有高度选择性的分子识别技术或高效液相色谱技术纯化目标产物。同时，生物产物的原料构成成分复杂，需要采用多种分离技术和多个分离步骤完成一个目标产物的分离纯化任务，如图1.1所示。由于每一步分离操作的回收率都不能达到100%（一般为70%~90%），而整个分离过程的总回收率为

$$Y_T = \prod_i Y_i \tag{1.1}$$

式中，$Y_i$为第$i$步操作的回收率；$Y_T$为总回收率。

所以，多步操作使产品的最终回收率很低，过程成本显著增大。从式（1.1）可以看出，为了提高最终产品的回收率，一是提高每步操作的回收率，二是减少操作步骤。为实现这些目的，必须优化设计分离过程和各个分离操作，并努力开发和应用新型高效的分离纯化技术。

④ 原料液中目标产物的浓度一般很低，有时甚至是极微量的，因此，往往需要从庞大体积的原料液中分离纯化目标产物，即需要对原料液进行高度浓缩。这也是造成生物分离成本高的原因之一。根据热力学第二定律，混合过程熵增大，是自发过程。所以，两种互溶的物质相互混合时，不需要外界能量。但是，要使混合的物质得到分离，必须补充使熵减小所需的能量。在恒温条件下使混合物中的各组分分离为纯物质所需的最小功$W_{min}$与吉布斯自由能变化$\Delta G$相等，即

$$W_{min} = \Delta G = -\sum_i x_i RT \ln(\gamma_i x_i) \tag{1.2}$$

式中，$i$为组分数；$x$为摩尔分数；$\gamma$为活度系数；$R$为气体常数；$T$为热力学温度。

在稀溶液中，溶剂的摩尔分数近似为1，故$\gamma_i = 1$。所以，得到纯组分$i$所需最小功为

$$W_{min,i} = -x_i RT \ln x_i \tag{1.3}$$

从式（1.3）可以看出，纯化1mol组分$i$需要$-RT\ln x_i$的功，即得到单位质量物质$i$需要的能耗与$\ln(1/x_i)$成正比。所以，原料中目标产物浓度越低，所需能耗越高，分离过程成本越大。图1.2[21]为每千克生物产品售价（$P$）与原料液中目标产物质量浓度（$c$）的双

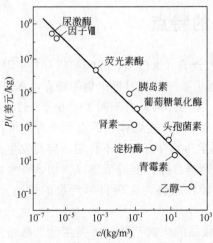

图1.2　原料液中目标产物质量浓度与产品售价的关系

对数坐标图，从图1.2可知，$P$和$c$的关系可近似表示为

$$cP = k(\text{常数}) \tag{1.4}$$

或

$$P = \frac{k}{c} \tag{1.5}$$

即产品的售价与其在原料液中的质量浓度成反比，反映了原料质量浓度对生产过程成本的显著影响。

# 1.4 生物分离技术和原理

物质（包括原子、离子、分子、分子复合物、分子聚集体和颗粒，本书中一般统称溶质）分离的本质是有效识别混合物中不同溶质间物理、化学和生物学性质的差别，利用能够识别这些差别的分离介质和（或）扩大这些差别的分离设备实现溶质间的分离或目标组分的纯化。性质不同的溶质在分离操作中具有不同的传质速率和（或）平衡状态，从而可实现彼此分离。这些性质包括以下几个方面。

### 1.4.1 物理性质

（1）力学性质　包括溶质密度、尺寸和形状。利用这些力学性质的差别，可进行颗粒（如细胞）的重力沉降、分子或颗粒的离心分离和膜分离（筛分）。

（2）热力学性质　即溶质的溶解度（液固相平衡）、挥发度（气液相平衡）、表面活性及相间分配平衡行为等性质。利用这些性质的分离方法最多，如蒸馏、蒸发、吸收、萃取、结晶（沉淀）、泡沫分离、吸附和离子交换等。

（3）传质性质　包括黏度、分子扩散系数和热扩散现象等。利用传质速度的差别也可进行分离，但直接应用较少，而传质现象在分离过程中发挥重要作用。因此，除热力学外，传递过程理论[22]也是生物分离工程的基础。

（4）电磁性质　即溶质的荷电特性、电荷分布、等电点和磁性等。电泳、电色谱、电渗析、离子交换、磁性分离等方法利用溶质（或分离介质）的这类性质。

### 1.4.2 化学性质

化学性质包括化学热力学（化学平衡）、反应动力学（反应速率）和光化学特性（激光激发作用）等。化学吸附和化学吸收是利用化学反应进行分离的典型例证；利用激光激发的离子化作用可进行同位素分离。

### 1.4.3 生物学性质

生物学性质的应用是生物分离所独有的。利用生物分子（或生物分子的聚集体、细胞）间的分子识别作用，可进行生物分子（如细胞、病毒、蛋白质、核酸、寡聚核苷酸）的亲和分离，亲和色谱是亲和分离的典型代表。另外，利用酶反应（包括微生物反应）的立体选择性，可对手性分子进行选择性修饰（如脂化、水解、氨解等），增大手性分子间理化性质的差别，为利用常规方法（如色谱）分离手性分子创造条件。

利用目标产物与其他杂质之间的性质差异所进行的分离过程，可以是单一因素单独作用的结果，但更多的情况是两种以上因素共同发挥作用。在生物分离过程中，为达到要求的产品纯度，往往需要利用基于不同分离机理的多种分离技术，实施多步分离操作的串联（图1.1）。

表 1.1 列出了生物分离过程中常用的分离技术及其分离原理和分离对象。从分离操作的角度，一般可将分离技术分为两大类，一是基于相间分配平衡差异的平衡分离法，二是外力作用下产生的溶质移动速度差别的差速分离法。

表 1.1 主要生物分离技术和分离原理

| 分离技术 | | 分离原理 | 生物分离产物举例 |
|---|---|---|---|
| 离心 | 离心过滤 | 离心力、筛分 | 菌体、细胞碎片 |
| | 离心沉降 | 离心力 | 菌体、细胞、血细胞、细胞碎片 |
| | 超离心 | 离心力 | 蛋白质、核酸、糖类 |
| 泡沫分离 | | 气液平衡、表面活性 | 蛋白质、细胞、细胞碎片 |
| 膜分离 | 微滤 | 压差、筛分 | 菌体、细胞 |
| | 超滤 | 压差、筛分 | 蛋白质、多糖、抗生素 |
| | 反渗透 | 压差、筛分 | 水、盐、糖、氨基酸 |
| | 透析 | 浓差、筛分 | 尿素、盐、蛋白质 |
| | 电渗析 | 电荷、筛分 | 氨基酸、有机酸、盐、水 |
| | 渗透汽化 | 气液相平衡、筛分 | 乙醇 |
| 萃取 | 有机溶剂萃取 | 液液平衡 | 有机酸、抗生素、氨基酸 |
| | 双水相萃取 | 液液平衡 | 蛋白质、抗生素、核酸 |
| | 液膜萃取 | 液液平衡、载体输送、化学反应 | 氨基酸、有机酸、抗生素 |
| | 反胶团萃取 | 液液平衡 | 氨基酸、蛋白质、核酸 |
| | 超临界流体萃取 | 相平衡 | 香料、脂质、生物碱 |
| 色谱 | 凝胶过滤色谱 | 浓差、筛分 | 脱盐、分子分级 |
| | 反相色谱 | 分配平衡 | 甾醇类、维生素、脂质、蛋白质 |
| | 离子交换色谱 | 静电作用、浓差(pH 值、离子强度) | 蛋白质、氨基酸、抗生素、核酸、有机酸 |
| | 亲和色谱 | 生物亲和作用 | 蛋白质、核酸 |
| | 疏水性相互作用色谱 | 疏水作用、浓差(离子强度) | 蛋白质、核酸 |
| | 色谱聚焦 | 静电作用、浓差(pH 值) | 蛋白质 |
| 电泳/电色谱 | 凝胶电泳 | 筛分、电荷 | 蛋白质、核酸 |
| | 等电点聚焦 | 筛分、电荷、浓差(pH 值) | 蛋白质、氨基酸 |
| | 等速电泳 | 筛分、电荷、浓差(pH 值) | 蛋白质、氨基酸 |
| | 二维电泳 | 筛分、电荷、浓差(pH 值) | 蛋白质 |
| | 电色谱/色谱电泳 | 电泳、电渗、色谱 | 蛋白质、核酸、糖、手性拆分 |
| 结晶/沉淀 | 溶液结晶 | 液固平衡(溶解度) | 氨基酸、有机酸、抗生素、蛋白质 |
| | 盐析沉淀 | 液固平衡、疏水作用 | 蛋白质、核酸 |
| | 等电点沉淀 | 液固平衡、静电作用、疏水作用 | 氨基酸、蛋白质 |
| | 有机溶剂沉淀 | 液固平衡、静电作用 | 蛋白质、核酸 |

(1) 平衡分离 平衡分离法根据溶质在两相（如气液、气固、液液、液固、气固）间分配平衡的差异实现分离。溶质达到分配平衡的推动力仅取决于系统的热力学性质，即溶质偏离平衡态的浓度差（化学位差）。显然，溶质达到相间分配平衡的过程为扩散传质过程，因此，平衡分离又称扩散分离。蒸馏、蒸发、吸收、萃取、结晶（沉淀）、泡沫分离、吸附和离子交换（色谱）等均为典型的平衡分离过程。

(2) 差速分离 差速分离是利用外力（如压力、重力、离心力、电场力、磁力）驱动溶质迁移产生的速度差进行分离的方法。传统的过滤、重力沉降和离心沉降等非均相物系的机械分离方法根据溶质大小、形状和密度差进行分离，也属差速分离的范畴。其他典型的差速分离法包括超滤、反渗透、电渗析、电泳和磁泳等。

在有些情况下，两种分离原理共同发挥作用，促进分离效率的提高。例如，色谱和电泳相结合的色谱电泳（chromatographic electrophoresis）和电色谱（electrochromatography）

过程既利用色谱的平衡分离原理，又利用电泳或（和）电渗的电场驱动作用强化分离。因此，分离技术丰富多彩，并不局限于上述简单的分类。不同分离原理的组合可派生新型高效的分离方法，是生物分离工程研究的重要内容。

大多数分离物系中溶质间性质差别较小，即分离因子较小，单级分离效率很低，故一般需要采用多级分离技术。上述各种平衡分离技术多采用多级分离操作，有些差速分离过程（如膜分离）亦可采用多级分离来提高过程效率。

对于特定的目标产物，要根据其自身的性质以及与其共存杂质的特性，选择合适的分离方法和不同分离方法的组合，以获得最佳分离效果，实现高纯度、高收率和低成本的分离目标。

## 1.5 生物分离效率

生物分离工程的目标是实现生物产品的高效率分离纯化。分离效率可从不同的角度来评价，一是分离方法和设备，二是分离过程和产品。

### 1.5.1 分离方法和设备

对于特定的分离方法或分离设备（如离心、膜分离、萃取、色谱等），其评价指标包括分离容量（capacity）、分离速度（speed）和分辨率（resolution）。分离容量指单位体积的分离设备（或分离介质）处理料液或目标产物的体积或质量。分离速度指单批次分离所需的时间，或连续分离过程的进料速度。批次时间越短，分离速度越快。分辨率指目标产品的纯化效果或杂质的去除能力。具体的分离方法和设备应满足高容量、高速度和高分辨率（高选择性）的要求。生物分离工程研究的主要目标就是开发高容量、高速度和高分辨率（高选择性）的分离纯化新技术、新介质和新设备。

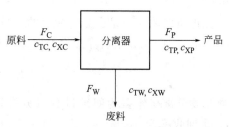

图 1.3　分离过程示意图

### 1.5.2 分离过程和产品

对于具体目标产品的分离纯化，在利用已有的分离技术或新开发建立的分离技术时，需评价具体分离过程对目标产品的浓缩程度、分离纯化程度和回收率。

产品的浓缩程度用浓缩率（concentration factor）表达，是一个以浓缩为目的的分离过程的最重要指标。图 1.3 表示一个连续稳态的分离过程，其中 $F$ 表示流速，$c$ 表示浓度；下标 T 和 X 分别表示目标产物和杂质，C、P 和 W 分别表示原料、产品和废料。此时，浓缩率 $m$ 为

$$m_T = \frac{c_{TP}}{c_{TC}} \tag{1.6a}$$

$$m_X = \frac{c_{XP}}{c_{XC}} \tag{1.6b}$$

目标产物的分离纯化程度用分离因子（separation factor）$\alpha$ 表达。分离因子又称分离系数，其定义为

$$\alpha = \frac{c_{TP}/c_{TC}}{c_{XP}/c_{XC}} = \frac{m_T}{m_X} \tag{1.7}$$

另外，平衡分离过程（如蒸馏、萃取等）的分离因子常用平衡后两相中的溶质浓度之比表示。若图 1.3 所示的产品和废料处于相平衡状态，则

$$\alpha = \frac{c_{TP}/c_{TW}}{c_{XP}/c_{XW}} \tag{1.8}$$

式(1.8) 定义的 $\alpha$ 在单级平衡蒸馏中相当于相对挥发度；在萃取分离中又称萃取选择性（selectivity），是目标产物和杂质在两相间分配系数的比值。

式(1.7) 表明，产品中目标产物浓度越高，杂质浓度越低，则分离因子越大，分离效率越高。如果 $m_T = m_X$，则 $\alpha = 1$，表明目标产物未得到任何程度的分离纯化。因此，以分离为目的时，$\alpha$ 值应足够大，以达到高效分离的目的。这时，浓缩率的大小往往成为次要评价指标。

式(1.6) 和式(1.7) 或式(1.8) 也适用于间歇操作过程浓缩率和分离因子的计算。另外，对于具有生物活性的生物产品（酶、蛋白质药物、抗体等），可用分离前后目标产物的比活（specific activity）$A$ 之比表示目标产物的分离纯化程度。

$$\alpha = \frac{A_P}{A_C} \tag{1.9}$$

常用的比活 $A$ 的单位为 U/mg（U 为生物活性单位），此时的 $\alpha$ 通常称作纯化因子（purification factor）。

无论是以浓缩还是以分离为目的，目标产物均应以较大的比例回收，即有较高的回收率（recovery）。图 1.3 中目标产物的回收率为

$$REC = \frac{F_P c_{TP}}{F_C c_{TC}} \times 100\% \tag{1.10}$$

生物分离操作多为间歇过程（分批操作），若原料液和产品溶液的体积分别为 $V_C$ 和 $V_P$，则回收率为

$$REC = \frac{V_P c_{TP}}{V_C c_{TC}} \times 100\% \tag{1.11}$$

若以产品活性（activity）计算收率，则式(1.10) 和式(1.11) 分别改写为

$$REC = \frac{F_P a_{TP}}{F_C a_{TC}} \times 100\% \tag{1.10a}$$

$$REC = \frac{V_P a_{TP}}{V_C a_{TC}} \times 100\% \tag{1.11a}$$

式中，$a$ 为单位体积溶液中目标产品的活性，U/mL 或 U/L。

除上述分离方法、介质和设备外，生物分离工程研究的根本任务是设计和优化分离过程，提高分离效率，减少分离过程步骤，缩短分离操作时间，达到提高产品收率与活性、降低生产成本的目的。

# 1.6　本章总结

现代生物技术经过近 40 年的发展已取得巨大成就，尤其是在有用生物物质的生产技术方面。例如，早期的重组细胞培养生产单克隆抗体的生产水平低于 1g/L 培养液，但随着蛋白质表达系统和细胞培养技术的进步，目前单抗的生产水平已经达到 25g/L 以上[15]，为单抗的大规模生产和应用奠定了物质基础。可以预期，随着系统生物学和合成生物学研究的深

入，各种蛋白质药物的表达水平和质量将不断提高。在这种情况下，生物下游加工过程将愈显重要，若不能很好解决，往往会成为蛋白质药物生产过程的瓶颈。因此，生物分离纯化技术是国际生物技术产学界持续关注的重点领域，近年来这一趋势愈加明显。

　　本书将生物下游加工过程中所涉及的主要分离纯化技术列于表1.1之中（电泳和电色谱除外，因其在目前的生物下游过程中极少直接应用）。同时，蛋白质复性是许多以包含体形式表达的基因重组蛋白质药物生产过程的重要单元操作，本书也将其作为主要内容进行系统阐述。干燥操作往往是生物分离过程的最后一步，因此本书将"干燥"放在最后一章。通过本书的学习，可以掌握生物下游加工过程中各主要技术的原理、操作特性和应用，为在实际生产过程中的应用和过程优化奠定理论基础。

# 参 考 文 献

[1] Cohen S N, Chang A C Y, Boyer H W, Helling R B. Construction of biologically functional bacterial plasmids in-vitro. Proc Natl Acad Sci USA, 1973, 70: 3240-3244.

[2] Kohler G, Milstein C. Continuous cultures of fused cells secreting antibody of predefined specificity. Nature, 1975, 256: 495-497.

[3] Lander E S, Linton L M, Birren B, et al. Initial sequencing and analysis of the human genome. Nature, 2001, 409 (6822): 860-921.

[4] Humphray S J, Oliver K, Hunt A R, et al. DNA sequence and analysis of human chromosome 9. Nature, 2004, 429 (6990): 369-374.

[5] 钱小红，贺福初. 蛋白质组学：理论与方法. 北京：科学出版社，2003.

[6] Haynes C. The importance of bioseparations: giving credit where credit is due. Biotechnol Bioeng, 2004, 87, issue 3 (Editorial).

[7] Lightfoot E N, Moscariello J S. Bioseparations. Biotechnol Bioeng, 2004, 87: 259-273.

[8] 甄永苏，邵荣光主编. 抗体工程药物. 北京：化学工业出版社，2002.

[9] 马大龙主编. 生物技术药物. 北京：科学出版社，2001.

[10] 李元主编. 基因工程药物. 北京：化学工业出版社，2002.

[11] 董德祥主编. 疫苗技术基础与应用. 北京：化学工业出版社，2002.

[12] 孙树汉主编. 核酸疫苗. 北京：第二军医大学出版社，2000.

[13] Gavazzana-Calvo M. The future of gene therapy. Nature, 2004, 427 (6977): 779.

[14] 顾健人，曹雪涛主编. 基因治疗. 北京：科学出版社，2002.

[15] Chon J H, Zarbis-Papastoitsis G. Advances in the production and downstream processing of antibodies. New Biotechnol, 2011, 28: 458-463.

[16] 李良铸，李明晔. 最新生化药物制备技术. 北京：中国医药科技出版社，2000.

[17] 杨云，冯卫生主编. 中药化学成分提取分离手册. 北京：中国中医药出版社，1998.

[18] Ladisch M R. Bioseparations Engineering. New York: Wiley-Interscience, 2001.

[19] Cramer S M, Holstein M A. Downstream bioprocessing: recent advances and future promise. Current Opinion in Chem Eng, 2011, 1: 27-37.

[20] Guiochon G, Beaverb LA. Separation science is the key to successful biopharmaceuticals. J. Chromatogr. A, 2011, 1218: 8836-8858.

[21] Dwyer J L. Scaling up bio-product separation with high-performance liquid-chromatography. Bio/Technology, 1984, 2: 957.

[22] Bird R B, Stewart W E, Lightfoot R N. Transport Phenomena. 2nd Edition. New York: Wiley-Interscience, 2002.

# 2 细胞分离与破碎

通过微生物发酵或动植物细胞培养得到的原料液,应首先将其中的菌体或细胞与培养液分离,如图 1.1 所示。如果目标产物为胞外物 (extracellular products),可直接利用培养液进行后续的分离纯化操作;如果目标产物为胞内物 (intracellular products),则要对菌体或细胞进行适当的处理,释放目标产物,然后除去细胞或其碎片,再进行目标产物的分离纯化。本章介绍分离回收细胞和释放目标产物 (细胞破碎) 的主要方法和基础理论。

## 2.1 细胞分离

### 2.1.1 重力沉降

重力沉降是化工过程中常用的气固、液固和液液分离手段,在生物下游加工过程中也是最基本的分离技术之一。以液固沉降为例,重力沉降过程中固体颗粒受到重力、浮力和流体摩擦阻力的作用。当粒子周围流体的流动处于层流区时,即雷诺数 $Re$ 值的范围为 $10^{-4} <$ $Re < 1$ 时,球形固体颗粒的匀速沉降速度为

$$v_{\mathrm{g}} = \frac{d_{\mathrm{p}}^2 (\rho_{\mathrm{S}} - \rho_{\mathrm{L}}) g}{18 \mu_{\mathrm{L}}} \tag{2.1}$$

雷诺数的定义如下

$$Re = \frac{d_{\mathrm{p}} v_{\mathrm{g}} \rho_{\mathrm{L}}}{\mu_{\mathrm{L}}} \tag{2.2}$$

式中,$d_{\mathrm{p}}$ 表示固体颗粒粒径,m;$\rho_{\mathrm{S}}$ 表示固体密度,$kg/m^3$;$\rho_{\mathrm{L}}$ 表示液体密度,$kg/m^3$;$g$ 表示重力加速度,$9.81 m/s^2$;$v_{\mathrm{g}}$ 为重力沉降速度,m/s。

式(2.1) 为球形粒子的 Stokes 沉降方程。在其他流区内,沉降速度分别为

$1 < Re < 10^3$ (过渡区),$\qquad v_{\mathrm{g}} = 0.27 \left[ \frac{d_{\mathrm{p}} (\rho_{\mathrm{S}} - \rho_{\mathrm{L}}) g}{\rho_{\mathrm{L}}} Re^{0.6} \right]^{0.5}$ \hfill (2.3)

$10^3 < Re < 2 \times 10^5$ (湍流区),$\qquad v_{\mathrm{g}} = 1.74 \left[ \frac{d_{\mathrm{p}} (\rho_{\mathrm{S}} - \rho_{\mathrm{L}}) g}{\rho_{\mathrm{L}}} \right]^{0.5}$ \hfill (2.4)

式(2.3) 和式(2.4) 分别称为 Allen 公式和 Newton 公式。

对于非球形粒子,需利用当量直径计算沉降速度后,再根据颗粒的形状系数对计算值进行校正。颗粒的形状系数定义为与非球形颗粒体积相等的圆球的表面积 $A$ 和非球形颗粒的表面积 $A_{\mathrm{p}}$ 之比

$$\phi_{\mathrm{S}} = \frac{A}{A_{\mathrm{p}}} \tag{2.5}$$

层流区内形状系数对沉降速度的影响较小,校正方法可参考相关文献[1],其中直径 $d_{\mathrm{p}}$ 用等体积当量直径代替。

菌体细胞的直径很小,重力沉降速度很低,沉降过程满足 $10^{-4} < Re < 1$ 的条件,故沉降速度主要用式(2.1) 计算。但是,式(2.1) 表示的是单一粒子的沉降速度。当颗粒浓度较大时,颗粒之间相互碰撞和干扰,影响沉降速度。此时,颗粒的沉降速度比单一颗粒小,需

用空隙率函数 $f(\varepsilon)$ 对式（2.1）加以校正，即

$$v_g' = v_g \frac{1}{f(\varepsilon)} \tag{2.6}$$

式中，$\varepsilon$ 为悬浮液的空隙率（voidage），即液体体积分数；$f(\varepsilon)$ 为空隙率函数，用 Richardson-Zaki 经验方程表达[2]

$$f(\varepsilon) = \varepsilon^{-4.65} \tag{2.7}$$

菌体和动植物细胞的重力沉降虽然简便易行，但菌体细胞体积很小，沉降速度很慢。因此，实用上需使菌体细胞聚并成较大凝聚体颗粒后再进行沉降操作，以提高沉降速度。在中性盐的作用下，可使菌体表面双电层排斥电位降低，有利于菌体之间产生凝聚。另外，向含菌体的料液中加入聚丙烯酰胺或聚乙烯亚胺等高分子絮凝剂，可使菌体之间产生架桥作用而形成较大的凝聚颗粒。凝聚或絮凝不仅有利于重力沉降，而且还可以在过滤分离中大大提高过滤速度和质量。当培养液中含有蛋白质时，可使部分蛋白质凝聚而同时过滤除去。

### 2.1.2 离心沉降

离心沉降是科学研究与生产实践中最广泛使用的非均相分离手段，不仅适用于菌体和细胞的分离回收，而且可用于血细胞、胞内细胞器、病毒以及蛋白质的分离，也广泛应用于液液相分离。

#### 2.1.2.1 离心力和离心沉降速度

离心沉降是在离心力的作用下发生的，是一种超重力作用。单位质量的物质所受到的离心力为

$$F_c = r\omega^2 \tag{2.8}$$

离心设备的一个重要技术指标是其所能达到的离心力与重力的比值，称为分离因数。分离因数是衡量离心程度的参数，用 $Z$ 表示

$$Z = \frac{4\pi^2 N^2 r}{g} \tag{2.9}$$

科技文献中常用重力加速度 $g$ 的倍数表示离心力的大小（如 $2000g$、$10000g$ 等），就是将离心力用 $Zg$ 形式表达的。一般将 $Zg$ 称作离心力或离心加速度，离心设备的旋转半径越大，转数越高，离心力越大。

离心沉降和重力沉降只是对沉降的作用力不同，因此，将式（2.1）中的 $g$ 用 $Zg$ 代替，可得离心沉降速度 $v_s$ 为

$$v_s = \frac{2\pi^2 d_p^2 (\rho_S - \rho_L) N^2 r}{9\mu_L} \tag{2.10}$$

或将式（2.8）代入式（2.1）得到

$$v_s = \frac{d_p^2 (\rho_S - \rho_L)}{18\mu_L} r\omega^2 \tag{2.11}$$

此外，式（2.11）还可用下式表达

$$v_s = \frac{dr}{dt} = Sr\omega^2 \tag{2.12}$$

式中，$S$ 称为沉降系数（sedimentation coefficient），一般用斯维德贝格（Svedbergs）单位 S 表示，$1S = 10^{-13}\,s$。

$S$ 是溶剂物性的函数，溶剂物性已知时，可用下式计算 20℃水中的沉降系数 $S_{w,20}$

$$S_{w,20} = S\left[\frac{1-\overline{v}\,\rho_{w,20}}{1-\overline{v}\,\rho_{L,T}}\right]\frac{\mu_{L,T}}{\mu_{w,20}} \qquad (2.13)$$

式中，$\overline{v}$ 为溶质（颗粒）的比体积；$\rho_{w,20}$ 和 $\rho_{L,T}$ 分别表示 20℃的水和 $T$℃的溶剂的密度；$\mu_{w,20}$ 和 $\mu_{L,T}$ 分别表示 20℃的水和 $T$℃的溶剂的黏度。

$S_{w,20}$ 亦不是常数，而是溶质（颗粒）浓度 $c$ 的函数，随溶质浓度的增大而减小。

$$S_{w,20} = \frac{S_{w,20}^{0}}{1+kc} \qquad (2.14)$$

式中，$S_{w,20}^{0}$ 为 $c \to 0$ 时的沉降系数（20℃，水中）；$k$ 为常数。

表 2.1 列出了一些蛋白质的沉降系数。从表 2.1 中可以看出，蛋白质的相对分子质量越大，沉降系数越大。

表 2.1　一些蛋白质的沉降系数

| 物质 | 相对分子质量 | 沉降系数 $(S_{w,20}^{0})/S$ | 物质 | 相对分子质量 | 沉降系数 $(S_{w,20}^{0})/S$ |
|---|---|---|---|---|---|
| 细胞色素 C | 12400 | 1.18 | α-淀粉酶 | 50000 | 4.5 |
| 肌红蛋白 | 16900 | 2.04 | 血红蛋白 | 64550 | 4.1~4.5 |
| 胰蛋白酶 | 23000 | 2.5 | 伴刀豆蛋白 A(四聚体) | 102300 | 6.0 |
| 尿激酶 | 32000 | 2.7 | IgG | 150000 | 6.6~7.3 |
| 卵白蛋白 | 45000 | 3.7 | IgM | 900000~1000000 | 18~20 |

因此，若已知 $S_{w,20}^{0}$ 和 $\overline{v}$，利用溶剂的物性值（$\rho_{L,T}$，$\mu_{L,T}$）和式(2.12)～式(2.14)可计算溶质（颗粒）的离心沉降速度。此外，通过积分式(2.12)，得到溶质完全沉降所需的时间为

$$t = \frac{\ln(R_2/R_1)}{S\omega^2} \qquad (2.15)$$

式中，$R_1$ 和 $R_2$ 分别为旋转轴中心到样品液表面和离心管底部的垂直距离。

#### 2.1.2.2 离心分离法

(1) 差速离心分级　差速离心（differential centrifugation）是生化工业中最常用的离心分离方法。以菌体细胞的收集或除去为目的的固液离心分离是分级离心操作的一种特殊情况，即为一级分级分离。表 2.2 为一些菌体细胞的大小和离心操作条件[3]。可以看出，菌体和细胞一般在 500~5000g 的离心力下就可完全沉降；工业规模的离心操作中，为提高分离速度，所用离心力较大。操作中，根据实际物系的特点（目标产物和其他组分的性质及相互作用等）、分离的目的和所需分离的程度，选择适当的操作条件（离心转数和时间），可使料液中的不同组分得到分级分离。图 2.1 为差速离心分级细胞破碎液的一例[4]。

表 2.2　主要菌体和细胞的离心分离

| 菌体、细胞 | 大小/μm | 离心力/g | |
|---|---|---|---|
| | | 实验室 | 工业规模 |
| 大肠杆菌 | 2~4 | 1500 | 13000 |
| 酵母 | 2~7 | 1500 | 8000 |
| 血小板 | 2~4 | 5000 | — |
| 红细胞 | 6~9 | 1200 | — |
| 淋巴球 | 7~12 | 500 | — |
| 肝细胞 | 20~30 | 800 | — |

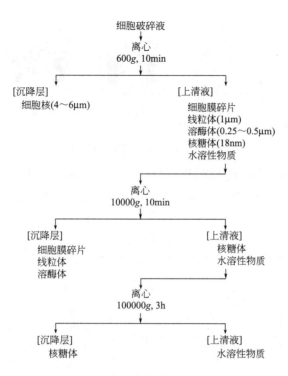

图 2.1　细胞破碎液的差速离心分级

（2）区带离心　区带离心（zonal centrifugation）是生化研究中的重要分离手段，根据离心操作条件不同，又分差速区带离心（rate-zonal density-gradient sedimentation）和平衡区带离心（isopycnic density-gradient sedimentation）。两种区带离心法均事先在离心管中用某种低分子溶质（如蔗糖溶液）调配好密度梯度，在密度梯度之上加待处理的料液后进行离心操作。差速区带离心的密度梯度中的最大密度小于待分离的目标产物的密度，离心操作中，料液中的各个组分在密度梯度中以不同的速度沉降，根据各个组分沉降系数的差别，形成各自的区带。经过一定时间后，从离心管中分别汲取不同的区带，得到纯化的各个组分。平衡区带离心的密度梯度比差速区带离心的密度梯度高，离心操作的结果使料液中的高分子溶质在与其自身密度相等的溶剂密度处形成稳定的区带，区带中的溶质浓度以该密度为中心，呈 Gauss 分布。

区带离心的密度梯度一般可用蔗糖配制。事先调配不同浓度（密度）的蔗糖溶液，然后在离心管中依浓度从大到小层层加入即可。将一定浓度的蔗糖溶液经一定时间的高速离心后可制成连续的蔗糖密度梯度。除蔗糖外，还有许多物质在离心力作用下可自动形成密度梯度，如氯化铯（可用于核酸的分离）和溴化钠（可用于脂蛋白的分离）等。

区带离心法可用于蛋白质、核酸等生物大分子的分离纯化，但处理量小，一般仅限于实验室水平。为提高处理量，20 世纪 60 年代开发了区带转子，用其代替离心管可增加处理能力。

### 2.1.2.3　离心分离设备

离心机是生化实验室及生化工业广泛使用的分离设备。实验室用离心机以离心管式转子离心机为主，离心操作为间歇式。图 2.2 为各种形式的离心机转子[5]。工业用离心设备一般要求有较大的处理能力并可进行连续操作。离心分离设备根据其离心力（转数）的大小，

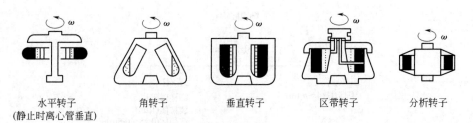

图 2.2　各种形式的离心机转子

可分为低速离心机、高速离心机和超离心机（ultracentrifuge）。生化分离用离心机一般为冷却式，可在低温下操作，称为冷冻离心机。各种离心机的离心力范围和分离对象列于表 2.3。

表 2.3　离心机的种类和适用范围

| 项　　目 | | 低速离心机 | 高速离心机 | 超离心机 |
| --- | --- | --- | --- | --- |
| 转数/(r/min) | | 2000~6000 | 10000~26000 | 30000~120000 |
| 离心力/g | | 2000~7000 | 8000~80000 | 100000~600000 |
| 适应范围 | 细胞 | 适用 | 适用 | 适用 |
| | 细胞核 | 适用 | 适用 | 适用 |
| | 细胞器 | — | 适用 | 适用 |
| | 蛋白质 | — | — | 适用 |

工业离心分离设备中，较常用的有管式和碟片式两大类。管式离心机（tubular bowl centrifuge）又称圆筒式离心机（图 2.3），结构比较简单。操作过程中，料液从圆管一端的中心输入，在离心力作用下，管内液面基本上是以旋转轴为中心的圆筒面（斜线部分），从另一端的中心排出轻相（上清液）。间歇操作时，固体粒子沉降于管壁；连续操作时，从管壁附近的出口排出重相（浓缩的悬浮液）。管式离心机转数可达到 $2\times10^4$ r/min 以上，离心力较大，但缺点是沉降面积小、处理能力较低。碟片式离心机（disc-type bowl centrifuge）又称分离板式离心机（图 2.4），离心转子中有许多等间隔的碟形分离板，以增大沉降面积，提高处理能力。以连续操作为目的的碟片式离心机设有连续排出重相（浓缩悬浮液）的喷嘴 [图 2.4(b)]。操作过程中，料液从中心进料口输入，通过转子底部的液孔进入分离板外径处，进入分离板的间隙。通过分离板的间隙向转子中心移动的过程中，重相（粒子）受离心力作用发生沉降，轻相从转子上部出口排出。连续操作时，重相从喷嘴连续喷出。碟片式离

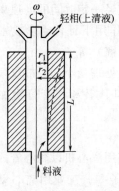

图 2.3　管式离心机

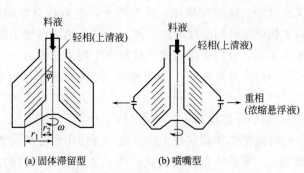

(a) 固体滞留型　　(b) 喷嘴型

图 2.4　碟片式离心机

心机结构复杂，离心转数一般较管式离心机低，约 $1 \times 10^4 \, \text{r/min}$。

如图 2.3 所示，设管式离心机的旋转轴心到液面的距离（半径）为 $r_1$，转筒内径为 $r_2$。对于一个单一粒子，在管内的轴向以与流体流速相同的速度从下向上移动的同时，与流体和转筒相同的角速度旋转，在径向上受离心力的作用而沉降，其移动轨迹如图 2.3 的虚线所示。经过推导，可得到使两相完全分离的最大处理流量（即离心机的处理能力）为

$$Q = v_{\text{g}} \frac{\pi L (r_2^2 - r_1^2) \omega^2}{g \ln(r_2/r_1)} \tag{2.16}$$

在离心操作中 $r_1$ 和 $r_2$ 近似相等，式（2.16）可简化成

$$Q = v_{\text{g}} \frac{2\pi L r_2^2 \omega^2}{g} \tag{2.16a}$$

设

$$\Sigma = \frac{2\pi L r_2^2 \omega^2}{g} \tag{2.17}$$

则

$$Q = v_{\text{g}} \Sigma \tag{2.16b}$$

$\Sigma$ 具有面积的单位，称为离心沉降面积，是离心机结构和操作条件的函数。

用式（2.16）测算的处理能力是理论值，而实际处理能力一般低于理论值。故需在理论值的基础上乘以一个校正系数 $\xi$，实际处理能力 $Q_{\text{p}}$ 为

$$Q_{\text{p}} = \xi v_{\text{g}} \Sigma \tag{2.18}$$

碟片式离心机的处理能力可通过分离板内粒子运动特性测算，离心沉降面积的理论值为

$$\Sigma = \frac{2\pi n (r_1^3 - r_2^3) \omega^2}{3g \tan\varphi} \tag{2.19}$$

式中，$r_1$ 和 $r_2$ 分别为分离板的外径和内径；$n$ 为分离板数；$\varphi$ 为分离板与旋转轴的夹角 [图 2.4(a)]。

碟片式离心机的实际处理能力亦用式（2.18）计算，但离心沉降面积用式（2.19）计算。从式（2.17）、式（2.18）和式（2.19）可知，离心机的处理能力与颗粒和溶剂特性（$v_{\text{g}}$）、离心机的机械结构和操作条件有关。校正系数 $\xi$ 的值根据离心机而异，需通过实验测定。

离心机的放大可采用等校正系数法。设两台离心机的处理能力分别为 $Q_1$ 和 $Q_2$，离心沉降面积分别为 $\Sigma_1$ 和 $\Sigma_2$，则

$$\frac{Q_1}{v_{\text{g}} \Sigma_1} = \frac{Q_2}{v_{\text{g}} \Sigma_2} = \xi$$

所以

$$\Sigma_2 = \Sigma_1 \frac{Q_2}{Q_1} \tag{2.20}$$

### 2.1.3 过滤

利用薄片形多孔性介质（如滤布）截留固液悬浮液中的固体粒子，进行固液分离的方法称为过滤（filtration）。菌体、细胞及其碎片的分离除离心操作外，也可采用过滤法。过滤是一种膜分离法。膜分离将在第 4 章详细介绍，本小节仅概述菌体、细胞及其碎片的过滤特性和主要过滤设备。

### 2.1.3.1　过滤速度

过滤操作一般以压差为透过推动力，仅靠重力不能达到足够大的透过速度。如图 2.5 所示，过滤操作中固形成分被过滤介质截留，在介质表面形成滤饼。滤液的透过阻力来自两个方面，即过滤介质和介质表面不断堆积的滤饼。因此透过速度可用下式表达

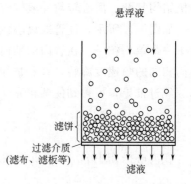

图 2.5　过滤操作示意图

$$\frac{\mathrm{d}Q}{\mathrm{d}t}=\frac{A\Delta p}{\mu_{\mathrm{L}}(R_{\mathrm{m}}+R_{\mathrm{c}})} \qquad (2.21)$$

式中，$A$ 为过滤面积，$m^2$；$\Delta p$ 为操作压力，Pa；$Q$ 为滤液体积，$m^3$；$\mu_{\mathrm{L}}$ 为滤液的黏度，$Pa\cdot s$；$R_{\mathrm{m}}$ 和 $R_{\mathrm{c}}$ 分别为介质和滤饼的阻力，$m^{-1}$。

过滤操作中，滤饼的阻力占主导地位，因此了解滤饼的特性对成功的过滤操作非常重要。

滤饼阻力与滤饼干重 $W(\mathrm{kg})$ 之间有如下关系

$$R_{\mathrm{c}}=\frac{\alpha W}{A} \qquad (2.22)$$

式中，$\alpha$ 为滤饼的平均比阻，$m/kg$。

不可压缩性滤饼的 $\alpha$ 为常数，而可压缩性滤饼的 $\alpha$ 为压差的函数，经验表达式为

$$\alpha=k\Delta p^{m} \qquad (2.23)$$

式中，$k$ 为 $\Delta p=1$ 时的 $\alpha$ 值，对于一定的料液，$k$ 为常数，可通过实验测定；$m$ 为压缩指数，一般在 $0.3\sim1.2$ 之间。

表 2.4 为一些微生物滤饼的压缩指数以及助滤剂（filter aid）的影响[6]。可以看出，坚硬的乳胶（latex）粒子为不可压缩性，$m=0$；在助滤剂 Filter-Cel 的存在下，微生物滤饼的压缩指数下降。

表 2.4　微生物滤饼的压缩指数 $m$ 和助滤剂浓度的影响

| 微生物 | 助滤剂体积分数/% | $m$ |
| --- | --- | --- |
| 面包酵母（*Saccharomyces cerevisiae*） | 0 | 0.45 |
|  | 10 | 0.34 |
|  | 50 | 0.28 |
| 环形杆菌（*Bacillus circulans*） | 0 | 1.0 |
|  | 10 | 0.84 |
|  | 50 | 0.37 |
| 内球红细菌（*Rhodopseudomonas spheroides*） | 0 | 0.88 |
| 谷氨酸微球菌（*Micrococcus glutamicus*） | 0 | 0.31 |
| 大肠杆菌（*Escherichia coli*） | 0 | 0.79 |
| 乳胶粒子（$0.206\mu m$，$0.545\mu m$） | 0 | 0 |

由式（2.23）可知，可压缩滤饼的比阻值 $\alpha$ 随压力提高而增大。因此，在过滤操作中，压力是非常敏感和重要的操作参数，特别是可压缩性强（$m$ 值大）的滤饼。一般需缓慢增大操作压力，最终操作压力不能超过 $0.3\sim0.4MPa$。

随着过滤操作的进行，滤饼量不断增加，与滤液体积 $Q$ 之间有如下关系

$$W=\frac{\rho_{\mathrm{L}}Qc_{\mathrm{s}}}{1-\beta c_{\mathrm{s}}} \qquad (2.24)$$

式中，$\beta$ 为湿滤饼和干滤饼的质量比；$c_s$ 为料液中固形成分（形成滤饼）的含量，kg 干固形成分/kg 料液；$\rho_L$ 为滤液密度；$1-\beta c_s$ 相当于料液中滤液所占的质量比（料液＝滤液＋滤饼）。

将式(2.24) 代入式(2.22)，得到

$$R_c = \frac{\rho_L Q c_s}{1-\beta c_s} \times \frac{\alpha}{A} \tag{2.22a}$$

将式(2.21) 中的 $R_m$ 亦用式(2.22a) 的形式表达，则

$$R_m = \frac{\rho_L Q_0 c_s}{1-\beta c_s} \times \frac{\alpha}{A} \tag{2.22b}$$

式中，$Q_0$ 为形成相当于过滤介质阻力的滤饼时透过的虚拟滤液体积，特定过滤介质的 $Q_0$ 值为常数。

将式(2.22a) 和式(2.22b) 代入式(2.21)，得到

$$\frac{dQ}{dt} = \frac{A^2 \Delta p (1-\beta c_s)}{\mu_L (Q+Q_0) \rho_L \alpha c_s} \tag{2.25}$$

上式为过滤基本方程。恒压操作条件下积分式(2.25)，可得下式

$$(Q+Q_0)^2 = K(t+t_0) \tag{2.26}$$

其中，

$$K = \frac{2A^2 \Delta p (1-\beta c_s)}{\mu_L \rho_L \alpha c_s} \tag{2.27}$$

式中，$t_0$ 为透过虚拟滤液体积 $Q_0$ 所需的虚拟时间。

式(2.26) 为 Ruth 恒压过滤方程，$K$ 称为 Ruth 恒压过滤系数。微分式(2.26) 可得下式

$$\frac{dt}{dQ} = \frac{2Q}{K} + \frac{2Q_0}{K} \tag{2.28}$$

由于 $Q_0$ 为常数，因此可通过恒压操作条件下滤液体积 $Q$ 与时间关系的数据，得到 $dt/dQ$ 与 $Q$ 之间的直线关系，直线斜率为 $2/K$，横轴交点坐标为 $-Q_0$，从而求得 $Q_0$ 和 $K$，并利用 $K$ 值和式(2.27) 可计算滤饼的比阻 $\alpha$。

在恒压操作条件下，过滤介质的阻力通常可忽略不计，式(2.26) 可简化为

$$Q^2 = Kt \tag{2.26a}$$

此时，利用过滤数据，以 $t/Q$ 为横坐标、$Q$ 为纵坐标作图得一直线，从直线斜率也可求得 $K$ 值和 $\alpha$ 值。

恒压过滤操作中滤饼阻力不断上升，过滤速度不断下降。除恒压过滤外，采用往复式恒流泵可进行恒速过滤，其间操作压力不断上升。忽略过滤介质阻力，恒速过滤方程为

$$\frac{dQ}{dt} = \frac{Q}{t} \tag{2.29}$$

提高过滤速度和过滤质量是过滤操作的目标。由于滤饼阻力是影响过滤速度的主要因素，因此在过滤操作以前，一般要对滤液进行絮凝或凝聚等预处理，改变料液的性质，降低滤饼的阻力。此外，可在料液中加入助滤剂（如硅藻土）提高过滤速度。但是，当以菌体细胞的收集为目的时，使用助滤剂会给以后的分离纯化操作带来麻烦，故需慎重行事。

随着过滤介质的不断改进，采用精密微滤膜的错流过滤法已逐渐成为过滤操作的主流。有关内容将在第4章介绍。

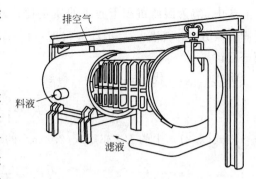

图 2.6　加压叶滤机示意图

#### 2.1.3.2　过滤设备

生化工业常用的过滤设备主要有加压叶滤机、板框过滤机、旋转真空过滤机等。加压叶滤机由许多滤叶装合而成（图2.6）。每个滤叶以金属管为框架，内装多孔金属板，外罩过滤介质，内部具有空间，供滤液通过。加压叶滤机在密封条件下过滤，适于无菌操作；机体装卸简单，洗涤容易。但过滤介质更换较复杂。

## 2.2　细胞破碎

许多生物产物在细胞培养过程中不能分泌到胞外的培养液中，而保留在细胞内。如青霉素酰化酶、碱性磷酸酶等胞内酶，大部分外源基因表达产物和植物细胞产物等。这类生物产物需用2.1节所述方法收集菌体或细胞后，进行细胞破碎（cell disruption），使目标产物选择性地释放到液相中。破碎的细胞或其碎片利用2.1节所述的固液分离方法（主要是离心法）除去后，上清液用于进一步的分离纯化。

### 2.2.1　细胞的结构

细胞的结构根据细胞种类而异。动物、植物和微生物细胞的结构相差很大，而原核细胞（prokaryotic cell）和真核细胞（eukaryotic cell）又有所不同。动物细胞没有细胞壁，只有由脂质和蛋白质组成的细胞膜，易于破碎。植物和微生物细胞的细胞膜外还有一层坚固的细胞壁，破碎困难，需用较强烈的破碎方法。

革兰阳性菌的细胞壁主要由肽聚糖（peptidoglycan）层组成，而革兰阴性菌的细胞壁在肽聚糖层的外侧还有分别由脂蛋白和脂多糖及磷脂构成的两层外壁层（图2.7）。革兰阳性菌的细胞壁较厚，15～50nm，肽聚糖含量占40%～90%。革兰阴性菌的肽聚糖层1.5～2.0nm，外壁层8～10nm。因此，革兰阳性菌的细胞壁比革兰阴性菌坚固，较难破碎。

酵母的细胞壁由葡聚糖、甘露聚糖和蛋白质构成，比革兰阳性菌的细胞壁厚，更难破碎。例如，面包酵母的细胞壁厚约70nm。其他真菌的细胞壁亦主要由多糖构成，此外还有少量蛋白质和脂质等成分。

原核细胞和真核细胞的细胞膜均由脂质和蛋白质构成，二者之和占细胞膜构成成分的80%～100%。原核细胞和真核细胞的内部结构相差很大。原核细胞结构简单，无细胞核（nucleus），一般由细胞质（cytoplasm）和核糖体（ribosome）构成。真核细胞的细胞质内包含丰富的细胞器（organelles），如线粒体（mitochondria）、核糖体、叶绿体（chloroplast）、内质网（endoplasmic reticulum）和高尔基体（Golgi's apparatus）等。图2.8为真核细胞结构示意图。生物产物存在于细胞壁、细胞膜、细胞质以及线粒体、核糖体、内质网和高尔基体等细胞器中。破碎细胞的目的就是使细胞壁和细胞膜受到不同程度的破坏（增大通透性）或破碎，释放其中的目标产物。

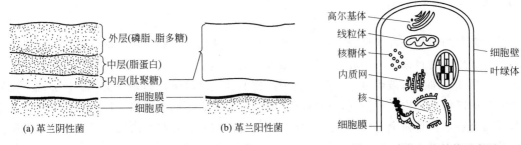

| (a) 革兰阴性菌 | (b) 革兰阳性菌 |
|---|---|

图 2.7　细菌的细胞壁结构

图 2.8　真核细胞结构示意图

### 2.2.2　细胞破碎和产物释放

细胞破碎主要采用各种机械破碎法（mechanical disruption）和化学破碎法（chemical disruption），或机械破碎法和化学破碎法的结合。机械破碎中细胞所受的机械作用力主要有压缩力和剪切力。化学破碎又称化学渗透（chemical permeation），利用化学或生化试剂（酶）改变细胞壁或细胞膜的结构，增大胞内物质的溶解速率；或者完全溶解细胞壁，形成原生质体（protoplast）后，在渗透压作用下使细胞膜破裂而释放胞内物质。各种作用力的细胞破碎机理示于图 2.9[7]。

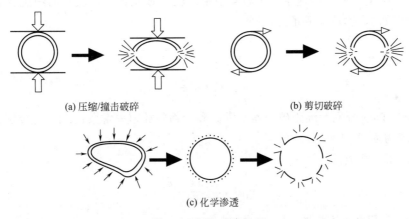

图 2.9　细胞破碎机理

假设细胞是直径为 $d$(m) 的球体，维持细胞的球体形态所需的综合维持力为 $\sigma$(N/m)，则从作用力平衡关系得到压缩破碎细胞 [图 2.9(a)] 所需的作用力 $F$(Pa) 为

$$F=\frac{4\sigma}{d} \qquad (2.30)$$

如果细胞受到周围流体剪切力 $\tau$(Pa) 的作用 [图 2.9(b)]，在牛顿流体中

$$\tau=\mu\frac{\mathrm{d}u}{\mathrm{d}y} \qquad (2.31)$$

则剪切破碎细胞所需的速度梯度为

$$\frac{\mathrm{d}u}{\mathrm{d}y}=\frac{4\sigma}{\mu d} \qquad (2.32)$$

式中，$u$ 为流体流速，m/s；$y$ 为与流速垂直方向的距离，m；$\mu$ 为流体黏度，Pa·s。

由式(2.30)和式(2.32)可以看出，单纯从细胞直径的角度看，细胞越小，所需的压缩力或剪切力越大，即破碎难度越大。

化学破碎将细胞壁溶解和渗透压作用相结合，胞内外的渗透压差 $\Delta\pi$ 与胞内外低分子溶

质的浓度差 $\Delta c$ 成正比

$$\Delta\pi = \Delta c R T \tag{2.33}$$

化学破碎与机械破碎相结合，可提高破碎效率和速度，减轻对机械破碎的依赖程度。

破碎细胞仅为目标产物的释放创造了条件，而不是最终目的。破碎细胞的目的是释放目标产物，因此，细胞的破碎速率一般用目标产物的释放（溶解）速率评价。破碎方法、细胞种类和目标产物的胞内位置不同，目标产物的溶解速率也不同。所以，细胞破碎和产物溶解过程非常复杂，很难完全定量描述。为此，根据具体物系和破碎方法提出了一些简化的胞内产物释放速率模型，其中图 2.10 所示的两步释放过程即为其一[7]。

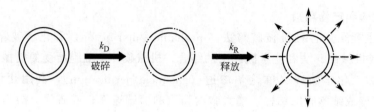

图 2.10　破碎细胞中胞内产物释放过程

假定图 2.10 的细胞破碎速率与未破碎细胞浓度 $x$ 成正比，从破碎的细胞释放产物的速率与胞内未释放的产物浓度成正比，则

$$-\frac{\mathrm{d}x}{\mathrm{d}t} = k_{\mathrm{D}} x \tag{2.34}$$

$$\frac{\mathrm{d}c}{\mathrm{d}t} = k_{\mathrm{R}}(c_{\mathrm{D}} - c) \tag{2.35}$$

式中，$k_{\mathrm{D}}$ 和 $k_{\mathrm{R}}$ 分别为细胞破碎速率常数和产物释放速率常数；$c$ 和 $c_{\mathrm{D}}$ 分别为胞外和破碎的细胞内产物浓度。

设产物的最大释放浓度为 $c_{\mathrm{M}}$，则

$$c_{\mathrm{D}} = c_{\mathrm{M}}\left(\frac{x_0 - x}{x_0}\right) \tag{2.36}$$

式中，$x_0$ 为初始细胞浓度。

从式(2.34)～式(2.36) 可得

$$\frac{\mathrm{d}^2 c}{\mathrm{d}t^2} + (k_{\mathrm{D}} + k_{\mathrm{R}})\frac{\mathrm{d}c}{\mathrm{d}t} = k_{\mathrm{D}} k_{\mathrm{R}}(c_{\mathrm{M}} - c) \tag{2.37}$$

式(2.37) 为图 2.10 所示的两步释放过程的速率方程。如果细胞破碎和产物释放的其中一步很快，则成为表观一级释放过程，速率方程分别为

破碎速率控制过程 $\qquad \dfrac{\mathrm{d}c}{\mathrm{d}t} = k_{\mathrm{D}}(c_{\mathrm{M}} - c) \qquad\qquad$ (2.37a)

释放速率控制过程 $\qquad \dfrac{\mathrm{d}c}{\mathrm{d}t} = k_{\mathrm{R}}(c_{\mathrm{M}} - c) \qquad\qquad$ (2.37b)

### 2.2.3　细胞破碎技术

#### 2.2.3.1　机械破碎

机械破碎处理量大、破碎效率高、速度快，是工业规模细胞破碎的主要手段。细胞破碎器与传统的机械破碎设备的操作原理相同，主要基于对物料的挤压和剪切作用。但根据细胞为弹性体、直径小、破碎难度大和以回收胞内产物为目的、需低温操作等特点，细胞破碎器

采用了特殊的结构设计。细胞的机械破碎主要有高压匀浆、珠磨、喷雾撞击破碎和超声波破碎等方法。

（1）高压匀浆　高压匀浆（high-pressure homogenization）又称高压剪切破碎。图 2.11 是高压匀浆器（high-pressure homogenizer）的结构简图。高压匀浆器的破碎原理是：细胞悬浮液在高压作用下从阀座与阀之间的环隙高速（可达到 450m/s）喷出后撞击到碰撞环上，细胞在受到高速撞击作用后，急剧释放到低压环境，从而在撞击力和剪切力等综合作用下破碎。高压匀浆器的操作压力通常为 50～70MPa。

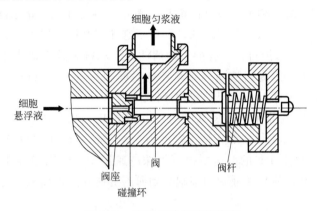

图 2.11　高压匀浆器结构简图

高压匀浆中影响细胞破碎的因素主要有压力、循环操作次数和温度。实验研究表明，细胞破碎率 $S$ 与操作压力 $p$ 和循环操作次数 $N$ 之间的关系可用下式表达[8]

$$\ln\frac{1}{1-S}=kp^aN^b \tag{2.38}$$

式中，$a$ 和 $b$ 为常数。

从破碎机理上，上式中的压力 $p$ 用动能表达更恰当，即

$$\ln\frac{1}{1-S}=k'\left(\frac{\rho u^2}{2}\right)^aN^b \tag{2.38a}$$

细胞破碎率用胞内产物释放率表示，定义为

$$S=\frac{R}{R_{\max}} \tag{2.39}$$

式中，$R$ 是单位质量细胞的产物释放量，mg/g 细胞；$R_{\max}$ 是 $R$ 的最大值；$u$ 为喷射速度，m/s；$\rho$ 为料液密度，kg/m³。

式（2.38）中的 $k$ 和式（2.38a）中的 $k'$ 是破碎速率常数，与细胞种类和操作温度有关，指数 $a$ 和 $b$ 亦因细胞种类和培养条件而异。

图 2.12 是利用高压匀浆法破碎面包酵母时，破碎率与操作压力之间的关系[8]。从图 2.12 可知，对于酵母菌，式（2.38）中的 $a=2.9$，$b=1$。

$$\ln\frac{1}{1-S}=kp^{2.9}N \tag{2.38b}$$

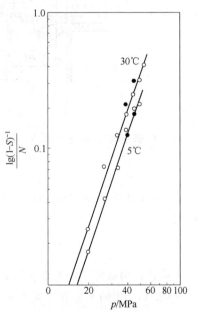

图 2.12　酵母的高压匀浆破碎：$\lg[1/(1-S)]/N$ 与 $p$ 的关系
（○）循环破碎，$N>1$；
（●）单级破碎，$N=1$。

另外，对于朊假丝酵母，$a=1.7$，$b=1$[9]；对于大肠杆菌，$a=2.2$，$b=1$[10]。

但当细胞浓度较高时，式(2.38b)不再成立，其中 $N$ 的指数 $b$ 将变小[8]或增大[11]，即细胞浓度影响破碎速率。此外，不同生长期的细胞以及不同培养条件下得到的细胞在相同破碎条件下的破碎效果也不一样。酵母 *Candida utilis* 比面包酵母难于破碎，并且比生长速率越小，高压匀浆的破碎效率越低[11]。在破碎大肠杆菌 *E. coli* 时也有类似现象[10]。因此，破碎效率随细胞比生长速率减小而降低的现象具有普遍性，其主要原因是，缓慢的生长条件更适合细胞发育成坚硬的细胞壁。

高压匀浆法适用于酵母和大多数细菌细胞的破碎，料液细胞质量浓度可达到200g/L左右。团状和系状菌易造成高压匀浆器堵塞，一般不宜使用高压匀浆法。高压匀浆操作的温度上升 2~3℃/10MPa，为保护目标产物的生物活性，需对料液做冷却处理，多级破碎操作中需在级间设置冷却装置。因为料液通过匀浆器的时间很短（20~40ms[11]），通过匀浆器后迅速冷却，可有效防止温度上升，保护产物活性。

（2）珠磨 图2.13是水平密闭型珠磨机（bead mill）的结构简图。珠磨机的破碎室内填充玻璃（密度为2.5g/mL）或氧化锆（密度为6.0g/mL）微珠（粒径0.1~1.0mm），填充率为80%~85%。在搅拌桨的高速搅拌下微珠高速运动，微珠和微珠之间以及微珠和细胞之间发生冲击和研磨，使悬浮液中的细胞受到研磨剪切和撞击而破碎。

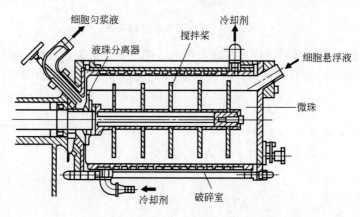

图2.13 珠磨机结构简图（DynoMill）

珠磨法破碎细胞可采用间歇或连续操作。两种情况下细胞的破碎动力学均可近似表示为

$$\ln\frac{1}{1-S}=kt \tag{2.40}$$

式中，$t$ 在间歇操作时为破碎操作时间，连续操作时为细胞悬浮液在破碎室内的平均停留时间，即

$$t=\frac{V}{Q} \tag{2.41}$$

式中，$V$ 为破碎室的有效体积，即悬浮液的体积，m³；$Q$ 为料液流量，m³/s。

式(2.40)中的 $k$ 为破碎速率常数，与微珠粒径、密度、填充率以及细胞浓度、搅拌速度和搅拌桨的形状有关。例如，存在最佳微珠直径，使 $k$ 值最大[12]。循环操作时，$k$ 值还受细胞悬浮液流速的影响。

珠磨的细胞破碎效率随细胞种类而异，但均随搅拌速度和悬浮液停留时间的增大而增大。特别重要的是，对于一定的细胞，存在适宜的微珠粒径，使细胞破碎率最高，如图

2.14 所示[7]。通常选用的微珠粒径与目标细胞的直径比应在 30~100 之间。另外，悬浮液中细菌细胞质量浓度在 60~120g/L、酵母细胞质量浓度在 140~180g/L 时破碎效果较理想。

珠磨破碎操作的有效能量利用率仅为 1% 左右，破碎过程产生大量的热能。因此，在设计操作时应充分考虑换热能力问题。珠磨法适用于绝大多数微生物细胞的破碎，但与高压均浆法相比，影响破碎率的操作参数较多，操作过程的优化设计较复杂。

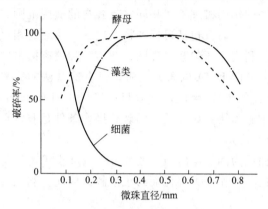

图 2.14　珠磨机的破碎率与微珠直径的关系

（3）喷雾撞击破碎　如前所述，细胞是弹性体，比一般的刚性固体粒子难于破碎。将细胞冷冻可使其成为刚性球体，降低破碎的难度。喷雾撞击破碎正是基于这样的原理。图 2.15 是喷雾撞击破碎器的结构简图。细胞悬浮液以喷雾状高速冻结（冻结速度为数千摄氏度/min），形成粒径小于 50μm 的微粒子。高速载气（如氮气，流速约 300m/s）将冻结的微粒子送入破碎室，高速撞击撞击板，使冻结的细胞发生破碎。

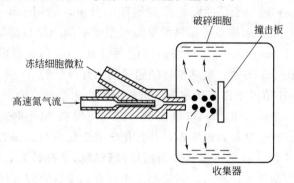

图 2.15　喷雾撞击破碎器的结构简图

与上述两种机械破碎法相比，喷雾撞击破碎的特点是：细胞破碎仅发生在与撞击板撞击的一瞬间，细胞破碎程度均匀，可避免细胞反复受力发生过度破碎的现象。另外，细胞破碎程度可通过无级调节载气压力（流速）控制，避免细胞内部结构的破坏，适用于细胞器（如线粒体、叶绿体等）的回收。

喷雾撞击破碎适用于大多数微生物细胞和植物细胞的破碎，通常处理细胞悬浮液质量浓度为 100~200g/L。实验室规模的撞击破碎器间歇处理能力 50~500mL，而工业规模的连续处理能力在 10L/h 以上。

（4）超声波破碎　超声波破碎（ultrasonic disruption）是利用发射 15~25kHz 的超声波探头处理细胞悬浮液。一般认为超声波破碎的机理是：在超声波作用下液体发生空化作用

(cavitation)，空穴的形成、增大和闭合产生极大的冲击波和剪切力，使细胞破碎。超声波的细胞破碎效率与细胞种类、浓度和超声波的声频、声能有关。

超声波破碎法是很强烈的破碎方法，适用于多数微生物的破碎。超声波破碎的有效能量利用率极低，操作过程产生大量的热，因此操作需在冰水或有外部冷却的容器中进行。由于对冷却的要求相当苛刻，所以不易放大，主要用于实验室规模的细胞破碎。

上述各种机械破碎法的作用机理不尽相同，有各自的适用范围和处理规模。这里所说的适用范围不仅包括菌体细胞，而且包括目标产物。例如，核酸的相对分子质量很大，在破碎操作中容易受剪切损伤。利用高压匀浆、珠磨、超声波和喷雾撞击破碎等机械破碎器破碎大肠杆菌，提取质粒（plasmid）DNA 的研究表明，只有珠磨法的完整质粒收率在 90％以上，而其他方法的收率低于 50％[13]。因此，针对目标产物的性质（如相对分子质量、分子形态、稳定性等）选择细胞破碎法并确定适宜的破碎操作条件是非常重要的。

### 2.2.3.2 化学和生物化学渗透

（1）酸碱处理　蛋白质为两性电解质，改变 pH 值可改变其荷电性质，使蛋白质之间或蛋白质与其他物质之间的相互作用力降低而易于溶解。因此，利用酸碱调节 pH 值，可提高目标产物溶解度。

（2）化学试剂处理　用表面活性剂（如十二烷基硫酸钠，Triton X-100 等）、螯合剂（如乙二胺四乙酸，简称 EDTA）、盐（改变离子强度）或有机溶剂（苯、甲苯等）处理细胞，可增大细胞壁通透性。脲和盐酸胍等变性剂能破坏氢键作用，降低胞内产物之间的相互作用，使之容易释放。

（3）酶溶　酶溶法（enzymatic lysis）是利用溶解细胞壁的酶处理菌体细胞，使细胞壁受到部分或完全破坏后，再利用渗透压冲击等方法破坏细胞膜，进一步增大胞内产物的通透性。溶菌酶（lysozyme）适用于革兰阳性菌细胞壁的分解，应用于革兰阴性菌时，需辅以 EDTA 使之更有效地作用于细胞壁。真核细胞的细胞壁不同于原核细胞，需采用不同的酶。酵母细胞的酶溶需用 Zymolyase（几种细菌酶的混合物）、$\beta$-1,6-葡聚糖酶（$\beta$-1,6-dextranase）或甘露糖酶（mannanase）；破坏植物细胞壁需用纤维素酶（cellulase）。

通过调节温度、pH 值或添加有机溶剂，诱使细胞产生溶解自身的酶的方法也是一种酶溶法，称为自溶（autolysis）。例如，酵母在 45~50℃下保温 20 小时左右，可发生自溶。

化学渗透比机械破碎速度低，效率差，并且化学或生化试剂的添加形成新的污染，给进一步的分离纯化增添麻烦。但是，化学渗透比机械破碎的选择性高，胞内产物的总释放率低，特别是能有效地抑制核酸的释放，料液黏度小，有利于后处理过程。将化学渗透与机械破碎相结合，可大大提高破碎效率。例如，面包酵母用酵母溶解酶 Zymolyase 预处理后，在 95MPa 下匀浆 4 次，破碎率达到近 100％；而单独使用高压匀浆法，相同条件下的破碎率仅为 32％。酵母 Candida utilis 很难破碎，单纯用高压匀浆法（95MPa）匀浆 6 次的破碎率低于 50％；而利用 Zymolyase 预处理后，相同条件下的高压匀浆破碎率可达到 95％以上[11]。

### 2.2.3.3 物理渗透法

（1）渗透压冲击法　渗透压冲击（osmotic shock）是在各种细胞破碎法中最为温和的一种，适用于易于破碎的细胞，如动物细胞和革兰阴性菌（如枯草杆菌 Bacillus subtilis）。将细胞置于高渗透压的介质（如较高浓度的盐、甘油或蔗糖溶液）中，达到平衡后，将介质突然稀释或将细胞转置于低渗透压的水或缓冲溶液中，在渗透压的作用下，水渗透通过细胞壁和膜进入细胞，使细胞壁和膜膨胀破裂。

（2）冻结-融化法　将细胞急剧冻结后在室温缓慢融化，此冻结-融化操作反复进行多次，使细胞受到破坏。冻结的作用是破坏细胞膜的疏水键结构，增加其亲水性和通透性。另一方面，由于胞内水结晶使胞内外产生溶液浓度差，在渗透压作用下引起细胞膨胀而破裂。冻结-融化法对于存在于细胞质周围靠近细胞膜的胞内产物释放较为有效，但溶质靠分子扩散释放出来，速度缓慢。因此，冻结－融化法在多数情况下效果不显著。

上述物理和化学渗透法的处理条件比较温和，有利于目标产物的高活力释放回收，但这些方法破碎效率较低、产物释放速度低、处理时间长，不适于大规模细胞破碎的需要，多局限于实验室规模的小批量使用。

由于细胞之间以及目标产物之间的性质差别很大，已有的破碎理论和破碎实验数据只能作为指导破碎操作的参考依据，实际的破碎操作仍需凭借经验，即需通过实验确定适宜的破碎器和破碎操作条件，获得最佳的破碎效率。此外，提高破碎率意味着延长破碎操作时间或增加破碎操作次数，后者往往引起目标产物的变性和失活。同时，过度破碎释放大量的胞内物质，给下游的分离纯化操作增加难度。因此，破碎操作应与整个下游加工过程相联系，在保证目标产物有较高收率的前提下，努力使下游加工过程的成本最低。

### 2.2.4　目标产物的选择性释放

破碎细胞的目的是要得到一种或几种有用的目标产物。因此，在细胞内存在的许多物质中，选择性释放目标产物，而使其他物质尽量少地释放出来，并且尽量降低细胞的破碎程度，对下游分离纯化操作的顺利实施是非常重要的。

利用珠磨法破碎细胞时，胞内各种酶的释放速率常数不同。一般靠近细胞壁和细胞膜的酶释放速度快，而细胞内部或细胞器内的酶随破碎的进行缓慢释放出来。因此，选择性地释放目标产物是可能的，关键是要了解目标产物的性质和在细胞内存在的位置，选择适当的破碎方法和操作条件。选择性释放目标产物的一般原则如下。

（1）仅破坏或破碎存在目标产物的位置周围　当目标产物存在于细胞膜附近时，可采用较温和的方法，如酶溶法（包括自溶法）、渗透压冲击法和冻结-融化法等。当目标产物存在于细胞质内时，则需采用强烈的机械破碎法。

（2）选择性溶解目标产物　当目标产物处于与细胞膜或细胞壁结合的状态时，调整溶液pH 值、离子强度或添加与目标产物具有亲和性的试剂如螯合剂、表面活性剂等，使目标产物容易溶解释放。同时，溶液性质应使其他杂质不易溶出。另外，机械法和化学法并用可使操作条件更温和，在相同的目标产物释放率的情况下，降低细胞的破碎程度。

图 2.16 是利用化学渗透法选择性释放目标产物的示意图[9]。

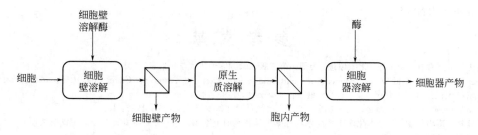

图 2.16　化学渗透法选择性释放胞内产物流程图

## 2.3　本章总结

离心分离是包括细胞分离在内的固液分离的主要手段。实验室中常用转子离心机，包括图 2.2 所示的水平转子和角转子，在基因重组蛋白质的工业生产中则以连续操作的管式离心机和碟片式离心机为主。在抗生素和有机酸等发酵工业中，由于发酵液体积庞大，通常采用过滤除菌操作。随着膜分离技术的发展，特别是膜材料制备成本的显著降低，膜分离技术（见第 4 章）在生物分离过程中的应用正逐渐普及。

细胞破碎是提取胞内产物的必由之路。实验室研究中通常处理的样品量较小，普遍使用超声波破碎。在较大规模的胞内产物提取制备过程中，最常用的是高压匀浆破碎。为提高破碎效率、降低能耗、提高目标产物的释放选择性和易于后续的细胞碎片分离，高压匀浆操作常与化学或酶处理方法相结合[11,14]，即做适当的化学或酶溶处理后再进行高压匀浆操作。由于不同生物细胞的结构不同，并且细胞结构随培养条件和培养时间变化很大，在本章介绍的基本理论指导下，针对特定的破碎目标进行操作条件的优化是非常必要的。

## 习　　题

1. 管式离心机的转筒内径为 12cm，筒长 70cm，转数为 15000r/min。设离心机的校正系数为 1，利用其浓缩酵母细胞悬浮液，处理能力为 4.0L/min。
   (1) 计算酵母细胞的重力沉降速度；
   (2) 破碎该酵母细胞后，细胞碎片直径减小到原细胞的 1/2，液体黏度上升 3 倍，在相同条件下离心浓缩该细胞破碎液，试计算此时离心机的处理能力。
2. 恒压过滤回收抗生素发酵上清液，料液内细胞质量浓度为 10.6g（干重）/L。所用过滤介质面积为 0.5m²，操作压差为 0.06MPa，滤液黏度为 $1.1 \times 10^{-3}$ Pa·s，发酵液密度与滤液密度近似相等，为 1.06g/mL，过滤实验数据如下：

| 过滤时间/s | 5 | 10 | 20 | 30 | 40 |
|---|---|---|---|---|---|
| 滤液体积/mL | 40 | 55 | 80 | 96 | 110 |

滤饼的湿干质量比为 6，试计算滤饼的比阻和过滤介质的阻力。
3. 试推导碟片式离心机的离心沉降面积公式，即式 (2.19)。
4. 试利用式 (2.37a) 或式 (2.37b) 分别推导式 (2.38b) 和式 (2.40)。其中，高压匀浆的操作压力为常数，设反复破碎操作次数 N 为连续变量；珠磨法为间歇操作。
5. 珠磨法破碎大肠杆菌细胞，破碎速率常数 $k = 0.048 \text{min}^{-1}$。
   (1) 若采用间歇破碎操作，试计算破碎率达到 0.90 所需时间；
   (2) 若采用连续破碎操作，破碎室的有效体积为 10L，在稳态操作条件下，试计算使破碎率达到 0.90 以上的最大料液流量。

## 参 考 文 献

[1] 姚玉英，陈常贵，柴诚敬. 化工原理. 上册. 第三版. 天津：天津大学出版社，2010.
[2] Richardson J F, Zaki W N. Sedimentation and fluidization：Part Ⅰ. Trans Inst Chem Eng, 1954, 32：35-53.
[3] 古崎新太郎. バイオセパレーション. 東京：コロナ社, 1993：46.
[4] 佐田栄三编. バイオ生産物の分離精製. 東京：講談社サイエンティフィク, 1988：45.
[5] 遠藤勳. 遠心分離. //日本化学工学会生物分離工学特別研究会编. バイオセパレーションプロセス便覧. 東京：共立出版, 1996. 309-311.
[6] Nakanishi K, Tadokoro T, Matsuno R. On the specific resistance of cakes of microorganisms. Chemical Engineering

Communications，1987，62：187-201.

［7］ 海野肇，新丸和也. 细胞破碎//日本化学工学会生物分離工学特別研究会編. バイオセパレーションプロセス便覧. 東京：共立出版，1996：302-308.

［8］ Hetherington P J，Follows Maggie，Dunnill P，Lilly M D. Release of protein from baker's yeast（Saccharomyces cerevisiae）by disruption in an industrial homogenizer. Trans Inst Chem Eng，1971，49：142-148.

［9］ Engler C R，Robinson C W. Disruption of Candida utilis cells in high pressure flow devices. Biotechnol Bioeng，1981，23：765-780.

［10］ Sauer T，Robinson C W，Glick B R. Disruption of native and recombinant Escherichia coli in a high-pressure homogenizer. Biotechnol Bioeng，1989，33：1330-1342.

［11］ Baldwin C V，Robinson C W. Enhanced disruption of Candida utilis using enzymatic pretreatment and high-pressure homogenization. Biotechnol Bioeng，1994，43：46-56.

［12］ Marffy F，Kula M-R. Enzyme yields from cells of Brewer's yeast disrupted by treatment in a horizontal disintegrator. Biotechnol Bioeng，1974，16：623-634.

［13］ Carlson A，Signs M，Liermann L，Boor R，Jem J. Mechanical disruption of Escherichia coli for plasmid recovery. Biotechnol Bioeng，1995，48：303-315.

［14］ van Hee P，Middelberg A P J，van der Lans R G J M，van der Wielen L A M. Relation between bell disruption conditions，cell debris particle size，and inclusion body release. Biotechnol Bioeng，2004，88：100-110.

# 3 初级分离

初级分离是指从菌体发酵液、细胞培养液、胞内抽提液（细胞破碎液）及其他各种生物原料初步提取目标产物，使目标产物得到浓缩和初步分离的下游加工过程。初级分离的目标往往具有体积大、杂质含量高等特点，因此初级分离技术应具有操作成本低、适于大规模生产的优势。除第 2 章介绍的各种固液分离技术外，膜分离、萃取、吸附、沉淀分级和泡沫分离等均为经常应用的初级分离技术。膜分离、萃取和吸附将在后面各章节介绍，本章概述沉淀分级和泡沫分离。

## 3.1 沉淀分级

沉淀（precipitation）是物理环境的变化引起溶质的溶解度降低、生成固体凝聚物（aggregates）的现象。另一种溶解度降低引起的固体成相现象称为结晶（见第 10 章）。与结晶相比，沉淀是不定形的固体颗粒，构成成分复杂，除含有目标分子外，还夹杂共存的杂质、盐和溶剂。因此，沉淀的纯度远低于结晶。但是，在某些情况下，多步的沉淀分级也可制备较高纯度的产品。

蛋白质等生物大分子的分子间相互作用复杂，其溶解度降低或浓度升高时往往生成不定形的沉淀颗粒，而不是结晶，尤其是在与大量杂蛋白质共存、需要快速分离提取的情况下。利用沉淀原理分离蛋白质起源于 19 世纪末，是传统的分离技术之一，目前广泛应用于实验室和工业规模蛋白质的回收、浓缩和纯化，是血清蛋白质分离提取的主要手段。

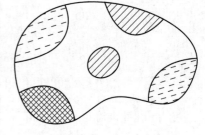

图 3.1　蛋白质分子的表面特性
▨ 正电荷区域；◯ 负电荷区域；
⬭ 疏水区域；◯ 亲水区域

### 3.1.1 蛋白质的表面特性

蛋白质是两性高分子电解质（amphoteric polymer），主要由疏水性各不相同的 20 种氨基酸组成。在水溶液中，多肽链中的疏水性氨基酸残基具有向内部折叠的趋势，使亲水性氨基酸残基分布在蛋白质立体结构的外表面。即使如此，一般仍有部分疏水性氨基酸残基暴露在外表面，形成疏水区。疏水性氨基酸含量高的蛋白质的疏水区大，疏水性强。因此，蛋白质表面由不均匀分布的荷电基团形成的荷电区、亲水区和疏水区构成（图 3.1）。

蛋白质的相对分子质量在 $5 \times 10^3 \sim 1 \times 10^6$ 之间，分子直径 $1 \sim 30$ nm。因此，蛋白质的水溶液呈胶体（colloid）性质，在蛋白质分子周围存在与蛋白质分子紧密或疏松结合的水化层（hydration shell）。紧密结合的水化层可达到 0.35g/g 蛋白质，而疏松结合的水化层可达蛋白质分子质量的 2 倍以上。蛋白质周围水化层是蛋白质形成稳定的胶体溶液、防止蛋白质凝聚沉淀的屏障之一。

防止蛋白质沉淀的另一屏障是蛋白质分子间的静电排斥作用。偏离等电点的蛋白质的净电荷或正或负，成为带电粒子，在电解质溶液中吸引相反电荷的离子（简称反离子，counterion)。由于离子的热运动，反离子层并非全部整齐地排列在一个面上，而是距表面由高到低有一定的浓度分布，形成分散双电层（diffuse electrical double layer），简称双电层。双电层可分为两部分：一部分为紧靠表面的一层反离子，该反离子层不流动，称为紧密层；其余为紧密层外围反离子浓度逐渐降低直至为零的部分，称为分散层。双电层中存在距表面由高到低（绝对值）的电位分布，双电层的性质与该电位分布密切相关。接近紧密层和分散层交界处的电位值称为 ξ（zeta）电位，带电粒子间的静电相互作用取决于 ξ 电位（绝对值）的大小。由于粒子表面电位一定，所以分散层厚度越小，ξ 电位越小。若分散层厚度为零，则 ξ 电位为零，粒子处于等电状态，不产生静电相互作用。当双电层的 ξ 电位足够大时，静电排斥作用抵御分子间的相互吸引作用（分子间力），使蛋白质溶液处于稳定状态。

因此，可通过降低蛋白质周围的水化层和双电层厚度（ξ 电位）降低蛋白质溶液的稳定性，实现蛋白质的沉淀。水化层厚度和 ξ 电位与溶液性质（如电解质的种类、浓度、pH 值等）密切相关，所以，蛋白质的沉淀可采用恒温条件下添加各种不同试剂的方法，如加入无机盐的盐析法、加入酸碱调节溶液 pH 值的等电点沉淀法、加入水溶性有机溶剂的有机溶剂沉淀法等。下面以盐析法为主，介绍各种沉淀方法。

### 3.1.2 盐析沉淀

#### 3.1.2.1 蛋白质盐析的原理

水溶液中蛋白质的溶解度一般在生理离子强度范围内（0.15～0.2mol/kg）最大，而低于或高于此范围时溶解度均降低。蛋白质在高离子强度的溶液中溶解度降低、发生沉淀的现象称为盐析（salting-out）。如图 3.2[1] 所示，当离子强度较高时，溶解度的对数与离子强度之间呈线性关系，用 Cohn 经验方程描述为

$$\lg S = \beta - K_s I \tag{3.1}$$

式中，$S$ 为蛋白质的溶解度，g/L；$\beta$ 为常数；$K_s$ 为盐析常数；$I$ 为离子强度，mol/L。

$$I = \frac{1}{2}\sum c_i Z_i^2 \tag{3.2}$$

式中，$c_i$ 和 $Z_i$ 分别为离子 $i$ 的浓度（mol/L）和电荷数。

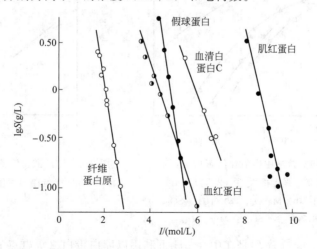

图 3.2 蛋白质的溶解度与离子强度（硫酸铵）的关系

电解质影响蛋白质溶解度的机理尚不十分清楚，有不同的理论解释[2]。但一般认为，向蛋白质的水溶液逐渐加入电解质时，开始阶段蛋白质的活度系数降低[3]，并且蛋白质吸

附盐离子后，带电表层使蛋白质分子间相互排斥，而蛋白质分子与水分子间的相互作用却加强，因而蛋白质的溶解度增大，这种现象称为盐溶（salting-in）。随着离子强度的增大，蛋白质表面的双电层厚度降低，静电排斥作用减弱；同时，由于盐离子的水化作用使蛋白质表面疏水区附近的水化层脱离蛋白质，暴露出疏水区域，从而增大了蛋白质表面疏水区之间的疏水相互作用，容易发生凝集，进而沉淀。所以，一般在蛋白质的溶解度与离子强度的关系曲线上存在最大值，该最大值在较低的离子强度下出现，在高于此离子强度的范围内，溶解度随离子强度的增大迅速降低。

### 3.1.2.2 影响盐析的因素

蛋白质的盐析行为随蛋白质的相对分子质量和立体结构而异，反映在 Cohn 方程中就是对 $\beta$ 和 $K_s$ 的影响：不同蛋白质的 $\beta$ 值不同；$K_s$ 值随蛋白质相对分子质量的增大或分子不对称性的增强而增大，即结构不对称、相对分子质量大的蛋白质易于盐析沉淀。对于特定的蛋白质，影响蛋白质盐析的主要因素有无机盐的种类、浓度、温度和 pH 值。

（1）无机盐　在相同的离子强度下，不同种类的盐对蛋白质的盐析效果不同。图 3.3 为七种盐对碳氧血红蛋白（carboxyhemoglobin，COHb）溶解度的影响[4]。盐的种类主要影响 Cohn 方程中的盐析常数 $K_s$，图 3.3 中的各条溶解度曲线具有不同的斜率（即 $K_s$ 值）。盐的种类对蛋白质溶解度的影响与离子的感胶离子序列（lyotropic series）或 Hofmeister 序列相符，即离子半径小而带电荷较多的阴离子的盐析效果较好。例如，含高价阴离子的盐比单价盐的盐析效果好，即盐析常数大。常见阴离子的盐析作用顺序为

$$PO_4^{3-} > SO_4^{2-} > CHCOO^- > Cl^- > NO_3^- > ClO_4^- > I^- > SCN^-$$

阳离子的盐析作用顺序为

$$NH_4^+ > K^+ > Na^+ > Mg^{2+}$$

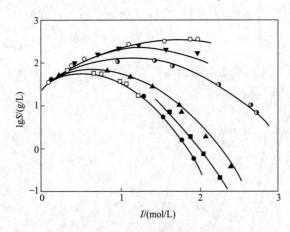

图 3.3　不同盐溶液中碳氧血红蛋白
的溶解度与离子强度的关系（25℃）

（○）NaCl；（▼）KCl；（◉）MgSO₄；（▲）(NH₄)₂SO₄；
（■）柠檬酸三钠；（●）Na₂SO₄；（□）K₂SO₄

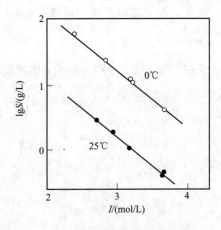

图 3.4　浓磷酸盐溶液中温度对碳氧血
红蛋白溶解度的影响

盐离子的 Hofmeister 序列是在中性 pH 下利用以卵白蛋白（等电点 pI＝4.6）为主要成分的蛋白质溶液确定的，实验条件下卵白蛋白带负电荷。研究发现，Hofmeister 序列的离子排列顺序与蛋白质的荷电状态有关；正常的 Hofmeister 仅在 pH＞pI 的条件下成立[5]，而在 pH＜pI 的条件下离子排列顺序则相反[6]。

在选择盐析的无机盐时，除考虑上述各种离子的盐析效果外，对盐还有如下要求。

① 溶解度大，能配制高离子强度的盐溶液。

② 溶解度受温度影响较小，便于在低温下进行盐析操作。

③ 盐溶液密度不高，以便蛋白质沉淀的沉降或离心分离。

硫酸铵价格便宜、溶解度大且受温度影响很小、具有稳定蛋白质（酶）的作用，因此是最常用的盐析盐。但硫酸铵有如下缺点：硫酸铵为强酸弱碱盐，水解后使溶液 pH 值降低，在高 pH 值下释放氨；硫酸铵的腐蚀性强，后处理困难；残留在食品中的少量的硫酸铵可被人味觉感知，影响食品风味；临床医疗有毒性，因此在最终产品中必须完全除去。除硫酸铵外，硫酸钠和氯化钠也常用于盐析。硫酸钠在 40℃ 以下溶解度较低，主要用于热稳定性高的胞外蛋白质的盐析。

（2）温度和 pH 值　除盐的种类外，盐析操作的温度和 pH 值是获得理想盐析沉淀分级的重要参数。温度和 pH 值对蛋白质溶解度的影响反映在 Cohn 方程中是对 $\beta$ 值的影响。一般物质的溶解度随温度的升高而增大，但在离子强度较高的溶液中，升高温度有利于某些蛋白质的失水，因而温度升高，蛋白质的溶解度下降，如图 3.4 所示[7]。但是，必须指出，这种现象只在离子强度较高时才出现。在低离子强度溶液或纯水中，蛋白质的溶解度在一定温度范围内一般随温度升高而增大。

在 pH 值接近蛋白质等电点的溶液中，蛋白质的溶解度最小（$\beta$ 值最小），所以调节溶液 pH 值在等电点附近有利于提高盐析效果（详见 3.1.3 节）。

因此，蛋白质的盐析沉淀操作需选择合适的 pH 值和温度，使蛋白质的溶解度较小。同时，盐析操作条件要温和，不能引起目标蛋白质的变性。所以，盐析和后述的其他沉淀方法一样，需在较低温度下进行，但不像有机溶剂沉淀那样严格。

### 3.1.2.3　盐析沉淀操作

硫酸铵是最常用的蛋白质盐析沉淀剂，故以硫酸铵为例介绍蛋白质盐析沉淀操作的方法和步骤。

硫酸铵的溶解度在 0～30℃ 范围内变化很小，20℃ 的饱和浓度约为 4.05mol/L（534g/L），饱和溶液密度为 1.235kg/L。用 1.0L 水制备硫酸铵的饱和溶液，需加入 761g 硫酸铵，饱和溶液体积为 1.425L。

现在考虑向 1L 蛋白质溶液中加入硫酸铵至某一浓度使蛋白质发生盐析的操作。由于加入硫酸铵后溶液体积增大，在 20℃ 下，硫酸铵的浓度（mol/L）从 $M_1$ 增大到 $M_2$ 所需加入的硫酸铵量（克）为

$$W = \frac{534(M_2 - M_1)}{4.05 - 0.3M_2} \tag{3.3}$$

在 0℃ 下，饱和硫酸铵溶液浓度为 3.825mol/L（505g/L），上式变为

$$W = \frac{505(M_2 - M_1)}{3.825 - 0.285M_2} \tag{3.4}$$

如果硫酸铵浓度用饱和度 $S$（浓度相当于饱和溶解度的百分数）表示，则硫酸铵饱和度由 $S_1$ 增大到 $S_2$ 时每升溶液所需添加的硫酸铵量（克）为

20℃
$$W = \frac{534(S_2 - S_1)}{1 - 0.3S_2} \tag{3.5}$$

0℃
$$W = \frac{505(S_2 - S_1)}{1 - 0.285S_2} \tag{3.6}$$

上式中，$S_1$ 和 $S_2$ 均用小数表示。

盐析分离一个蛋白质料液所需的最佳硫酸铵浓度或饱和度可通过实验确定。实验步骤如下（设操作温度为0℃）。

① 取一部分料液，将其分成等体积的数份，冷却至0℃。

② 用式(3.6)计算饱和度达到20％～100％时所需加入的硫酸铵量，并在搅拌条件下分别加到料液中，继续搅拌1h以上（同时保持温度在0℃），使沉淀达到平衡。

③ 3000$g$ 离心40min后，将沉淀溶于2倍体积的缓冲溶液中，测定其中蛋白质的总浓度和目标蛋白质的浓度（如有不溶物，可离心除去）。

④ 分别测定上清液中蛋白质的总浓度和目标蛋白质的浓度，比较沉淀前后蛋白质是否保持物料守恒，检验分析结果的可靠性。

⑤ 以饱和度为横坐标，上清液中蛋白质的总浓度和目标蛋白质的浓度为纵坐标作图，如图3.5所示。图3.5中纵坐标为上清液中蛋白质的相对浓度（与原料液浓度之比）。

就图3.5的结果而言，使目标蛋白质不出现沉淀的最大饱和度约为35％，使目标蛋白质完全沉淀的最小饱和度约为55％。因此，沉淀分级操作应选择的饱和度范围为35％～55％，具体饱和度值应根据同时得到较大纯化倍数和回收率而定。

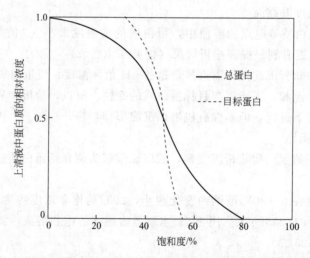

图3.5 盐析沉淀平衡后上清液中蛋白质浓度与硫酸铵饱和度关系示例

### 3.1.3 等电点沉淀

如图3.3所示，较低离子强度的溶液中蛋白质的溶解度较小。此外，蛋白质在pH值为其等电点的溶液中净电荷为零，蛋白质之间静电排斥力最小，溶解度最低（图3.6[8]）。利用蛋白质在pH值等于其等电点的溶液中溶解度下降的原理进行沉淀分级的方法称为等电点沉淀（isoelectric precipitation）。

在3.1.2节所述的盐析沉淀中，有时也要结合等电点沉淀的原理，使盐析操作在等电点附近进行，降低蛋白质的溶解度。但是，利用中性盐进行盐析时，使蛋白质溶解度最低的溶液pH值一般略小于蛋白质的等电点。

等电点沉淀的操作条件是：低离子强度；pH≈p$I$。因此，等电点沉淀操作需在低离子强度下调整溶液pH值至等电点，或在等电点的pH值下利用透析等方法降低离子强度，使蛋白质沉淀。由于一般蛋白质的等电点多在偏酸性范围内，故等电点沉淀操作中，多通过加入无机酸（如盐酸、磷酸和硫酸等）调节pH值。

等电点沉淀适用于疏水性较大的蛋白质（如酪蛋白）。亲水性很强的蛋白质（如明胶）在水中溶解度较大，在等电点的 pH 值下不易产生沉淀。所以，等电点沉淀不如盐析沉淀应用广泛。

与盐析相比，等电点沉淀的优点是无需后继的脱盐操作。但是，如果沉淀操作的 pH 值过低，容易引起目标蛋白质的变性。

### 3.1.4　有机溶剂沉淀

向蛋白质溶液中加入丙酮或乙醇等水溶性有机溶剂，水的活度降低。随着有机溶剂浓度的增大，蛋白质分子表面荷电基团或亲水基团的水化程度降低，溶液的介电常数下降，蛋白质分子间的静电引力增大，从而凝聚和沉淀。同等电点沉淀一样，有机溶剂沉淀也是利用同种分子间的相互作用。因此，在低离子强度和等电点附近，沉淀易于生成，或者说所需有机溶剂的量较少。一般来

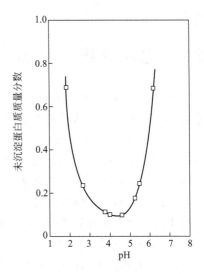

图 3.6　大豆蛋白质溶解度与 pH 值的关系

说，蛋白质的相对分子质量越大，有机溶剂沉淀越容易，所需加入的有机溶剂量也越少。

有机溶剂沉淀的优点是：有机溶剂密度较低，易于沉淀分离；与盐析法相比，沉淀产品不需脱盐处理。但该法容易引起蛋白质变性，必须在低温下进行。另外，应用有机溶剂沉淀时，所选择的有机溶剂应为与水互溶、不与蛋白质发生作用的物质。常用的有丙酮和乙醇。

乙醇沉淀法早在 20 世纪 40 年代就应用于血浆蛋白质（血清白蛋白、球蛋白及其他蛋白质）的制备[9]，目前仍用于血浆制剂的生产。

### 3.1.5　热沉淀

在较高温度下，热稳定性差的蛋白质发生变性沉淀。利用这一现象，可根据蛋白质间的热稳定性的差别进行蛋白质的热沉淀（thermal precipitation），分离纯化热稳定性高的目标产物。

必须指出，热沉淀是一种动力学变性分离法，使用时需对目标产物和共存杂蛋白的热稳定性有充分的了解。

### 3.1.6　其他沉淀法

非离子型聚合物（nonionic polymers）、聚电解质（polyelectrolytes）和某些多价金属离子（polyvalent metal ions）可用作蛋白质的沉淀剂。例如，非离子型聚合物聚乙二醇（polyethylene glycol，PEG）是蛋白质稳定剂，也可促进蛋白质的沉淀。其作用机理尚不清楚，一种认为与有机溶剂的作用相似，即降低蛋白质的水化度，增大蛋白质间的静电引力而使蛋白质沉淀；另一种认为是 PEG 的空间排斥作用使蛋白质被迫挤靠在一起而引起沉淀。

聚电解质对蛋白质的沉淀作用机理与絮凝作用类似，是在蛋白质间起架桥作用。同时，聚电解质还兼有盐析和降低水化程度的作用。聚电解质的沉淀方法主要应用于酶和食用蛋白质的回收，常用于回收食品蛋白质的聚电解质有酸性多糖和羧甲基纤维素、海藻酸盐、果胶酸盐和卡拉胶等。

某些金属离子可与蛋白质分子上的某些残基发生相互作用而使蛋白质沉淀。例如，$Ca^{2+}$ 和 $Mg^{2+}$ 能与羧基结合，$Mn^{2+}$ 和 $Zn^{2+}$ 能与羧基、含氮化合物（如胺）以及杂环化合物结合。金属离子沉淀法的优点是可使浓度很低的蛋白质沉淀，沉淀产物中的重金属离子可用

离子交换树脂或螯合剂除去。

# 3.2 泡沫分离

泡沫分离（foam separation）是根据表面吸附的原理，利用通气鼓泡在液相中形成的气泡为载体对液相中的溶质或颗粒进行分离，因此又称泡沫吸附分离，也称泡沫分级（foam fractionation）或鼓泡分级（bubble fractionation）。泡沫分离在表面活性物质（surface active agent）的存在下进行，是日常生活中的常见现象，各种洗涤作用就是根据泡沫分离的原理。在工业中，泡沫分离在矿石浮选和废水处理等领域已有大规模的应用。在生物物质中，蛋白质、细胞和细胞碎片是天然的表面活性物质，可用泡沫吸附进行分离和浓缩。本节在阐述泡沫分离原理的基础上，介绍泡沫分离过程、设备及在生物分离中的应用和特点。

## 3.2.1 泡沫分离原理

### 3.2.1.1 表面张力与表面吸附

表面活性剂分子由亲水的极性头和疏水的非极性尾构成。向水中加入表面活性剂，水溶液的表面张力随表面活性剂浓度的增大而下降。当表面活性剂浓度达到一定值后，将发生表面活性剂分子的缔合或自聚集，形成水溶性胶团（micelles）。形成胶团后，溶液的表面张力不再随表面活性剂浓度的增大而降低。表面活性剂在水溶液中形成胶团的最低浓度称为临界胶团浓度（critical micelle concentration，CMC）。水溶液中胶团的表面活性剂极性头部向外，与水相接触，而非极性尾部埋在胶团内部。在气液界面处，极性头溶于水相，而非极性尾暴露在气相中（气泡内）。

根据热力学理论，在气液两相界面处的表面活性物质浓度与主体溶液不同，这种现象称为表面过剩。溶质的表面过剩量可用 Gibbs 吸附等温式表达

$$\Gamma = -\frac{1}{RT} \times \frac{\partial \gamma}{\partial \ln a} \tag{3.7}$$

式中，$\Gamma$ 为表面过剩，即表面吸附量，$kmol/m^2$；$\gamma$ 为表面张力；$a$ 为表面活性物质的活度。

若浓度 $c$ 较低，可用浓度代替活度 $a$，式(3.7) 改写成

$$\Gamma = -\frac{1}{RT} \times \frac{\partial \gamma}{\partial \ln c} \tag{3.8}$$

在临界胶团浓度以下，表面活性剂溶液的表面张力随表面活性剂浓度的增大而降低。因此，从式(3.8) 可以看出，表面活性物质的表面吸附量为正值，即在表面上浓聚。泡沫分离正是利用表面活性物质的这种性质。不同溶质的表面活性不同，在界面的浓聚行为也不一样，因此可用泡沫吸附技术进行分级分离。

一般表面活性物质的表面吸附量与其浓度的关系可用 Langmuir 型吸附等温线表达（图3.7）。

$$\Gamma = \frac{mc}{1 + m'c} \tag{3.9}$$

式中，$m$ 和 $m'$ 为常数。

当浓度较低，$m'c \ll 1$ 时，吸附等温线变成线性

$$\Gamma = mc \tag{3.9a}$$

当浓度较高，$m'c \gg 1$ 时，表面吸附趋向恒定值

$$\Gamma = \frac{m}{m'} \qquad (3.9b)$$

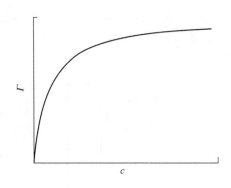

图 3.7　表面吸附量与表面活性剂浓度的关系（Langmuir 型吸附等温线）

式（3.9b）表达的是表面活性剂浓度超过 CMC 的情况，即当表面活性剂浓度超过其 CMC 时，其表面过剩量不再随浓度增大而改变。因此，泡沫分离一般在表面活性剂的 CMC 以下进行。多数表面活性剂的 CMC 为 1～20mmol/L。

表面活性物质可直接利用泡沫分离法分离。表面活性不同的物质，在气泡表面的吸附平衡行为不同，即它们的吸附等温线不同，彼此之间可以得到泡沫分离。若目标产物没有表面活性，可向溶液中添加表面活性剂，通过表面活性剂与目标产物的相互作用（如静电作用、疏水性吸附等），使目标产物在气泡表面富集。选择与目标产物有较强相互作用的表面活性剂，可使目标产物得到有效的浓缩分离。

#### 3.2.1.2　泡沫的形成和结构

向含有表面活性物质的溶液鼓气，或快速搅拌含有表面活性物质的溶液，溶液中会形成大量气泡（bubbles）。由于表面活性剂在气液界面发生吸附，气液界面张力（表面能）较低，生成的气泡相对稳定。气泡在浮力作用下上升，在液相表面大量的气泡汇聚成泡沫（foams）。泡沫中的各个气泡彼此被很薄的液体薄膜隔开，以多面体的形状相互依存。其中每三个相邻的气泡呈图 3.8 所示的三泡结构。三泡结构中，每两个气泡之间形成平面的间壁，三个气泡的共同交界处是具有一定曲率半径的小三角柱。由于该交界具有内凹的表面，该点的压力低于两泡交界的平面。因此，在气泡界面上存在压力梯度，使泡间液膜中的液体向三泡交界的小三角柱中流动，引起平面液膜变薄。这就是泡沫层发生排液的原理。

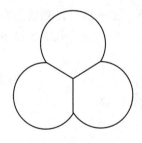

图 3.8　稳定的三泡结构

图 3.8 中仅给出了泡沫中的三个气泡。实际上，图示的三个气泡中，每两个气泡还与另外一个气泡形成类似图 3.8 的三泡结构。在大量的泡沫中，泡沫的三维结构比较复杂，最可能的情况是形成侧面为正五边形的十二面体，相邻两个面之间的夹角为 120°。

泡沫是非稳定体系。泡沫的消灭有两方面的原因。一方面，泡沫中液体的流失使液膜变薄，导致气泡破裂。另一方面，泡沫集团中小气泡的内压高于大气泡，因此，小气泡中的气体会通过液膜向与其相邻的大气泡中扩散，导致大气泡更大，小气泡更小，直至消失。影响泡沫稳定性的因素主要有表面活性剂浓度和液相黏度。若表面活性剂浓度较低（与 CMC 相比），则泡沫不稳定；温度上升会导致液相黏度降低、泡内气体压力上升，气泡更容易破裂。

### 3.2.2　泡沫分离设备和过程

泡沫分离设备主要由泡沫柱和消泡器构成。图 3.9 为间歇泡沫分离过程示意图。间歇泡沫分离过程中，将一定量的料液置于柱中，气体通过柱底部的气体分布器输入，在液相中产生气泡，而在液相表面以上形成泡沫层。泡沫在上升的过程中不断排液，使被气泡表面吸附的溶质浓度增大，达到柱顶部后排出。排出的泡沫经消泡器消泡后即得到目标产物的浓缩液。若目标产物为表面活性物质，则不需外加表面活性剂 [图 3.9(a)]；若目标产物没有表面活性，需要向溶液中添加一定浓度的表面活性剂，并在分离操作过程中适当补充表面活性剂，使目标产物回收完全［图 3.9(b)］。

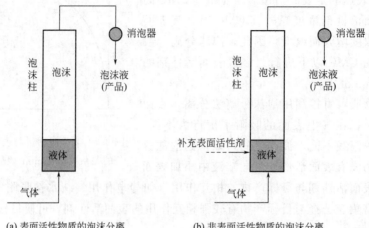

(a) 表面活性物质的泡沫分离      (b) 非表面活性物质的泡沫分离

图 3.9   间歇泡沫分离过程示意图

    泡沫分离容易进行连续操作。连续操作中气体和料液连续输入。图 3.10 为两种典型的连续泡沫分离操作方式。图 3.10(a) 中，料液从泡沫柱的下部连续加入，残液从柱底部排出。另外，流出的消泡液可部分回流。消泡液回流可以提高消泡产品的浓度。这种操作方式与精馏类似，消泡液中目标产物浓度较高，纯化倍数也较大，但目标产物的回收不完全，即收率较低。图 3.10(b) 中，料液从泡沫柱的顶部连续加入，液相和泡沫相逆流接触，消泡液不需回流。利用这种操作方式，消泡液中目标产物收率较高，但纯化倍数较低。

    图 3.10 所示的两种操作方式有各自的优势和缺陷，可根据分离目的选用。为了获得较高的收率和分离纯化效果，可采用多柱串联操作模式。如图 3.11 所示，将图 3.10(a) 的浓缩纯化柱多级串联。在多柱串联操作中，料液从第一个柱的下部输入，上一级柱的残液作为下一级柱的原料；从各柱排出的泡沫相消泡后即得到浓缩纯化的目标产物。由于残液经过多级分离，可使泡沫液中目标产物的收率和纯化倍数都较高。

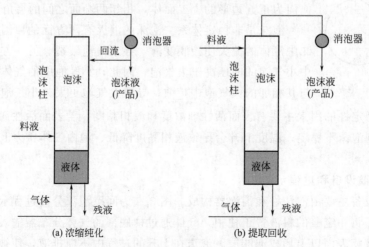

(a) 浓缩纯化        (b) 提取回收

图 3.10   连续泡沫分离过程示意图

    除上述泡沫柱外，高速搅拌表面活性剂溶液可制备尺寸更小（$<100\mu m$）、稳定性更高

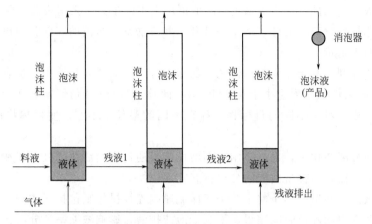

图 3.11 多柱串联的泡沫分离

的泡沫，这种泡沫通称胶质气体泡沫（colloidal gas aphrons，CGA)[10]。CGA 与料液接触，可吸附分离目标产物[11]。利用与目标蛋白质具有亲和结合作用的配基（详见第 8 章）修饰表面活性剂的极性头，制备的亲和 CGA 对目标蛋白质有更高的分离选择性[12]。

### 3.2.3 泡沫分离的应用

泡沫用于工业分离的历史可追溯到 20 世纪初，最早用于金属矿石颗粒的分离回收，称作泡沫浮选。根据泡沫分离的原理，泡沫分离可用于离子、分子、胶体和沉淀颗粒的分离，在废水处理和环境保护领域中已有大规模的应用。在生物分离领域，泡沫分离可用于蛋白质分离、细胞收集以及天然产物中有效成分的提取。

泡沫分离在生物下游过程中具有如下优势：①泡沫分离设备简单，易于放大；②操作简便，能耗低；③可连续和间歇操作；④在生物下游加工过程的初期使用，处理体积庞大的稀料液；⑤可直接用于处理含有细胞或细胞碎片的料液；⑥只要操作条件设计合理，可获得很高的分离效率。

早在 20 世纪 50 年代，人们就已开始泡沫分离提取蛋白质的研究。但是，由于对气液流体力学特性和蛋白质在气泡表面的吸附机理的理解不够深入，加之担心泡沫的形成（foaming）会引起蛋白质的变性，使泡沫分离在蛋白质分离领域的研究进展较慢。20 世纪 80 年代以来，由于基因工程技术的发展，对蛋白质分离纯化的需求不断增长，极大地激发了人们对泡沫分离技术的兴趣。对于泡沫引起蛋白质变性的问题，许多研究表明，只要操作条件设计合理，可最大限度地避免蛋白质变性的发生。

蛋白质的表面活性（surface activity）取决于分子的理化性质（如分子尺寸、荷电性质、表面疏水性）和环境条件（如 pH 值、离子强度、共存的表面活性剂、盐的种类、糖及其他各种添加剂）。因此，不同蛋白质的表面活性不同，并且环境因素可以改变蛋白质的表面活性，使不同蛋白质之间的表面活性差别增大，容易利用泡沫分离技术加以分离。利用泡沫分离可分离和浓缩混合物中的目标蛋白质，如 β-酪蛋白、血清白蛋白、β-乳球蛋白、溶菌酶和基因重组蛋白质等[13~15]。在分离实践中，需通过实验优化分离操作条件。影响分离操作的主要因素如下。

（1）料液性质　主要指溶液的 pH 值、离子强度和其他添加剂。蛋白质是两性电解质，具有等电点。在 pH 值等于蛋白质等电点的溶液中，蛋白质溶液的表面张力随浓度变化的斜率最大，故根据式（3.8），在该 pH 值的溶液中蛋白质在气泡表面的吸附量最大，有利于该蛋白质的分离浓缩。因此，调节溶液的 pH 值可增大不同蛋白质之间表面吸附量的差别，使目标产物得到选择性分离。另外，离子强度和一些添加剂对溶液的表面张力也有影响，从而影响溶质的表面吸附量。

（2）表面活性剂　对于非表面活性物质的泡沫分离，需要向料液中添加表面活性剂。根据式(3.9)，表面活性剂浓度应小于其 CMC 值。此外，溶液 pH 值影响表面活性剂与分离对象之间的相互作用。对于不同的目标物，存在不同的最佳 pH 值，使目标物的表面吸附量最大。

在蛋白质的分离纯化中，也可应用表面活性剂。通过表面活性剂极性头和蛋白质之间的选择性相互作用，提高目标蛋白质的分离度和收率[16]。

（3）操作条件　间歇操作条件主要是气体流速，连续操作则包括气体和料液的流速。气速增大使泡沫在柱中的停留时间缩短，不利于泡沫排液，影响浓缩率和分离选择性；气速降低则使泡沫在柱中的停留时间延长，容易引起蛋白质的变性。因此，应设计合适的气体流速。在连续操作中，还应设计合适的气液流速比。

（4）泡沫柱　需设计足够高的泡沫柱，保证足够的泡沫层高度，使泡沫在柱中有适当的停留时间，满足目标产物浓缩和分离的需要。

蛋白质的连续泡沫分离过程流程图见图 3.12。

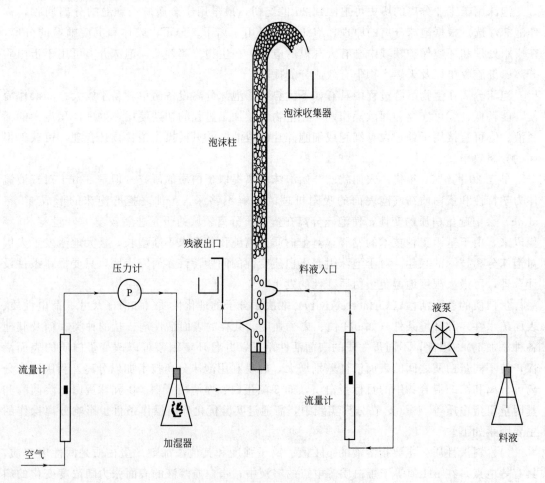

图 3.12　蛋白质的连续泡沫分离过程流程图

## 3.3 本章总结

在各种沉淀方法中，盐析沉淀是基因重组蛋白质生产过程中普遍采用的初级分离技术。通过盐析沉淀，目标产品可以得到高度浓缩，同时除去大部分小分子物质、核酸、多糖和杂蛋白质，使料液体积和黏度大幅度降低，为产品的进一步分离纯化创造有利条件。等电点沉淀常与盐析沉淀联合使用，同时等电点沉淀的原理在氨基酸工业结晶分离中广泛应用。有机溶剂沉淀和热沉淀等沉淀操作容易引起蛋白质变性，更适合于杂蛋白的去除。

泡沫分离易于规模放大，因此特别适合于大量稀溶液的浓缩处理，如乳清蛋白质的回收。针对分离目标来优化设计泡沫分离设备和操作条件，是实现高效泡沫分离的关键。

## 习　　题

1. 溶菌酶在 2.8mol/L 和 3.0mol/L 硫酸铵溶液中的溶解度分别为 1.2g/L 和 0.26g/L，试计算溶菌酶在 3.5mol/L 硫酸铵溶液中的溶解度。
2. 有 100L 蛋白质溶液，其中含牛血清白蛋白（BSA）和另一种杂蛋白（X），质量浓度分别为 10g/L 和 5g/L，拟用硫酸铵沉淀法处理该溶液，回收沉淀中的 BSA。20℃下 BSA 和 X 的 Cohn 方程参数列于下表（假设其他蛋白质的存在不影响方程参数），其中离子强度用硫酸铵浓度表示，蛋白质质量浓度单位为 g/L，硫酸铵浓度单位为 mol/L。

| 蛋白质 | $\beta$ | $K_s$ |
| --- | --- | --- |
| BSA | 21.6 | 7.65 |
| X | 20.0 | 6.85 |

（1）如果溶液体积变化与硫酸铵加入量成正比，若回收 90% 的 BSA，需加入多少硫酸铵？
（2）沉淀中 BSA 的纯度是多少？

## 参 考 文 献

[1] Cohn E，Edsall J T. Proteins，amino acids and peptides. New York：Academic Press，1943：602.
[2] Bell D J，Hoare M，Dunnill P. The formation of protein precipitates and their centrifugal recovery//Fiechter A (ed.). Advances in Biochemical Engineering/Biotechnology. vol. 26. Berlin：Springer-Verlag，1983：1-72.
[3] Dixon M，Webb E C. Enzyme fractionation by salting-out：a theoretical note. Advances in protein Chemistry，1961，16：197-219.
[4] Green A A. Studies in solutions of the proteins. Ⅹ. The solubility of hemoglobin in solutions of chlorides and sulfates of varying concentration. J Biol Chem，1932，95：47-66.
[5] Carbonnaux C，Ries-Kautt M，Ducruix A. Relative effectiveness of various anions on the solubility of acidic hypoderma-lineatum collagenase at pH 7. 2. Protein Sci，1995，4：2123-2128.
[6] Ries-Kautt M M，Ducruix A F. Relative effectiveness of various ions on the solubility and crystal growth of lysozyme. J Biol Chem，1989，264：745-748.
[7] Green A A. Studies in the physical chemistry of the proteins. Ⅷ. The solubility of hemoglobin in concentrated salt solutions. A study of the salting out of proteins. J Biol Chem，1931，93：495-516.
[8] Virkar P D，Hoare M，Chan M Y Y，Dunnill P. Kinetics of the acid precipitation of soya protein in a continuous-flow tubular reactor. Biotechnol Bioeng，1982，24（4）：871-887.
[9] Cohn E J，Strong L E，Hughes W L Jr，Mulford D J，Ashworth J N，Melin M，Taylor H L. Preparation and properties of serum and plasma proteins. Ⅳ. A system for the separation into fractions of the protein and lipoprotein components of biological tissues and fluids. J Am Chem Soc，1946，68：459-475.
[10] Sebba F. Colloidal gas aphrons// Foams and biliquid foams - aphrons. Chichester：John Wiley ＆ Sons，1987：63-78.
[11] Fernandes S，Hatti-Kaul R，Mattiasson B. Selective recovery of lactate dehydrogenase using affinity foam. Biotechnol Bioeng，2002，79：472-480.
[12] Fernandes S，Mattiasson B，Hatti-Kaul R. Recovery of recombinant cutinase using detergent foams. Biotechnol

Prog，2003，18：116-123.

[13] Brown A K，Kaul A，Varley J. Continuous foaming for protein recovery：Part Ⅰ. Recovery of $\beta$-casein. Biotechnol Bioeng，1999，62：278-290.

[14] Brown A K，Kaul A，Varley J. Continuous foaming for protein recovery：Part Ⅱ. Selective recovery of proteins from binary mixtures. Biotechnol Bioeng，1999，62：291-300.

[15] Bhattacharjee S，Kumar R，Gandhi K S. Modeling of protein mixture separation in a batch foam column. Chem Eng Sci，2001，56，5499-5510.

[16] Crofcheck C，Loiselle M，Weekley J，Maiti I，Pattanaik S，Bummer P M，Jay M. Histidine tagged protein recovery from tobacco extract by foam fractionation. Biotechnol Prog，2003，19：680-682.

# 4 膜分离

膜分离（membrane separation）是利用具有一定选择透过特性的过滤介质进行物质的分离纯化，是人类最早应用的分离技术之一，如酒的过滤、中草药的提取等。近代工业膜分离技术的应用始于 20 世纪 30 年代利用半透性纤维素膜分离回收苛性碱。20 世纪 60 年代以后，不对称性膜制造技术取得长足的进步，各种膜分离技术迅速发展，在包括生物物质在内的分离过程中得到越来越广泛的应用，成为最重要分离技术之一。

膜在分离过程中可发挥如下功能：①物质的识别与透过；②相界面；③反应场。物质的识别与透过是使混合物中各组分之间实现分离的内在因素；作为相界面，膜将透过液和保留液（料液）分为互不混合的两相；作为反应场，膜表面及膜孔内表面含有与特定溶质具有相互作用能力的官能团，通过物理作用、化学反应或生化反应提高膜分离的选择性和分离速度。

生物分离过程中采用的膜分离法主要是利用物质之间透过性的差别，而膜材料上固定特殊活性基团，使溶质与膜材料发生某种相互作用来提高膜分离性能的功能膜研究也很多，代表了膜分离技术的发展方向。本章在"2.1.3 过滤"的基础上，重点阐述利用膜的物理识别与透过特性进行膜分离的各种方法的原理、特点、分离操作和应用。

## 4.1 各种膜分离法及其原理

2.1.3 节中仅介绍了利用过滤介质（主要是滤布）进行固液过滤分离的一般原理和方法。实际上，膜分离法包含着非常丰富的内容，在生物分离领域应用的膜分离法包括微滤（microfiltration，MF）、超滤（ultrafiltration，UF）、反渗透（reverse osmosis，RO）、透析（dialysis，DS）、电渗析（electrodialysis，ED）和渗透汽化（pervaporation，PV）等，各种膜分离法的原理和应用范围列于表 4.1。

表 4.1　各种膜分离法的原理和应用范围

| 膜分离法 | 传质推动力 | 分离原理 | 应用举例 |
|---|---|---|---|
| 微滤（MF） | 压差（0.05~0.5MPa） | 筛分 | 菌体、细胞和病毒的分离 |
| 超滤（UF） | 压差（0.1~1.0MPa） | 筛分 | 蛋白质、多肽、多糖的回收和浓缩，病毒的分离 |
| 反渗透（RO） | 压差（1.0~10MPa） | 筛分 | 盐、氨基酸、糖的浓缩，淡水制造 |
| 透析（DS） | 浓差 | 筛分 | 脱盐、除变性剂 |
| 电渗析（ED） | 电位差 | 荷电、筛分 | 脱盐、氨基酸和有机酸分离 |
| 渗透汽化（PV） | 压差、温差 | 溶质与膜的亲和作用 | 有机溶剂与水的分离，共沸物的分离（如乙醇浓缩） |

### 4.1.1　反渗透

如图 4.1 所示，一个容器中间用一张可透过溶剂（水）但不能透过溶质的膜隔开，两侧分别加入纯水和含有溶质的水溶液。若膜两侧压力相等，在浓差的作用下作为溶剂的水分子从溶质浓度低（水浓度高）的一侧（A 侧，纯水）向溶质浓度高的一侧（B 侧，水溶液）透过，这种现象称为渗透。促使水分子发生渗透的推动力称为渗透压。当 B 侧与 A 侧之间的压差等于渗透压时，两侧的化学位相等，达到平衡状态 [图 4.1(a)]，此时两侧的化学位分别为

$$\mu_A = \mu^\ominus + RT\ln a_A + \int_{p^\ominus}^{p_A} v_1 \mathrm{d}p \tag{4.1a}$$

$$\mu_B = \mu^\ominus + RT\ln a_B + \int_{p^\ominus}^{p_B} v_1 \mathrm{d}p \tag{4.1b}$$

式中，$\mu_A$、$\mu_B$ 分别为 A、B 两侧的化学位，kJ/kmol；$p_A$、$p_B$ 分别为 A、B 两侧的压力，kJ/m$^3$；$p^\ominus$、$\mu^\ominus$ 分别为标准压力和标准化学位；$v_1$ 为溶剂（水）的摩尔体积，m$^3$/kmol；$a_A$、$a_B$ 分别为 A、B 两侧溶剂的活度。

因为 $\mu_A = \mu_B$，所以从式(4.1a) 和式(4.1b) 得到

$$v_1(p_B - p_A) = RT\ln \frac{a_A}{a_B} \tag{4.2}$$

或

$$\Delta\pi = \frac{RT}{v_1}\ln \frac{a_A}{a_B} \tag{4.3}$$

式中，$\Delta\pi = p_B - p_A$，为膜两侧溶液的渗透压差。

如果 A 侧为纯水，则 $a_A = 1$，上式变为

$$\pi = -\frac{RT}{v_1}\ln a_B \tag{4.4}$$

$\pi$ 为溶液 B 的渗透压。若溶液 B 为稀溶液，则 $a_B = x_B = 1 - y_B$，其中 $x_B$ 和 $y_B$ 分别为溶剂和溶质的摩尔分数。因为 $-\ln(1-y_B) \approx y_B$，所以

$$\pi = \frac{RT}{v_1}y_B \tag{4.5a}$$

或

$$\pi = RTc_B \tag{4.5b}$$

式中，$c_B$ 为溶质的浓度，mol/L。

从式(4.5) 可以看出，溶质浓度越高，渗透压越大。如果欲使 B 侧溶液中的溶剂（水）渗透到 A 侧，在 B 侧所施加的压力必须大于此渗透压，这种操作称为反渗透 [图 4.1(b)]。一般反渗透的操作压力常达到 1～10MPa。

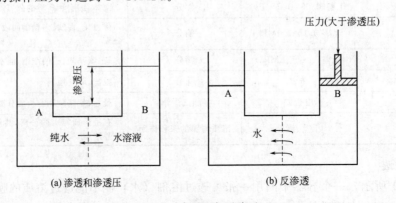

图 4.1 渗透压与反渗透

RO 膜无明显的孔道结构，其透过机理尚不十分清楚。目前多采用热力学方法解释 RO 膜的透过机理，而不考虑膜的结构和性质，其中溶解-扩散模型简单实用。该模型假设溶剂或溶质首先溶解在膜中，然后扩散通过 RO 膜。

根据不可逆过程热力学原理，非离子型溶剂（组分 1，通常为水）的摩尔通量 $N_1$ [kmol/(m² · s)] 和化学位梯度成正比

$$N_1 = \frac{\overline{D}_1 \overline{c}_1}{RT} \times \frac{d\overline{\mu}_1}{dz} \tag{4.6}$$

式中，$z$ 为膜厚度方向上的距离；$\overline{D}_1$ 为溶剂在膜中的扩散系数；$\overline{c}_1$ 为溶剂在膜中的浓度，mol/L；$\overline{\mu}_1$ 为溶剂在膜中的化学位。

在膜厚度方向上，化学位的变化速率为

$$\frac{d\overline{\mu}_1}{dz} = RT \frac{d\ln a_1}{dz} + v_1 \frac{dp}{dz} \tag{4.7}$$

设化学位和压力与 $z$ 呈线性关系，并且膜两侧溶剂（水）的活度（浓度）相差很小（即上式右侧第一项可忽略不计），则从式(4.6) 和式(4.7) 得到溶剂的摩尔通量为

$$N_1 = \frac{\overline{D}_1 \overline{c}_1 v_1}{RT} \times \frac{\Delta p - \Delta \pi}{l} \tag{4.8}$$

而质量通量 $J_1$ [kg/(m² · s)] 为

$$J_1 = A_1 (\Delta p - \Delta \pi) \tag{4.9}$$

$$A_1 = \frac{\overline{D}_1 \overline{c}_1 M_1 v_1}{RTl} \tag{4.10}$$

对于稀溶液，溶剂的体积通量 $J_V$ [m³/(m² · s)] 和 $J_1$ 成正比，所以

$$J_V = \frac{J_1}{\rho_L} = L_P (\Delta p - \Delta \pi) \tag{4.11}$$

式中，$M_1$ 为溶剂的相对分子质量；$\Delta p$ 为膜两侧的压差；$\Delta \pi$ 为膜两侧溶液的渗透压差；$l$ 为膜厚度；$\rho_L$ 为溶剂密度；$L_P$ 为溶剂的透过系数。

$$L_P = \frac{A_1}{\rho_L}$$

对于溶质（组分 2），浓差是传质的主要推动力。设膜中溶质浓度 $\overline{c}_2$ 与 $z$ 呈线性关系，根据 Fick 定律，其摩尔通量 $N_2$ 为

$$N_2 = -\overline{D}_2 \frac{\Delta \overline{c}_2}{l} \tag{4.12}$$

式中，$\overline{D}_2$ 为溶质在膜中的扩散系数。

假设溶质在膜中的溶解度 $\overline{c}_2$ 和主体溶液浓度 $c_2'$（均为 mol/L）之间呈线性关系，即

$$\overline{c}_2 = mc_2' \tag{4.13}$$

式中，$m$ 为溶质的分配系数。

则式(4.12) 可改写为

$$N_2 = -\overline{D}_2 m \frac{\Delta c_2'}{l} \tag{4.14}$$

根据式(4.14)，可得溶质的质量通量 $J_2$ 为

$$J_2 = -\overline{D}_2 m \frac{\Delta c_2}{l} \tag{4.15}$$

式中，$c_2$ 为溶质的质量浓度；$\Delta c_2$ 和 $\Delta c_2'$ 为膜两侧溶液中溶质的浓度差［分别为质量浓度和浓度（mol/L）］。

另外，式(4.15)可改写为

$$J_2 = \omega \Delta c_2 \tag{4.16}$$

式中，$\omega$ 称为溶质的透过系数

$$\omega = -\frac{\overline{D_2} m}{l}$$

从式(4.11)和式(4.16)可以看出，随着压力升高，溶剂的体积通量线性增大，而溶质的质量通量与压力无关。所以，透过液中溶质浓度（$c_{2P}$）随压力升高而降低。

$$c_{2P} = \frac{J_2}{J_V} = \frac{\omega \Delta c_2}{L_P(\Delta p - \Delta \pi)} \tag{4.17}$$

因此，提高反渗透操作压力有利于实现溶质的高度浓缩。

上述溶解-扩散模型比较适用于无机盐的反渗透过程，但对于有机溶质，式(4.11)、式(4.16)和式(4.17)分别用下述较一般的形式表达

$$J_V = L_P(\Delta p - \sigma \Delta \pi) \tag{4.11a}$$

$$J_2 = c_2(1-\sigma)J_V + \omega \Delta c_2 \tag{4.16a}$$

$$c_{2P} = c_2(1-\sigma) + \frac{\omega \Delta c_2}{J_V} \tag{4.17a}$$

式中，$\sigma$ 为膜对溶质的反射系数（reflection coefficient），$0 < \sigma < 1$，与膜的种类有关。

$\sigma = 1$ 时称为理想反射（perfect reflection），膜对溶质的截留作用最强，此时上述各式分别与溶解-扩散模型推导的结果相同；$\sigma = 0$ 时，溶剂的透过通量不受渗透压的影响，与压差成正比［式(4.11a)］，溶质亦具有较大的透过通量［式(4.16a)］。

### 4.1.2 超滤和微滤

与 RO 膜一样，超滤（UF）和微滤（MF）都是利用膜的筛分性质，以压差为传质推动力。但与 RO 膜相比，UF 膜和 MF 膜具有明显的孔道结构，主要用于截留高分子溶质或固体微粒。UF 膜的孔径较 MF 膜小，主要用于处理不含固形成分的料液，其中相对分子质量较小的溶质和水分透过膜，而相对分子质量较大的溶质被截留。因此，超滤是根据高分子溶质之间或高分子与小分子溶质之间相对分子质量的差别进行分离的方法。超滤过程中，膜两侧渗透压差较小，所以操作压力比反渗透操作低，一般为 0.1~1.0MPa。微滤一般用于悬浮液（粒子粒径为 $0.1 \sim 10 \mu m$）的过滤，在生物分离中，广泛用于菌体细胞的分离和浓缩。微滤过程中膜两侧的渗透压差可忽略不计，由于膜孔径较大，操作压力比超滤更小，一般为 0.05~0.5MPa。图 4.2 大致给出了 RO、UF 和 MF 等膜分离法与物质尺寸之间的关系。可以看出，RO 法适用于 1nm 以下小分子的浓缩；UF 法适用于分离或浓缩直径 1~50nm 的生物大分子（蛋白质、病毒等）；MF 法适用于细胞、细菌和微粒子的分离，目标物质的大小范围为 $10nm \sim 10 \mu m$。

在超滤和微滤过程中，流体在膜孔道内层流流动。假设孔道为圆柱形，孔径均匀，则透过通量可用根据动量衡算推导的 Hagen-Poiseuille 方程表达

$$J_V = \frac{\varepsilon d_{pore}^2 \Delta p}{32 \mu_L l} \tag{4.18}$$

式中，$\varepsilon$ 为膜的孔隙率；$d_{pore}$ 为孔道直径；$\mu_L$ 为滤液黏度。

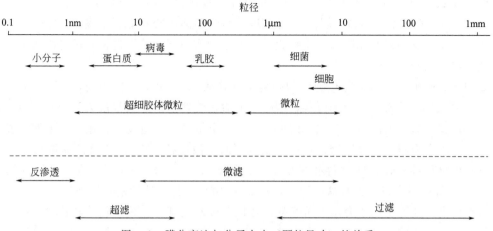

图 4.2 膜分离法与分子大小（颗粒尺寸）的关系

由于膜的孔道结构复杂，孔径不均匀，并且有些孔道还可能是一端封闭的，所以 Hagen-Poiseuille 方程与实际的超滤或微滤过程差距较大。适用于固定床内流体通量与压降关系的 Kozeny-Carman 方程与实际的超滤或微滤过程更接近。适用于膜通量的 Kozeny-Carman 方程为

$$J_V = \frac{\varepsilon^2 \Delta p}{K(1-\varepsilon)^2 S_0^2 \mu_L l} \tag{4.19}$$

式中，$K$ 为与孔道结构有关的无量纲常数；$S_0$ 为孔道比表面积。

从上述两式均可看出，透过通量与压差成正比，与滤液黏度成反比。这是分析超滤和微滤过程速度的基础。

### 4.1.3 透析

利用具有一定孔径大小、高分子溶质不能透过的亲水膜将含有高分子溶质和其他小分子溶质的溶液与纯水或缓冲液（称为透析液）分隔，由于膜两侧的溶质浓度不同，在浓差的作用下，高分子溶液中的小分子溶质（例如无机盐）透向透析液，透析液中的水则透向高分子溶液，这就是透析。透析操作所用亲水膜称为透析膜。透析过程中透析膜内无流体流动，溶质以扩散的形式移动，摩尔通量 $N$ 为

$$N = K_0(c_1 - c_2) \tag{4.20}$$

式中，$K_0$ 为包括膜内扩散和膜两侧表面液膜传质阻力在内的总传质系数；$c_1$ 和 $c_2$ 分别为膜两侧的溶质浓度。

透析膜一般为孔径 $5 \sim 10$nm 的亲水膜，例如纤维素膜、聚丙烯腈膜和聚酰胺膜等。生化实验室中经常使用的透析袋直径为 $5 \sim 80$mm，将料液装入透析袋中，封口后浸入到透析液中，一定时间后即可完成透析，必要时需更换透析液。处理量较大时，为提高透析速度，常使用比表面积较大的中空纤维透析装置（详见 4.3 节）。

透析法在临床上常用于肾衰竭患者的血液透析。在生物分离方面，主要用于生物大分子溶液的脱盐。由于透析过程以浓差为传质推动力，膜的透过通量很小，不适于大规模生物分离过程，而在实验室中应用较多。

### 4.1.4 电渗析

电渗析是利用分子的荷电性质和分子大小的差别进行分离的膜分离法，可用于小分子电解质（例如氨基酸、有机酸）的分离和溶液的脱盐。电渗析操作所用的膜材料为离子交换

膜，即在膜表面和孔内共价键合有离子交换基团，如磺酸基（—SO$_3^-$）等酸性阳离子交换基和季铵基（—N$^+$R$_3$）等碱性阴离子交换基。键合阳离子交换基的膜称作阳离子交换膜，键合阴离子交换基的膜称作阴离子交换膜。在电场的作用下，前者选择性透过阳离子，后者选择性透过阴离子。

如图 4.3 所示，阳离子交换膜 C 和阴离子交换膜 A 各两张交错排列，将分离器隔成 5 个小室，两端与膜垂直的方向加电场，即构成电渗析装置。以溶液脱盐为目的时，料液置于脱盐室（1、3、5），另两室（2、4）内放入适当的电解液。在电场的作用下，电解质发生电泳，由于离子交换膜的选择性透过特性，脱盐室的溶液脱盐，而 2、4 室的盐浓度增大。电渗析过程也可连续操作，此时料液连续流过脱盐室（1、3、5），而低浓度电解液连续流过 2、4 室。从脱盐室出口得到脱盐的溶液，从 2、4 室出口得到浓缩的盐溶液。

电渗析在工业上多用于海水和苦水的淡化以及废水处理。作为生物分离技术，电渗析可用于氨基酸和有机酸等生物小分子的分离纯化，在生物反应-分离耦合过程的应用研究是电渗析技术发展的方向之一。

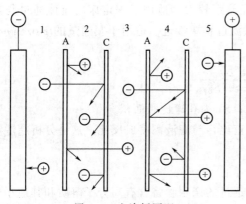

图 4.3　电渗析原理
A—阴离子交换膜；C—阳离子交换膜

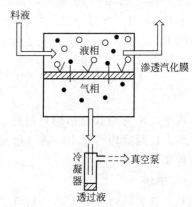

图 4.4　渗透汽化示意图

## 4.1.5　渗透汽化

渗透汽化的原理示于图 4.4。疏水膜的一侧通入料液，另一侧（透过侧）抽真空（图 4.4）或通入惰性气体，使膜两侧产生溶质分压差。在分压差的作用下，料液中的溶质溶于膜内，扩散通过膜，在透过侧发生汽化，汽化的溶质被膜装置外设置的冷凝器冷凝回收。因此，渗透汽化法根据溶质间透过膜的速度不同，使混合物得到分离。膜与溶质的相互作用决定溶质的渗透速度，根据相似相溶的原理，疏水性较大的溶质易溶于疏水膜，因此渗透速度高，在透过一侧得到浓缩。汽化所需的潜热用外部热源供给。

与前述的反渗透相比，渗透汽化过程中溶质发生相变，透过侧溶质以气体状态存在，因此消除了渗透压的作用，从而使渗透汽化在较低的压力下进行，适于高浓度混合物的分离。渗透汽化法利用溶质之间膜透过性的差别，特别适用于共沸物和挥发度相差较小的双组分溶液的分离。例如，利用渗透汽化法浓缩乙醇，由于膜的选择性透过乙醇的特性，可消除共沸现象，得到高浓度乙醇。因此，渗透汽化又称膜蒸馏。

渗透汽化膜主要为多孔聚乙烯膜、聚丙烯膜和含氟多孔膜等。由于膜材料的进步，20世纪 80 年代以后渗透汽化技术实现了产业化，在乙醇、丁醇等挥发性发酵产物的发酵-分离耦合过程的应用开发研究非常活跃。

# 4.2 膜材料及其特性

### 4.2.1 膜材料

生物分离过程常用的膜分离技术为超滤、微滤和反渗透。为实现高效率的膜分离操作，对膜材料有如下要求。

① 起过滤作用的有效膜厚度小，超滤和微滤膜的开孔率高，过滤阻力小。

② 膜材料为惰性，不吸附溶质（蛋白质、细胞等），从而使膜不易污染，膜孔不易堵塞。

③ 适用的 pH 值和温度范围广，耐高温灭菌，耐酸碱清洗剂，稳定性高，使用寿命长。

④ 容易通过清洗恢复透过性能。

⑤ 满足实现分离目的的各种要求，如对菌体细胞的截留、对生物大分子的通透性或截留作用等。

目前商品化膜的种类很多，主要有天然高分子、合成高分子和无机材料。下面简要介绍制造超滤、微滤和反渗透膜的各种膜材料。

#### 4.2.1.1 天然高分子材料

主要是纤维素的衍生物，有醋酸纤维、硝酸纤维和再生纤维素等。其中醋酸纤维膜的截盐能力强，常用作反渗透膜，也可用作微滤膜和超滤膜。醋酸纤维膜使用最高温度和 pH 值范围有限，一般使用温度低于 45～50℃，pH3～8。再生纤维素可制造透析膜和微滤膜。

#### 4.2.1.2 合成高分子材料

商品化膜的大部分为合成高分子膜，种类很多，主要有聚砜、聚丙烯腈、聚酰亚胺、聚酰胺、聚烯类和含氟聚合物等，其中聚砜是最常用的膜材料之一，主要用于制造超滤膜。聚砜膜的特点是耐高温（一般为 70～80℃，有些可高达 125℃），适用 pH 值范围广（pH1～13），耐氯能力强，可调节孔径范围宽（1～20nm）。但聚砜膜耐压能力较低，一般平板膜的操作压力极限为 0.5～1.0MPa。聚酰胺膜的耐压能力较高，对温度和 pH 值都有很好的稳定性，使用寿命较长，常用于反渗透。

#### 4.2.1.3 无机材料

主要有陶瓷、微孔玻璃、不锈钢和碳素等。商品化的无机膜主要有孔径 $0.1\mu m$ 以上的微滤膜和截留相对分子质量 $1\times10^4$ 以上的超滤膜，其中以陶瓷材料的微滤膜最为常用。多孔陶瓷膜主要利用氧化铝、硅胶、氧化锆和钛等陶瓷微粒烧结而成，膜厚方向不对称。无机膜的特点是机械强度高，耐高温、耐化学试剂和耐有机溶剂；缺点是不易加工，造价较高。

另一类无机微滤膜为动态膜（dynamic membrane），是将含水金属氧化物（如氧化锆）等胶体微粒或聚丙烯酸沉积在陶瓷管等多孔介质表面形成的膜，其中沉积层起筛分作用。动态膜的特点是透过通量大，通过改变 pH 值容易形成或除去沉积层，因此清洗比较容易；缺点是稳定性较差。

### 4.2.2 膜的结构

#### 4.2.2.1 孔道结构

膜的孔道结构因膜材料和制造方法而异。膜的孔道结构对膜的透过通量、耐污染能力等操作性能具有重要影响。早期的膜多为对称膜（symmetric membrane），即膜截面的膜厚方向上孔道结构均匀，如图 4.5 所示。对称膜的传质阻力大，透过通量低，并且容易污染，清洗困难。20 世纪 60 年代开发的不对称膜解决了上述对称膜的弊端，推动了膜分离技术的发展。如图 4.6 所示，不对称膜（asymmetric membrane）主要由起膜分离作用的表面活性层（0.2~0.5μm）和起支撑强化作用的惰性层（50~100μm）构成。惰性层孔径很大，对流体透过无阻力。由于不对称膜起膜分离作用的表面活性层很薄，孔径微细，因此透过通量大、膜孔不易堵塞、容易清洗。目前的超滤和反渗透膜多为不对称膜。

图 4.6(a) 所示的不对称膜为指状结构，多用于超滤膜；而反渗透膜的结构多为海绵状，如图 4.6(b) 所示。高分子微滤膜以对称膜为主，即式于图 4.5 的弯曲孔道膜。新型无机陶瓷微滤膜多为不对称膜。另一种微滤膜是采用电子技术制造的核孔微滤膜（nuclepore membrane），孔形规整、孔道直通并呈圆柱形结构，孔径分布范围小，在透过通量、分离性能及耐污染方面均优于弯曲孔道形微滤膜，但造价较高。

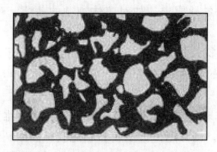

图 4.5　对称膜的弯曲孔道结构示意图

(a) 指状结构

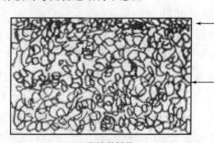

表面活性层

惰性层

(b) 海绵状结构

图 4.6　不对称膜的截面结构示意图

#### 4.2.2.2　孔道特性

膜的孔道特性包括孔径、孔径分布和孔隙率。超滤和微滤膜的孔径、孔径分布和孔隙率可通过电子显微镜直接观察测定。此外，微滤膜的最大孔径还可通过泡点法（bubble point method）测量，即在膜表面覆盖一层水，用水湿润膜孔，从下面通入空气，当压力升高到有稳定气泡冒出时称为泡点，此时的压力称为泡点压力。基于空气压力克服表面张力将水从膜孔毛细管中推出的动量平衡，可得到计算最大孔径的公式

$$d_{max} = \frac{4\sigma\cos\theta}{p_b} \tag{4.21}$$

式中，$d_{max}$ 为最大孔径；$\sigma$ 为水的表面张力；$\theta$ 为水与膜面的接触角；$p_b$ 为泡点压力。因为亲水膜可被水完全润湿，故亲水膜的 $\theta \approx 0$，$\cos\theta \approx 1$，所以

$$d_{max} = \frac{4\sigma}{p_b} \tag{4.21a}$$

除核孔微滤膜的孔径比较均一外，其他膜的孔径均有较大的分布范围。

### 4.2.3 水通量

膜的另一特性是其纯水的透过通量，通称水通量。水通量是在一定的条件下（一般压力为 0.1MPa，温度为 20℃），通过测量透过一定量纯水所需的时间测定的。表 4.2 和表 4.3 分别列出了部分超滤膜和微滤膜的水通量。可以看出水通量随着膜的截留相对分子质量（UF 膜，表 4.2）或膜孔径（MF 膜，表 4.3）的增大而增大。同时，膜材料的种类对水通量的影响显著，不同厂商生产的膜之间水通量的差别也很大。

**表 4.2　部分超滤膜的水通量**（压力＝0.1MPa）

| 截留相对分子质量 | 制造商 | 膜型号 | 膜材料 | 水通量/[m³/(m²·h)] |
|---|---|---|---|---|
| 3 | Amicon | P3 | PS | 0.018 |
| 8 | D. D. S. | CA800PP | CA | 0.014 |
| 10 | Amicon | Ioplate | C | 0.034 |
| 10 | Amicon | Ioplate | PS | 0.136 |
| 10 | Daicel | DUY—H | PAN | 0.035 |
| 20 | Daicel | DUY—M | PAN | 0.070 |
| 20 | NITTO | NTU—2120 | PO | 0.037 |
| 20 | NITTO | NTU—3250 | PS | 0.025 |
| 50 | D. D. S. | GR51PP | PS | 0.062 |
| 100 | Amicon | Y100 | C | 0.097 |
| 100 | Amicon | Ioplate KSLP100 | PS | 0.062 |
| 200 | Amicon | Ioplate KSLP200 | PS | 0.085 |
| 500 | D. D. S. | GR10PP | PS | 0.10 |

注：PS，聚砜；CA，醋酸纤维；C，纤维素；PAN，聚丙烯腈；PO，聚烯烃。

**表 4.3　部分微滤膜的水通量**（压力＝0.1MPa）

| 膜孔径/μm | 膜材料 | 水通量/[m³/(m²·h)] | 膜孔径/μm | 膜材料 | 水通量/[m³/(m²·h)] |
|---|---|---|---|---|---|
| 0.01 | CER | 0.056 | 1.0 | CER. Al₂O₃ | 3～10 |
| 0.02 | CER | 0.080 | 1.0 | PTFE | 4～200 |
| 0.05 | PE | 0.80 | 3.0 | PES | 1～3 |
| 0.05 | PTFE | 2.4 | 3.0 | PTFE | 200～450 |
| 0.1 | PO | 1.2 | 5.0 | PP | 80～200 |
| 0.1 | PTFE | 3～6 | 5.0 | PTFE | 130～1070 |
| 0.2 | PTFE | 4～20 | 10.0 | PP | 80～1200 |
| 0.2 | CA | 7～14 | 10.0 | PTFE | 200～400 |
| 0.45 | PTFE | 10～60 | 30.0 | PP | 250～700 |

注：CER，陶瓷；PE，聚乙烯；PES，聚酯；PTFE，聚四氟乙烯；CER. Al₂O₃，氧化铝陶瓷；PP，聚丙烯。

由于纯水并非实际分离物系，因此水通量不能用来衡量和预测实际料液的透过通量。在实际膜分离操作中，由于溶质的吸附、膜孔的堵塞以及后述的浓度极化或凝胶极化现象的产生，都会造成对透过的附加阻力，使透过通量大幅度降低。一般来讲，在菌体或蛋白质的膜分离浓缩过程中，随着操作的进行，透过通量急剧下降，根据操作条件和料液性质不同，5～20min 即降至最低点。许多实验研究证明，膜孔径越大，通量下降速度越快，大孔径微滤膜的稳定通量比小孔径膜小，有时甚至微滤膜的稳定通量比超滤膜还要小。这主要是由于溶质微粒容易进入到孔径较大的膜孔中堵塞膜孔造成的。如图 4.7 所示[1]，在伴随反洗的酵母悬浮液错流过滤过程中，存在透过通量最大的微滤膜孔径。在细菌悬浮液的错流过滤过程中亦有类似现象，最佳膜孔径与菌体大小有关。因此，用膜分离法处理含菌体细胞或悬浮微粒的料液时，要根据料液性质选择膜孔径适当、不易堵塞、对溶质吸附作用小的亲水膜，这样不仅可提高分离速度，还可以提高分离质量和目标产物的回收率。

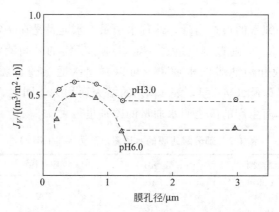

图 4.7 伴随反洗的酵母悬浮液错流过滤过程中透过通量与膜孔径的关系
$\Delta p = 0.05\mathrm{MPa}$，酵母质量浓度（干重）$=8.5\mathrm{mg/mL}$，流量$=200\mathrm{mL/min}$

## 4.3 膜组件

由膜、固定膜的支撑体、间隔物（spacer）以及收纳这些部件的容器构成的一个单元（unit）称为膜组件（membrane module）或膜装置。膜组件的结构根据膜的形式而异，市售商品膜组件主要有管式、平板式、螺旋卷式和中空纤维（毛细管）式四种，其中管式和中空纤维式膜组件根据操作方式不同，又分为内压式和外压式。图 4.8 为各种膜组件的结构示意图[1]。

### 4.3.1 管式膜组件

管式膜是将膜固定在内径 10～25mm、长约 3m 的圆管状多孔支撑体上构成的，10～20根管式膜并联［图 4.8(a)］，或用管线串联，收纳在筒状容器内即构成管式膜组件。管式膜组件的内径较大，结构简单，适合于处理悬浮物含量较高的料液，分离操作完成后的清洗比较容易。但是管式膜组件单位体积的过滤表面积（即比表面积）在各种膜组件中最小，这是它的主要缺点。

### 4.3.2 平板式膜组件

平板式膜组件与板式换热器或加压叶滤机相似，由多枚圆形或长方形平板膜以 1mm 左右的间隔重叠加工而成，膜间衬设多孔薄膜，供料液或滤液流动［图 4.8(b)］。平板式膜组件比管式膜组件的比表面积大得多。在实验室中，经常使用将一张平板膜固定在容器底部的搅拌槽式过滤器。

### 4.3.3 螺旋卷式膜组件

螺旋卷式膜组件如图 4.8(c) 所示。将两张平板膜固定在多孔性滤液隔网上（隔网为滤液流路），两端密封。两张膜的上下分别衬设一张料液隔网（为料液流路），卷绕在空心管上，空心管用于滤液的回收。

螺旋卷式膜组件的比表面积大，结构简单，价格较便宜。但缺点是处理悬浮物浓度较高的料液时容易发生堵塞现象。

### 4.3.4 中空纤维（毛细管）式膜组件

中空纤维（毛细管）式膜组件由数百至数百万根中空纤维膜（毛细管膜）固定在圆筒形容器内构成［图 4.8(d)］。严格地讲，内径为 40～80μm 的膜称中空纤维膜，而内径为

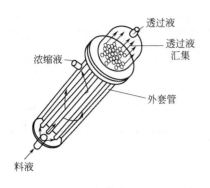

(a) 管式膜组件

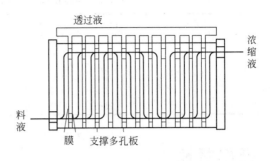

(b) 平板式膜组件

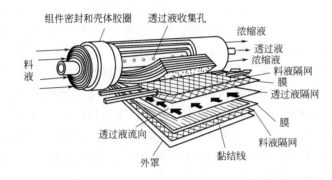

(c) 螺旋卷式膜组件

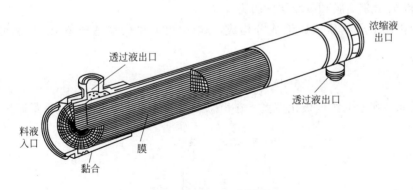

(d) 中空纤维(毛细管)式膜组件

图 4.8　各种膜组件的结构示意图

0.25～2.5mm 的膜称毛细管膜。由于两种膜组件的结构基本相同，故一般将这两种膜装置统称为中空纤维式膜组件。毛细管膜的耐压能力在 1.0MPa 以下，主要用于超滤和微滤；中空纤维膜的耐压能力较高，常用于反渗透。由于中空纤维式膜组件由许多极细的中空纤维构成，采用外压式操作（料液走壳方）时，流体流动容易形成沟流效应（channeling），凝胶吸附层的控制比较困难；采用内压式操作（料液走腔内）时，为防止堵塞，需对料液进行预处理，除去其中的固形微粒。

　　表 4.4 总结了各种膜组件的特性和应用范围[2]。

表 4.4　各种膜组件的特性和应用范围

| 膜组件 | 比表面积/(m²/m³) | 设备费 | 操作费 | 膜面吸附层的控制 | 应用 |
|---|---|---|---|---|---|
| 管式 | 20～30 | 极高 | 高 | 很容易 | UF,MF |
| 平板式 | 400～600 | 高 | 低 | 容易 | UF,MF,PV |
| 螺旋卷式 | 800～1000 | 低 | 低 | 难 | RO,UF,MF |
| 毛细管式 | 600～1200 | 低 | 低 | 容易 | UF,MF,PV |
| 中空纤维式 | 约 $10^4$ | 很低 | 低 | 很难 | RO,DS |

# 4.4　操作特性

### 4.4.1　浓度极化模型

反渗透、超滤和微滤操作各具特点，影响透过通量的因素很多。但这三种膜分离操作的透过通量基本上均可用浓度极化或凝胶极化模型描述。浓度（凝胶）极化模型的要点是：在膜分离操作中，所有溶质均被透过液传送到膜表面上，不能完全透过膜的溶质受到膜的截留作用，在膜表面附近浓度升高，如图 4.9 所示。这种在膜表面附近浓度高于主体浓度的现象称为浓度极化或浓差极化（concentration polarization）。膜表面附近浓度升高，增大了膜两侧的渗透压差，使有效压差减小，透过通量降低。当膜表面附近的浓度超过溶质的溶解度时，溶质会析出，形成凝胶层；当分离含有菌体、细胞或其他固形成分的料液时，也会在膜表面形成凝胶层，这种现象称为凝胶极化（gel polarization）。凝胶层的形成对透过产生附加的传质阻力，因此透过通量一般表示为

$$J_V = \frac{\Delta p - \Delta \pi}{\mu_L (R_m + R_g)} \tag{4.22}$$

式中，$R_m$ 和 $R_g$ 分别为膜和凝胶层的阻力。

若凝胶层仅由高分子物质或固形成分构成，式（4.22）中的浸透压差 $\Delta \pi$ 可忽略不计，因此

$$J_V = \frac{\Delta p}{\mu_L (R_m + R_g)} \tag{4.23}$$

下面讨论图 4.9 所示的浓度极化模型。在稳态操作条件下，溶质的透过质量通量与滞流

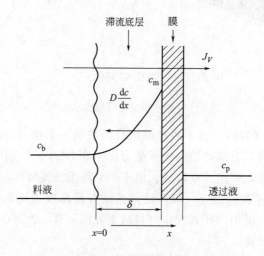

图 4.9　浓度极化模型

底层内向膜面传送溶质的通量和向主体溶液反扩散通量之间达到物料平衡，即

$$J_V c_p = J_V c - D \frac{\mathrm{d}c}{\mathrm{d}x} \tag{4.24}$$

边界条件为

$$c = c_b, x = 0 \tag{4.24a}$$

$$c = c_m, x = \delta \tag{4.24b}$$

利用上述边界条件积分式(4.24)，可得下式

$$J_V = k \ln \left( \frac{c_m - c_p}{c_b - c_p} \right) \tag{4.25}$$

式中，$D$ 为溶质的扩散系数，$\mathrm{m}^2/\mathrm{s}$；$\delta$ 为虚拟滞流底层厚度，m；$c_m$ 为膜表面浓度，mol/L；$c_b$ 为主体料液浓度，mol/L；$c_p$ 为透过液浓度，mol/L；$k$ 为传质系数，m/s。

$$k = \frac{D}{\delta} \tag{4.26}$$

式(4.25)是生物分子透过通量的浓度极化模型方程。当压力很高时，溶质在膜表面形成凝胶极化层，此时式(4.25)变为

$$J_V = k \ln \left( \frac{c_g - c_p}{c_b - c_p} \right) \tag{4.27}$$

式中，$c_g$ 为凝胶层浓度。

形成凝胶层时，溶质的透过阻力极大，透过液浓度 $c_p$ 很小，可忽略不计，故式(4.27)可改写成

$$J_V = k \ln \frac{c_g}{c_b} \tag{4.28}$$

式(4.28)是菌体悬浮液和高压条件下生物大分子透过通量的凝胶极化模型方程。

### 4.4.2 超滤膜的分子截留作用

在表 4.2 和表 4.3 中，超滤膜用截留相对分子质量标志膜的型号，微滤膜用膜的平均孔径标志膜的型号。在介绍截留相对分子质量之前，应首先了解截留率的概念。

截留率（rejection coefficient）表示膜对溶质的截留能力，可用小数或百分数表示。在实际膜分离过程中，由于存在浓度极化现象，真实截留率为

$$R_0 = 1 - \frac{c_p}{c_m} \tag{4.29}$$

由于膜表面的极化浓度 $c_m$ 不易测定，通常只能测定料液的体积浓度（bulk concentration），因此常用表观截留率 $R$，其定义为

$$R = 1 - \frac{c_p}{c_b} \tag{4.30}$$

显然，如果不存在浓度极化现象，$R \equiv R_0$。如果 $R = 1$，则 $c_p = 0$，即溶质完全被截留，不能透过膜；如果 $R = 0$，则 $c_p = c_b$，即溶质可自由透过膜，不被膜截留。

平板膜的截留率可用间歇搅拌池型超滤器测量。操作在较低压力和适当的搅拌速度下进行，避免发生浓度极化。通过测定超滤前后保留液浓度和体积可计算截留率为

$$R = \frac{\ln(c/c_0)}{\ln(V_0/V)} \tag{4.31}$$

式中，$c_0$ 和 $c$ 分别为溶质的初始浓度和超滤后的浓度；$V_0$ 和 $V$ 分别为料液的初始体积和超滤后的体积。

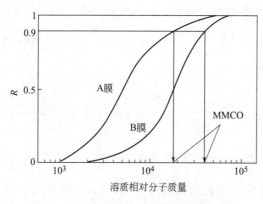

图 4.10　截留曲线与截留相对分子质量

通过测定相对分子质量不同的球形蛋白质或水溶性聚合物的截留率，可获得膜的截留率与溶质相对分子质量之间关系的曲线，即截留曲线，如图 4.10 所示。一般将在截留曲线上截留率为 0.90（90％）的溶质的相对分子质量定义为膜的截留相对分子质量（molecular mass cut-off，MMCO）。

在理想情况下，超滤膜的截留曲线应为通过横坐标 MMCO 的一条垂直线，相对分子质量小于 MMCO 的溶质截留率为 0，大于 MMCO 的溶质截留率为 1。但实际上，膜孔径均有一定的分布范围，孔径分布范围较小则截留曲线较陡直，反之则斜坦。生产膜的厂商不同，截留率曲线的敏锐程度不同。因此，不同厂商生产的两种 MMCO 相同的膜，对同一溶质的截留率也不会相同。此外，同一厂商生产的不同批号的膜，对同一溶质的截留情况也可能不一样。所以，MMCO 相同的超滤膜可能表现完全不同的截留曲线。因此，MMCO 只是表征膜特性的一个参数，不能作为选择膜的唯一标准。膜的优劣应从多方面（如孔径分布、透过通量、耐污染能力等）加以分析和判断。

实际膜分离过程中影响截留率（表观截留率）的因素很多，除相对分子质量外，主要有如下几个方面。

（1）分子特性　相对分子质量相同时，呈线状的分子截留率较低，有支链的分子截留率较高，球形分子的截留率最大。对于荷电膜，具有与膜相反电荷的分子截留率较低，反之则较高。若膜对溶质具有吸附作用时，溶质的截留率增大。

（2）其他高分子溶质的影响　当两种以上的高分子溶质共存时，其中某一溶质的截留率要高于其单独存在的情况。这主要是由于浓度极化现象使膜表面的浓度高于主体浓度。

（3）操作条件　温度升高，黏度下降，则截留率降低。膜表面流速增大，则浓度极化现象减轻，截留率减小。此外，当料液的 pH 值等于其中含有的蛋白质的等电点时，由于蛋白质的净电荷数为零，蛋白质间的静电斥力最小，使该蛋白质在膜表面形成的凝胶极化层浓度最大，即透过阻力最大。此时，溶质的截留率高于其他 pH 值下的截留率。

## 4.5　影响膜分离速度的主要因素

### 4.5.1　操作形式

传统的过滤操作主要用滤布为过滤介质，采用终端过滤（dead-end filtration）形式（图 2.5）回收或除去悬浮物，料液流向与膜面垂直，膜表面的滤饼阻力大，透过通量很低。由于新型膜材料和膜组件的研究开发，目前的超滤和微滤操作主要采用图 4.11 所示的错流过滤（cross-flow filtration，CFF）形式。错流过滤又称切线流过滤（tangential-flow filtration）。错流过滤操作中，料液的流动方向与膜面平行，流动的剪切作用可大大减轻浓度极化现象或凝胶层厚度，使透过通量维持在较高水平。

### 4.5.2　流速

流速对透过通量的影响反映在式（4.25）或式（4.28）中的传质系数上。已有许多经验关联式描述传质系数与流速的关系，对于圆形管路，可用下式计算传质系数。

层流（$Re < 1800$）

$$Sh = \frac{\overline{k}d}{D} = 1.62\left(Re \times Sc \times \frac{d}{L}\right)^{1/3} \quad (4.32)$$

湍流（$Re > 4000$）

$$Sh = \frac{\overline{k}d}{D} = 0.023Re^{7/8} \times Sc^{1/4} \quad (4.33)$$

式中，$L$ 为膜管长度，m；$D$ 为溶质的扩散系数，$m^2/s$；$d$ 为膜管径，m；$\overline{k}$ 为从入口

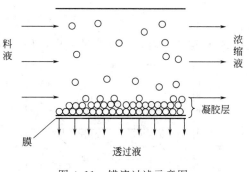

图 4.11　错流过滤示意图

到管长为 $L$ 处的平均传质系数，m/s；$Re$ 为 Reynolds 数，$Re = du\rho_L/\mu_L$；$Sc$ 为 Schmidt 数，$Sc = \mu_L/(\rho_L D)$；$Sh$ 为 Sherwood 数；$u$ 为流速，m/s；$\mu_L$ 为料液黏度，Pa·s；$\rho_L$ 为料液密度，$kg/m^3$。

可以看出，传质系数随流速的增大而提高。因此，流速增大，透过通量亦增大。对于蛋白质溶液以及相对分子质量小于蛋白质的物质的溶液，利用式(4.32)或式(4.33)计算 $k$ 值，并用式(4.25)推算的 $J_V$ 值基本上与实际测量值相符。但对于菌体或胶体粒子的悬浮液，用式(4.32)或式(4.33)得到的 $k$ 值推算出的 $J_V$ 值比实际测量值低，并且流速对 $J_V$ 的实际影响程度更高。例如，在湍流状态下，$J_V$ 与流速的 1.3～1.65 次方成正比，是理论值［7/8，见式(4.33)］的近 2 倍[3]。如图 4.12 所示[1]，菌体悬浮液的 $J_V$ 实测值不仅比理论值高得多，而且 $J_V$ 与流速的关系因菌体种类而异。一般认为，$J_V$ 的实测值高于利用式(4.28)计算的理论值，是由于在膜面流体的平行流动使凝胶层剥离和流动，从而实际的凝胶层比凝胶极化模型的计算值小。另外，不同菌体的物理性质（如形状、大小、硬度和填充状态等）和生物性质（如是否分泌黏性物质、细胞膜和壁的结构及构成成分、可否自溶以及菌体的运动性等）不同，形成的凝胶层的性状也不一样。因此，在相同的流速（剪切作用）下，菌体凝胶层被剥离的难易程度不同，使实际的 $J_V$ 对流速的依赖程度［式(4.32)或式(4.33)中流速的指数］各异。

### 4.5.3　压力

图 4.13 为 $J_V$ 与压力 $\Delta p$ 的关系。当压力较小时，膜面上尚未形成浓度极化层，$J_V$ 与 $\Delta p$ 成正比，此时，$J_V$ 与 $\Delta p$ 的关系符合式(4.22)（其中 $R_g = 0$）；当 $\Delta p$ 逐渐增大时，膜表面出现浓度极化现象，$J_V$ 的增长速率减慢，此时 $J_V$ 可用式(4.25)表达；当 $\Delta p$ 继续增大，出现凝胶层时，由于凝胶层厚度随压力增大而增大，所以 $J_V$ 不再随 $\Delta p$ 增大，此时的 $J_V$ 为此流速下的极限值（$J_{lim}$），用式(4.28)表示。另外，$J_{lim}$ 随料液浓度增大而降低，随流速（搅拌速度）提高而增大。

### 4.5.4　料液浓度

从式(4.25)可知，$J_V$ 与 $-\ln(c_b - c_p)$ 呈线性关系，随 $c_b$ 的增大而减小。当 $c_b$ 与凝胶层浓度 $c_g$ 相等时，$J_V = 0$。因此，利用式(4.28)和稳态操作条件下 $J_V$ 与 $c_b$ 的关系数据，可推算溶质形成凝胶层的浓度 $c_g$ 值。

当料液中含有多种蛋白质时，由于与单组分时相比，总蛋白质浓度升高，因此透过通量下降。从另一个角度来看，由于其他蛋白质的共存使蛋白质的截留率上升，而代入 $\varphi = c_p/c_m$ 和式(4.30)后，式(4.25)可改写为

$$J_V = k \ln \left[ \left( \frac{1-\varphi}{\varphi} \right) \left( \frac{1-R}{R} \right) \right]$$ (4.34)

因此，截留率上升，透过通量下降，$J_V$ 与 $\ln \left[ (1-R)/R \right]$ 呈线性关系。

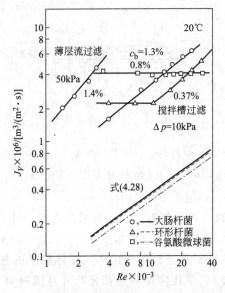
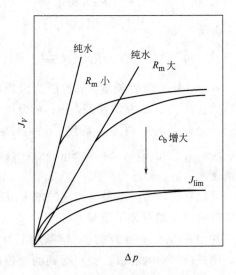

图 4.12  不同菌体的透过通量与流速（$Re$）的关系    图 4.13  透过通量与 $\Delta p$ 的关系

# 4.6  膜分离过程

### 4.6.1  分离操作

#### 4.6.1.1  浓缩

以菌体或蛋白质浓缩为目的的膜分离一般分图 4.14 所示的三种操作方式，即开路循环操作、闭路循环操作和连续浓缩操作。

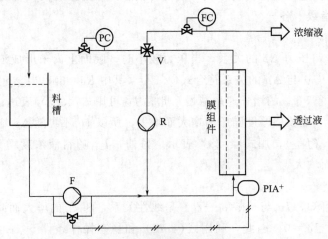

图 4.14  浓缩操作示意图

F—给料泵；R—循环泵；V—四通阀

1. 开路循环操作：V（⨂），R 关闭；

2. 闭路循环操作：V（⨂），R 开启；

3. 连续浓缩操作：V（⨂），R 开启（四通阀 V 中涂黑处封闭）

（1）开路循环操作　循环泵 R 关闭，全部溶液用给料泵 F 送回料液槽，只有透过液排出系统之外。设目标产物的截留率为 $R$，料液槽内目标产物的物料衡算式为

$$-\frac{\mathrm{d}(Vc)}{\mathrm{d}t}=Qc(1-R) \tag{4.35}$$

$$V=V_0,c=c_0,t=0 \tag{4.35a}$$

式中，$V$、$c$ 和 $Q$ 分别为料液体积、浓度和透过液流量。

因为
$$-\mathrm{d}V=Q\mathrm{d}t \tag{4.36}$$

将式（4.36）代入式（4.35）后积分，得到料液浓度随体积变化的方程

$$c=c_0\left(\frac{V_0}{V}\right)^R \tag{4.37}$$

产物浓缩倍数 $CF$ 和收率 $REC$ 分别为

$$CF=\left(\frac{V_0}{V}\right)^R \tag{4.38}$$

$$REC=\left(\frac{V_0}{V}\right)^{R-1} \tag{4.39}$$

可见，膜的截留率越大，产物收率和浓缩倍数越高。

开路循环操作中，循环液中溶质浓度不断上升，若流量和压差不变，透过通量将随操作时间不断降低。根据凝胶极化模型方程式（4.28），透过液流量可用下式表示

$$Q=q\ln\frac{c_g}{c} \tag{4.40}$$

将式（4.36）和式（4.40）代入式（4.35）后积分，可得料液浓度与时间的关系，计算达到浓缩目标 $c$ 所需的时间为

$$t=\frac{V_0}{Rq}\int_{c_0}^{c}\frac{(c_0/c)^{1/R}}{c\ln(c_g/c)}\mathrm{d}c \tag{4.41}$$

（2）闭路循环操作　浓缩液（未透过的部分）不返回到料液罐，而是利用循环泵 R 送回到膜组件中，形成料液在膜组件中的闭路循环。闭路循环操作中，循环液中目标产物浓度的增加比开路循环操作快，故透过通量小于开路循环。但其优点是膜组件内的流速可不依靠料液泵的供应速度进行独立的优化设计。

（3）连续浓缩操作　连续浓缩操作是在闭路循环操作的基础上，将浓缩液不断排出系统之外的操作方式。连续浓缩操作容易实现自动化，节省人力。但从透过通量的角度考虑，连续浓缩操作在三种浓缩操作方式中效率最低，即通过膜组件的溶质浓度一直保持在最高水平（为浓缩产品浓度），透过通量最小。因此，连续浓缩操作方式相当于连续全混反应器（continuous stirred tank reactor，CSTR）。为了改善透过通量，可利用多级串联操作。如图 4.15 所示，将多个膜组件串联，上一级膜组件的浓缩液进入下一级膜组件继续浓缩，最后一级膜组件的浓缩液达到所需的浓缩水平。由于进入每一级膜组件的浓缩液浓度逐渐升高，从而使操作过程的平均透过通量高于单级过程的透过通量。

#### 4.6.1.2　洗滤

洗滤（diafiltration）又称透析过滤或简称透滤。以除去菌体或高分子溶液中的小分子溶质为目的时，需采用洗滤操作。

图 4.16 为间歇洗滤操作示意图。洗滤过程中向原料罐连续加入水或缓冲液，若保持料液量和透过通量不变，则目标产物和小分子溶质的物料衡算式为

$$-V\frac{\mathrm{d}c}{\mathrm{d}t}=Qc(1-R) \tag{4.42}$$

$$-V\frac{\mathrm{d}s}{\mathrm{d}t}=Qs(1-R_s) \tag{4.43}$$

积分上述两式得

$$c=c_0\exp\left[-(1-R)\frac{V_D}{V}\right] \tag{4.44}$$

$$\frac{V_D}{V}=\frac{1}{1-R_s}\ln\left(\frac{s_0}{s}\right) \tag{4.45}$$

式中，$s_0$ 为小分子溶质的初始浓度；$V$ 为料液体积；$s$ 为洗滤后的小分子溶质浓度；$V_D$ 为流加的水或缓冲液的体积（＝透过液体积）；$R_s$ 为小分子溶质的截留率。

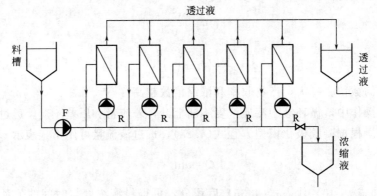

图 4.15　多级串联连续浓缩操作

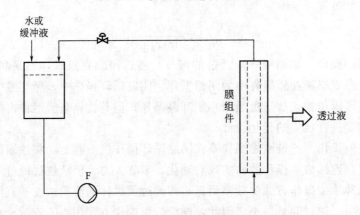

图 4.16　间歇洗滤操作

从式(4.45)可知，料液体积 $V$ 越小，所需洗滤液体积 $V_D$ 越小。因此，洗滤前首先浓缩稀料液，可减少洗滤液用量。但浓缩后，目标产物浓度增大，透过通量下降。所以，存在最佳料液浓度，使洗滤时间最短。设目标产物的截留率 $R=1$，小分子溶质的截留率 $R_s=0$，浓缩后料液体积为 $V$，洗滤过程中其浓度和透过液流量不变［式(4.40)］，目标产物浓度和洗滤时间分别为

$$c=c_0\frac{V_0}{V} \tag{4.46}$$

$$t=\frac{V}{Q}\ln\frac{s_0}{s} \tag{4.47}$$

将式(4.40)和式(4.46)中的 $Q$ 和 $V$ 代入式(4.47)后，取 $\mathrm{d}t/\mathrm{d}c=0$，可得浓缩液浓度为

$$c^* = \frac{c_g}{e} \tag{4.48}$$

此时洗滤操作所需时间最短，其中 e 为自然常数。

若料液量较小，采用图 4.16 所示的间歇洗滤（也可采用闭路循环操作）较为适宜。若处理量较大，可采用多级串联连续洗滤操作。如图 4.17 所示，开始的数级将料液浓缩到一定程度，减少处理量；然后进行洗滤，除去残留的小分子溶质；最后浓缩至所需浓度。

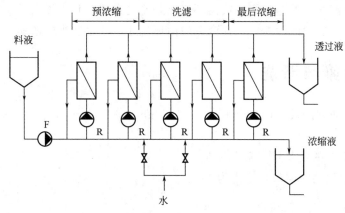

图 4.17　多级串联连续洗滤操作

### 4.6.2　错流过滤过程的流体力学

上述的各种膜分离操作主要采用错流过滤，原料液的流动使膜组件内存在压力分布，入口压力 $p_i$ 高于出口压力 $p_o$。膜装置内的压降与流体流速有关，根据 Hagen-Poiseuille 方程 [见式(4.18)]，层流条件下的压降为

$$p_i - p_o = \frac{K_1 \mu_L L u}{d^2} \tag{4.49}$$

而湍流条件下

$$p_i - p_o = \frac{K_2 f \mu_L L u^2}{d} \tag{4.50}$$

式中，$d$ 为膜表面流层的高度；$L$ 为膜长度；$K_1$ 和 $K_2$ 是与流道形状有关的无量纲系数；$f$ 为与雷诺数有关的无量纲系数[4]。

设透过液一侧的表压为零，则平均透膜压差为

$$\Delta p = \frac{p_i + p_o}{2} \tag{4.51}$$

或

$$\Delta p = p_i - \frac{p_i - p_o}{2} \tag{4.52}$$

上式说明，当入口压力不变时，压降影响透膜压差：压降越小，透膜压差越大，对提高透过通量有利。但是，由式(4.49)和式(4.50)可知，压降越小，意味着流速越低，根据浓度（凝胶）极化模型方程式(4.25)和式(4.28)，透过通量下降。事实上，各种膜组件均有其耐压范围，即能承受的最大压力（入口压力）有限。所以，若入口压力不变（＝耐压极限），存在最佳循环流速（或膜内压降），使透过通量最大，如表 4.5 所示[5]。

表 4.5　透过液流量与压降和循环流量的关系

| $p_i$/MPa | $p_o$/MPa | $p_i-p_o$/MPa | $\Delta p$/MPa | 循环流量/(L/min) | 透过液流量/(L/min) |
|---|---|---|---|---|---|
| 0.18 | 0 | 0.18 | 0.09 | 50 | 2.3 |
| 0.18 | 0.036 | 0.144 | 0.108 | 40 | 2.8 |
| 0.18 | 0.072 | 0.108 | 0.126 | 30 | 2.9 |
| 0.18 | 0.108 | 0.072 | 0.144 | 20 | 2.4 |
| 0.18 | 0.144 | 0.036 | 0.162 | 10 | 1.7 |

因此，错流过滤操作的透膜压差或循环流速并非越大越有利于提高透过通量，由于二者相互关联，应根据膜装置的性能，选择合适的循环流速，产生适当的透膜压差。

## 4.7　膜的污染与清洗

膜分离过程中遇到的最大问题是膜污染（membrane fouling），膜污染的主要原因来自以下几个方面。

① 凝胶极化引起的凝胶层，阻力为 $R_g$。

② 溶质在膜表面的吸附层，阻力为 $R_{as}$。

③ 膜孔堵塞，阻力为 $R_p$。

④ 膜孔内的溶质吸附，阻力为 $R_{ap}$。

因此，透过通量方程式(4.22)应改写为

$$J_V=\frac{\Delta p-\Delta\pi}{\mu_L R_t} \tag{4.53}$$

$$R_t=R_g+R_{as}+R_p+R_{ap} \tag{4.54}$$

膜材料的表面性质、膜孔道尺寸和分布以及料液组成对膜污染的形成和发展具有重要影响，针对不同膜分离过程，研究者提出了多种膜污染模型，用于量化膜污染过程和膜通量的演化[6]。

膜污染不仅造成透过通量的大幅度下降，而且影响目标产物的回收率。为保证膜分离操作高效稳定地进行，必须对膜进行定期清洗，除去膜表面及膜孔内的污染物，恢复膜的透过性能。

膜的清洗一般选择水、盐溶液、稀酸、稀碱、表面活性剂、络合剂、氧化剂和酶溶液等为清洗剂。具体采用何种清洗剂要根据膜的性质（耐化学试剂的特性）和污染物的性质而定。使用的清洗剂要具有良好的去污能力，同时又不能损害膜的过滤性能。因此，选择合适的清洗剂和清洗方法不仅能提高膜的透过性能，而且可延长膜的使用寿命。如果用清水清洗就可恢复膜的透过性能，则不需使用其他清洗剂。对于蛋白质的严重吸附引起的膜污染，用蛋白酶（如胃蛋白酶、胰蛋白酶等）溶液清洗，效果较好。

中空纤维式膜组件是常用的膜分离设备，利用中空纤维膜的不对称性和膜组件的结构特点，经常采用反洗（backflushing）和循环清洗。反洗的具体操作方法是，对于内压式中空纤维式膜组件，清洗液从壳方通入，与正常膜分离操作［图 4.18(a)］时的透过方向相反［图 4.18(b)］。反洗操作中清洗液从膜孔较大的一侧透向膜孔较小的一侧，可除去堵塞膜孔的微粒。将透过液出口密封，可进行循环清洗［图 4.18(c)］，注意组件上下透过液的方向不同[5]。一次循环清洗操作可清洗组件的 1/2，将组件倒置可清洗另一半，一般反复顺倒两

次，即可使透过通量恢复到原通量的 90% 以上。图 4.19 是清洗操作对透过通量影响的示意图，一般反洗操作适合于回收高价蛋白质产物，而循环清洗适于处理含细胞或固体颗粒的料液。

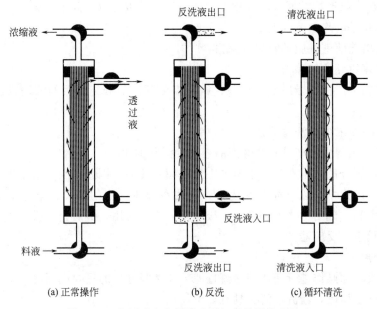

图 4.18　内压式中空纤维式膜组件的操作和清洗

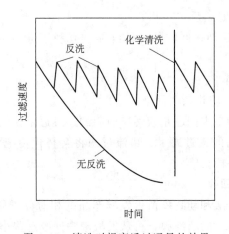

图 4.19　清洗对提高透过通量的效果

清洗操作是膜分离过程不可缺少的步骤，但清洗操作是造成膜分离过程成本增高的重要原因。因此，在采用有效的清洗操作的同时，需采取必要的措施防止或减轻膜污染。例如，选用高亲水性膜或对膜进行适当的预处理（如聚砜膜用乙醇溶液浸泡，醋酸纤维膜用阳离子表面活性剂处理），均可缓解污染程度。此外，对料液进行适当的预处理（如进行预过滤、调节 pH 值），也可相当程度地减轻污染的发生。

如何防止膜污染以及开发高效节能的污染清除技术是进一步普及膜分离技术的关键之一，也是产学界孜孜以求的目标。研究表明，膜分离过程存在临界操作压力，在临界操作压力以下进行膜分离操作，可长时间维持较高的透过通量，降低对清洗操作的依赖程度，提高膜分离效率。

## 4.8 应用

膜分离法在生物产物的回收和纯化方面的应用可归纳为以下几个方面。

① 细胞培养基的除菌。

② 发酵或培养液中细胞的收集或除去。

③ 细胞破碎后碎片的除去。

④ 生物大分子产物（蛋白质、核酸、病毒疫苗等）部分纯化后的浓缩或洗滤除去小分子溶质。

⑤ 最终产品的浓缩和洗滤除盐。

⑥ 制备用于调制生物产品和清洗产品容器的无热原水。

由此可见，膜分离技术在生物下游加工过程频繁使用，因此，膜分离是生物产物分离纯化过程必不可少的技术。以下简要阐述膜分离法在菌体细胞的分离、小分子发酵产物的回收、蛋白质类生物大分子的浓缩和部分分级纯化方面的应用，最后介绍膜分离与生物反应的耦合过程，即膜生物反应器。

### 4.8.1 菌体分离

利用微滤或超滤操作进行菌体的错流过滤分离是膜分离的重要应用之一。与传统的滤饼过滤和硅藻土过滤相比，错流过滤法具有如下优点。

① 透过通量大。

② 滤液清净，菌体回收率高。

③ 不添加助滤剂或絮凝剂，回收的菌体纯净，有利于进一步分离操作（如菌体破碎、胞内产物的回收等）。

④ 适于大规模连续操作。

⑤ 易于进行无菌操作，防止杂菌污染。

但如前所述，膜分离的最大问题是膜污染引起的透过通量大幅度下降。如合理地解决膜污染和清洗问题，保持较高的透过通量，错流过滤将会替代传统的过滤技术和离心分离技术，成为菌体分离的重要手段。

### 4.8.2 小分子发酵产物的回收

氨基酸、抗生素、有机酸和动物疫苗等发酵产品的相对分子质量在 2000 以下，因此选用 MMCO 为 $1 \times 10^4 \sim 3 \times 10^4$ 的超滤膜，可从发酵液中回收这些小分子发酵产物，然后利用反渗透法进行浓缩和除去相对分子质量更小的杂质。

此外，抗生素等发酵产物中常含有超过药检允许量的致热原（pyrogen），直接使用会引起恒温动物的体温升高，因此制成药剂前需进行除热原处理。热原一般由细菌细胞壁产生，主要成分是脂多糖、脂蛋白等，相对分子质量较大。如果产品的相对分子质量在 1000 以下，使用 MMCO 为 $1 \times 10^4$ 的超滤膜可有效除去热原，并且不影响产品的回收率。

### 4.8.3 蛋白质的回收、浓缩与纯化

胞外的蛋白质产物在微滤除菌的同时即可从滤液中回收，由于滤液清净，对进一步的分离纯化操作非常有利。蛋白质的透过与其相对分子质量、浓度、带电性质以及膜表面的吸附层结构、溶液的 pH 值、离子强度、膜的孔径和结构有关。因此，对特定的蛋白质，需根据其分子特性，选择合适的膜，并对料液进行适当的预处理（如调节 pH 值和离子强度等），

以提高目标产物的回收率。一般来说，胞外产物的收率较高，而胞内产物从细胞的破碎物中回收，收率较低。这是由于菌体碎片微小，容易对膜造成污染和形成吸附层，阻滞蛋白质的透过。有研究认为，使用非对称膜时，料液从孔径较大的一侧（惰性层）流过，可大大改善目标蛋白质的收率[7]。

根据蛋白质的相对分子质量，选择适当 MMCO 的超滤膜，可进行蛋白质的浓缩和去除其中的小分子物质，回收率可达 95% 以上。收率的部分降低主要是由于膜的吸附以及操作中剪切作用引起的蛋白质变性。

超滤浓缩和分级分离酶、生产部分纯化的酶制剂已实现工业规模，其中的关键问题是如何抑制酶的失活和膜对酶的吸附。超滤过程中，不适宜的温度、pH 值和离子强度以及流动引起的剪切作用均可能引起酶的失活。超滤膜对酶的吸附不仅造成酶的收率下降，还会使透过通量降低，影响分离速度。

由于超滤膜的孔径有一定的分布范围，利用超滤膜进行蛋白质的分级分离时，蛋白质之间的相对分子质量差一般需要达到 10 倍以上，否则难以分离。但是，利用荷电膜与蛋白质间的静电相互作用可分离相对分子质量相近而等电点不同的蛋白质[1,8~13]。通过调节溶液 pH、离子强度和透过通量等操作参数，甚至可以实现分子量较大的蛋白质的选择性透过。图 4.20 为利用磺化聚砜膜（带负电荷）分离肌红蛋白（$M_r = 17000$，$pI = 6.8$）和细胞色素 C（$M_r = 12400$，$pI = 10.6$）的结果[8]。在 pH=9.2 的溶液中细胞色素 C 带正电荷，与磺化聚砜膜相互吸引，完全透过膜（$R = 0$）；但肌红蛋白带负电荷，受磺化聚砜膜的静电排斥作用，截留率较高，从而实现二者的分离。

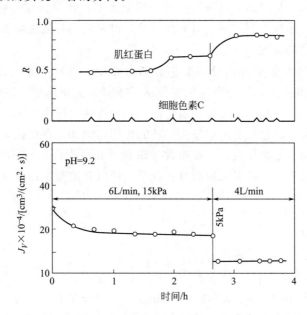

图 4.20　磺化聚砜膜分离蛋白质

### 4.8.4　膜生物反应器

膜生物反应器（membrane bioreactor，MBR）是膜分离过程与生物反应过程耦合的生物反应装置，可应用于动植物细胞的高密度培养、微生物发酵和酶反应过程。

图 4.21 为中空纤维膜生物反应器，用于动物细胞的培养，细胞密度可达 $10^9$/mL，而利用一般的培养器细胞密度只能达到 $10^6 \sim 10^7$/mL。在培养过程中，动物细胞生长于中空

纤维膜组件的壳程，小分子产物（废弃物）不断排出，新鲜培养基连续灌注，可保证细胞长期稳定并且高速度生产有用物质。利用中空纤维膜生物反应器培养杂交瘤细胞是工业生产单克隆抗体的主要方法之一。

图 4.21 所示的中空纤维膜生物反应器也可用于酶反应过程。

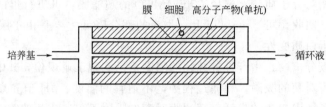

图 4.21　中空纤维膜生物反应器

# 4.9　本章总结

作为分离介质的膜材料从化学结构到物理结构均丰富多彩，造就了膜分离技术的多样性和应用范围广泛性。本章比较系统地介绍了各种膜分离技术的原理、特点、膜材料和设备以及膜分离操作特性。长期以来，膜材料和膜分离过程都是产学界持续关注的重点研究领域，处于快速发展之中。作为膜分离的核心，需要不断提高膜材料性能和降低成本。膜材料的性能包括膜的透过特性、分离选择性、使用稳定性以及抗污染性能等。抗污染是膜过程的核心问题。膜污染的控制需要从提高膜自身的抗污染性能入手；针对具体的膜材料和分离过程，控制和优化操作条件（如压力、流速、料液性质等）以及适当的清洗操作，则是提高膜分离效率和提高膜使用寿命的关键。

在以蛋白质类生物大分子为核心的生物分离过程中，微滤和超滤是常用的膜分离技术[12,14]。近年来荷电膜在蛋白质分离纯化中显示了很好的应用前景。针对特定的分离体系研究开发荷电膜材料，有可能大幅度提高目标产品的分离纯化过程效率。此外，膜技术可以与其他分离技术相结合，在生物分离中发挥独特的作用。例如，在微孔膜表面修饰配基，可用于蛋白质的吸附分离（如离子交换、疏水性吸附和亲和吸附等）。其中，亲和膜色谱将亲和配基固定在微滤膜孔表面，特异性吸附目标分子，透过其他杂蛋白质，从而实现目标蛋白质的纯化（详见第 8 章）。

## 习　题

1. 分析比较反渗透、超滤和微滤的差别和共同点。
2. 分析超滤过程中浓度极化对透过通量的影响。
3. 试推导稳态操作条件下表达超滤膜表面浓度极化层浓度分布的微分方程。
4. 图示超滤的透过通量与膜两侧压差 $\Delta p$ 的一般关系，并给出不同压差范围内透过通量的数学表达式。
5. 利用截留相对分子质量（MMCO）＝100000 的超滤膜错流超滤分离发酵清液中的蛋白质，过滤操作采用开路循环方式。初始目标蛋白（$M_r=155000$）质量浓度 $c_T=1g/L$，杂蛋白（$M_r=23000$）的质量浓度 $c_C=3g/L$，发酵液体积 1000mL，透过液流量 $Q=0.5mL/s$。超滤膜对目标蛋白的截留率 $R_T=0.99$，对杂蛋白截留率 $R_C=0.5$。设料液槽内全混，循环管线内液体量可忽略不计。

    (1) 若采用浓缩操作，计算目标蛋白质的质量浓度达到 5g/L 所需时间；

    (2) 若采用透析过滤除去杂蛋白质，料液槽中添加缓冲液使料液体积保持恒定，计算目标蛋白质纯度

（总蛋白质中目标蛋白质的质量分数）提高到95%所需时间，此时目标蛋白质收率是多少？

6. 第5题中，若浓缩操作使料液体积降至200mL后，切换成洗滤操作，料液槽中添加缓冲液使料液体积保持恒定，试计算目标蛋白质纯度提高到95%所需时间和目标蛋白质的收率。

7. 设目标产物的截留率 $R=1$，小分子溶质的截留率 $R_s=0$，透过通量符合凝胶极化模型。试证明料液浓度满足式(4.48)时洗滤时间最短。

# 参 考 文 献

[1] 松本幹治，柘植秀樹，松村正利. 膜分離//日本化学工学会生物分離工学特別研究会編. バイオセパレーションプロセス便覧. 東京：共立出版，1996：316-341.

[2] Strathman H. Membranes and membrane processes in biotechnology. Trends Biotechnol，1985，3：112-118.

[3] Yan S H，Hill C G，Amundson C H. Ultrafiltration of whole milk. J Dairy Sci，1979，62：23-40.

[4] 姚玉英，陈常贵，柴诚敬. 化工原理：上册. 第三版. 天津：天津大学出版社，2010：40-58.

[5] Tutunjian R S//Cooney C L，Humphrey A E，eds. Comprehensive Biotechnology. vol. 2. Oxford：Pergamon Press，1985：411-435.

[6] Laska M E，Brooks R P，Gayton M，Pujar N S. Robust scale-up of dead end filtration：Impact of filter fouling mechanisms and flow distribution. Biotechnol Bioeng，2005，92：308-320.

[7] Le M S，Atkinson T. Cross-flow microfiltration for recovery of intracellular products. Process Biochem，1985，20：26-31.

[8] Nakao S，Osada H，Kurata H，Tsuru T，Kimura S. Separation of proteins by charged ultrafiltration membranes. Desalination，1988，70：191-205.

[9] Wan Y，Vasan S，Ghosh R，Hale G，Cui Z. Separation of monoclonal antibody alemtuzumab monomer and dimers using ultrafiltration. Biotechnol Bioeng，2005，90：422-432.

[10] Wan Y，Ghosh R，Hale G，Cui Z. Fractionation of bovine serum albumin and monoclonal antibody alemtuzumab using carrier phase ultrafiltration. Biotechnol Bioeng，2005，90：303-315.

[11] Lebreton B，Brown A，van Reis R. Application of high-performance tangential flow filtration (HPTFF) to the purification of a human pharmaceutical antibody fragment expressed in *Escherichia coli*. Biotechnol Bioeng，2008，100：964-974.

[12] Zydney A L. Membrane technology for purification of therapeutic proteins. Biotechnol Bioeng，2009，103：227-230.

[13] Ruanjaikaen K，Zydney A L. Purification of singly PEGylated -lactalbumin using charged ultrafiltration membranes. Biotechnol Bioeng，2011，108：822-829.

[14] Bakhshayeshi M，Zydney A L. Effect of solution pH on protein transmission and membrane capacity during virus filtration. Biotechnol Bioeng，2008，100：108-117.

# 5  萃取

利用溶质在互不相溶的两相之间分配系数的不同而使溶质得到纯化或浓缩的方法称为萃取。传统的有机溶剂萃取是石化和冶金工业常用的分离提取技术，在生物产物中，可用于有机酸、氨基酸、抗生素、维生素、激素和生物碱等生物小分子的分离和纯化。在传统的有机溶剂萃取技术的基础上，20 世纪 60 年代末以来相继出现了萃取和反萃取同时进行的液膜萃取以及可应用于生物大分子如多肽、蛋白质、核酸等分离纯化的反胶团萃取等溶剂萃取法。20 世纪 70 年代以后，双水相萃取技术迅速发展，为蛋白质特别是胞内蛋白质的提取纯化提供了有效的手段。此外，利用超临界流体为萃取剂的超临界流体萃取技术的出现，使萃取方法更趋全面，适用于各种生物产物的分离纯化。

萃取是一种初级分离纯化技术。萃取法根据参与溶质分配的两相不同而分为多种，如液固萃取、液液有机溶剂萃取、双水相萃取和超临界流体萃取等，每种方法均各具特点，适用于不同种类生物产物的分离纯化。因此，本章从萃取分离的基本概念和理论入手，分别介绍各种萃取技术的原理、特点、应用以及设备和操作设计的理论基础。

## 5.1  基本概念

### 5.1.1  萃取

萃取（extraction）是利用液体或超临界流体为溶剂提取原料中目标产物的分离纯化操作，所以，萃取操作中至少有一相为流体，一般称该流体为萃取剂（extractant）。以液体为萃取剂时，如果含有目标产物的原料也为液体，则称此操作为液液萃取；如果含有目标产物的原料为固体，则称此操作为液固萃取或浸取（leaching）。以超临界流体为萃取剂时，含有目标产物的原料可以是液体，也可以是固体，称此操作为超临界流体萃取。另外，在液液萃取中，根据萃取剂的种类和形式的不同又分为有机溶剂萃取（简称溶剂萃取）、双水相萃取、液膜萃取和反胶团萃取等。

图 5.1 表示互不相溶的两个液相，上相（密度较小）为萃取剂（萃取相），下相（密度较大）为料液（料液相），两相之间以一界面接触。在相间浓度差的作用下，料液中的溶质向萃取相扩散，溶质浓度不断降低，而萃取相中溶质浓度不断升高（图 5.2）。在此过程中，料液中溶质浓度的变化速率即萃取速率可用下式表示

$$-\frac{\mathrm{d}c}{\mathrm{d}t}=ka(c-c^{*}) \tag{5.1}$$

式中，$c$ 为料液相溶质浓度，mol/L；$c^{*}$ 为与萃取相中溶质浓度呈相平衡的料液相溶质浓度，mol/L；$t$ 为时间，s；$k$ 为传质系数，m/s；$a$ 为以料液相体积为基准的相间接触比表面积，$\mathrm{m}^{-1}$。

当两相中的溶质达到分配平衡（$c=c^{*}$）时，萃取速率为零，各相中的溶质浓度不再改变。溶质在两相中的分配平衡是状态的函数，与萃取操作形式（两相接触状态）无关。但是，达到分配平衡所需的时间与萃取速率有关，而萃取速率不仅是两相性质的函数，更主要

图 5.1 两相接触状态示意图

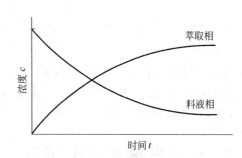

图 5.2 萃取过程中料液相和萃取相
溶质浓度的变化

的是受相间接触方式即萃取操作形式的影响。

## 5.1.2 反萃取

在溶剂萃取分离过程中，当完成萃取操作后，为进一步纯化目标产物或便于下一步分离操作的实施，往往需要将目标产物转移到水相。这种调节水相条件，将目标产物从有机相转入水相的萃取操作称为反萃取（back extraction）。除溶剂萃取外，其他萃取过程一般也要涉及反萃取操作。对于一个完整的萃取过程，常常在萃取和反萃取操作之间增加洗涤操作，如图 5.3 所示[1]。洗涤操作的目的是除去与目标产物同时萃取到有机相的杂质，提高反萃取液中目标产物的纯度。图 5.3 中虚线表示洗涤段出口溶液中含有少量目标产物，为提高收率，需将此溶液返回到萃取段。经过萃取、洗涤和反萃取操作，大部分目标产物进入到反萃取相（第二水相），而大部分杂质则残留在萃取后的料液相（称作萃余相）。

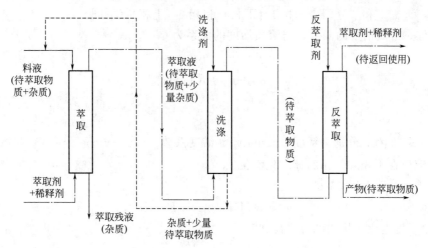

图 5.3 萃取、洗涤和反萃取操作过程示意图

## 5.1.3 物理萃取和化学萃取

物理萃取即溶质根据相似相溶的原理在两相间达到分配平衡，萃取剂与溶质之间不发生化学反应。例如，利用乙酸丁酯萃取发酵液中的青霉素即属于物理萃取。化学萃取则利用脂溶性萃取剂与溶质之间的化学反应生成脂溶性复合分子实现溶质向有机相的分配。萃取剂与溶质之间的化学反应包括离子交换和络合反应等。例如，利用季铵盐（如氯化三辛基甲铵，记作 $R^+Cl^-$）为萃取剂萃取氨基酸时，阴离子氨基酸（$A^-$）通过与萃取剂在水相和萃取相

间发生下述离子交换反应而进入萃取相：

$$\overline{R^+Cl^-}+A^- \Longleftrightarrow \overline{R^+A^-}+Cl^- \tag{5.2}$$

其中上划线表示该组分存在于萃取相（下同）。

化学萃取中通常用煤油、己烷、四氯化碳和苯等有机溶剂溶解萃取剂，改善萃取相的物理性质，此时的有机溶剂称为稀释剂（diluent）。

物理萃取广泛应用于石油化工、抗生素及天然植物中有效成分的提取过程；而化学萃取主要用于金属的提取，也可用于氨基酸、抗生素和有机酸等生物产物的分离回收。

## 5.2 分配定律与分配平衡

萃取是一种扩散分离操作，不同溶质在两相中分配平衡的差异是实现萃取分离的主要因素。因此，相平衡理论是萃取分离操作的基础。

分配定律即溶质的分配平衡规律，可用文字叙述如下：在恒温恒压条件下，溶质在互不相溶的两相中达到分配平衡时，如果其在两相中的相对分子质量相等，则其在两相中的平衡浓度之比为常数，称为分配常数，用 $A$ 表示。

$$A=\frac{c_2}{c_1} \tag{5.3}$$

式(5.3) 是分配常数的定义。下面用热力学理论分析分配定律。

如果溶质在图 5.1 所示的互不相溶的两相中达到分配平衡，根据相平衡理论，在恒温恒压条件下溶质在两相中的化学位（$\mu$）必须相等，即

$$\mu_1=\mu_2 \tag{5.4}$$

式中，下标 1 和 2 分别表示相 1（下相）和相 2（上相）（下同）。

化学位是溶质活度的函数，与溶质活度的关系为

$$\mu_1=\mu_1^{\ominus}+RT\ln a_1 \tag{5.5a}$$

$$\mu_2=\mu_2^{\ominus}+RT\ln a_2 \tag{5.5b}$$

而

$$a=\gamma c \tag{5.6}$$

式中，$a$、$\gamma$ 和 $c$ 分别为活度（activity）、活度系数（activity coefficient）和浓度；$\mu_1^{\ominus}$ 和 $\mu_2^{\ominus}$ 分别为溶质在下相和上相的标准化学位。

由式(5.4) 和式(5.5) 得

$$\mu_1^{\ominus}+RT\ln a_1=\mu_2^{\ominus}+RT\ln a_2 \tag{5.7}$$

用 $A^0$ 表示活度之比，从式(5.7) 得到

$$A^0=\frac{a_2}{a_1}=\frac{\gamma_2 c_2}{\gamma_1 c_1}=\exp\left(\frac{\mu_1^{\ominus}-\mu_2^{\ominus}}{RT}\right) \tag{5.8}$$

在恒温恒压条件下，$\mu_1^{\ominus}$ 和 $\mu_2^{\ominus}$ 为常数，所以 $A^0$ 为常数，称为 Nerst 分配常数。根据式(5.3) 得到

$$A=\frac{\gamma_1}{\gamma_2}A^0 \tag{5.9}$$

即分配常数是溶质在相 1 和相 2 中活度系数的比与 Nerst 分配常数的乘积。活度系数是溶质浓度的函数，只有当溶质浓度非常低时才有 $\gamma=1$，$A=A^0$ 为常数，所以，分配定律只有在

较低浓度范围内成立。当溶质浓度较高时，如果 $\gamma_1/\gamma_2 \neq 1$，分配常数将随浓度改变，随浓度的增大或者升高，或者降低。

式(5.3) 所定义的分配常数是用溶质在两相中的浓度（mol/L）之比表达的。在有些情况下，分配常数用溶质的摩尔分数之比表达。设相 1 和相 2 中溶质的摩尔分数分别为 $x$ 和 $y$，则

$$A = \frac{y}{x} \tag{5.3a}$$

分配常数是以相同分子形态（相对分子质量相同）存在于两相中的溶质浓度之比，但在多数情况下，溶质在各相中并非以同一种分子形态存在，特别是在化学萃取中。因此，萃取过程中常用溶质在两相中的总浓度之比表示溶质的分配平衡，该比值称为分配系数（distribution coefficient）或分配比（distribution ratio）

$$m = \frac{c_{2,t}}{c_{1,t}} \tag{5.10a}$$

或

$$m = \frac{y_t}{x_t} \tag{5.10b}$$

式中，$c_{1,t}$ 和 $c_{2,t}$ 为溶质在相 1 和相 2 中的总浓度；$x_t$ 和 $y_t$ 分别为溶质在相 1 和相 2 中的总摩尔分数；$m$ 为分配系数。

很明显，分配常数是分配系数的一种特殊情况。

溶质在料液相和萃取相的分配平衡关系是液液萃取设备及过程设计的基础。在生物产物的液液萃取中，一般产物浓度较低，并且很少出现溶剂溶解萃取剂的现象，因此没有必要利用有机化工萃取中常用的三角形相图，液液平衡关系可用简单的 $x$-$y$ 线图表示。即

$$y = f(x) \tag{5.11}$$

为叙述方便起见，这里的 $x$ 和 $y$ 分别表示相 1 和相 2 中溶质的总浓度，并且可以是浓度（mol/L），也可以是摩尔分数（下同）。

当溶质浓度较低时，分配系数为常数，式(5.11)可表示成 Henry 型平衡关系

$$y = mx \tag{5.12}$$

当溶质浓度较高时，式(5.12)不再适用，很多情况下可用 Langmuir 型平衡关系表示

$$y = \frac{m_1 x}{m_2 + x} \tag{5.13}$$

式中，$m_1$ 和 $m_2$ 为常数。

式(5.13) 的一般形式为

$$y = \frac{m_1 x^n}{m_2 + x^n} \tag{5.14}$$

式中，$n$ 为常数。

当式(5.12)~式(5.14) 均不能很好地描述分配平衡关系时，可采用适当的经验关联式（如多项式）。

## 5.3　有机溶剂萃取

有机溶剂萃取（organic solvent extraction）简称溶剂萃取（solvent extraction），是石

油化工、湿法冶金和生物产物分离纯化的重要手段，具有处理量大、能耗低、速度快等特点，并且易于实现连续操作和自动化控制。本节主要介绍有机溶剂与水相直接接触的常规溶剂萃取法，而近年来不断发展的液膜萃取和反胶团萃取将在后两节中介绍。

### 5.3.1 弱电解质的分配平衡

溶剂萃取常用于有机酸、氨基酸和抗生素等弱酸或弱碱性电解质的萃取。弱电解质在水相中发生不完全解离，仅仅是游离酸或游离碱在两相产生分配平衡，而酸根或碱基不能进入有机相。所以，萃取达到平衡状态时，一方面弱电解质在水相中达到解离平衡，另一方面未解离的游离电解质在两相中达到分配平衡。对于弱酸性和弱碱性电解质，解离平衡关系分别为

$$AH-\Longleftrightarrow A^- + H^+$$

$$BH^+ - \Longleftrightarrow B + H^+$$

解离平衡常数分别为

$$K_a = \frac{[A^-][H^+]}{[AH]} \tag{5.15a}$$

$$K_b = \frac{[B][H^+]}{[BH^+]} \tag{5.15b}$$

式中，$K_a$ 和 $K_b$ 分别为弱酸和弱碱的解离常数；[AH] 和 [A$^-$] 分别为游离酸和其酸根离子的浓度；[B] 和 [BH$^+$] 分别为游离碱和其碱基离子的浓度；[H$^+$] 为 H$^+$ 浓度。

如果在有机相中溶质不发生缔合，仅以单分子形式存在，则游离的单分子溶质符合分配定律。以弱酸性电解质为例，分配常数为

$$A_a = \frac{[\overline{AH}]}{[AH]} \tag{5.16}$$

式中，[$\overline{AH}$] 表示有机相中游离酸的浓度；$A_a$ 为游离酸的分配常数。

由于利用一般的分析方法测得的水相浓度为游离酸和酸根离子的总浓度，故为方便起见，用水相总浓度 $c$ 表示酸的浓度，即

$$c = [AH] + [A^-] \tag{5.17}$$

从式(5.15a) 和式(5.17) 得

$$[AH] = \frac{c[H^+]}{K_a + [H^+]} \tag{5.18}$$

将式(5.18) 代入式(5.16) 得

$$A_a = \frac{[\overline{AH}](K_a + [H^+])}{c[H^+]} \tag{5.19}$$

从式(5.19) 可得有机相中游离酸浓度为

$$[\overline{AH}] = A_a c \frac{[H^+]}{K_a + [H^+]} \tag{5.20a}$$

同样，对于弱碱性电解质，可得有机相中游离碱浓度为

$$[\overline{B}] = A_b c \frac{K_b}{K_b + [H^+]} \tag{5.20b}$$

式中，[$\overline{B}$] 为有机相中游离碱的浓度；$A_b$ 为游离碱的分配常数。

从式(5.20) 可知，溶质在有机相中的浓度为水溶液中氢离子浓度（pH 值）的函数。设有机相中的浓度 $\bar{c}$ 和水相中浓度 $c$ 之比为分配系数，则从式(5.20) 得到

$$m_a = A_a \frac{[H^+]}{K_a + [H^+]} \tag{5.21a}$$

$$m_b = A_b \frac{K_b}{K_b + [H^+]} \tag{5.21b}$$

式中，$m_a$ 和 $m_b$ 分别为弱酸和弱碱的分配系数。

式(5.21a) 和式(5.21b) 还可分别表示为

$$\lg\left(\frac{A_a}{m_a} - 1\right) = pH - pK_a \tag{5.22a}$$

$$\lg\left(\frac{A_b}{m_b} - 1\right) = pK_b - pH \tag{5.22b}$$

式中，$pK_a = -\lg K_a$，$pK_b = \lg K_b$。

### 5.3.2 化学萃取平衡

氨基酸等两性电解质不能采用物理萃取，而需采用化学萃取方法。常用于氨基酸的萃取剂有季铵盐类（如氯化三辛基甲铵）、磷酸酯类［如二(2-乙基己基) 磷酸］等（详见 5.6 节表 5.2）。氨基酸解离平衡为

$$\begin{array}{cc} \text{RCHCOOH} & \overset{K_1}{\rightleftharpoons} & \text{RCHCOO}^- + \text{H}^+ \\ | & & | \\ \text{NH}_3^+ & & \text{NH}_3^+ \\ (\text{A}^+) & & (\text{A}) \end{array} \tag{5.23a}$$

$$\begin{array}{cc} \text{RCHCOO}^- & \overset{K_2}{\rightleftharpoons} & \text{RCHCOO}^- + \text{H}^+ \\ | & & | \\ \text{NH}_3^+ & & \text{NH}_2 \\ (\text{A}) & & (\text{A}^-) \end{array} \tag{5.23b}$$

其中 $K_1$ 和 $K_2$ 为解离平衡常数。分别用 A、$A^+$ 和 $A^-$ 表示偶极离子、阳离子和阴离子型氨基酸，则

$$K_1 = \frac{[A][H^+]}{[A^+]} \tag{5.24}$$

$$K_2 = \frac{[A^-][H^+]}{[A]} \tag{5.25}$$

利用阴离子交换萃取剂氯化三辛基甲铵（tri-$n$-octylmethylammonium chloride, TOMAC），只有阴离子型氨基酸与萃取剂发生离子交换反应 ［式(5.2)］。将 TOMAC 记作 $R^+Cl^-$，则反应平衡常数（$K_{eCl}$）为

$$K_{eCl} = \frac{\overline{[R^+A^-]}[Cl^-]}{[A^-]\overline{[R^+Cl^-]}} \tag{5.26}$$

氨基酸和 $Cl^-$ 的分配系数分别为

$$m_A = \frac{\overline{[R^+A^-]}}{c_A} \tag{5.27}$$

$$m_{Cl} = \frac{\overline{[R^+Cl^-]}}{[Cl^-]} \tag{5.28}$$

式中，$m_A$ 和 $m_{Cl}$ 分别为氨基酸和氯离子的分配系数；$c_A$ 水相氨基酸总浓度。

$$c_A = [A^+] + [A^-] + [A] \tag{5.29}$$

从式(5.24) 至式(5.29) 可推导出下式

$$m_A = K_{eCl} m_{Cl}\left[1 + \frac{[H^+]}{K_2} + \frac{[H^+]^2}{K_1 K_2}\right]^{-1} \tag{5.30}$$

事实上，阴离子型氨基酸的离子交换反应需在高于其等电点的 pH 值范围内进行，所以，式

（5.29）中的［$A^+$］可忽略不计，式（5.30）简化成下式

$$m_A = K_{eCl} m_{Cl} \frac{K_2}{K_2 + [H^+]} \tag{5.31}$$

二(2-乙基己基)磷酸［di(2-ethylhexyl) phosphoric acid，D2EHPA］是阳离子交换萃取剂，其在有机相中通过氢键作用以二聚体的形式存在。当氨基酸与 D2EHPA（记作 HR）的摩尔比很小时，两个二聚体分子与一个阳离子型氨基酸发生离子交换反应，释放一个氢离子[2,3]。

$$A^+ + 2\overline{(HR)_2} \Longleftrightarrow \overline{AR(HR)_3} + H^+ \tag{5.32}$$

离子交换平衡常数为

$$K_{eH} = \frac{[\overline{AR(HR)_3}][H^+]}{[A^+][\overline{(HR)_2}]^2} \tag{5.33}$$

氨基酸的分配系数为

$$m_A = \frac{[\overline{AR(HR)_3}]}{c_A} \tag{5.34}$$

利用式（5.24）、式（5.25）、式（5.29）、式（5.33）和式（5.34）可推导出利用 D2EHPA 为萃取剂时氨基酸的分配系数表达式

$$m_A = \frac{K_{eH}[\overline{(HR)_2}]^2}{[H^+]}\left[1 + \frac{K_1}{[H^+]} + \frac{K_1 K_2}{[H^+]^2}\right]^{-1} \tag{5.35}$$

由于阳离子型氨基酸的离子交换反应需在 pH 值小于其等电点的 pH 值范围内进行，所以，式（5.29）中的［$A^-$］可忽略不计，式（5.35）可简化成下式

$$m_A = K_{eH} \frac{[\overline{(HR)_2}]^2}{[H^+] + K_1} \tag{5.36}$$

对于［$H^+$］$\ll K_1$ 和［$H^+$］$\gg K_1$ 的两种极端情况，分别有

$$m_A = K_{eH} \frac{[\overline{(HR)_2}]^2}{K_1} \quad ([H^+] \ll K_1) \tag{5.37a}$$

即分配系数与 pH 值无关，以及

$$m_A = K_{eH} \frac{[\overline{(HR)_2}]^2}{[H^+]} \quad ([H^+] \gg K_1) \tag{5.37b}$$

即分配系数与［$H^+$］成反比。

设阳离子型氨基酸的分配系数为 $m_{A^+}$，即

$$m_{A^+} = \frac{[\overline{AR(HR)_3}]}{[A^+]} \tag{5.38}$$

则有

$$m_{A^+} = K_{eH} \frac{[\overline{(HR)_2}]^2}{[H^+]} \tag{5.39}$$

图 5.4 通过苯丙氨酸（Phe）和色氨酸（Trp）的分配平衡数据证明了式（5.36）、式（5.37）和式（5.39）的正确性[2]。

### 5.3.3 溶剂萃取操作

#### 5.3.3.1 水相物理条件的影响

无论是物理萃取还是化学萃取，水相 pH 值对弱电解质分配系数均具有显著影响［式（5.21）、式（5.31）和式（5.36）］。物理萃取时，弱酸性电解质的分配系数随 pH 值降低（即氢离子浓度增大）而增大［式（5.21a）］，而弱碱性电解质则正相反［式（5.21b）］。例如，红霉素是碱性电解质，在乙酸戊酯和 pH＝9.8 的水相之间分配系数为 44.7，而水相 pH 值降

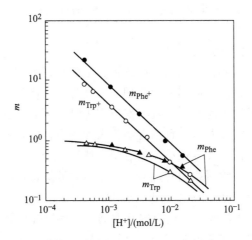

图 5.4　氢离子浓度（pH 值）对苯丙氨酸（Phe）和色氨酸（Trp）分配平衡的影响
$$[\overline{(HR)_2}] = 0.278mol/L$$

至 5.5 时，分配系数降至 14.4。又如，青霉素是较强的有机酸，pH 值对其分配系数有很大影响。图 5.5 是 pH 值对青霉素及其他有机酸分配系数的影响[4]。很明显，低 pH 值有利于青霉素在有机相中的分配，当 pH 值大于 6.0 时，青霉素几乎完全分配于水相中。从图 5.5 中可知，选择适当的 pH 值，不仅有利于提高青霉素的收率，还可根据共存杂质的性质和分配系数，提高青霉素的萃取选择性。因此，通过调节水相的 pH 值控制溶质的分配行为，从而提高萃取率的方法广泛应用于抗生素和有机酸等弱电解质的萃取操作。反萃取操作同样可通过调节 pH 值来实现，例如，红霉素在 pH＝9.4 的水相中用乙酸戊酯萃取，而反萃取则用 pH＝5.0 的水溶液。

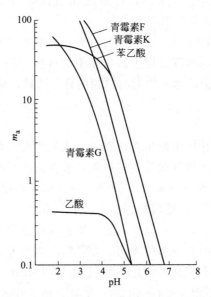

图 5.5　pH 值对青霉素及其他有机酸分配系数的影响

　　温度也是影响分配系数和萃取速率的重要因素。选择适当的操作温度，有利于目标产物的回收和纯化。但由于生物产物在较高温度下不稳定，故萃取操作一般在常温或较低温度下进行。

　　此外，无机盐的存在可降低溶质在水相中的溶解度，有利于溶质向有机相中分配，如萃

取维生素 $B_{12}$ 时加入硫酸铵，萃取青霉素时加入氯化钠等。但盐的添加量要适当，以利于目标产物的选择性萃取。

### 5.3.3.2 有机溶剂或稀释剂的选择

根据目标产物以及与其共存杂质的性质选择合适的有机溶剂，可使目标产物有较大的分配系数和较高的选择性。根据相似相溶的原理，选择与目标产物极性相近的有机溶剂为萃取剂，可以得到较大分配系数。此外，有机溶剂还应满足以下要求：①价廉易得；②与水相不互溶；③与水相有较大的密度差，并且黏度小，表面张力适中，容易相分散和相分离；④容易回收和再利用；⑤毒性低，腐蚀性小，闪点低，使用安全；⑥不与目标产物发生反应。

常用于抗生素类生物产物萃取的有机溶剂有丁醇等醇类，乙酸乙酯、乙酸丁酯和乙酸戊酯等乙酸酯类以及甲基异丁基甲酮（methyl isobutyl ketone）等。这些溶剂可较好地满足上述要求，通过调节水相 pH 值或加入适当的萃取剂，可使目标产物有较大的分配系数和选择性。化学萃取氨基酸的稀释剂主要有煤油、己烷、异辛烷、正十二烷等。

### 5.3.3.3 化学萃取剂

由于氨基酸和一些极性较大的抗生素的水溶性很强，在有机相中的分配系数很小甚至为零，利用一般的物理萃取效率很低，需采用化学萃取。氨基酸的化学萃取剂如前所述。可用于抗生素的化学萃取剂有长链脂肪酸（如月桂酸）、烃基磺酸、三氯乙酸、四丁胺和正十二烷胺等。由于萃取剂与抗生素形成的复合物分子的疏水性比抗生素分子本身高得多，从而在有机相中有很高的溶解度。因此，在抗生素萃取中萃取剂又称带溶剂。例如，月桂酸 $[CH_3(CH_2)_{10}COOH]$ 可与链霉素形成易溶于丁醇、乙酸丁酯和异辛醇的复合物，此复合物在酸性（pH＝5.5～5.7）条件下可分解。因此，链霉素可在中性条件和月桂酸的存在下进行萃取，然后用酸性水溶液进行反萃取，使复合物分解，链霉素重新溶于水相中。又如，柠檬酸在酸性条件下与磷酸三丁酯反应生成中性络合物，该中性络合物易溶于有机相。

青霉素为有机酸，可与四丁胺、正十二烷胺等脂肪碱通过离子键结合而溶于氯仿中。因此，对于在一定 pH 值下容易物理分配于有机相中的目标产物（如青霉素），亦可通过加入萃取剂，增大其在不同 pH 值的水相中对有机相的分配系数，使其在稳定性高的 pH 值下进行萃取操作。

### 5.3.3.4 乳化现象

实际发酵产物的萃取操作中常发生乳化现象。乳化即水或有机溶剂以微小液滴形式分散于有机相或水相中的现象。产生乳化后使有机相和水相分层困难，出现两种夹带：①发酵废液（萃余液）中夹带有机溶剂（萃取液）微滴，使目标产物受到损失；②有机溶剂（萃取液）中夹带发酵废液（萃余液），给后处理操作带来困难。

产生乳化的主要原因是发酵液中存在的蛋白质和固体颗粒等物质，这些物质具有表面活性剂的作用，使有机溶剂（油）和水的表面张力降低，油或水易于以微小液滴的形式分散于水相或油相中。油滴分散于水相称为水包油型或 O/W（oil in water）型乳浊液，而水滴分散于油相称为油包水型或 W/O（water in oil）型乳浊液。在表面活性剂的存在下油水形成乳浊液的现象是乳化液膜萃取（后述）的理论基础，但在通常的有机溶剂萃取操作中需尽量避免其产生乳化。产生乳化后，需采取某种手段破坏乳浊液，提高萃取操作效率。

在实施萃取操作前，对发酵液进行过滤或絮凝沉淀处理，可除去大部分蛋白质及固体微粒，防止乳化现象的发生。产生乳化后，可根据乳化的程度和乳浊液的形式，采取适当的破乳手段。如果乳化现象不严重，可采用过滤或离心沉降的方法。对于 O/W 型乳浊液，加入亲油性表面活性剂，可使乳浊液从 O/W 型转变成 W/O 型，但由于溶液条件不允许 W/O 型乳浊液的形成，即乳浊液不能存在，从而达到破乳的目的。相反，对于 W/O 型乳浊液，加入亲水性表面活性剂如十二烷酸苯磺酸钠可达到破乳的目的。

# 5.4 液液萃取操作

本节仅介绍基本的液液萃取设备及其基础设计理论，详细内容可参考有关专门介绍萃取操作的专著（如《化学工程手册》编辑委员会编，《化学工程手册》第 14 篇"萃取及浸取"，化学工业出版社，1985）。

### 5.4.1 混合-澄清式萃取

混合-澄清式萃取器（mixer-settler）是最常用的液液萃取设备。如图 5.6 所示，该萃取设备由料液与萃取剂的混合器（mixer）和用于两相分离的澄清器（settler）构成，可进行间歇或连续的液液萃取。在连续萃取操作中，要保证在混合器中有充分的停留时间，使溶质在两相中达到或接近分配平衡。

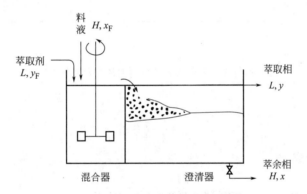

图 5.6 混合-澄清式萃取设备示意图

对图 5.6 所示的萃取过程进行物料衡算，结合线性平衡关系式(5.12)，可得萃取相中溶质浓度为

$$y=\frac{mx_F}{1+E} \tag{5.40}$$

式中，$x_F$ 为初始料液中的溶质浓度；$E$ 为萃取因子（extraction factor），即萃取平衡后萃取相和萃余相中溶质量之比。

$$E=\frac{mL}{H} \tag{5.41}$$

式中，$H$ 和 $L$ 分别为料液（重相，heavy phase）和萃取剂（轻相，light phase）的流量（连续操作时）或添加量（间歇操作时）。

另外，用 $\varphi$ 表示萃余分数，则

$$\varphi=\frac{Hx}{Hx_F}=\frac{1}{1+E} \tag{5.42}$$

而萃取分数为

$$1-\varphi=\frac{E}{1+E} \tag{5.43}$$

### 5.4.2 多级错流接触萃取

单级接触萃取效率较低，为达到一定的萃取收率，间歇操作时需要的萃取剂量较大，或者连续操作时所需萃取剂的流量较大。将多个混合-澄清器单元串联起来，各个混合器中分别通入新鲜萃取剂，而料液从第一级通入，逐次进入下一级混合器的萃取操作称为多级错流接触萃取，如图 5.7 所示。图 5.7 中每个方块表示一个混合-澄清单元。经过 $n$ 级错流接触萃取，最终萃余相和萃取相中溶质浓度分别为 $x_n$ 和 $Y_n$。

$$Y_n = \frac{\sum\limits_{i=1}^{n} L_i y_i}{\sum\limits_{i=1}^{n} L_i} \tag{5.44}$$

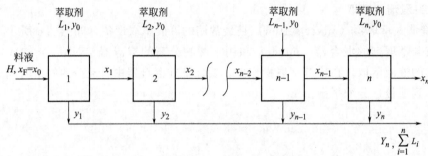

图 5.7　多级错流接触萃取流程示意图

经过物料衡算，可得

$$x_n = \frac{x_F}{(1+E)^n} \tag{5.45}$$

因此，溶质的萃余分数为

$$\varphi_n = \frac{H x_n}{H x_F} = \frac{1}{(1+E)^n} \tag{5.46}$$

而萃取分数为

$$1 - \varphi_n = \frac{(1+E)^n - 1}{(1+E)^n} \tag{5.47}$$

当 $n \to \infty$ 时，萃取分数 $1 - \varphi_n = 1$（$E > 0$）。

如果萃取平衡不符合线性关系，或者各级的萃取剂流量不同，则各级的萃取因子 $E_i$ 也不相同，可采用逐级计算法

$$\varphi'_n = \frac{1}{\prod\limits_{i=1}^{n}(1+E_i)} \tag{5.46a}$$

根据代数学原理，如果 $\sum\limits_{i=1}^{n} a_i = na$，则 $a^n > \prod\limits_{i=1}^{n} a_i$（数列 $a_1$，$a_2$，…，$a_n$ 中至少有两个数不相等）。所以，如果 $\sum\limits_{i=1}^{n} E_i = nE$，必有

$$\frac{1}{(1+E)^n} < \frac{1}{\prod\limits_{i=1}^{n}(1+E_i)}$$

即
$$1-\varphi_n > 1-\varphi_n'$$

因此，如果萃取平衡符合线性关系，并且各级萃取剂流量之和为一常数，以各级流量相等时萃取率最大。

### 5.4.3 多级逆流接触萃取

将多个混合-澄清器单元串联起来，分别在左右两端的混合器中连续通入料液和萃取液，使料液和萃取液逆流接触，即构成多级逆流接触萃取。图 5.8 为多级逆流接触萃取流程示意图。萃取剂（$L$）从第一级通入，逐次进入下一级，从第 $n$ 级流出；料液（$H$）从第 $n$ 级通入，逐次进入上一级，从第一级流出。最终萃取相和萃余相中溶质浓度分别为 $y_n$ 和 $x_1$。

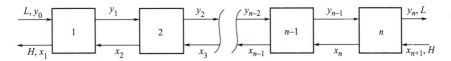

图 5.8　多级逆流接触萃取流程示意图

假设各级中溶质的分配均达到平衡，并且分配平衡符合线性关系 [式(5.12)]，则经过物料衡算可得最终萃余相和料液中溶质浓度之间的关系式

$$x_F = \frac{E^{n+1}-1}{E-1}x_1 \tag{5.48}$$

另外，利用式(5.48)可得萃余分数为

$$\varphi_n = \frac{Hx_1}{Hx_F} = \frac{E-1}{E^{n+1}-1} \tag{5.49}$$

而萃取分数为

$$1-\varphi_n = \frac{E^{n+1}-E}{E^{n+1}-1} \tag{5.50}$$

从式(5.50)可知，当 $n \to \infty$ 时，$1-\varphi_n=1$；当 $E=1$ 时，利用罗比塔极限法则得

$$1-\varphi_n = \frac{n}{1+n} \tag{5.50a}$$

当萃取平衡关系为线性方程时，利用上述分析解容易进行萃取过程设计。

### 5.4.4 分馏萃取

分馏萃取（fractional extraction）是对多级逆流接触萃取的改进，料液从中间的某一级加入，流量为 $F$。如图 5.9 所示，萃取剂（$L$）从左端第一级加入，而从右端第 $n$ 级加入纯重相（$H$）。此纯重相除不含溶质外，与进料的组成相同（如某种缓冲溶液），在进料级（$k$）的右端起洗涤作用，使萃取相中目标溶质纯度增加（但浓度下降），因此第 $k$ 级右侧的各级称为洗涤段，重相 $H$ 称为洗涤剂。在第 $k$ 级的左侧，溶质从重相被萃取进入萃取相，因此此段称为萃取段。与图 5.8 的多级逆流接触萃取相比，分馏萃取可显著提高目标产物的纯度。

对图 5.9 所示的整个萃取系统以及第 $k$ 级左端萃取段和第 $k$ 级右端洗涤段的各级作物料衡算，在 $y_0=0$、$x_{n+1}=0$ 以及线性分配平衡的条件下，可得如下公式。

萃取段：

$$x_i = \frac{(E')^i-1}{E'-1}x_1 \quad (i=1,2,\cdots,k) \tag{5.51}$$

其中，

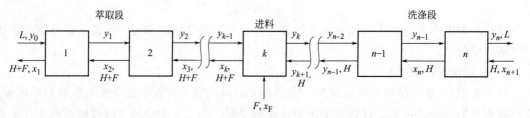

图 5.9　分馏萃取流程示意图

$$E' = \frac{mL}{H+F} \tag{5.52}$$

洗涤段：

$$y_i = \frac{(1/E)^{n-i+1}-1}{(1/E)-1}y_n \quad (i=k,k+1,\cdots,n) \tag{5.53}$$

利用平衡关系式(5.12)，将式(5.51)和式(5.53)相结合，消去其中的 $x_k$ 和 $y_k$ 后整理得

$$y_n = m\left[\frac{(E')^k-1}{(1/E)^{n-k+1}-1}\right]\left[\frac{(1/E)-1}{E'-1}\right]x_1 \tag{5.54}$$

利用上式和总物料衡算方程，可进行萃取过程设计。

### 5.4.5　微分萃取

除前述的混合-澄清式萃取设备外，另一类广泛应用的液液萃取设备为塔式萃取设备，如图 5.10 所示的喷淋塔、转盘塔、筛板塔和脉冲筛板塔，此外还有填料塔、往复振动筛板塔等。各种萃取塔的结构及其内部的流体力学和传质特性在许多化工原理教科书或化学工程手册中均有详细介绍，在此不再赘述。

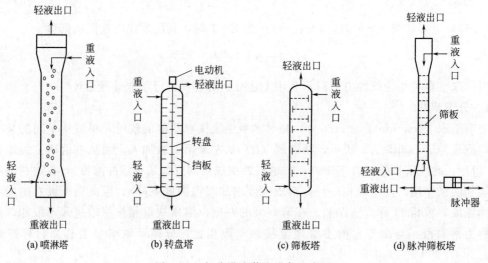

图 5.10　部分塔式萃取设备示意图

塔式萃取操作中重相与轻相亦采取逆流接触的形式。但与多级逆流接触萃取不同的是，塔内溶质在其流动方向的浓度变化是连续的，需用微分方程描述塔内溶质的质量守恒规律，因此塔式萃取又称微分萃取。微分萃取设备的计算常采用平推流模型和轴向扩散模型。

#### 5.4.5.1　平推流模型

平推流模型（plug flow model）又称活塞流模型。该模型假定塔内两相流动均为平推流，即塔内同一截面上每一相的流速和浓度均相等，溶质浓度是轴向距离的连续函数。如图 5.11 所示，重相（料液相）从塔顶输入，轻相（萃取相）从塔底输入，用下标 0 和 1 分别表示塔顶和塔底，下标 x 表示重相，y 表示轻相，$x$ 和 $y$ 分别表示重相和轻相中溶质浓度（mol/L）。相间传质速率 $T_R$ [kmol/(m³ · s)] 为

$$T_R = K_x a(x - x^*) \tag{5.55}$$

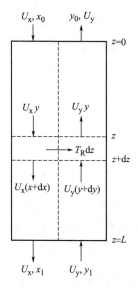

图 5.11　平推流模型

在稳态条件下，以塔顶为起始点（$z=0$），取塔内微分高度 d$z$，在此微分元内对重相作物料衡算，在稳态操作情况下，得到下式

$$U_x \frac{\mathrm{d}x}{\mathrm{d}z} + K_x a(x - x^*) = 0 \tag{5.56a}$$

式中，$U_x$ 为重相空塔速度（superficial velocity），m/s；$x^*$ 为与轻相中溶质浓度达到相平衡的 $x$ 值（$x^* = y/m$）；$K_x$ 为以重相浓差为推动力的总传质系数，m/s；$a$ 为塔内两相接触比表面积，$m^{-1}$。

式(5.56a) 为重相在塔内的物料衡算微分方程。同样，对于轻相，有

$$U_y \frac{\mathrm{d}y}{\mathrm{d}z} + K_y a(y^* - y) = 0 \tag{5.56b}$$

式中，$U_y$ 为轻相空塔速度，m/s；$K_y$ 为以轻相浓差为推动力的总传质系数，m/s；$y^*$ 为与 $x$ 相平衡的 $y$ 值（$y^* = mx$）。

上述两式的边界条件为

$$x = x_0 , \quad y = y_0 , \quad z = 0 \tag{5.57a}$$

$$x = x_1 , \quad y = y_1 , \quad z = L \tag{5.57b}$$

利用边界条件对式(5.56a) 和式(5.56b) 分别积分得

$$L = \int_{x_1}^{x_0} \frac{U_x}{K_x a} \times \frac{\mathrm{d}x}{x - x^*} \tag{5.58a}$$

$$L = \int_{y_1}^{y_0} \frac{U_y}{K_y a} \times \frac{\mathrm{d}y}{y^* - y} \tag{5.58b}$$

对于稀溶液，$U_x$ 和 $U_y$ 可认为是常数，并假定全塔内 $K_x a$ 及 $K_y a$ 亦为常数，则式

(5.58a) 和式(5.58b) 分别变为

$$L = \frac{U_x}{K_x a} \int_{x_1}^{x_0} \frac{\mathrm{d}x}{x - x^*} \tag{5.59a}$$

$$L = \frac{U_y}{K_y a} \int_{y_1}^{y_0} \frac{\mathrm{d}y}{y^* - y} \tag{5.59b}$$

这样，全塔高度即可通过两部分的乘积计算。以式(5.59a) 为例，积分号内代数式的分母是传质推动力，故 $\mathrm{d}x/(x-x^*)$ 表示单位传质推动力所能引起的浓度变化，代表萃取过程的难易程度。因为积分的上、下限表示料液浓度和萃余液浓度，即对萃取分离的要求，所以整个积分式综合表达了分离的难易程度和要求分离的程度两个方面的因素，称为传质单元数（number of transfer units，NTU）。对于式(5.59a) 和式(5.59b) 的两种情况，NTU 分别为

$$\mathrm{NTU}_x = \int_{x_1}^{x_0} \frac{\mathrm{d}x}{x - x^*} \tag{5.60a}$$

$$\mathrm{NTU}_y = \int_{y_1}^{y_0} \frac{\mathrm{d}y}{y^* - y} \tag{5.60b}$$

式中，$\mathrm{NTU}_x$ 和 $\mathrm{NTU}_y$ 分别为料液相和萃取相的总传质单元数。

显然，NTU 与相平衡关系、操作条件（传质推动力）和对分离的要求有关，若要求分离的程度越高或传质推动力越小，则所需 NTU 越大。

式(5.59a) 中积分号外的 $\frac{U_x}{K_x a}$ 反映了塔内的传质动力学特性，$K_x a$ 越大，传质速率越高；$U_x$ 越小，则完成一定分离任务所需的传质量越小。通常将 $\frac{U_x}{K_x a}$ 称为传质单元高度（height of a transfer unit，HTU）。料液相和萃取相的总传质单元高度分别为

$$\mathrm{HTU}_x = \frac{U_x}{K_x a} \tag{5.61a}$$

$$\mathrm{HTU}_y = \frac{U_y}{K_y a} \tag{5.61b}$$

总传质系数越大，萃取速率越快，HTU 越小，即达到一定程度的萃取所需塔的高度越小。

若溶质在两相中分配平衡关系为线性，即符合式(5.12)，则有

$$K_x m = K_y \tag{5.62}$$

因此

$$\mathrm{HTU}_x = \frac{U_x}{m U_y} \mathrm{HTU}_y \tag{5.63}$$

基于以上分析，可知塔高可用 NTU 和 HTU 的积求算，即

$$L = \mathrm{HTU}_x \times \mathrm{NTU}_x \tag{5.64a}$$

或

$$L = \mathrm{HTU}_y \times \mathrm{NTU}_y \tag{5.64b}$$

因此，只要求出 HTU 和 NTU 的值，即可求算所需塔高。但需指出，式(5.59)～式(5.64) 仅对稀溶液的萃取过程有效。当料液中溶质浓度较高时，由于两相的流速不再是常数，所需塔高应采用式(5.58) 计算。下面针对稀溶液的萃取介绍传质单元数（NTU）的计算方法。

因为 $U_x$ 和 $U_y$ 为常数，进行塔内任一截面与塔顶之间的物料衡算得

$$y = \frac{U_x}{U_y}x - \left(\frac{U_x}{U_y}x_0 - y_0\right) \tag{5.65}$$

式(5.65)为微分萃取的操作线方程。将该式及式(5.12)代入式(5.60a)并积分得

$$NTU_x = \frac{1}{1 - U_x/(mU_y)}\ln\left(\frac{x_0 - x_0^*}{x_1 - x_1^*}\right) \tag{5.66}$$

因为 $\dfrac{U_x}{U_y} = \dfrac{y_0 - y_1}{x_0 - x_1}$，$y_0 - y_1 = m(x_0^* - x_1^*)$，所以

$$\frac{1}{1 - U_x/(mU_y)} = \frac{x_0 - x_1}{(x_0 - x_0^*) - (x_1 - x_1^*)}$$

故

$$NTU_x = \frac{x_0 - x_1}{(x - x^*)_{ln}} \tag{5.67a}$$

其中

$$(x - x^*)_{ln} = \frac{(x_0 - x_0^*) - (x_1 - x_1^*)}{\ln[(x_0 - x_0^*)/(x_1 - x_1^*)]} \tag{5.68a}$$

称为对数平均浓差，即塔进出口传质推动力的对数平均值。

同理，对于萃取相有

$$NTU_y = \frac{y_0 - y_1}{(y^* - y)_{ln}} \tag{5.67b}$$

其中

$$(y^* - y)_{ln} = \frac{(y_0^* - y_0) - (y_1^* - y_1)}{\ln[(y_0^* - y_0)/(y_1^* - y_1)]} \tag{5.68b}$$

下面举例说明基于平推流模型的微分萃取计算方法。

【例5.1】 用醋酸丁酯从澄清发酵液中萃取青霉素 G（稀溶液），分配平衡关系式为 $y = 40x$，料液和萃取剂流速分别为 0.001m/s 和 0.003m/s，$K_x a = 0.001 s^{-1}$。为使萃取收率达 95%，求所需塔高。

**解：** 由式(5.61a)得

$$HTU_x = \frac{U_x}{K_x a} = 1m$$

因为收率为 95%，所以

$$x_1 = (1 - 0.95)x_0 = 0.05x_0$$

又因为 $y_1 = 0$，从总物料衡算式 $U_x(x_0 - x_1) = U_y y_0$ 得

$$y_0 = 0.317x_0$$

由于 $x_0^* = y_0/m$，$x_1^* = y_1/m = 0$，故从式(5.66)得

$$NTU_x = \frac{1}{1 - 0.001/(40 \times 0.003)}\ln\left(\frac{x_0 - 0.317x_0/40}{0.05x_0}\right) = 3$$

所以

$$L = HTU_x \times NTU_x = 3m$$

即需要 3m 高的萃取塔。

### 5.4.5.2 轴向扩散模型

平推流模型是一种粗略的近似，虽然使用方便，但计算结果往往与实际过程偏差很大，

尤其是在放大设计中偏差更大。因此，有必要建立与实际过程更接近的数学模型。

在微分萃取操作过程中，两相逆流流动状态比较复杂。以喷淋塔为例，如果重相为连续相，轻相为分散相，则轻相分散成小液滴自下而上与重相逆流接触，产生各种非理想流动：①由于分散液滴大小不均匀，因此上升速度不同；②分散相的上升，特别是当上升速度较高时，会引起液滴周围连续相的返混；③连续相在流动方向上速度分布不均匀；④连续相流动速度的不同造成涡流，当局部速度过大时，可能夹带分散相液滴，造成分散相的返混。一般将这类非理想流动状态归结为轴向返混，轴向返混用轴向扩散系数表示。在平推流的基础上叠加一个轴向扩散系数，即构成轴向扩散模型，如图 5.12 所示。

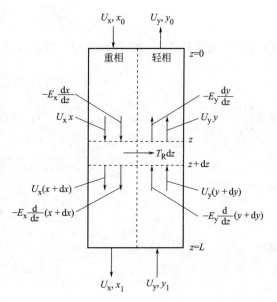

图 5.12　微分萃取塔的轴向扩散模型

图 5.12 中 $E$ 为轴向扩散系数，由轴向扩散引起的扩散通量用 Fick 定律表示。以重相为例

$$N_x = -E_x \frac{\mathrm{d}x}{\mathrm{d}z}$$

对图 5.12 的微分元作物料衡算可得下列方程式。

重相
$$E_x \frac{\mathrm{d}^2 x}{\mathrm{d}z^2} - U_x \frac{\mathrm{d}x}{\mathrm{d}z} - K_x a(x - x^*) = 0 \qquad (5.69a)$$

轻相
$$E_y \frac{\mathrm{d}^2 y}{\mathrm{d}z^2} + U_y \frac{\mathrm{d}y}{\mathrm{d}z} + K_y a(y^* - y) = 0 \qquad (5.69b)$$

式（5.69）即为微分萃取的轴向扩散模型方程。

为方便计算起见，常引入下列无量纲变量。

① 用无量纲数 $Pe$ 描述塔内轴向扩散。

$$Pe_i = \frac{U_i d}{E_i} \quad (i = x, \ y) \qquad (5.70)$$

式中，$d$ 为塔的特性尺寸，如塔内径或填料塔中填料的当量直径等；无量纲数 $Pe$ 有时也称 Peclet 数，是轴向扩散强度的倒数。

② 设无量纲参数 $B = L/d$，所以

$$Pe_i B = \frac{U_i L}{E_i} \quad (i = x, \ y) \qquad (5.71)$$

③ 无量纲塔高 $Z = z/L$

④ 无量纲浓度 $X = x/x_0$，$Y = y/y_0$

用上述无量纲变量整理式(5.69) 得

$$\frac{\mathrm{d}^2 X}{\mathrm{d}Z^2} - Pe_x B \frac{\mathrm{d}X}{\mathrm{d}Z} - N_{Ox} Pe_x B(X - X^*) = 0 \qquad (5.72a)$$

$$\frac{\mathrm{d}^2 Y}{\mathrm{d}Z^2} + Pe_y B \frac{\mathrm{d}Y}{\mathrm{d}Z} + N_{Oy} Pe_y B(Y^* - Y) = 0 \tag{5.72b}$$

式中，$N_{Ox}$ 和 $N_{Oy}$ 为两相的真实传质单元数。

$$N_{Ox} = \frac{K_x a L}{U_x} \tag{5.73a}$$

$$N_{Oy} = \frac{K_y a L}{U_y} \tag{5.73b}$$

式(5.72) 的边界条件为

$$-\frac{\mathrm{d}X}{\mathrm{d}Z} = Pe_x B(1 - X|_{Z\to 0}), -\frac{\mathrm{d}Y}{\mathrm{d}Z} = 0, Z = 0$$
$$-\frac{\mathrm{d}X}{\mathrm{d}Z} = 0, -\frac{\mathrm{d}Y}{\mathrm{d}Z} = Pe_y B(Y|_{Z\to 1} - Y_1), Z = 1 \tag{5.74}$$

式(5.74) 通称 Danckwerts 边界条件。

上述二阶微分方程组求解比较复杂，故在设计计算中常采用近似解法。在许多近似解法中，以 Miyauchi 和 Vermeulen[5,6] 的方法应用较广，下面作简要介绍。

用 $H_{Ox}$ 和 $N_{Ox}$ 分别表示平推流状态下的传质单元高度和传质单元数，由于轴向返混的作用，萃取塔的表观传质单元高度增大（或表观传质单元数降低），用 $H_{OxD}$ 表示传质单元高度增大的部分，则表观传质单元高度 $H_{OxT}$ 为

$$H_{OxT} = H_{Ox} + H_{OxD} \tag{5.75}$$

而表观传质单元数 $N_{OxT}$ 为

$$N_{OxT}^{-1} = N_{Ox}^{-1} + N_{OxD}^{-1} \tag{5.76}$$

其中，$N_{Ox}$ 利用式(5.73a) 计算，而 $N_{OxD}$ 为

$$N_{OxD} = \frac{\ln E}{1 - E^{-1}} + (PeB)_0 \tag{5.77}$$

式中，$E$ 为萃取因子，定义为

$$E = \frac{m U_y}{U_x} \tag{5.78}$$

$(PeB)_0$ 为综合考虑两相返混程度的 $PeB$ 值。

$$\frac{1}{(PeB)_0} = \frac{1}{f_x Pe_x B E} + \frac{1}{f_y Pe_y B} \tag{5.79}$$

式(5.79) 中的 $f_x$ 和 $f_y$ 为校正系数，可用下列经验方程计算

$$f_x = \frac{N_{Ox} + 6.8 E^{0.5}}{N_{Ox} + 6.8 E^{1.5}} \tag{5.80a}$$

$$f_y = \frac{N_{Ox} + 6.8 E^{0.5}}{N_{Ox} + 6.8 E^{-0.5}} \tag{5.80b}$$

得到 $N_{OxT}$ 后，可利用下式计算萃取率

$$\frac{x_1 - x_1^*}{x_0 - x_1^*} = \frac{1 - E^{-1}}{\exp[(1 - E^{-1}) N_{OxT}] + E^{-1}} \tag{5.81}$$

下面用前述青霉素 G 萃取的例子说明计算方法。

【例 5.2】 除例 5.1 已知的操作条件外，若 $E_x = 1 \times 10^{-3}\,\mathrm{m^2/s}$，$E_y = 5 \times 10^{-3}\,\mathrm{m^2/s}$，塔高 $L = 3\mathrm{m}$，试计算萃取率。

**解**：利用式(5.73a) 得

$$N_{Ox} = K_x aL/U_x = 1 \times 10^{-3} \times 3/0.001 = 3$$

利用式 (5.78) 得

$$E = mU_y/U_x = 40 \times 0.003/0.001 = 120$$

利用式 (5.71) 得

$$Pe_x B = U_x L/E_x = 0.001 \times 3/0.001 = 3$$
$$Pe_y B = U_y L/E_y = 0.003 \times 3/0.005 = 1.8$$

利用式 (5.80a) 和式 (5.80b) 得

$$f_x = 8.67 \times 10^{-3}, f_y = 21.4$$

因此，从式 (5.79) 得

$$\frac{1}{(PeB)_0} = \frac{1}{8.67 \times 10^{-3} \times 3 \times 120} + \frac{1}{21.4 \times 1.8} = 0.346$$
$$(PeB)_0 = 2.89$$

利用式 (5.77) 得

$$N_{OxD} = (\ln 120)/(1 - 1/120) + 2.89 = 7.72$$

故利用式 (5.76) 得

$$N_{OxT}^{-1} = 1/3 + 1/7.72 = 0.463$$
$$N_{OxT} = 2.16$$

因为 $x_1^* = 0$，所以利用式 (5.81) 得

$$1 - x_1/x_0 = 0.884$$

即萃取率为 88.4%。此结果低于前述平推流情况的计算值，表明轴向返混使萃取率下降。

**【例 5.3】** 仍以例 5.1 和例 5.2 的青霉素 G 萃取为例，若其他条件不变，试计算使萃取率达 95% 所需塔高。

**解：** 设 $L = 3.5$m，则可得到

$$Pe_x B = 4.5, \quad Pe_y B = 2.1, \quad N_{Ox} = 3.5$$
$$f_x = 0.00872, \quad f_y = 18.9$$
$$(PeB)_0 = 4.21$$
$$N_{OxD} = 9.04, \quad N_{OxT} = 2.25$$
$$1 - x_1/x_0 = 0.893$$

因为 $0.893 < 0.95$，故需增大 $L$ 值，重设 $L$ 值反复上述计算，最终得 $L = 4.5$m 时萃取收率为 95%，即所需塔高为 4.5m。

同理，若欲使收率达到 99%，则可计算出需塔高 7.6m 的结果。

# 5.5  双水相萃取

一些亲水性高分子聚合物的水溶液超过一定浓度后可形成两相，并且在两相中水分均占很大比例，即形成双水相系统（aqueous two-phase system，ATPS）。利用亲水性高分子聚合物的水溶液可形成双水相的性质，Albertsson[7] 于 20 世纪 50 年代后期开发了双水相萃取法（aqueous two-phase extraction），又称双水相分配法（aqueous two-phase partitioning）。20 世纪 70 年代以后，双水相萃取技术开始应用于生物分离过程[8~10]，为蛋白质特别是胞内蛋白质的分离与纯化开辟了新的途径。

### 5.5.1 双水相系统

根据热力学第二定律可知，混合是熵增加的过程，因而可自发进行。但另一方面，分子间存在相互作用，并且这种分子间相互作用随相对分子质量的增大而增大。因此，传统观点认为，当两种高分子聚合物之间存在相互排斥作用时，由于相对分子质量较大，分子间的相互排斥作用与混合过程的熵增加相比占主导地位，一种聚合物分子的周围将聚集同种分子而排斥异种分子，当达到平衡时，即形成分别富含不同聚合物的两相。这种含有聚合物分子的溶液发生分相的现象称为聚合物的不相容性（incompatibility）。可形成双水相的双聚合物体系很多，如聚乙二醇（polyethylene glycol，PEG）/葡聚糖（dextran，Dx）、聚丙二醇（polypropylene glycol）/聚乙二醇、甲基纤维素（methylcellulose）/葡聚糖等。双水相萃取中常采用的双聚合物系统为 PEG/Dx，该双水相的上相富含 PEG，下相富含 Dx。

除双聚合物系统外，聚合物与无机盐的混合溶液也可形成双水相，例如，PEG/磷酸钾（缩写为 KPi）、PEG/磷酸铵、PEG/硫酸钠等常用于双水相萃取。PEG/无机盐系统的上相富含 PEG，下相富含无机盐。

图 5.13(a) 和 (b) 分别为 PEG/Dx 和 PEG/KPi 系统的典型相图[11]。图 5.13 中的曲线称为双结点线（binodal，binodal curve），双结点线以下的区域为均相区，以上的区域为两相区。连接双结点线上两点的直线称为系线（tie line），在系线上各点处系统的总浓度不同，但均分成组成相同而体积不同的两相。两相的体积近似服从杠杆规则，即

$$\frac{V_T}{V_B} = \frac{\overline{BM}}{\overline{MT}} \qquad (5.82)$$

式中，$V_T$ 和 $V_B$ 分别为上相 [图 5.13(a) 和 (b) 的 PEG 相] 和下相 [图 5.13(a) 的 Dx 相或图 5.13(b) 的磷酸钾相] 体积；$\overline{BM}$ 和 $\overline{MT}$ 分别为 B 点与 M 点和 M 点与 T 点之间的距离 [图 5.13(b)]。

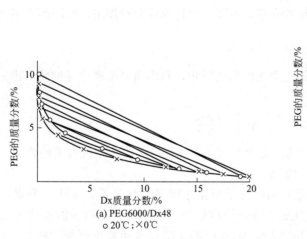

(a) PEG6000/Dx48
○20℃；×0℃

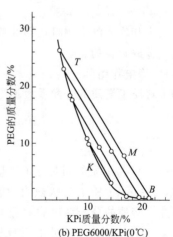

(b) PEG6000/KPi(0℃)

图 5.13 双水相系统相图

系线的长度是衡量两相间相对差别的尺度，系线越长，两相间的性质差别越大，反之则越小。当系线长度趋向于零时，即在图 5.13(b) 的双结点线上 K 点，两相差别消失，任何溶质在两相中的分配系数均为 1，因此 K 点称为临界点（critical point）。

除双聚合物和聚合物/无机盐形成的双水相系统外，某些非离子型表面活性剂或两性离子表面活性剂（zwitterionic surfactant）的水溶液通过温度变化可发生相分离，其中一相富

含胶团，这类双水相系统称为双水相胶团系统（aqueous-two phase micellar system）。表面活性剂溶液发生相分离的温度称为浊点温度（cloud point temperature），因此利用双水相胶团系统的萃取方法又称浊点萃取（cloud point extraction）[12~15]。

Triton X-114 是一种研究最多的非离子型表面活性剂，其分子结构如下：

$$H_3C-, H_3C-, H_3C-\ CH_3\ ...O[\cdots O]_n H \qquad (n=7或8)$$

Triton X-114 的水（胶团）溶液在较低温度下为均相系统，升高温度会发生相分离（溶液变浑浊），浊点温度为 20~30℃，随浓度增大而升高。与非离子型表面活性剂不同，两性离子表面活性剂的水溶液在较高温度下为均相系统，降低温度则会发生相分离[14,15]。

### 5.5.2 双水相中的分配平衡

与溶剂萃取相同，溶质在双水相中的分配系数也用式(5.10)表示。为简便起见，用 $c_1$ 和 $c_2$ 分别表示平衡状态下下相和上相中溶质的总浓度（mol/L），则

$$m = \frac{c_2}{c_1} \tag{5.10c}$$

有关双水相系统中溶质分配平衡的理论已有很多研究报道。但是，由于影响双水相分配平衡的因素非常复杂，尚未建立完整的热力学理论体系。从双水相萃取过程设计的角度出发，确定影响分配系数的主要因素是非常重要的。已有的大量研究表明，生物分子的分配系数取决于溶质与双水相系统间的各种相互作用，其中主要有静电作用、疏水作用和生物亲和作用等。因此，分配系数是各种相互作用的和[16]。

$$\ln m = \ln m_e + \ln m_h + \ln m_l \tag{5.83}$$

式中，$m_e$、$m_h$ 和 $m_l$ 分别为静电作用、疏水作用和生物亲和作用对溶质分配系数的贡献。

生物亲和作用的影响将在第 8 章介绍，本节主要讨论前两种作用，这两种作用也是双水相系统中普遍存在的。

#### 5.5.2.1 静电作用

非电解质型溶质的分配系数不受静电作用的影响，利用相平衡理论可推导下述分配系数表达式

$$\ln m = -\frac{M\lambda}{RT} \tag{5.84}$$

式中，$M$ 为溶质的相对分子质量；$\lambda$ 为与溶质表面性质和成相系统有关的常数；$R$ 为气体常数，J/(mol·K)；$T$ 为热力学温度。

因此，溶质的分配系数的对数与相对分子质量之间呈线性关系，在同一个双水相系统中，若 $\lambda > 0$，不同溶质的分配系数随相对分子质量的增大而减小。同一溶质的分配系数随双水相系统的不同而改变，这是因为式(5.84)中的 $\lambda$ 随双水相系统而异。图 5.14[17] 是不同蛋白质在 pH 值为各蛋白质等电点的双水相系统中的分配系数，实验验证了式(5.84)。

实际的双水相系统中通常含有缓冲液和无机盐等电解质，当这些离子在两相中分配浓度不同时（即分配系数≠1），将在两相间产生电位差（相间电位），通称道南电位（Donnan potential），用 $\Delta\varphi$ 表示

$$\Delta\varphi = \frac{RT}{(Z^+ - Z^-)F} \ln \frac{m_-}{m_+} \tag{5.85}$$

此时，荷电溶质的分配平衡将受相间电位的影响，根据相平衡理论推导溶质的分配系数表达式为[11]

$$\ln m = \ln m_0 + \frac{FZ}{RT}\Delta\varphi \tag{5.86}$$

式中，$m_+$ 和 $m_-$ 分别为电解质的阳离子和阴离子的分配系数；$Z^+$（$>0$）和 $Z^-$（$<0$）分别为电解质的阳离子和阴离子的电荷数；$\Delta\varphi$ 为相间电位；$m_0$ 为溶质净电荷为零（pH＝等电点）时的分配系数；$F$ 为法拉第常数；$Z$ 为溶质的净电荷数。

显然，式(5.84)是式(5.86)的一种特殊情况（$Z=0$）。

因此，荷电溶质的分配系数的对数与溶质的净电荷数成正比。由于同一双水相系统中添加不同的盐产生的相间电位不同，故分配系数与净电荷数的关系因无机盐而异，如图 5.15[18] 所示。

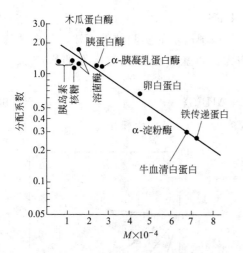

图 5.14 双水相系统中溶质的分配
系数与相对分子质量的关系
4.4%PEG 8000/7% Dx T500, 20℃

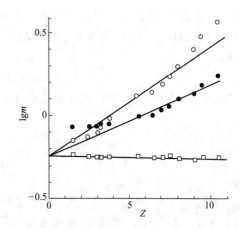

图 5.15 核糖核酸酶的分配系数与其电荷数的关系
5.8%（质量分数）PEG6000/8.4%
（质量分数）Dx T500, 20℃
（○）0.1mol/L KSCN；（●）0.1mol/L KCl；
（□）0.05mol/L K₂SO₄

### 5.5.2.2 疏水作用

一般蛋白质表面均存在疏水区，疏水区占总表面积的比例越大，疏水性越强。所以，不同蛋白质具有不同的相对疏水性。在 pH 值为等电点的双水相中，蛋白质主要根据表面疏水性的差异产生各自的分配平衡。同时，疏水性一定的蛋白质的分配系数受双水相系统疏水性的影响。因此，有必要确定双水相系统的疏水性尺度，以便在萃取操作时调整和设计蛋白质的分配系数。

PEG/Dx 和 PEG/无机盐等双水相系统的上相（PEG 相）疏水性较大，相间的疏水性差用疏水性因子（hydrophobic factor，HF）表示。HF 可通过测定疏水性已知的氨基酸在其等电点处的分配系数 $m_{aa}$ 测算[19]。

$$\ln m_{aa} = HF(RH + B) \tag{5.87}$$

式中，RH 为氨基酸的相对疏水性（relative hydrophobicity），是通过测定氨基酸在水和乙醇中溶解度的差别确定的，并设疏水性最小的甘氨酸的 RH＝0[20]。

所以，上式中的 $B$ 为

$$B = \ln m_{Gly}/HF \tag{5.88}$$

式中，$m_{Gly}$ 为甘氨酸的分配系数。

所以，$pH = pI$ 时氨基酸在双水相系统中的分配系数与其 RH 值呈线性关系，直线的斜率就是该双水相系统的 HF 值。图 5.16 为测定实例。

双水相系统的 HF 与成相聚合物的种类、相对分子质量、浓度，添加盐的种类、浓度以及 pH 值有关，一般随聚合物的相对分子质量、浓度以及盐析盐浓度的增大而增大。有研究表明，PEG/Dx 和 PEG/KPi 系统的 HF 值与上下相中 PEG 的浓度差成正比，PEG/Dx 系统的 HF 为 0.005～0.02mol/kJ，而 PEG/KPi 系统的 HF 为 0.1～0.4mol/kJ[16]。

利用式(5.87)可确定不同双水相系统的 HF 值。如果在 pH 值为等电点的双水相中蛋白质的分配系数（$m_0$）与 HF 值之间呈线性关系，则直线的斜率定义为该蛋白质的表面疏水性，用 HFS（hydrophobic factor of solutes）表示[21]。

$$\ln m_0 = HF \times HFS \tag{5.89}$$

图 5.17 为蛋白质的 $m_0$ 与 HF 的实测关系图[21]。从该图所示的实验结果可知，蛋白质的表面疏水性（HFS）随添加 NaCl 浓度的增大而增大。将盐对蛋白质疏水性的影响引入式(5.89)，则

$$\ln m_0 = HF(HFS + \Delta HFS) \tag{5.90}$$

式中，$\Delta HFS$ 为盐浓度增加引起的 HFS 值增量。

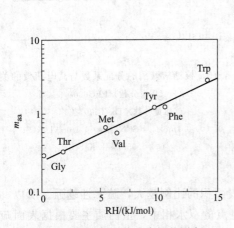

图 5.16　双水相系统疏水性的测定：
氨基酸的分配系数与 RH 的关系
14%PEG4000/14%KPi，pH≈pI

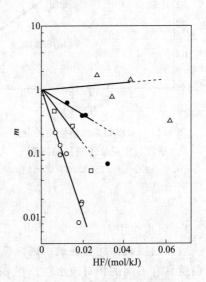

图 5.17　盐浓度对血红蛋白分配系数的影响
PEG/Dx，pH=pI；NaCl（mol/kg）：
（○）0；（□）0.6；（●）1；（△）2

因此，式(5.86)可表示为下述的一般形式

$$\ln m = HF(HFS + \Delta HFS) + \frac{FZ}{RT}\Delta\varphi \tag{5.91}$$

式(5.91)较全面地描述了双水相系统的疏水性和相间电位、蛋白质的疏水性和净电荷数对分配系数的影响，同时也间接地通过盐对蛋白质表面疏水性和相间电位的影响表现了盐对蛋白质分配系数的作用。

在非离子型表面活性剂的双水相胶团系统中，富含胶团相的疏水性较大，疏水性较大的

蛋白质具有较大的分配系数。因此，双水相胶团系统特别适用于疏水性生物分子（如膜蛋白）的萃取分离[16~19]。

### 5.5.3 影响分配系数的各种因素

通过上述讨论可知，影响生物分子分配系数的因素很多。事实上，影响双水相系统中溶质分配系数的因素要比上述讨论更复杂[22]。为便于实际萃取操作中设计适宜的双水相系统和操作条件，选择性地萃取目标产物，下面综合归纳影响分配系数的各种因素。

#### 5.5.3.1 成相聚合物和浓度

成相聚合物的相对分子质量和浓度是影响分配平衡的重要因素。若降低聚合物的相对分子质量，则蛋白质易分配于富含该聚合物的相中。例如，PEG/Dx 系统的上相富含 PEG，若降低 PEG 的相对分子质量，则分配系数增大；若降低葡聚糖的相对分子质量，则分配系数减小。这一规律适用于任何成相聚合物系统和生物大分子溶质，具有普遍意义。

从图 5.13(a) 和（b）可以看出，当成相系统的总浓度增大时，系统远离临界点，系线长度增加，两相性质的差别（疏水性等）增大，蛋白质分子的分配系数将偏离临界点处的值（$m=1$），即大于 1 或小于 1。研究表明，二肽、胰蛋白酶、核糖核酸酶、细胞色素 C、溶菌酶等相对分子质量较小的蛋白质的分配系数与相间聚合物的浓度差之间有下述关系[22,23]

$$\ln m = k_i \Delta c_i \tag{5.92}$$

式中，$\Delta c_i$ 为系统中聚合物组分 $i$ 的相间浓度差；$k_i$ 为常数，与聚合物组分和参与分配的溶质有关。

图 5.18[23,24] 的实验结果证明，式(5.92) 也基本适用于相对分子质量大于 35000 的蛋白质。图 5.18 中横坐标为 PEG 在两相中的浓差，此浓差越大，意味着系线越长，成相系统的总浓度越高。因此，成相系统的总浓度越高，系线越长，蛋白质越容易分配于其中的某一相。

当系线长度增加时，系统的表面张力增大，可能导致溶质在界面上的吸附。这种现象在处理含细胞和固体微粒的料液时尤为严重，细胞或固体微粒容易集中在界面上，给萃取操作带来困难。但对于可溶性蛋白质，这种界面吸附现象很少发生，一般可不考虑。

#### 5.5.3.2 盐的种类和浓度

盐的种类和浓度对分配系数的影响主要反映在对相间电位（图 5.15）和蛋白质疏水性（图 5.17）的影响。在双聚合物系统中，无机离子具有各自的分配系数。图 5.19 列出了各种离子在 PEG/Dx 系统中的分配系数[16]。可以看出，不同电解质的正负离子的分配系数不同，当双水相系统中含有这些电解质时，由于两相均应各自保持电中性，从而产生不同的相间电位 [式(5.85)]。因此，盐的种类（离子组成）影响蛋白质、核酸等生物大分子的分配系数 [式(5.86)]。前述图 5.15 清楚地证明了这一点。

从图 5.19 可知，$HPO_4^{2-}$ 和 $H_2PO_4^-$（$H_{1.5}PO_4^{1.5-}$）离子在 PEG/Dx 系统的分配系数很小，因此利用 pH>7 的磷酸盐缓冲液很容易改变相间电位差（$\Delta\varphi<0$），使带负电荷的蛋白质 [式(5.86) 中 $Z<0$] 有较大的分配系数，分配于富含 PEG 的上相中。

在第 3 章已经介绍，不同盐的盐析效果不同。因此，盐的种类和浓度（离子强度）影响蛋白质的表面疏水性增量 $\Delta HFS$，从而影响蛋白质的分配系数 [式(5.90)]。当盐的浓度很大时（如浓度高于 1mol/L），由于强烈的盐析作用，蛋白质的溶解度达到极限，表观分配系数增大，此时分配系数与蛋白质浓度有关。

盐浓度不仅影响蛋白质的表面疏水性，而且扰乱双水相系统，改变各相中成相物质的组

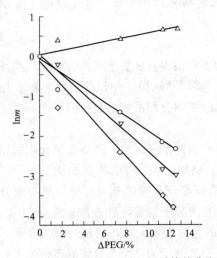

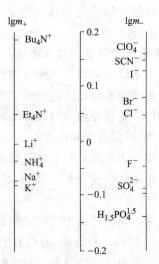

图 5.18　蛋白质在 PEG6000/Dx 40 系统的分配系数

(△) 胰凝乳蛋白酶原；(○) 牛血清白蛋白；
(▽) 人铁传递蛋白质；(◇) 过氧化氢酶；
实线是式(5.92)的计算值（$\Delta c_i = \Delta PEG$）

图 5.19　各种离子的分配系数
8％（质量分数）PEG3000～3700/8％（质量分数）
Dx 500K，盐浓度 0.020～0.025mol/L，25℃

成和相体积比。例如，PEG/KPi 系统中上下相的 PEG 和磷酸钾浓度以及 $Cl^-$ 在上、下相中的分配平衡随添加 NaCl 浓度的增大而改变[25]。这种相组成即相性质的改变直接影响蛋白质的分配系数。离子强度对不同蛋白质的影响程度不同，利用这一特点，通过调节双水相系统的盐浓度，可有效地萃取分离不同的蛋白质。

### 5.5.3.3　pH 值

由于 pH 值影响蛋白质的解离度，调节 pH 值可改变蛋白质的表面电荷数，因而改变分配系数［式(5.86)，图 5.15］。因此，pH 值与蛋白质的分配系数之间存在一定的关系。当加入不同种类的盐时，由于相间电位 $\Delta\varphi$ 不同，它们之间的关系曲线也不一样，但在蛋白质的等电点处，由于 $Z=0$，分配系数应相同 ［$=m_0$，式(5.86)］，即两条关系曲线交于一点（图 5.20[17]）。所以，通过测定不同盐类存在下分配系数与 pH 值之间的关系曲线的交点，可测定蛋白质、细胞器以及微粒的等电点，这种方法称为交错分配法 (cross partitioning)。图 5.14 中的分配系数都是利用交错分配法测定的（分配系数值从两条分配曲线的交叉点读取）。

另外，pH 值影响磷酸盐的解离，即影响 PEG/KPi 系统的相间电位和蛋白质的分配系数。对某些蛋白质，pH 值的很小变化会使分配系数改变 2～3 个数量级。

根据式(5.86)，在相间电位为零的双水相中，蛋白质的分配系数不受 pH 值的影响。但对于许多蛋白质，当相间电位为零时，分配系数［即式(5.86)中的 $m_0$］随 pH 值的变化有

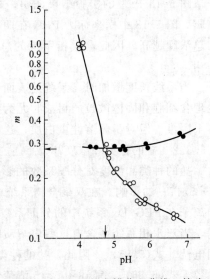

图 5.20　BSA 的交错分配曲线，箭头
所指为交点处的 pH 值和 $m$ 值

4.4％ PEG6000/7％ Dx T500，20℃；

(○) 0.1mol/L NaCl；

(●) 0.05mol/L $Na_2SO_4$

所增减。$m_0$ 随 pH 值变化而改变的现象表明蛋白质自身结构和性质随 pH 值的变化而改变，如表面疏水性的变化、形成二聚体或二聚体解离、与其他共存的蛋白质或小分子物质形成复合物等。因此，根据 $m_0$ 随 pH 值的变化情况可以判断 pH 值对蛋白质结构和形态的影响。

### 5.5.3.4　温度

温度影响双水相系统的相图［图 5.13(a)］，因而影响蛋白质的分配系数。但一般来说，当双水相系统离临界点足够远时，温度的影响很小，1～2℃的温度改变不影响目标产物的萃取分离。

大规模双水相萃取操作一般在室温下进行，不需冷却。这是基于以下原因：①成相聚合物 PEG 对蛋白质有稳定作用，常温下蛋白质一般不会发生失活或变性；②常温下溶液黏度较低，容易相分离；③常温操作节省冷却费用。

## 5.5.4　双水相萃取操作

### 5.5.4.1　双水相系统的选择

成功地利用双水相萃取技术分离提取目标蛋白质的第一步是选择合适的双水相系统，使目标蛋白质的收率和纯化程度均达到较高的水平，并且成相系统易于利用静置沉降或离心沉降法进行相分离。如果以胞内蛋白质为萃取对象，应使破碎的细胞碎片分配于下相中，从而增大两相的密度差，满足两相的快速分离、降低操作成本和操作时间的产业化要求。

虽然影响分配系数的因素很多，给双水相系统的选择和设计带来很大困难，但是，式 (5.91) 可有效地指导双水相萃取系统的设计：根据目标蛋白质和共存杂质的表面疏水性、相对分子质量、等电点和表面电荷等性质上的差别，综合利用静电作用、疏水作用及添加适当种类和浓度的盐，可选择性萃取目标产物。若目标产物与杂蛋白的等电点不同，可调节系统 pH 值，添加适当的盐，产生所希望的相间电位；若目标产物与杂蛋白的表面疏水性 (HFS) 相差较大，可充分发挥盐析作用；提高成相系统的浓度（系线长度），增大双水相系统的 HF，也是选择性萃取的重要手段。另外，改变系线长度还可以使细胞碎片选择性分配于 PEG/盐系统的下相；采用相对分子质量较大的 PEG 可降低蛋白质的分配系数，使萃取到 PEG 相（上相）的蛋白质总量减少，从而提高目标蛋白质的选择性。例如，采用 6.3%PEG6000/10%KPi 系统，可从细胞匀浆液中将 β-半乳糖苷酶提纯 12 倍；而使用相对分子质量较低的 PEG 时，萃取的选择性降低[25]。此外，在磷酸盐存在下于 pH>7 的范围内调节 pH 值也可提高目标产物的萃取选择性。

在上述理论和经验分析的基础上，设计合理的实验方案，可确定最佳萃取系统。双水相萃取过程的放大比较容易，一般 10mL 离心管内的实验结果即可直接放大到产业化规模。因此，常利用多组 10mL 刻度离心管，进行分配平衡实验。具体实验步骤如下。

① 配制高浓度的聚合物和盐的备用溶液，利用其配制一系列不同浓度、pH 值及离子强度的双水相，每个双水相改变一个参数。其中 pH 值通常用磷酸盐缓冲液或甘氨酸调节。由于备用溶液黏度很高，为减小误差，备用溶液的加入量一般不用体积，而用质量测定。

② 加入料液后，再加水使整个系统的质量达到 5～10g。离心管封口后充分混合（反复倒置 5～10min，每分钟 6～10 次；或用涡旋混合器处理 20～60s）。

③ 在 1800～2000g 下离心 3～5min，使两相完全分离。

④ 小心地用吸管或移液管将上相和下相分别吸出，测定上、下两相中目标产物的浓度或生物活性，计算分配系数。上、下两相中目标产物的总量应与加入量对比，以检验是否存在沉淀或界面吸附现象，并可确认浓度或活性测定中产生的系统误差。此外，需注意选择适

当的蛋白质测定方法，以免造成分析上的失败。例如，Folin-酚试剂易使 PEG 沉淀，因此用 Folin-酚试剂法测定前需先用三氯乙酸沉淀蛋白质，回收并溶解沉淀后再进行分析。另外，也可将溶液稀释后采用其他灵敏度更高的分析方法，如利用考马斯亮蓝 G-250（Coomassie brilliant blue G-250）为染色剂的 Bradford 法[26]。

⑤ 分析目标产物的收率和纯化倍数（萃取液和料液中目标产物比活性或纯度的比值），确定最佳双水相系统。

### 5.5.4.2 胞内蛋白质的萃取

双水相萃取法可选择性地使细胞碎片分配于双水相系统的下相，而目标产物分配于上相，同时实现目标产物的部分纯化和细胞碎片的除去，从而节省利用离心或膜分离除碎片的操作过程。因此，双水相萃取应用于胞内蛋白质的分离纯化是非常有利的。表 5.1 是利用双水相萃取技术纯化胞内酶的部分研究结果。

表 5.1 利用双水相萃取从细胞匀浆液中提取胞内酶的部分研究结果（摘自文献 [25]）

| 酶 | 细胞 | 双水相系统 | 收率/% | 纯化倍数 |
| --- | --- | --- | --- | --- |
| 过氧化氢酶 | *Candida boidinii* | PEG/Dx | 81 | — |
| 甲醛脱氢酶 | | PEG/Dx | 94 | — |
| 甲酸脱氢酶 | | PEG/盐 | 94 | 1.5 |
| 异丙醇脱氢酶 | | PEG/盐 | 98 | 2.6 |
| α-葡萄糖苷酶 | *S. cerevisiae* | PEG/盐 | 95 | 3.2 |
| 葡萄糖-6-磷酸脱氢酶 | | PEG/盐 | 91 | 1.8 |
| 己糖激酶 | | PEG/盐 | 92 | 1.6 |
| 葡萄糖异构酶 | *Streptomyces* species | PEG/盐 | 86 | 2.5 |
| 亮氨酸脱氢酶 | *Bacillus* species | PEG/盐 | 98 | 1.3 |
| 丙氨酸脱氢酶 | | PEG/盐 | 98 | 2.6 |
| 葡萄糖脱氢酶 | | PEG/盐 | 95 | 2.3 |
| β-葡萄糖苷酶 | *Lactobacillus* species | PEG/盐 | 98 | 2.4 |
| D-乳酸脱氢酶 | | PEG/盐 | 95 | 1.5 |
| 延胡素酸酶 | *Brevibacterium* species | PEG/盐 | 83 | 7.5 |
| 苯丙氨酸脱氢酶 | | PEG/盐 | 99 | 1.5 |
| 天冬氨酸酶 | *E. coli* | PEG/盐 | 96 | 6.6 |
| 青霉素酰化酶 | | PEG/盐 | 90 | 8.2 |
| β-半乳糖苷酶 | | PEG/盐 | 75 | 12.0 |
| 支链淀粉酶 | *Klebsiella pneumoniae* | PEG/Dx | 91 | 2.0 |

从细胞匀浆液中萃取目标产物时，除成相系统外，匀浆液浓度是影响分离效率的重要因素。一方面，为降低设备体积，减少成相聚合物用量，即降低设备投资与操作成本，添加的匀浆液浓度应尽量高。但另一方面，如果匀浆液添加过多，其中细胞碎片、核酸和蛋白质的浓度将达到与成相系统浓度相当的值，会不同程度地扰乱成相系统，改变相体积比。研究发现，在大量匀浆液的存在下，原来相图的双结点线会向下移动，即在较低的成相系统浓度下即分层形成双水相。因此，在处理细胞匀浆液时，成相系统的浓度不一定在双结点线以上，即使在双结点线以下，随着细胞匀浆液的加入，原来的均相系统也会形成双水相。但是，匀浆液加入过量会降低上、下相的体积比和目标产物的分配系数，从整体上降低单级萃取的收率。此外，匀浆液加入过量会使萃取系统黏度过高，给相分离带来困难。因此，一般来说，根据细胞种类与目标产物的不同，每千克萃取系统的处理量上限为 200～400g 湿细胞，即 200～400g/L。表 5.1 所列结果中，细胞质量浓度多为 200g/L，一般在 100～300g/L 之间。

### 5.5.4.3 相平衡与相分离

双水相萃取过程包括以下几个步骤，即双水相的形成、溶质在双水相中的分配和双水相的分离。在实际操作中，经常将固状（或浓缩的）聚合物和盐直接加入到细胞匀浆液中，同时进行机械搅拌使成相物质溶解，形成双水相；溶质在两相中发生物质传递，达到分配平衡。由于常用的双水相系统的表面张力很小（例如，PEG/盐系统为 $0.1\sim1mN/cm$；PEG/Dx 系统为 $1\times10^{-4}\sim0.1mN/cm$），相间混合所需能量很低，通过机械搅拌很容易分散成微小液滴，相间比表面积极大，达到相平衡所需时间很短，一般只需几秒钟。所以，如果利用固状聚合物和盐成相，则聚合物和盐的溶解多为萃取过程的速率控制步骤。

达到分配平衡后的两相分离可采用重力沉降（静置分层）或离心沉降法，沉降速率符合 Stokes 定律。

重力沉降
$$v_g = \frac{d^2 \Delta \rho}{18\mu} g \tag{5.93}$$

离心沉降
$$v_s = \frac{d^2 \Delta \rho}{18\mu} r\omega^2 \tag{5.94}$$

式中，$d$ 为分散相液滴直径；$\mu$ 为连续相黏度；$\Delta \rho$ 为相间密度差；$g$ 为重力加速度；$r$ 为离心半径；$\omega$ 为离心角速度。

双水相系统的相间密度差很小。例如，PEG/Dx 系统的密度差为 $0.02\sim0.07kg/m^3$，PEG/KPi 系统为 $0.04\sim0.1kg/m^3$。另外，处理细胞匀浆液时，萃取系统的黏度很大，此时即使由于细胞碎片的存在使两相密度差增大，但黏度的增大占主导地位，即 $\Delta \rho/\mu$ 随细胞匀浆液浓度的增大而减小，给沉降分离带来困难。一般情况下，利用重力沉降法分离含细胞碎片的萃取系统需要 10h 以上，并且很难使两相完全分离。如果除去细胞碎片后再进行双水相萃取，则相分离将容易得多，利用重力沉降也可达到满意的效果[8]。

利用离心沉降可大大加快相分离速度，并易于连续化操作。常用的离心沉降设备有管式离心机和碟片式离心机（详见第 2 章），其中用于双水相分离的碟片式离心机具有图 5.21 所示的结构，下相出口半径可调，通过调整下相出口半径，可使两相在分界面处完全分离。

利用连续离心沉降法可使两相在数秒至数分钟的停留时间内得到完全分离，具体停留时间根据萃取系统和离心机的能力而异。对于含有细胞碎片的萃取系统，停留时间多在 40s 以下。由于双水相系统的表面张力很小，离心机内已分离的两相很容易重新混合。

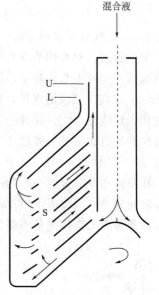

图 5.21　碟片式离心机中
流体的流向
L—下相出口；U—上相
出口；S—分相面

### 5.5.4.4 多步萃取

细胞匀浆液中的目标产物可以经过多步萃取获得较高的纯化倍数。图 5.22 为三步萃取流程示意图[25]。第一步萃取使细胞碎片、大部分杂蛋白和亲水性核酸、多糖等发酵副产物分配于下相，目标产物分配于上相。如目标产物尚未达到所需纯度，向上相中加入盐使其重新形成双水相，进行第二步萃取，此步萃取可除去大部分多糖和核酸。第三步（最后一步）

萃取则使目标产物分配于盐相,以使目标产物与 PEG 分离,便于 PEG 的重复利用和目标产物的进一步加工处理。在图 5.22 中,如果第一步的选择性足够大,可省略中间步骤,在第二步中即将目标产物分配于盐相。

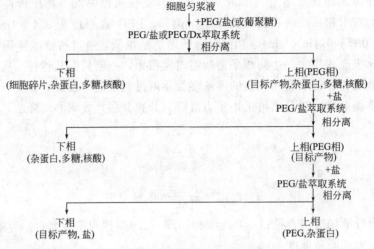

图 5.22　三步萃取流程示意图

### 5.5.4.5　大规模双水相萃取

　　如前所述,双水相萃取系统的相混合能耗很低,达到相平衡所需时间很短。因此,双水相萃取的规模放大非常容易。实践证明,10mL 刻度离心管内的实验结果可准确地放大到处理 200kg 细胞匀浆液的规模,其间溶质的分配系数和相体积比保持不变,溶质浓度随匀浆液的加入量线性增大,并且初始料液性质改变很大时(例如目标产物比活改变 50%),对萃取操作参数也无影响。处理 200kg 匀浆液可使用容量为 250mL 的碟片式离心转子,更大的处理量可采用更大的离心转子。

　　在双水相萃取过程中,当达到相平衡后可采用连续离心法进行相分离。由于达到相平衡所需时间较短,因此双水相萃取法容易实现连续操作,这在蛋白质类生物大分子的下游加工过程的各种单元操作中是不多见的。图 5.23 为利用两步萃取法连续分离胞内酶的流程示意

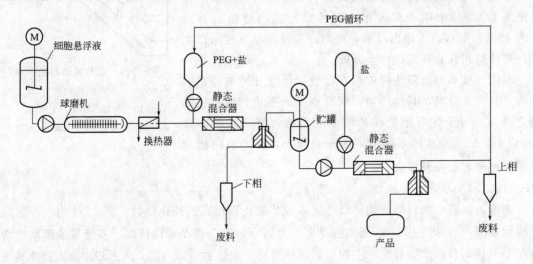

图 5.23　连续双水相萃取流程

图[25]。研究结果表明，整个操作过程保持了良好的稳定性，目标产物收率和纯化因子与间歇过程相同。

采用多级分离可提高整个分离过程的效率。应用于溶剂萃取的各种多级萃取，如多级逆流接触萃取、多级错流接触萃取和微分萃取也可应用于双水相萃取。原理上，多级双水相萃取过程的设计与一般的溶剂萃取相同（见 5.4 节）。但是，由于双水相萃取系统的诸多特殊性质（如表面张力极低、黏度高、相间密度差小），影响分配平衡的因素复杂，加之实验材料来源有限等原因，对多级萃取过程，特别是微分萃取过程及设备的研究很少。

# 5.6　液膜萃取

液膜（liquid membrane）是由水溶液或有机溶剂（油）构成的液体薄膜。液膜可将与之不能互溶的液体分隔开来，使其中一侧液体中的溶质选择性地透过液膜进入另一侧，实现溶质之间的分离。当液膜为水溶液时（水型液膜），其两侧的液体为有机溶剂；当液膜由有机溶剂构成时（油型液膜），其两侧的液体为水溶液。因此，液膜萃取可同时实现萃取和反萃取，这是液膜萃取法的主要优点之一，对于简化分离过程、提高分离速度、降低设备投资和操作成本是非常有利的。

自从 1968 年 N. N. Li[27] 发明乳状液膜分离技术以来，液膜以其独特的结构和高效的分离性能吸引了世界各国科技人员的注意。液膜的应用研究不仅在金属离子、烃类、有机酸、氨基酸和抗生素的分离以及废水处理等方面取得了令人瞩目的成果，而且正在不断开拓新的研究领域，在酶的包埋固定化和生物医学方面的研究成果也展示了其广阔诱人的开发前景。限于本书的性质，本节仅围绕有机酸、氨基酸和抗生素等生物小分子产物的液膜萃取分离，介绍液膜的种类、结构、分离原理和液膜萃取的操作特性。

### 5.6.1　液膜的种类

液膜根据其结构可分为多种，但具有实际应用价值的主要有以下三种。

#### 5.6.1.1　乳状液膜

乳状液膜（emulsion liquid membrane，ELM）是 N. N. Li 发明专利中使用的液膜。乳状液膜根据成膜液体的不同，分为（W/O）/W（水-油-水）和（O/W）/O（油-水-油）两种。在生物分离中主要应用（W/O）/W 型乳状液膜，因此这里仅给出（W/O）/W 型乳状液膜示意图（图 5.24）。如果内、外相为油相，液膜为水溶液，则成为（O/W）/O 型乳状液膜。

乳状液膜的膜溶液主要由膜溶剂、表面活性剂和添加剂（流动载体）组成，其中膜溶剂含量占 90% 以上，而表面活性剂和添加剂分别占 1%～5%。表面活性剂起稳定液膜的作用，是乳状液膜的必需成分。因此，乳状液膜又称表面活性剂液膜（surfactant liquid membrane）。

向溶有表面活性剂和添加剂的油中加入水溶液，进行高速搅拌或超声波处理，制成 W/O（油包水）型乳化液，再将该乳化液分散到第二个水相（通常为待分离的料液）进行第二次乳化即可制成（W/O）/W 型

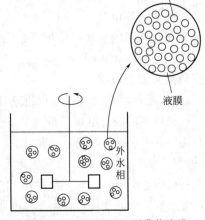

图 5.24　（W/O）/W 型乳状液膜

乳状液膜，此时第二个水相为连续相。W/O 型乳化液滴直径一般为 $0.1\sim2\text{mm}$，内部包含许多微水滴，直径为数微米，液膜厚度为 $1\sim10\mu\text{m}$。乳状液膜中表面活性剂有序排列在油水分界面处，对乳状液膜的稳定性起至关重要的作用，并影响液膜的渗透性。此外，液膜中的添加剂主要是液膜萃取中促进溶质跨膜输送的流动载体，为溶质的选择性化学萃取剂。在有些情况下不需加入流动载体（详见 5.6.2 节）。

如果一个油滴的内相仅含一个水滴，则称为单滴型液膜，常用于液膜的基础研究（如测定溶质的扩散速率等）。

### 5.6.1.2　支撑液膜

支撑液膜（supported liquid membrane，SLM；contained liquid membrane，CLM）是将多孔高分子固体膜浸在膜溶剂（如有机溶剂）中，使膜溶剂充满膜的孔隙形成的液膜（图 5.25），由 Cussler 最早用于 $\text{Na}^+$ 的萃取[28]。支撑液膜分隔料液相和反萃取相，实现渗透溶质的选择性萃取回收或除去。当液膜为油相时，常用的多孔膜为利用聚四氟乙烯、聚乙烯和聚丙烯等制造的高疏水性膜。与乳状液膜相比，支撑液膜结构简单，放大容易。但膜相仅靠表面张力和毛细管作用吸附在多孔膜的孔内，使用过程中容易流失，造成支撑液膜性能下降。弥补这一缺点的办法是定期停止操作，从反萃取相一侧加入膜相溶液，补充膜相的损失。

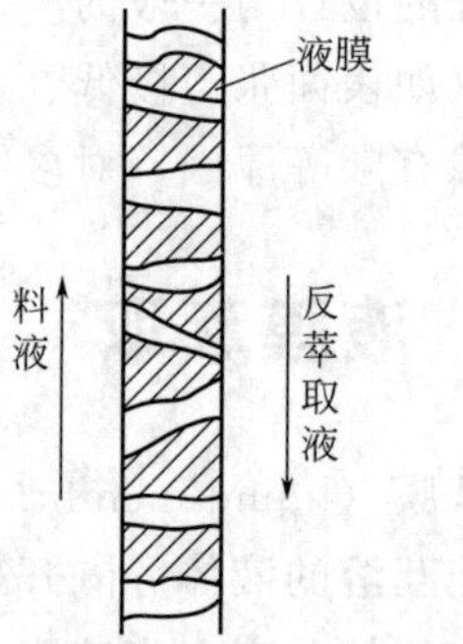

图 5.25　支撑液膜

### 5.6.1.3　流动液膜

流动液膜也是一种支撑液膜，是为弥补上述支撑液膜的膜相容易流失的缺点而提出的，其结构如图 5.26 所示。液膜相可循环流动，因此在操作过程中即使有所损失也很容易补充，不必停止萃取操作来进行液膜的再生。液膜相的强制流动或降低流路厚度可降低液膜相的传质阻力。

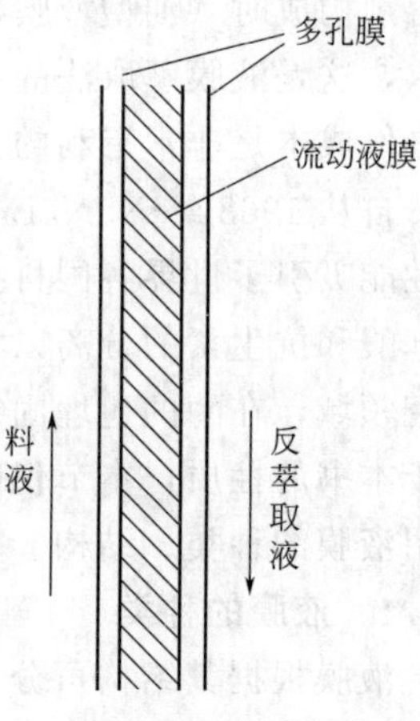

图 5.26　流动液膜

### 5.6.2　液膜萃取机理

液膜萃取机理根据待分离溶质种类的不同，主要分为如下几种类型（图 5.27）。

#### 5.6.2.1　单纯迁移

单纯迁移又称物理渗透，根据料液中各种溶质在膜相中的溶解度（分配系数）和扩散系数的不同进行萃取分离 [图 5.27(a)]。由于一般溶质之间扩散系数的差别不大，因此物理渗透主要是基于溶质之间分配系数的差别实现分离的。在间歇操作中，当反萃取相中溶质浓度增大到与料液相相同时，渗透达到平衡，溶质迁移不再发生。显然，利用这种萃取机理的液膜分离无浓缩效应。

#### 5.6.2.2　反萃取相化学反应促进迁移

有机酸等弱酸性电解质的分离纯化中，可利用强碱（如 NaOH）溶液为反萃取相。如图 5.27(b) 所示，反萃取相 [(W/O)/W 型乳状液膜的内水相] 中含有 NaOH，与料液中溶质（有机酸）发生不可逆化学反应生成不溶于膜相的盐。在膜相传质速率为控制步骤（即 NaOH 与酸的反应速率很快）时，反萃取相中有机酸的浓度接近于零，使膜相两侧始终保持最大浓差，促进有机酸的迁移，直到 NaOH 反应完全。这种利用反萃取相内化学反应的促进迁移又称I型促进迁移。与上述单纯迁移相比，溶质在反萃取相得到浓缩，并且萃取速率快。

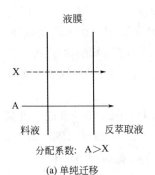

分配系数: A＞X

(a) 单纯迁移

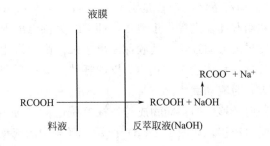

(b) 反萃取相化学反应促进迁移

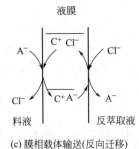

(c) 膜相载体输送(反向迁移)

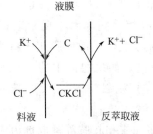

(d) 膜相载体输送(同向迁移)

图 5.27　液膜萃取机理

### 5.6.2.3　膜相载体输送

在膜相加入可与目标产物发生可逆化学反应的萃取剂 C，目标产物与该萃取剂 C 在膜相的料液一侧发生正向反应生成中间产物。此中间产物在浓差作用下扩散到膜相的另一侧，释放出目标产物。这样，目标产物通过萃取剂 C 的搬运从料液一侧转入到反萃取相，而萃取剂 C 在浓差作用下从膜相的反萃取液一侧扩散到料液相一侧，重复目标产物的跨膜输送过程。因此，萃取剂 C 称为液膜的流动载体。利用膜相中流动载体选择性输送作用的传质机理称为载体输送（carrier transport），又称为 II 型促进迁移。

利用载体输送的液膜萃取可大大提高溶质的渗透性和选择性。更为重要的是，载体输送具有能量泵的作用，使目标溶质从低浓区沿反浓度梯度方向向高浓区持续迁移。显然，载体输送需要能量。根据向流动载体供能方式的不同，载体输送分为两种：反向迁移、同向迁移。

（1）反向迁移　即供能物质与目标溶质迁移方向相反。氨基酸及有机酸的载体输送是典型的反向迁移。如图 5.27(c) 所示，如果氨基酸带负电荷（$A^-$），膜相中流动载体（萃取剂）可用阳离子型萃取剂季铵盐（$C^+ Cl^-$），膜相的另一侧（反萃取相）含高浓度氯离子（$Cl^-$）。在膜相的料液一侧，氨基酸离子 $A^-$ 与流动载体 $C^+$（实际上以 $\overline{C^+ Cl^-}$ 形式存在，用上划线表示膜相，下同）反应，即

$$A^- + \overline{C^+ Cl^-} \longrightarrow \overline{C^+ A^-} + Cl^-$$

生成 $\overline{C^+ A^-}$，释放出 $Cl^-$。生成的 $\overline{C^+ A^-}$ 在浓差作用下扩散到反萃取相一侧，再与 $Cl^-$ 反应，即

$$\overline{C^+ A^-} + C^- \longrightarrow A^- + \overline{C^+ Cl^-}$$

释放出 $A^-$，而生成的 $\overline{C^+ Cl^-}$ 再扩散回膜相的料液一侧，重复上述过程。这样，料液中 $A^-$ 浓度不断下降，反萃取相中 $A^-$ 的浓度不断上升，实现 $A^-$ 从低浓区向高浓区的迁移。此时，

$A^-$ 从低浓区向高浓区的迁移是随 $Cl^-$ 从高浓区向低浓区（正向）迁移进行的，因此，$Cl^-$ 的正向迁移给载体输送提供了能量，即 $Cl^-$ 为供能离子。这种向膜相内加入流动载体，使离子沿反浓度梯度方向迁移的液膜称为离子泵。由于供能离子 $Cl^-$ 与氨基酸离子 $A^-$ 的迁移方向相反，故这种载体输送方式称为反向迁移。反向迁移常用离子交换型萃取剂（如季铵盐、磷酸烃酯等）为流动载体。

（2）同向迁移　即供能物质与目标溶质迁移方向相同。钾离子的载体输送（钾离子泵）是典型的同向迁移，如图 5.27(d) 所示。膜相中的流动载体（C）可用萃取剂二苯并 18 冠 6（DBC），料液为 $Cl^-$ 浓度很高的 KCl 溶液，反萃取相为水。在膜相的料液一侧，$K^+$ 与流动载体 C 反应生成配阳离子 $\overline{CK^+}$，$\overline{CK^+}$ 再与 $Cl^-$ 缔合生成 $\overline{CKCl}$，即

$$C + K^+ + Cl^- \longrightarrow \overline{CKCl}$$

$\overline{CKCl}$ 扩散到膜相的反萃取相一侧，由于反萃取相中的 $Cl^-$ 浓度很低（小于料液相），释放 $Cl^-$（和 $K^+$），空载的流动载体扩散回膜相的料液一侧，重复上述过程。这样，反萃取相中的 $K^+$ 和 $Cl^-$ 浓度不断升高。如果料液中的 $Cl^-$ 远高于 $K^+$ 浓度，可实现 $K^+$ 从低浓区向高浓区迁移。此时的供能离子为 $Cl^-$，因为 $Cl^-$ 与 $K^+$ 迁移方向相同，故称此载体输送方式为同向迁移。

同向迁移常用大环多元醚和叔胺等萃取剂为流动载体。在同向迁移中，载体输送的物质为中性盐，而不是反向迁移中的单一离子。

### 5.6.3　液膜萃取操作

#### 5.6.3.1　萃取设备及过程

同一般的溶剂萃取一样，利用乳状液膜的萃取设备主要有搅拌槽型（混合-澄清器）和微分塔型两类（图 5.28）。搅拌槽型萃取设备结构简单，操作方便。如图 5.29 所示，乳状液膜萃取过程中，W/O 乳化液以一定流速加入到搅拌萃取槽，从萃取槽流出的（W/O）/W 液体经澄清器使水乳分离，（W/O）乳化液破乳后油水分离，得到含目标产物的水溶液和油相。油相可重复用于 W/O 乳化液的制备，其在操作过程中的损失部分通过外加油相补充。如果使用图 5.28(b) 所示的微分塔型萃取设备，因水乳逆流接触，可省去破乳前的水乳分离用澄清器。

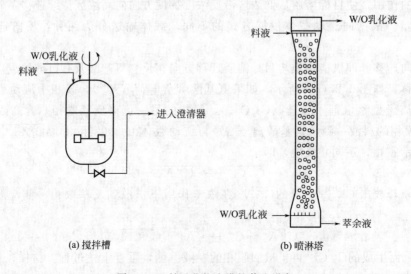

(a) 搅拌槽　　　　　　　　(b) 喷淋塔

图 5.28　利用乳状液膜的萃取设备

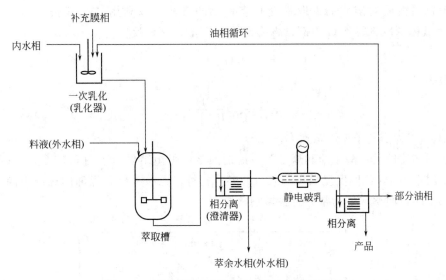

图 5.29　利用搅拌槽的乳状液膜连续萃取过程

　　油型支撑液膜通过将多孔高分子膜浸泡在有机溶剂（根据需要，有机溶剂中溶有流动载体）中制备。各种微滤膜可用于制造支撑液膜组件，图 5.30 为常见的三种膜组件示意图。萃取操作中料液相和反萃取相在膜两侧逆流流动，实现目标产物的分离。螺旋卷式和中空纤维式膜组件的比表面积较大，适合于较大规模的液膜分离。为了使支撑液膜萃取操作长期稳定地进行，液膜相的有机溶剂以及流动载体必须为非水溶性。即使如此，在操作中难免有部分液膜相流失，需定期从反萃取相一侧加以补充。

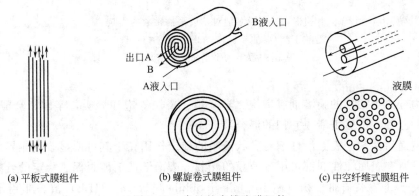

(a) 平板式膜组件　　　　(b) 螺旋卷式膜组件　　　　(c) 中空纤维式膜组件

图 5.30　常见的支撑液膜组件

### 5.6.3.2　膜相组成

　　（1）膜溶剂　生物分离中所用的液膜基本为油膜，其中有机溶剂（膜溶剂）占 90％以上。膜溶剂相当于化学萃取的稀释剂，对液膜的性能和液膜萃取操作影响很大，必须根据实际的分离物系选择合适的膜溶剂。研究表明，膜溶剂的黏度是影响乳状液膜稳定性、液膜厚度和液膜传质性能的重要参数。例如，利用黏度较高的膜溶剂可增大液膜厚度，提高液膜稳定性，但溶质透过液膜的传质阻力增大，不利于溶质的快速迁移；当膜溶剂的黏度较小时，液膜厚度减小，传质系数增大，但液膜不够稳定，在操作中易破损，影响分离效果。

　　除黏度参数外，选择的膜溶剂应对萃取剂（载体）有较大的溶解度，从而可在较宽的范围内调节载体浓度，进行萃取过程的优化。

　　膜溶剂的组成对溶质的萃取平衡具有重要的影响。以利用二辛基胺（dioctyl amine，DOA）为载体萃取青霉素 G 为例，青霉素 G 为弱酸，萃取反应为

$$C + P^- + H^+ \underset{\longleftarrow}{\overset{K}{\longrightarrow}} \overline{CPH}$$

平衡常数为

$$K = \frac{[\overline{CPH}]}{[C][P^-][H^+]} \tag{5.95}$$

　　式中，$P^-$ 为阴离子型青霉素 G。

　　利用不同比例的乙酸丁酯和煤油为膜溶剂的萃取平衡结果示于图 5.31[29]，双对数坐标图中直线斜率为 1，说明实验结果与式（5.95）相符。乙酸丁酯和煤油的比例不同，萃取平衡常数亦不同，而萃取平衡常数直接影响萃取率。

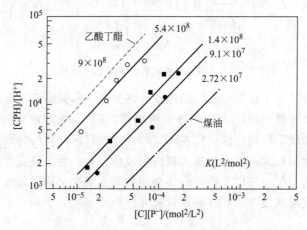

图 5.31　膜溶剂对萃取平衡常数的影响
乙酸丁酯/煤油＝1/1（○）；1/4（■）；1/9（●）
图中数字为平衡常数（$K$）值

　　在生物分离中常用的膜溶剂有辛烷、异辛烷、癸烷等饱和烃类，辛醇、癸醇等高级醇，煤油、乙酸乙酯、乙酸丁酯或它们的混合液。

　　（2）表面活性剂　表面活性剂对乳状液膜的稳定作用在于其可明显改变相界面的表面张力，但不是所有表面活性剂都可用于液膜的配制。表面活性剂能否促进稳定的乳状液膜的形成主要取决于其亲水亲油平衡（hydrophile-lipophile balance，HLB）值。非离子型表面活性剂的 HLB 值可按表面活性剂分子中亲水基质量百分数的 1/5 计算。因此，表面活性剂的 HLB 值越大，亲水性越强。通常使用 HLB＝3～6 的油溶性表面活性剂配制（W/O）/W 型乳状液膜，使用 HLB＝8～15 的水溶性表面活性剂配制（O/W）/O 型乳状液膜。

　　HLB 值并不是选择表面活性剂的绝对标准，只是重要的参考指标。除 HLB 值外，还要考虑具体体系的特殊情况。经验表明，非离子型表面活性剂的临界胶团浓度比相应的离子型表面活性剂低，在低浓度下乳化效果好。所以，普遍采用非离子型表面活性剂配制乳状液膜。常用于配制（W/O）/W 型乳状液膜的非离子型表面活性剂为 Span 80（失水山梨醇单油酸酯）。

　　乳状液膜中的表面活性剂不仅对液膜的稳定性起决定性的作用，而且对液膜的渗透性具有显著影响。利用适当的表面活性剂可以提高溶质在液膜中的扩散速率。一般来说，随着表

面活性剂浓度的增大，液膜的稳定性提高，有利于液膜萃取效果的改善。但是，随着表面活性剂浓度的增大，液膜的厚度和黏度升高，萃取速率下降。

（3）流动载体（萃取剂） 液膜萃取技术中最为引人入胜之处是流动载体的促进迁移作用，使液膜赋予了生物膜的功能。液膜的流动载体可沿袭使用溶剂萃取的萃取剂。表 5.2 列举了液膜分离生物产物的流动载体，包括季铵盐、胺类、磷酸酯类和冠醚类等。

流动载体仅溶于液膜相，并且对目标分子有特异性输送作用，这是对载体选择的基本要求。

表 5.2 用于生物产物分离的流动载体（萃取剂）举例

| 载体 | 萃取物举例 |
| --- | --- |
| 磷酸三烃酯 | 苯丙氨酸，亮氨酸，有机酸 |
| 三辛基氧化磷酸酯（TOPO） | 有机酸，青霉素，苯丙氨酸 |
| 氯化三辛基甲铵（TOMAC） | 苯丙氨酸，色氨酸，异亮氨酸，缬氨酸，青霉素 |
| 二(2-乙基己基)磷酸（D2EHPA） | 苯丙氨酸，色氨酸，赖氨酸，柱晶白霉素 |
| 二辛基胺（DOA） | 青霉素 |
| 三辛胺（TOA） | 柠檬酸 |
| 冠醚 | 氨基酸酯，亮氨酸，芳香环氨基酸，缬氨酸，天冬氨酸，青霉素 |

### 5.6.3.3 制乳与破乳

制乳是乳状液膜萃取的第一步。有关制乳的研究很多，技术已很成熟。制备（W/O）/W 型乳状液膜时，可先将表面活性剂溶于油相之后向其中加入水相（反萃取相），激烈搅拌使之乳化。一般采用 2000r/min 的搅拌速度即可制备稳定的乳化液。制成的乳化液加入到待处理的料液（连续相）后，同样需要适当搅拌使乳化液充分分散，形成（W/O）/W 型乳状液膜。

萃取结束后需将乳化液与料液分离，对乳化液实施破乳，回收其中的目标产物。破乳方法主要有化学破乳和静电破乳。化学破乳是向乳化液中加入极性破乳剂，吸附乳化液中的表面活性剂，从而降低乳化液的稳定性，实现破乳的目的。化学破乳法适用范围有限，并对系统产生污染，效果不太理想。静电破乳则利用高压电场（数千至数万伏）的作用使乳液滴带电，在电场中产生泳动。在交变电场中乳液滴的泳动使其受到不同方向的剪切作用而被破坏。静电破乳设备简单，操作方便，并且破乳效果好，适用范围广，是应用最多的破乳方法。

### 5.6.3.4 影响液膜萃取的操作参数

针对具体分离物系选择适宜的膜溶剂、表面活性剂和流动载体（萃取剂）是实施液膜萃取的关键所在。此外，通过调整料液相和反萃取相的 pH 值、温度、流速（支撑液膜）和搅拌速度（乳状液膜）等参数可提高萃取过程效率。

（1）pH 值 对于氨基酸和有机酸等弱电解质溶质，料液的 pH 值直接影响其荷电形式及不同电荷形式的溶质所占的比例，从而影响萃取率。根据料液中溶质及共存杂质的性质选择合适的流动载体并适当调节 pH 值，对提高萃取速率及选择性非常重要。等电点不同的氨基酸通过调节料液 pH 值可实现选择性液膜分离。

（2）流速（搅拌速度） 利用支撑液膜萃取，料液的流速对液固表面传质系数有直接影响，从而影响萃取速率。

对于乳状液膜萃取，搅拌速度影响乳化液的分散和液膜的稳定性。搅拌速度过低，乳状液膜分散状态不好，相间接触比表面积小，萃取操作时间长；搅拌速度过高，则乳状液膜易被破坏，引起内外水相的混合，同样造成萃取率的下降。所以，一般存在最佳的搅拌速度，使乳状液膜萃取在最短时间内达到最大萃取率。

（3）共存杂质 利用选择性较低的离子交换萃取剂为流动载体，当料液中存在与目标分子带相同电荷的杂质时，由于杂质与载体发生竞争性反应，减小了用于目标分子（料液一侧）和供能离子（反萃取相一侧）输送的载体量，从而可引起目标分子透过通量的下降。

（4）反萃取相 对于反萃取相化学反应促进迁移和膜相流动载体促进迁移的萃取过程，反萃取相的组成和浓度影响萃取速率和选择性，这从液膜萃取机理很容易理解。利用碳酸钠溶液为内水相（反萃取相）的乳状液膜萃取青霉素时，青霉素的平衡萃取率随碳酸钠浓度升高而增大；同时，萃取率亦随外水相（料液）中柠檬酸浓度升高而增大。这是由于增大料液相柠檬酸浓度（降低 pH 值）有利于青霉素与载体反应形成复合物，而提高反萃取相碳酸钠浓度（增大 pH 值）有利于复合物的解离［见式（5.95）］。

（5）操作温度 提高操作温度，溶质的扩散系数增大，有利于萃取速率的提高。但在较高的温度下，液膜黏度降低，膜相挥发速度加快，甚至造成表面活性剂的水解，对维持液膜的稳定性不利。因此，液膜分离一般在常温下操作，可保持较好的萃取效率，并可节省热能消耗。

（6）萃取操作时间 乳状液膜为高度分散体系，相间接触比表面积极大，并且液膜很薄，传质阻力小。因此在短时间内即可萃取完全。如果萃取时间过长，反而会引起液膜的破坏，降低分离效果。

总之，液膜结构独特，操作弹性大，影响因素多而具有不确定性。实际应用中需正确理解和处理各种影响因素之间的关系，设计合理的液膜萃取操作。

# 5.7 反胶团萃取

反胶团萃取（reversed micellar extraction）的研究始于 20 世纪 70 年代，是一种发展中的生物分离技术。反胶团萃取的本质仍是液液有机溶剂萃取，但与一般有机溶剂萃取所不同的是，反胶团萃取利用表面活性剂在有机相中形成的反胶团（reversed micelles），从而在有机相内形成分散的亲水微环境，使生物分子在有机相（萃取相）内存在于反胶团的亲水微环境中，消除了生物分子，特别是蛋白质类生物活性物质难于溶解在有机相中或在有机相中发生不可逆变性的现象。反胶团萃取研究的历史较短，技术尚不成熟。本节将简要介绍反胶团、反胶团萃取机理、萃取动力学和反胶团萃取操作特性。

## 5.7.1 反胶团及其基本性质

向水中加入表面活性剂，水溶液的表面张力随表面活性剂浓度的增大而下降。当表面活性剂浓度达到一定值后，将发生表面活性剂分子的缔合或自聚集（molecular self-assembly），形成水溶性胶团（micelles），溶液的表面张力不再随表面活性剂浓度的增大而降低。表面活性剂在水溶液中形成胶团的最低浓度称为临界胶团浓度（critical micelle concentration，CMC）。水溶液中胶团的表面活性剂亲水头部向外，与水相接触，而疏水尾部埋在胶团内部。与此类似，若向有机溶剂（油）中加入油溶性表面活性剂，当表面活性剂的浓度超过一定值时，其在有机溶剂中也会形成胶团。但与在水溶液中所不同的是，有机溶剂内胶团的表面活性剂分子的疏水尾部向外，溶于有机溶剂，而亲水头部向内。因此，通常将表面活性剂在有机溶剂中形成的胶团称为反胶团（图 5.32），也称反微团或反胶束。胶团或反胶团

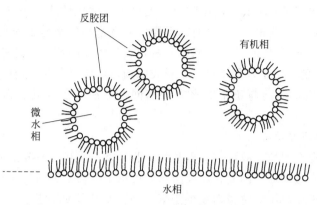

图 5.32　反胶团示意图

的形成均是表面活性剂分子自聚集的结果，是热力学稳定体系。当表面活性剂在有机溶剂中形成反胶团时，水在有机溶剂中的溶解度随表面活性剂浓度线性增大。因此，可通过测定有机相中平衡水浓度的变化，确定形成反胶团的最低表面活性剂浓度。

反胶团的形状多为球形或近似球形，有时也呈柱状结构。极其重要的是，表面活性剂分子的聚集使反胶团内形成极性核（polar core），因此有机溶剂中的反胶团可溶解水。反胶团内溶解的水通常称为微水相或"水池（water pool）"，如图 5.32 所示。反胶团的大小与溶剂和表面活性剂的种类、浓度、温度、离子强度等因素有关，一般为 5～20nm，其内水池的直径 $d$ 用下式计算

$$d = \frac{6W_0 M}{a_{surf} N \rho}\tag{5.96}$$

式中，$W_0$ 为有机相中水与表面活性剂的摩尔比，称为含水率（water content）；$M$、$\rho$ 分别为水的相对分子质量和密度；$a_{surf}$ 为界面处一个表面活性剂分子的面积；$N$ 为 Avogadro 常数。

常用于制备反胶团溶液的表面活性剂是二(2-乙基己基) 琥珀酸酯磺酸钠［sodium bis-(2-ethylhexyl)-sulphosuccinate］，商品名为 Aerosol OT，简称 AOT。AOT 的分子结构式如下：

$$CH_3(CH_2)_3 CHCH_2 OCCH_2$$
$$CH_3(CH_2)_3 CHCH_2 OCCH—SO_3 Na$$

AOT 在异辛烷中形成的反胶团直径（$d_m$）可用下述经验式推算[30]

$$d_m = 0.3 W_0 + 2.4 \quad (nm)\tag{5.97}$$

式中，右侧第一项为反胶团的水核直径，第二项（2.4nm）为 AOT 分子长度的 2 倍。一般反胶团的 $W_0$ 不超过 40。因此，根据式(5.97)，利用 AOT 形成的反胶团水核直径一般不超过 12nm，其中大致可容纳一个直径为 5～10nm 的蛋白质。当蛋白质分子与反胶团直径相比大得多时（例如，当蛋白质的相对分子质量超过 $1×10^5$），难于溶解到反胶团中。

反胶团不是刚性球体，而是热力学稳定的聚集体。在有机相中反胶团以非常高的速度生成和破灭，不停地交换其构成分子（表面活性剂和水），这一过程符合二级反应动力学，速率常数为 $10^6 ～ 10^7 m^3/(kmol \cdot s)$。

当反胶团的含水率 $W_0$ 较低时，反胶团水池内水的理化性质与正常水相差悬殊。例如，用 AOT 为表面活性剂，当 $W_0 < 6 \sim 8$ 时，反胶团内微水相的水分子受表面活性剂亲水基团的强烈束缚，表观黏度上升 50 倍，疏水性也极高。随 $W_0$ 的增大，这些现象逐渐减弱，当 $W_0 > 16$ 时，微水相的水与正常的水接近，反胶团内可形成双电层。但即使当 $W_0$ 值很大时，水池内水的理化性质也不能与正常的水完全相同，特别是在接近表面活性剂亲水头的区域内。

### 5.7.2 反胶团的溶解作用

由于反胶团内存在水池，故可溶解氨基酸、肽、蛋白质和核酸等生物分子，为生物分子提供易于生存的亲水微环境。因此，反胶团萃取可用于生物分子的分离纯化，特别是蛋白质类生物大分子。关于反胶团溶解蛋白质的形式，有人提出了四种模型，如图 5.33 所示[31]。其中（a）为水壳模型，蛋白质位于水池的中心，周围存在的水层将其与反胶团壁（表面活性剂）隔开；（b）的蛋白质分子表面存在强烈疏水区域，该疏水区域直接与有机相接触；（c）的蛋白质吸附于反胶团内壁；（d）为蛋白质的疏水区与几个反胶团的表面活性剂疏水尾发生相互作用，被几个小反胶团"溶解"。表面性质不同的蛋白质可能以不同的形式溶解于反胶团相（reversed micellar phase），但对于亲水性蛋白质，目前普遍接受的是水壳模型[图 5.33(a)]，因为许多实验数据均间接地证明了水壳模型的正确性。例如：①反胶团内酶的结构和活性与 $W_0$ 值密切相关，说明酶对其周围存在的水层非常敏感；②反胶团内酶反应动力学行为与在正常的水相中相似，活性与 pH 值的关系同样表现为钟状曲线。

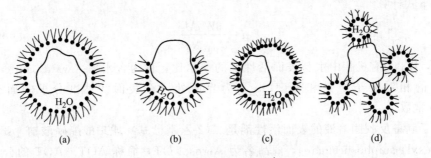

图 5.33 反胶团溶解蛋白质模型

生物分子溶解于 AOT 等离子型表面活性剂的反胶团相的主要推动力是表面活性剂与蛋白质的静电相互作用。此外，反胶团与生物分子间的疏水性相互作用和空间相互作用对溶解率（萃取率）也有重要影响。

#### 5.7.2.1 静电相互作用

反胶团萃取一般采用离子型表面活性剂制备反胶团相，其中应用最多的是阴离子型表面活性剂 AOT，阳离子型表面活性剂主要有氯化三辛基甲铵（TOMAC）和溴化十六烷基三甲铵（cetyl-trimethyl-ammonium bromide，CTAB）等季铵盐。这些表面活性剂所形成的反胶团内表面带有负电荷（AOT）或正电荷（TOMAC 和 CTAB）。因此，当水相 pH 值偏离蛋白质的等电点时，由于溶质带正电荷（pH < pI）或负电荷（pH > pI），与表面活性剂发生强烈的静电相互作用，影响溶质在反胶团相的溶解率，即在两相间的分配系数。理论上，当溶质所带电荷与表面活性剂相反时，由于静电引力的作用，溶质易溶于反胶团，溶解率或分配系数较大；反之，则不能溶解到反胶团相中。图 5.34 为 pH 值对不同蛋白质在 AOT 的反胶团中溶解率的影响[32]，三种蛋白质的相对分子质量和等电点列于表 5.3。在等电点附近，蛋白质的溶解率急剧变化，当 pH<pI，即在带正电荷的 pH 值范围内蛋白质的溶解率接近 100%，说明静电相互作用对蛋白质的反胶团萃取起决定性作用。当 pH 值很低时，细胞色素 C 和溶菌酶的溶解率急剧下降，可能是水相中溶解的微量 AOT 与蛋白质发生静电和疏水相互作用形成缔合体，引起蛋白质变性，不能正常地溶解在反胶团相中。

表 5.3　图 5.34 中三种蛋白质的相对分子质量和等电点

| 蛋白质 | 相对分子质量 | 等电点 |
| --- | --- | --- |
| 细胞色素 C | 12400 | 10.6 |
| 核糖核酸酶 | 13700 | 7.8 |
| 溶菌酶 | 14300 | 11.1 |

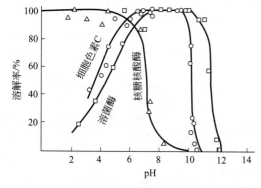

图 5.34　pH 值对蛋白质溶解率的影响
AOT=50mmol/L

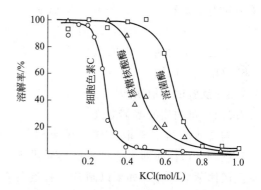

图 5.35　盐浓度对蛋白质溶解率的影响
AOT=50mmol/L

盐浓度对蛋白质溶解率的影响（图 5.35）则从另一侧面反映了静电相互作用的效果。根据 Debye-Huckel 静电屏蔽效应理论，带电物体表面的双电层厚度与离子强度 $I$ 之间有如下关系

$$\kappa^{-1} \propto I^{-1/2} \tag{5.98}$$

式中，$\kappa^{-1}$ 为双电层厚度。

可见双电层厚度随离子强度即盐浓度的增大而降低，即静电相互作用随盐浓度的增大而减弱，蛋白质的溶解率降低。

### 5.7.2.2　空间相互作用

事实上，图 5.35 所示的蛋白质溶解率随盐浓度增大而降低的现象除静电相互作用减弱的效果外，同时还存在空间排阻作用。如图 5.36 所示[33]，盐浓度的增大对反胶团相产生脱水效应，反胶团的含水率 $W_0$ 随盐浓度的增大而降低，反胶团直径减小 [式 (5.97)]，空间排阻作用增大，蛋白质的溶解率下降。许多研究表明，AOT/异辛烷系统的含水率与 $I^{-1/2}$ 成正比[33,34]，例如，图 5.36 中 $W_0$ 与 NaCl 浓度（$c_{NaCl}$）的关系为[33]

$$W_0 = 9.64 c_{NaCl}^{-0.5} \quad (0.1\text{mol/L} \leqslant c_{NaCl} \leqslant 1.0\text{mol/L})$$

从图 5.36 还可看出，AOT/异辛烷系统的含水率与 AOT 浓度无关，这是多数反胶团系统的共性。

在各种蛋白质等电点处的反胶团萃取实验研究表明，随着相对分子质量的增大，蛋白质的分配系数（溶解率）下降（图 5.37）[35]。当相对分子质量超过 $2 \times 10^4$ 时，分配系数很小。该实验在蛋白质等电点处进行，排除了静电相互作用的影响，表明随相对分子质量增大，空间排阻作用增大，蛋白质的溶解率降低。图5.37的结果还表明，根据蛋白质间相对分子质量的差别可以选择性地进行蛋白质的反胶团萃取分离。

由于氨基酸的相对分子质量很小，其在反胶团中的溶解主要是基于静电相互作用和疏水性相互作用。

#### 5.7.2.3 疏水性相互作用

氨基酸分子的疏水性各不相同，研究表明，除 pH 值和离子强度外，氨基酸或寡肽的分配系数随氨基酸疏水性的增大而增大。疏水性相互作用对蛋白质的反胶团萃取也有重要影响[36]。另外，蛋白质的疏水性影响其在反胶团中的溶解形式，因而影响其分配系数。如图5.33所示，疏水性较大的蛋白质可能以图5.33(b)的形式溶解在反胶团中。

### 5.7.3 反胶团萃取操作

#### 5.7.3.1 蛋白质的溶解方式

与普通的溶剂萃取一样，料液相与反胶团相接触（或混合），蛋白质即可通过界面传质进入反胶团相，实现反胶团萃取操作。如果以制备含有蛋白质（如酶）的反胶团相为目的，可以采用注入法或溶解法。注入法直接向含有表面活性剂的有机相注入浓度较高的蛋白质溶液，而溶解法直接将蛋白质粉末加入到反胶团相。前者适用于水溶性蛋白质，多用于利用反胶团的酶反应研究；后者适用于非水溶性蛋白质，含水率可保持在初期设定的数值不变，有利于反胶团萃取平衡的研究。

#### 5.7.3.2 影响分配平衡的因素

如前所述，蛋白质在反胶团相的分配平衡主要取决于蛋白质分子与表面活性剂的静电相互作用、疏水性相互作用和反胶团的空间排阻作用。空间排阻作用取决于反胶团与蛋白质的相对尺寸。因此，任何能够引起静电引力、疏水性相互作用和反胶团尺寸增大的因素均有可能提高蛋白质的萃取率或分配系数。这些因素除前述的 pH 值和离子强度外，有机溶剂的种类、表面活性剂的种类和浓度、温度和盐的种类等操作参数对萃取平衡也有重要的影响。

（1）有机相助溶剂　利用季铵盐为表面活性剂的反胶团相一般需加入油溶性醇，如己醇和辛醇等，其作用是降低表面活性剂亲水头阳离子间的相互排斥作用，促进反胶团的形成。另外，低级醇还发挥助溶剂（cosolvent）的作用，使亲水性较强（HLB 值较大）的表面活性剂主要溶于有机相[37]。

（2）表面活性剂和助表面活性剂　随表面活性剂浓度的增大，有机相中形成的反胶团数

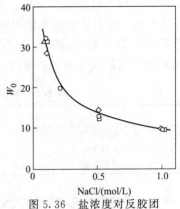

图 5.36　盐浓度对反胶团
含水率的影响

AOT（mmol/L）＝50（○）；100（△）；
200（□）；300（◇）

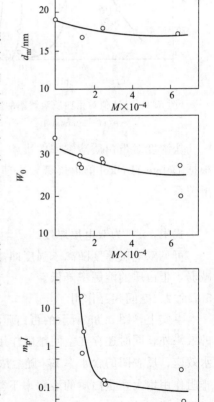

图 5.37　分配系数与蛋白质
相对分子质量的关系

量增加。因此，反胶团相的萃取容量或相间分配系数随表面活性剂浓度的增大而提高。图 5.38 是在不同表面活性剂浓度下核糖核酸酶 A 和伴刀豆球蛋白 A 的分配系数与 pH 值的关系。可以看出，分配系数随表面活性剂浓度的提高而增大，在 pH 值接近蛋白质等电点的范围内分配系数随 pH 值升高而下降。分配系数与 pH 值和表面活性剂浓度之间存在如下关系式[38]

$$\ln m = A + B pH + (C + D pH) \ln [S] \tag{5.99}$$

式中，$A$、$B$、$C$、$D$ 为与特定蛋白质性质有关的系数；[S] 为表面活性剂浓度。

图 5.38 中的实线是利用式(5.99)拟合的结果。必须指出，式(5.99)仅适用于蛋白质分配系数（溶解率）随 pH 值显著变化的 pH 值区域，而这一区域对控制萃取分离的选择性是至关重要的。

除主要的离子型表面活性剂外，在有机相中添加另一种离子型或非离子型助表面活性剂（cosurfactant），在表面活性剂总浓度不变的情况下可以提高反胶团相的含水率，增大反胶团萃取的操作 pH 值范围。

不仅如此，表面活性剂的种类（分子结构）决定其能否形成反胶团，或反胶团直径是否足够大，因而决定了能否有效地溶解蛋白质。不适宜的表面活性剂或表面活性剂浓度会造成相分离困难，或者不能使蛋白质溶于有机相。

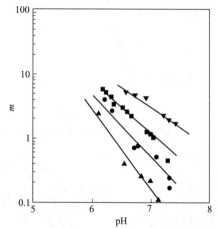

图 5.38 pH 值及表面活性剂浓度对分配系数的影响

AOT（mmol/L）=10（▲）；25（●）；50（■）；100（▼）

（3）盐的种类 由于 pH 值是影响反胶团萃取的重要因素，萃取操作中需利用酸或碱来调节水相 pH 值。此时调节 pH 值所用的试剂或盐的种类影响有机相的组成及蛋白质的分配行为。例如，利用乙酸代替盐酸调节乙二胺（EDA）缓冲液的 pH 值，蛋白质的可溶 pH 值范围变宽，但相分离困难，需采用离心分离法。

在 CTAB-己醇/异辛烷系统中，阴离子（CTAB 的反离子）种类对含水率有显著影响，从而影响蛋白质的分配系数，而阳离子对含水率和分配系数无影响[37]。随着反离子的水化半径（hydration radius）的增大，表面活性剂的 HLB 值下降。因此，阳离子型表面活性剂的反离子的作用符合 Hofmeister 阴离子序列。例如，卤素离子的水化半径顺序为：$F^- <$ $Cl^- < Br^-$。利用 KBr 调节水相离子强度对含水率和蛋白质的分配系数下降程度的影响最大。与此类似，利用 AOT 为表面活性剂时，含水率随阳离子（AOT 的反离子）半径或离子价数的增大而下降：利用 $Na^+$（0.190nm，指离子直径，下同）比利用 $K^+$（0.266nm）的反胶团含水率高，利用 $Na^+$ 比利用 $Ca^{2+}$（0.198nm）的反胶团含水率高[39]。

（4）综合考察 上述各种因素对分配平衡的影响均可归纳为反胶团与蛋白质之间的静电相互作用和空间相互作用。例如[40]，即使表面活性剂的浓度不同，在相同含水率下核糖核酸酶的萃取率也相同 [图 5.39(a)]；当表面活性剂（AOT）浓度一定时，在相同的含水率下胰凝乳蛋白酶的萃取率随 pH 值升高（静电引力下降）而下降 [图 5.39(b)]。为表示反胶团的空间排阻作用对蛋白质萃取率的影响，将 6 种相对分子质量各异的蛋白质在等电点处的萃取率（$E_{pI}$）对蛋白质分子直径与反胶团直径之比作图，得到图 5.40(a)[41]。可见，蛋白质相对于反胶团的直径越大，萃取率越低，各种蛋白质均表现出相似的规律性。图 5.40 (b) 为各种蛋白质的最大萃取率 [$E_{max}$，是在低盐浓度（0.1mol/L）下降低 pH 值得到的最大萃取率值] 与 $E_{pI}$ 之比，表明静电相互作用对不同蛋白质的影响程度不同，对疏水性较大的蛋白质（如脂肪酶和溶菌酶），静电相互作用的影响较小。

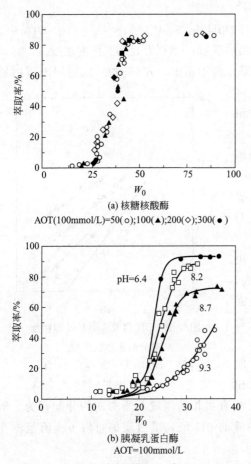

(a) 核糖核酸酶

AOT(100mmol/L)=50(○);100(▲);200(◇);300(●)

(b) 胰凝乳蛋白酶

AOT=100mmol/L

图 5.39　蛋白质的萃取率与含水率的关系

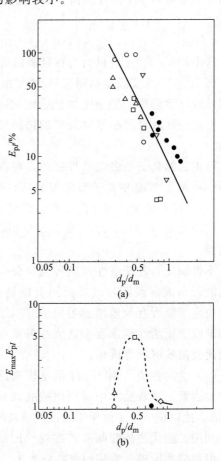

图 5.40　$E_{pI}$ 及 $E_{max}/E_{pI}$ 与蛋白质相对直径的关系（AOT 为表面活性剂）

(○) 溶菌酶；(△) 核糖核酸酶；
(□) 胰凝乳蛋白酶；(▽) 木瓜蛋白酶；
(●) 脂肪酶；(◇) 血清白蛋白

### 5.7.3.3　酶的失活

在酶的分离纯化过程中，不适宜的操作条件（如 pH 值过低或过高）会引起酶的变性或失活，反胶团萃取操作也不例外。除过度苛刻的操作条件外，反胶团萃取中必须添加的表面活性剂与蛋白质在静电引力作用下极易形成复合物，沉淀于相界面，引起酶的失活。有研究者曾试图向水相加入表面活性剂的吸附剂以阻止复合物的形成，提高酶的活性收率，但效果甚微。为避免或降低酶在水相中吸附表面活性剂引起的失活，必须采取高效的相接触操作方式，以提高萃取速率。另外，开发新型表面活性剂（如弱离子或非离子型表面活性剂），并引入特异性的生物亲和相互作用，可有效提高反胶团萃取效率（见第 8 章）。

在反萃取操作中，因为水相 pH 值使蛋白质分子与表面活性剂的荷电符号相同，所以不易形成蛋白质与表面活性剂的复合物，一般不会发生酶的失活。

### 5.7.3.4 反胶团萃取过程

反萃团萃取的本质仍为液液有机溶剂萃取，可采用各种微分萃取设备（如喷淋塔[42]）和混合-澄清型萃取设备。但是，反胶团萃取技术仍处于研究开发阶段，尚未有实用化的报道。这里仅介绍已报道的部分研究结果。

(1) 多步混合-澄清萃取　图 5.41 是反胶团萃取分离核糖核酸酶、细胞色素 C 和溶菌酶三种蛋白质的过程[32]。此分离过程是根据图 5.34 和图 5.35 所示的实验结果设计的，即在 pH=9 时，核糖核酸酶的溶解率很小，保留在水相而与其他两种蛋白质分离（图 5.34）；相分离得到的反胶团相（含细胞色素 C 和溶菌酶）与 0.5mol/L 的 KCl 水溶液接触后，细胞色素 C 被反萃取到水相，而溶菌酶仍保留在反胶团相中（图 5.35）；此后，含有溶菌酶的反胶团相与 2.0mol/L KCl、pH=11.5 的水相接触，将溶菌酶反萃取回收到水相中（图 5.34，图 5.35）。

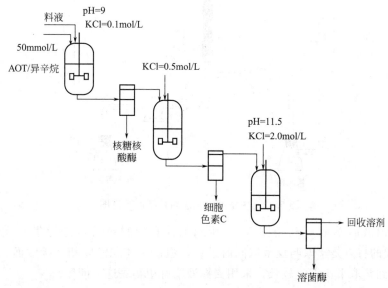

图 5.41　反胶团萃取过程

(2) 连续循环萃取-反萃取　Dekker 等[43]设计了图 5.42 所示的连续循环萃取-反萃取过程，进行了 α-淀粉酶萃取的实验和理论研究。该过程由两个混合-澄清单元构成，图 5.42 中左侧单元用于反胶团萃取，经沉降澄清器后反胶团相进入右侧单元的混合器进行反萃取。从反萃取单元的沉降澄清器中流出的反胶团相循环返回左侧萃取混合器，同时分别向萃取混合器和反萃取混合器中连续加入料液（W1，in）和反萃取液（W2，in）。从萃取澄清器中得到萃余相（W1，out），从反萃取澄清器得到产品（W2，out），从而实现连续萃取分离操作。

(3) 中空纤维式膜组件萃取　利用中空纤维式膜组件进行酶的反胶团萃取过程如图 5.43 所示[44]。中空纤维膜材料为聚丙烯，孔径约 $0.2\mu m$，保证酶和含有酶的反胶团能够自由透过。膜萃取是一种新型溶剂萃取技术，其优点是：①水相和有机相分别通过膜组件的壳方和腔内，从而保证两相有很高的接触比表面积；②膜起固定两相界面的作用，从而在连续操作的条件下可防止液泛等现象的发生，流速可自由调整。因此，利用中空纤维膜萃取设备有利于提高萃取速率和规模放大。

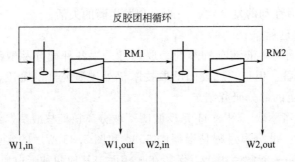

图 5.42 连续循环萃取与反萃取过程示意图

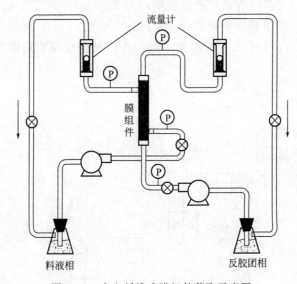

图 5.43 中空纤维式膜组件萃取示意图

（4）反胶团液膜萃取　利用图 5.44 所示的体积液膜装置可进行蛋白质的反胶团萃取[45]。该过程的特点是萃取与反萃取同时进行，但由于体积液膜相间接触面积小，萃取速度慢，所以达到萃取平衡需时较长，采用支撑液膜有望解决这一问题。

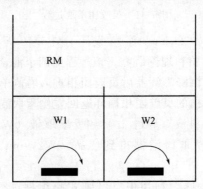

图 5.44 反胶团液膜萃取示意图

# 5.8 液固萃取（浸取）

液固萃取通称浸取（leaching），是用液体提取固体原料中的有用成分的扩散分离操作。

生物分离过程中经常需要利用液固萃取法从细胞或生物体中提取目标产物或除去有害成分。例如，从咖啡豆中脱咖啡因（caffeine），从草莓中提取花色苷（anthocyanin）色素，从大豆中提取胰蛋白酶抑制剂（trypsin inhibitor）和卵磷脂（lecithin），从植物组织中提取生物碱（alkaloid）、黄酮类（flavonoid）、皂苷（saponin）等。本节简要介绍液固萃取动力学、主要设备和常用的浸取剂。

### 5.8.1 液固萃取操作及设备

液固萃取涉及非流体的固相，不能简单地沿用5.4节所述的液液萃取设备和操作方式。在液固萃取操作中，为便于连续操作的实施和提高浸取效率，常采用图5.45所示的旋转木马式逆流接触浸取操作法。即采用多个浸取料槽，每个槽中装有待浸取的固体原料，其中一个槽待用。当直接通入浸取剂的料槽中的原料浸取完毕后，将此槽脱离浸取流程，换入新原料。同时向第二个料槽中直接通入浸取剂，并以原待用的料槽为最末料槽，如此循环往复。图5.45中浸取剂顺时针方向切换，虽然原料本身不移动，但其料槽按顺时针方向交替使用，与原料逆时针方向移动的效果一样。因此这种操作方式是一种模拟移动床（simulated moving bed）式逆流接触浸取。

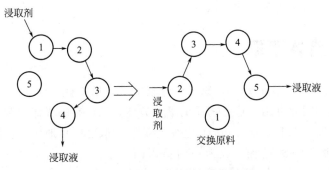

图5.45 旋转木马式逆流接触浸取

图5.46是一种典型的旋转木马式逆流接触浸取设备，称作Rotocel浸取器。圆盘形料槽在圆周角方向上用隔板分成数个小槽，分别装有固体原料。圆盘顺时针方向旋转，浸取剂喷洒于其中靠近卸料口的小槽，从该小槽流出的浸取液又喷洒在逆时针方向上的下一个小槽上，依此类推。浸取剂和原料连续输入，浸取液（含目标产物）和萃余物料连续排出，实现连续逆流接触浸取。

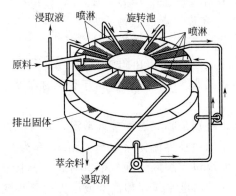

图5.46 Rotocel浸取器

### 5.8.2 浸取剂

（1）植物次生产物　植物次生产物种类繁多，包括生物碱、黄酮类、苷类、萜类和有机酸等，在医药及工业上用途广泛。从植物中提取这些次生产物时，首先将原料粉碎，然后根据目标产物的极性大小选择适当的浸取剂。常用的浸取剂有水、甲醇、乙醇（或水溶液）、乙醚和氯仿等。

（2）蛋白质　为维护蛋白质的生物活性，一般用低温水溶液进行浸取。水溶液的盐浓度一般在 $0.02 \sim 0.2 mol/L$ 之间，pH 值在蛋白质的等电点两侧的稳定区域内。疏水性较大的蛋白质或与脂结合的蛋白质难溶于水，可用有机溶剂如乙醇、丙酮、正丁醇等浸取。某些细胞膜上的蛋白质（膜蛋白）与细胞膜结合牢固，需用表面活性剂、强碱、尿素、盐酸胍等能破坏其与膜结合作用的化学试剂。

（3）糖类　单糖及小分子寡糖易溶于水，一般用水或 50% 的乙醇水溶液浸取。多糖种类较多，形状不同，应根据不同多糖的溶解性质选择浸取剂。如昆布多糖、果聚糖、糖原等易溶于水，而壳聚糖和纤维素等溶于稀碱溶液。

上述介绍了部分生物物质的浸取剂。可以看出，选择浸取剂的原则是采用目标产物溶解度大的溶剂，并在适当的物理条件（如 pH 值、盐浓度等）下操作。也可根据目标产物在生物体中的存在状态，添加适当的化学试剂。

# 5.9　超临界流体萃取

超临界流体（supercritical fluid，SCF）对脂肪酸、植物碱、醚类、酮类、甘油酯等具有特殊的溶解作用，因此可用于这类物质的萃取分离。利用超临界流体为萃取剂的萃取操作称为超临界流体萃取（SCF extraction）。超临界流体萃取已成功地用于食品、医药和化妆品（香料）等生物产物的分离过程，成为一门新兴的工业分离技术。但是，超临界流体萃取的研究历史较短，基础数据积累较少，因此也是一门正在蓬勃发展中的分离技术之一。本节从超临界流体的性质入手，简要介绍超临界流体萃取热力学（溶质的溶解度）、萃取分离操作及应用。

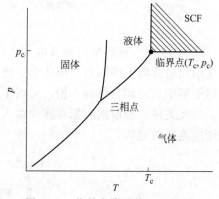

图 5.47　临界点附近的 $p$-$T$ 相图

### 5.9.1　超临界流体的性质

物质均具有其固有的临界温度和临界压力，在压力-温度相图上称为临界点。在临界点以上物质处于既非液体也非气体的超临界状态，称为超临界流体。图 5.47 为临界点附近的 $p$-$T$ 相图，在图中斜线所示范围内物质处于超临界状态。不同的物质具有不同的临界点，部分超临界流体萃取剂的临界参数见表 5.4。

二氧化碳的临界点较低，特别是临界温度接近常温，并且无毒、化学稳定性高、价格低廉。所以，二氧化碳是最常用的超临界流体萃取剂。图 5.48 为 $CO_2$ 的 $p$-$V(\rho)$-$T$ 相图，图中饱和气体曲线和饱和液体曲线包围的区域为气液共存区。从图 5.48 中可以看出，在临界点附近的超临界状态下等温线的斜度平缓，即温度或压力的微小变化就会引起密度发生很大变化。另外，随压力升高，超临界流体密度增大，接近液体的密度。

图 5.49 为 313.2K 时 $CO_2$ 的密度 $\rho$、黏度 $\eta$ 及自扩散系数 $D_{11}$ 与压力 $p$ 的关系。在 8MPa 以下的压力范围内 $\eta$ 和 $D_{11}\rho$ 基本保持不变；在 8MPa 以上，随压力升高，$\eta$ 增大，$D_{11}\rho$ 减小。在

表 5.4　部分超临界流体萃取剂的临界参数

| 物　　质 | 临界温度/℃ | 临界压力/×10⁵Pa | 临界密度/(g/mL) |
|---|---|---|---|
| $CO_2$ | 31.3 | 73.8 | 0.448 |
| $NH_3$ | 132.3 | 114.3 | 0.236 |
| $N_2O$ | 36.6 | 72.6 | 0.457 |
| $C_2H_6$ | 32.4 | 48.3 | 0.203 |
| $C_3H_8$ | 96.8 | 42.0 | 0.220 |
| $C_4H_{10}$(正丁烷) | 152.0 | 38.0 | 0.228 |
| $C_5H_{12}$(戊烷) | 196.6 | 33.7 | 0.232 |
| $C_2H_4$ | 9.7 | 51.2 | 0.217 |
| $C_6H_6$ | 289.0 | 49.0 | 0.306 |
| $C_7H_8$(甲苯) | 320.0 | 41.3 | 0.292 |
| $CH_3OH$ | 240.5 | 81.0 | 0.272 |
| $CClF_3$ | 28.8 | 39.0 | 0.580 |
| $SO_2$ | 157.5 | 78.8 | 0.525 |
| $H_2O$ | 374.2 | 226.8 | 0.344 |

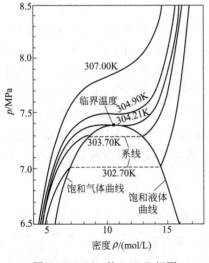

图 5.48　$CO_2$ 的 $p$-$V$-$T$ 相图

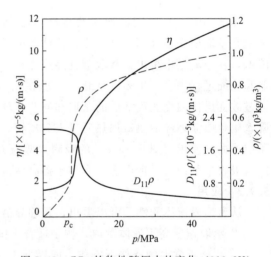

图 5.49　$CO_2$ 的物性随压力的变化（313.2K）

30MPa 的超临界状态下，$\eta$ 仅为气体的约 6 倍，自扩散系数则远大于液体的自扩散系数。表 5.5 为超临界流体与气体和液体的物性比较[1]。可以看出，超临界流体的密度接近液体，因此具有与液体相近的溶解能力。另外，由于超临界流体黏度小、自扩散系数大，可以迅速渗透到物体的内部溶解目标物质，快速达到萃取平衡。这是超临界流体作为萃取剂优于液体的主要特点，这一特点在提取固体内有用成分时尤为重要。

表 5.5　超临界流体与气体和液体的物性比较

| 物性 | 气　体<br>（常温、常压） | 超临界流体 | | 液体<br>（常温、常压） |
|---|---|---|---|---|
| | | $(T_c,p_c)$ | $(T_c,4p_c)$ | |
| 密度/(×10³kg/m³) | 0.006～0.02 | 0.2～0.5 | 0.4～0.9 | 0.6～1.6 |
| 黏度/[×10⁻⁵kg/(m·s)] | 1～3 | 1～3 | 3～9 | 20～300 |
| 自扩散系数/(×10⁻⁴m²/s) | 0.1～0.4 | 0.7×10⁻³ | 0.2×10⁻³ | (0.2～2)×10⁻⁵ |

### 5.9.2 超临界流体萃取操作

影响物质在超临界流体中溶解度的主要因素为温度和压力，所以可通过调节萃取操作的温度和压力优化萃取操作，提高萃取速率和选择性。超临界流体萃取设备通常由溶质萃取槽和萃取溶质的分离回收槽构成，分别相当于萃取和反萃取单元。根据萃取过程中超临界流体的状态变化和溶质的分离回收方式不同，超临界流体萃取操作方式主要分等温法、等压法和吸附（吸收）法，如图 5.50 所示。

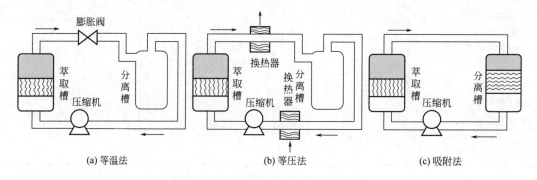

图 5.50 超临界流体萃取操作方式

图 5.50(a) 的等温法通过改变操作压力实现溶质的萃取和回收，操作温度保持不变。溶质在萃取槽中被高压（高密度）流体萃取后，流体经过膨胀阀而压力下降，溶质的溶解度降低，在分离槽中析出，萃取剂则经压缩机压缩后返回萃取槽循环使用。在超临界流体的膨胀和压缩过程中会产生温度变化，所以在循环流路上需设置换热器。图 5.50(b) 的等压法通过改变操作温度实现溶质的萃取和回收。如果在操作压力下溶质的溶解度随温度升高而下降，则萃取流体经加热器加热后进入分离槽，析出目标溶质，萃取剂则经冷却器冷却后返回萃取槽循环使用。图 5.50(c) 的吸附（吸收）法利用选择性吸附（或吸收）目标产物的吸附（吸收）剂回收目标产物，有利于提高萃取的选择性。

### 5.9.3 应用

从超临界流体的性质可以看出，超临界流体萃取具有如下优点。

① 萃取速度高于液体萃取，特别适合于固态物质的分离提取。

② 在接近常温的条件下操作，能耗低于一般的精馏法，适于热敏性物质和易氧化物质的分离。

③ 传热速率快，温度易于控制。

④ 适合于非挥发性物质的分离。

20 世纪 60 年代以来，超临界流体萃取技术取得了长足的进步，工业上已有数十种应用实例，如咖啡豆的脱咖啡因、烟草的脱尼古丁、咖啡香料的提取、啤酒花中有用成分的提取、从大豆中提取豆油和蛋黄脱胆固醇等。其中脱咖啡因的萃取条件是：压力 14~35MPa、温度 70~130℃、停留时间 6~12h；分离条件是：压力 5~10MPa、温度 15~50℃。

除已工业化的应用实例外，超临界流体技术在其他植物碱、香料、油脂、维生素、甾类、抗生素等食品、医药和化妆品原料生产领域的应用研究开发正在全面展开，其中部分已达到中试规模。表 5.6 列出部分植物碱的超临界流体萃取操作条件。

除有用成分的提取外，超临界流体萃取还可用于除去抗生素等医药产品中的有机溶剂。在抗生素等医药产品的生产过程中，经常使用丙酮和甲醇等有机溶剂，这些有机溶剂难以用一般的方法完全除去。若利用传统的真空干燥法，当温度较高时容易引起产品的变质或着色，而利用超临界流体萃取技术可有效地解决这一问题。在 $1.2m^3$ 萃取槽中利用液体 $CO_2$ 和超临界 $CO_2$ 萃取丙酮，可将丙酮质量分数从初期的 $2\%\sim5\%$ 降低到 $0.05\%$ 以下。

表 5.6　植物碱的超临界流体萃取（40℃）

| 物　　质 | 熔点/℃ | 萃取开始压力/MPa | |
|---|---|---|---|
| | | $CO_2$ 萃取剂 | $N_2O$ 萃取剂 |
| 尼古丁（nicotine） | −79 | 8 | 8 |
| 蒂巴因（thebaine） | 193 | 9 | 8 |
| 可的因（codeine） | 155 | 9 | 8 |
| 吗啡（morphine） | 255 | — | 20 |
| 亚麻碱（ajmalicine） | 206 | — | 8 |
| 莨菪胺（scopolamine） | 36 | 8 | 8 |
| 长春花碱（vinblatine） | 210 | 8 | 12 |
| 长春新碱（vincristine） | 219 | 8 | 15 |

除生物产物外，超临界流体萃取在石油化工、煤化工、冶金等方面亦有广泛的应用前景。随着超临界流体热力学的深入展开和基础数据的不断积累，超临界流体萃取技术将获得越来越广泛的应用。

# 5.10　本章总结

萃取是利用液体溶液或超临界流体为介质的平衡分离技术，根据所使用的分离介质种类、相间接触的形式以及目标产物的存在形式（液体或固体），可将萃取分成本章所介绍的各种分离操作。不同萃取操作所适用的分离产物不同。溶剂萃取是有机酸、氨基酸和抗生素等小分子产物的重要分离纯化方法。液膜萃取也是一种溶剂萃取方法，适用于小分子的分离纯化。但液膜萃取是一种集萃取和反萃取于一体的分离技术，因此也可看作是一种膜分离方法。超临界流体萃取的适用范围与溶剂萃取相近，但由于超临界流体的较高渗透性和萃取容量，在从固体原料中分离提取小分子目标产物方面具有独特的优势，特别适用于替代传统的浸取分离过程（包括利用水溶液和有机溶剂为浸剂）。

由于蛋白质和核酸等生物大分子需要水溶液环境维持其特定的高级结构，除特殊情况外，上述的萃取方法一般不适用于生物大分子的萃取。双水相系统利用不同聚合物的水溶液或聚合物与盐的水溶液形成互不相溶的两相，因此适用于蛋白质和核酸等生物大分子的萃取分离。由于萃取具有易于规模放大和连续操作等特点，双水相萃取在生物大分子分离过程中具有重要应用开发前景[47,48]。但利用普通聚合物（如 PEG 和 Dx）的双水相系统通常难于回收和反复利用，是限制其推广应用的瓶颈之一。与聚合物系统相比，形成双水相胶团系统所需的表面活性剂浓度较低，因此使用成本相对较低，适用于生物大分子的萃取分离[13,15]。尤其重要的是，双水相胶团系统可作为环境友好的分离介质替代传统的有机溶剂[14]。

从萃取分离的角度来看，反胶团也是一种"双水相"系统，但其中的一个水相存在于溶解在有机相中的表面活性剂所自组装形成的反胶团中。由于纳米尺寸反胶团的空间位阻效应，反胶团不能像普通双水相那样溶解生物大分子，萃取容量和速度相对较小，特别是反萃取速度通常远小于萃取速度，甚至很多情况下反萃取困难，并且萃取的蛋白质容易变性。反胶团的这些特点使其在分离过程的应用受到很大限制。但反胶团的特殊结构使其在某些方面

（如酶催化反应）具有一定优势。

# 习　题

1. 推导式(5.30) 和式(5.35)。

2. 推导式(5.63)。

3. 溶剂萃取分离 A 和 B 两种抗生素，初始水相中 A 和 B 的质量浓度（g/L）相等，A 和 B 的分配系数与其浓度无关，分别为 10 和 0.1。利用混合-澄清式萃取操作，设每级萃取均达到分配平衡，并且萃取前后各相体积保持不变。

（1）若采用一级萃取，萃取水相中 90％的 A，所需相比（即有机相与水相的体积比）应是多少？此时有机相中 A 的纯度（即 A 占抗生素总质量的百分数）是多少？

（2）若采用多级错流接触萃取，每级萃取用新鲜的有机相，相比均为 0.5，计算使 A 在有机相中的收率达到 99％以上所需的最小萃取级数，并计算有机相中 A 的实际最大收率和平均纯度。

（3）若采用 3 级逆流接触萃取，计算使 A 在有机相中的收率达到与第（2）问相同所需的相比。

4. 拟以醋酸丁酯为萃取剂、转盘塔为萃取塔从澄清发酵液中连续萃取分离红霉素。已知在 pH＝7.5 和 pH＝10.0 的水溶液中，红霉素在醋酸丁酯中的分配系数分别为 0.5 和 20。萃取操作中，料液（pH＝10.0）和萃取剂的空塔流速分别为 0.1cm/s 和 0.2cm/s，$K_x a = 0.1s^{-1}$，$E_x = 1 \times 10^{-3} m^2/s$，$E_y = 5 \times 10^{-3} m^2/s$。为使萃取收率达 95％，求所需塔高。

5. 胰蛋白酶的等电点为 10.6，在 PEG/磷酸盐（磷酸二氢钾和磷酸氢二钾的混合物）系统中，随 pH 值的增大，胰蛋白酶的分配系数将如何变化？

6. 肌红蛋白的等电点为 7.0，利用 PEG/Dx 系统萃取肌红蛋白。当系统中分别含有磷酸钾和氯化钾时，分配系数随 pH 值如何变化？并图示说明。

7. 牛血清白蛋白（BSA）和肌红蛋白（Myo）的等电点分别为 4.7 和 7.0，表面疏水性分别为 －220kJ/mol 和 －120kJ/mol。萃取选择性（肌红蛋白）的定义为

$$S_{Myo} = \frac{m_{Myo}}{m_{BSA}}$$

试分析：

（1）双水相系统的组成和性质对肌红蛋白萃取选择性的影响；

（2）应选择什么样的双水相系统，可确保 Myo 的萃取选择性较大？

8. 利用支撑液膜间歇萃取有机酸（记作 AH），料液为该有机酸的纯水溶液，反萃取相为盐酸溶液，两相体积相等并保持恒定，充分搅拌使各相全混。液膜中流动载体为氯化三辛基甲铵（记作 $C^+Cl^-$），浓度为 $\overline{c_T}$。用下标 1 和 2 分别表示料液侧和反萃取相侧。设膜厚为 $L$，膜相内各个组分透过膜的有效扩散系数均为 $D$，有机酸 AH 的解离平衡常数为 $K_a$，下列反应

$$A^- + \overline{C^+Cl^-} \Longleftrightarrow \overline{C^+A^-} + Cl^-$$

快速平衡，平衡常数为 $K_{ecl}$。定义有机酸的分配系数为 $m_A = \frac{[\overline{C^+A^-}]}{c_{AH}}$，$Cl^-$ 的分配系数为 $m_{Cl} = \frac{[\overline{C^+Cl^-}]}{[Cl^-]}$，其中 $c_{AH}$ 为有机酸的总浓度（表观浓度）。

（1）试证明：

$$m_A = m_{Cl} K_{ecl} \left( 1 + \frac{[H^+]}{K_a} \right)^{-1}$$

（2）假定有机酸的透过机理仅为反向迁移，膜相中 $Cl^-$ 的量可忽略不计。试推导任意时刻有机酸摩尔通量（$N$）的表达式。

9. 在第 8 题（2）的结果的基础上，设

有机酸的初始浓度为：$c_{AH,1}^0 = 0.2mol/L$，$c_{AH,2}^0 = 0$；

盐酸初始浓度为：$c_{HCl,1}^0 = 0$，$c_{HCl,2}^0 = 0.4mol/L$；

$K_a = 0.1mol/L$，$K_{eCl} = 0.1$，$\overline{c_T} = 0.01mol/L$，$D = 1 \times 10^{-8} m^2/s$，$L = 1.0mm$。

试计算反萃取相中盐酸浓度降至 0.3mol/L 时有机酸的摩尔通量。

10. 反胶团萃取操作中酶发生失活的主要原因是什么？如何解决酶失活的问题？

# 参 考 文 献

[1]  陆九芳，李总成，包铁竹. 分离过程化学. 北京：清华大学出版社，1993.

[2]  Teramoto M，Yamashiro T，Inoue A，Yamamoto A，Matsuyama H，Miyake Y. Extraction of amino acids by emulsion liquid membranes containing di（2-ethylhexyl）phosphoric acid as a carrier biotechnology，coupled，facilitated transport，diffusion. J Membr Sci，1991，58：11-32.

[3]  Shi Q H，Sun Y，Liu L，Bai S. Distribution behavior of amino acid by extraction with di（2-ethylhexyl）phosphoric acid. Sep Sci Technol，1997，32：2051-2067.

[4]  Queener S，Swartz R // Rose A H，ed. Economic Microbiology. vol. 3. New York：Academic Press，1979：35-122.

[5]  Miyauchi T，Vermeulen T. Longitudinal dispersion in two-phase continuous-flow operations. Ind Eng Chem Fundam，1963，2：113-126.

[6]  Miyauchi T，Vermeulen T. Diffusion and back-flow models for two-phase axial dispersion. Ind Eng Chem Fundam，1963，2：304-310.

[7]  Albertsson P A. Chromatography and partition of cells and cell fragments. Nature，1956，177（4513）：771-774.

[8]  Kula M-R. Adv Biochem Eng. vol. 24. Berlin：Springer-Verlag，1982：73-105.

[9]  Bains W，Hustedt H. Applications of space industry technologies to the life sciences. Trends Biotechnol，1995，13：1-6.

[10]  Johansson G. Aqueous two-phase systems // Watler H，Johansson G，eds. Methods in Enzymology. vol. 228. New York：Academic Press，1994.

[11]  Albertsson P A. Partition of Cell Particles and Macromolecules. 3rd ed. New York：John Wiley，1986.

[12]  Bordier C. Phase-separation of integral membrane-proteins in Triton X-114 solution. J Biol Chem，1981，256：1604-1647.

[13]  Liu C L，Nikas Y J，Blankschtein D. Novel bioseparations using two-phase aqueous micellar systems. Biotechnol Bioeng，1996，52：185-192.

[14]  Quina F H，Hinze W L. Surfactant-mediated cloud point extractions：An environmentally benign alternative separation approach. Ind Eng Chem. Res，1999，38：4150-4168.

[15]  Paleologos E K，Giokas D L，Karayannis M I. Micelle-mediated separation and cloud-point extraction. Trends Anal Chem，2005，24：426-436.

[16]  久保井亮一，駒沢勳. 水性二相分配法 // 日本化学工学会生物分離工学特別研究会編. バイオセパレーションプロセス便覧. 東京：共立出版，1996：342-348.

[17]  Sasakawa S，Walter H. Partition behavior of native proteins in aqueous dextran-poly（ethylene glycol）-phase systems. Biochemistry，1972，11：2760-2765.

[18]  Johnsson G. Partition of proteins and micro-organisms in aqueous biphasic systems. Mol Cellular Biochem，1974，4：169-180.

[19]  Baskir J N，Hatton T A，Suter U W. Protein partitioning in two phase aqueous polymer systems. Biotechnol Bioeng，1989，34：541-558.

[20]  Nozaki Y，Tanford C. The solubility of amino acids and two glycine peptides in aqueous ethanol and dioxane solutions. J Biol Chem，1971，246：2211-2217.

[21]  Kuboi R，Tanaka H，Komozawa I. Effect of salt addition on the hydrophobicities of the system and proteins in aqueous two-phase extraction systems. Kagaku Kogaku Runbunshu，1991，17：67-74.

[22]  Diamond A D，Hau J T. Fundamental studies of biomolecule partitioning in aqueous two-phase systems. Biotechnol Bioeng，1989，34：1000-1014.

[23]  Zaslavsky B Y. Aqueous Two-Phase Partitioning：Physical Chemistry and Bioanalytical Applications. New York：Maecel Dekker，1995.

[24]  Forciniti D，Hall C K，Kula M-R. Protein partitioning at the isoelectric point：Influence of polymer molecular weight and concentration and protein size. Biotechnol Bioeng，1991，38：986-994.

[25]  Kula M-R // Cooney C L，Humphrey A E，eds. Comprehensive Biotechnology. vol. 2. Oxford：Pergamon Press，1985：451-471.

[26]  Bradford M M. A rapid and sensitive method for the quantitation of microgram quantities of protein utilizing the principle of protein-dye binding. Anal Biochem，1976，72：248-254.

[27]  Li N N（Rsso Research and Eng. Co.）. US Patent 3410794. Nov. 12，1968. Chem Abstr，1969，70：39550.

[28]  Cussler E L. Membranes which pump. AICh E J，1971，17（6）：1300.

[29] Hano T，Ohtake T，Matsumoto M. Chem Eng（Tokyo），1990，（7）：65-70.

[30] Pileni M-P，Zemb T，Petit C. Solubilization by reverse micelles：Solute localization and structure perturbation. Chem Phys Lett，1985，118：414-420.

[31] Luisi P L. Enzymes hosted in reverse micelles in hydrocarbon solution. Angew Chew Int Ed Engl，1985，24：439-450.

[32] Goklen K E，Hatton T A. Liquid-liquid extraction of low molecular weight proteins by selective solubilization in reversed micelles. Sep Sci Technol，1987，22：831-841.

[33] Kuboi R，Mori Y，Komasawa I. Reverse micelle size distribution and mechanism of protein solubilization into reverse micelles. Kagaku Kogaku Ronbunshu，1990，16：763-771.

[34] Sheu E，Goklen K E，Hatton T A，et al. Small-angle neutron-scattering studies of protein-reversed micelle complexes. Biotechnol Prog，1986，2：175-186.

[35] Kuboi R，Komazawa I. Chem Eng（Tokyo），1988，（11）：55-63.

[36] 孙彦，史清洪，赵黎明. 反胶团萃取蛋白质的平衡模型：静电和疏水性作用的贡献. 化工学报，2003，54：796-801.

[37] Krei G A，Hustedt H. Extraction of enzymes by reverse micelles. Chem Eng Sci，1992，47：99-111.

[38] Abbott N L，Hatton T A. Liquid-liquid-extraction for protein separations. Chem Eng Prog，1988，84：31-41.

[39] Nishiki T，Sato I，Kataoka T. Partitioning behavior and enrichment of proteins with reversed micellar extraction：Ⅰ. Forward extraction of proteins from aqueous phase to reversed micellar phase. Biotechnol Bioeng，1993，42：596-660.

[40] Kelley B D，Wanf D I C，Hatton T A. Affinity-based reversed micellar protein extraction：Ⅰ. Principles and protein-ligand systems. Biotechnol Bioeng，1993，42：1199-1208.

[41] Kuboi R，Mori Y，Komasawa I. Denaturation and deactivation of porcine pancreas lipase in reverse micelle extraction. Kagaku Kogaku Ronbunshu，1990，16：1060-1066.

[42] Lye G J，Asenjo J A，Pyle D L. Reverse micellar mass-transfer processes：Spray column extraction of lysozyme. AIChE J，1996，42：713-726.

[43] Dekker M，Riet K V，Bijsterbosch B H，Wolbert R B G，Hilhorst R. Modeling and optimization of the reversed micellar extraction of α-amylase. AIChE J，1989，35：321-324.

[44] Dahuron L，Cussler E L. Protein extraction with hollow fibers. AIChE J，1988，34：130-136.

[45] Kuboi R，Hashimoto K，Komasawa I. Separation of proteins with reverse micellar liquid membranes. Kagaku Kogaku Ronbunshu，1990，16：335-342.

[46] Crank J. The Mathematics of Diffusion. 2nd ed. Oxford：Clarendon Press，1975：89-96.

[47] Asenjo J A，Andrews B A. Aqueous two-phase systems for protein separation：A perspective. J Chromatogr A，2011，1218：8826- 8835.

[48] Oelmeier S A，Dismer F，Hubbuch J. Application of an aqueous two-phase systems high-throughput screening method to evaluate mAb HCP separation. Biotechnol Bioeng，2011，108：69-81.

# 6 吸附分离技术和理论基础

吸附（adsorption）是溶质从液相或气相转移到固相的现象。利用固体吸附的原理从液体或气体中除去有害成分或分离回收有用目标产物的过程称为吸附操作。吸附操作所使用的固体材料一般为多孔微粒或多孔膜，具有很大的比表面积，称为吸附剂（adsorbent）或吸附介质（adsorption medium）。吸附剂对溶质的吸附作用按吸附作用力区分主要有三类，即物理吸附、化学吸附和离子交换。

物理吸附基于吸附剂与溶质之间的分子间力，即范德华力。溶质在吸附剂上吸附与否或吸附量的多少主要取决于溶质与吸附剂极性的相似性和溶剂的极性。一般物理吸附发生在吸附剂的整个自由表面，被吸附的溶质（通称吸附质，adsorbate）可通过改变温度、pH 值和盐浓度等物理条件脱附（desorption）。化学吸附是吸附剂表面活性点与溶质之间发生化学键合、产生电子转移的现象。化学吸附释放大量的热，吸附热一般在 $-50 \sim -40 kJ/mol$ 以上，高于物理吸附，故一般可通过测定吸附热判断一个吸附过程是物理吸附还是化学吸附。化学吸附一般为单分子层吸附，吸附稳定，不易脱附，故脱附化学吸附质一般需采用破坏化学键合的化学试剂，称为洗脱剂（eluent）。离子交换吸附简称离子交换（ion exchange），所用吸附剂通称离子交换剂（ion exchanger）或离子交换树脂（ion exchange resin）。离子交换剂表面键合离子基团（ionized group）或可离子化基团（ionizable group），通过静电引力吸附带有相反电荷的离子，吸附过程中发生电荷转移。离子交换的吸附质一般通过提高离子强度或调节 pH 值的方法洗脱。

分离技术中常用的吸附操作主要基于物理吸附，化学吸附现象的应用很少。另外，通常将基于离子交换原理的吸附操作称为离子交换或离子交换吸附（ion exchange adsorption）。本书中，吸附泛指基于各种作用机理的溶质在固体表面发生富积的现象，也包括离子交换。

吸附分离技术广泛应用于生物分离过程，在原料液脱色、除臭，目标产物的提取、浓缩和粗分离方面发挥着重要作用。本书主要涉及液固吸附行为。各种基于吸附或离子交换原理的色谱法是纯化生物产物的主要手段，有关内容详见第 7 章和第 8 章。本章首先介绍吸附剂和离子交换剂，然后阐述吸附平衡和动力学理论以及吸附分离过程基础理论，最后介绍生物分离过程中涉及的主要吸附分离技术。

## 6.1 吸附分离介质

### 6.1.1 吸附剂

吸附剂种类繁多，不同的吸附剂适用于不同溶质的吸附分离。按吸附剂的孔道结构区分，固体吸附剂主要分多孔型介质和凝胶型介质两大类（图 6.1）。生物分离中常用的多孔吸附剂列于表 6.1。活性炭是最普遍使用的吸附剂，常用于生物产物的脱色和除臭等过程。硅胶在吸附操作特别是吸附色谱中应用广泛。有机高分子吸附剂中多孔聚乙烯苯和多孔聚酯等树脂具有大网格细孔结构。此类吸附剂机械强度高，使用寿命长，选择性吸附性能好，吸

 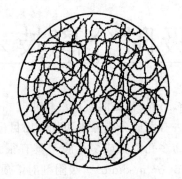

(a) 多孔型介质　　　　　　　　　　　(b) 凝胶型介质

图 6.1　球形固体介质结构示意图

表 6.1　生物分离中常用的多孔吸附剂

| 吸附剂 | 平均孔径/nm | 比表面积/(m²/g) | 吸附剂 | 平均孔径/nm | 比表面积/(m²/g) |
|---|---|---|---|---|---|
| 活性炭 | 1.5～3.5 | 750～1500 | 多孔聚苯乙烯树脂 | 5～20 | 100～800 |
| 硅胶 | 2～100 | 40～700 | 多孔聚酯树脂 | 8～50 | 60～450 |
| 活性氧化铝 | 4～12 | 50～300 | 多孔醋酸乙烯树脂 | 约 6 | 约 400 |
| 硅藻土 | — | 约 10 | | | |

附质容易脱附，并且流体阻力小，常应用于抗生素（如头孢菌素等）和维生素 $B_{12}$ 等的分离浓缩过程。

表 6.1 所列的吸附剂孔径较小，或者疏水性较大，主要用于小分子的吸附，包括原料液的脱色。除这些吸附剂外，交联纤维素微球、交联琼脂糖凝胶微球、葡聚糖凝胶微球、聚丙烯酰胺凝胶微球和羟基磷灰石（hydroxyapatite，HAP）等广泛应用于生物大分子的吸附和离子交换色谱，有关内容将在第 7 章和第 8 章中介绍。

孔径和比表面积是评价吸附剂性能的重要参数。一般来说，孔径越大，比表面积越小。比表面积直接影响溶质的吸附容量，而适当的孔径有利于溶质在孔隙中的扩散，提高吸附容量和吸附操作速度。

吸附剂的比表面积常用 BET（Brunauer-Emmett-Teller）法测定。通常采用液氮温度（−196℃）下的氮气吸附法，即在吸附剂表面形成单分子层吸附的范围内，通过测定氮气的吸附体积 $v_m$（cm³/g）计算比表面积 $a$（cm²/g）。

$$a = \frac{Nsv_m}{22400} = kv_m \tag{6.1}$$

式中，$N$ 为阿伏加德罗常数；$s$ 为吸附分子的截面积，在 −196℃ 下氮分子的截面积为 $s = 1.62 \times 10^{-15}$ cm²。

因此，利用液氮测量时，上式中 $k = 4.35 \times 10^4$ cm⁻¹。

吸附剂的孔径分布（pore size distribution）和孔隙率（porosity）常采用压汞法（mercury intrusion porosimetry），利用汞孔度计（mercury porosimeter）测量。当压力升高时，水银可进入到细孔中，压力 $p$ 与孔径 $d_{pore}$ 的关系为

$$d_{pore} = -\frac{4\sigma\cos\theta}{p} \tag{6.2}$$

式中，$\sigma$ 为水银的表面张力（0.48N/m²）；$\theta$ 为水银与细孔壁的接触角，一般采用 140°。通过测定水银体积和压力之间的关系即可计算孔径分布、平均孔径和孔隙率。

图 6.2 为利用甲基丙烯酸缩水甘油酯（GMA）为单体，三聚异氰尿酸三烯丙酯（TA-IC）和二乙烯基苯（DVB）为交联剂合成的多孔微球（pGTD 微球），体积平均粒径为 $277\mu m$[1]。微球内布满细孔 [图 6.2(b)]，孔径分布示于图 6.3。图 6.3 中，$V$ 为孔体积，$dV/d\ln(d_{pore})$ 表示孔体积随孔径的变化，即孔径分布。从图 6.3 可计算 pGTD 微球中占细孔体积 75% 的孔道孔径在 40～120nm 之间，具有该孔径范围的多孔介质适合于吸附蛋白质类生物大分子。

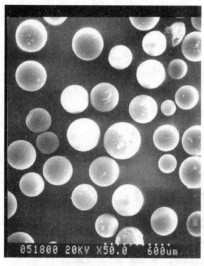 

(a) 外观形态(放大50倍)  (b) 微孔结构(放大10000倍)

图 6.2  阴离子交换剂 DEA-pGTD 的外观形态和内切面微孔结构

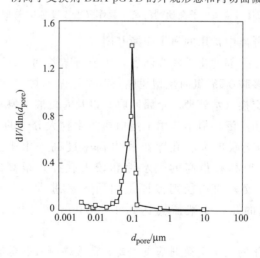

图 6.3  pGTD 微球的孔径分布

### 6.1.2  离子交换剂

#### 6.1.2.1  离子交换剂概述

离子交换剂是最常用的吸附剂之一。离子交换剂分阳离子交换剂（cation exchanger）和阴离子交换剂（anion exchanger）。前者对阳离子具有交换能力，活性基团为酸性；后者对阴离子具有交换能力，活性基团为碱性。阳、阴离子交换剂又根据其具有离子交换能力的 pH 值范围的大小，分别为强酸性阳离子交换剂和弱酸性阳离子交换剂、强碱性阴离子交换剂和弱碱性阴离子交换剂。强离子交换剂的离子化率（ionized fraction）基本不受 pH 值影响，离子交换作用的 pH 值范围大；弱离子交换剂的离子化率受 pH 值影响很大，离子交换作用的 pH 值范围小。如图 6.4 所示，弱酸性阳离子交换剂主要在中性和碱性 pH 值范围内使用，当 pH 值降低时，其离子化率逐渐降低，离子交换能力逐渐减弱；弱碱性离子交换剂主要在中性和酸性 pH 值范围内使用，当 pH 值升高时，离子化率逐渐降低，离子交换能力逐渐丧失。图 6.4 中的离子化率与离子交换能力成正比。

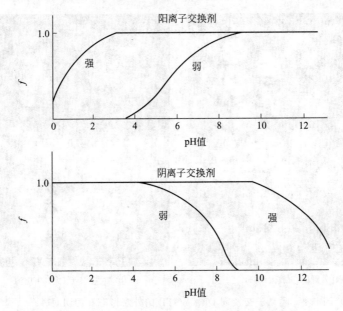

图 6.4　离子交换剂的离子化率 $f$ 与 pH 值的关系

　　表 6.2 列出了生物分离中常用的离子交换基团。

　　离子交换剂可通过吸附剂的化学修饰制备，主要有苯乙烯-二乙烯苯型、丙烯酸-二乙烯苯型、酚醛型和多乙烯多胺-环氧氯丙烷型树脂，其中以苯乙烯-二乙烯苯型应用最多。这些离子交换剂在无机离子交换（水处理、金属回收）以及有机酸、氨基酸、抗生素等生物小分子的回收、提取方面应用广泛，但不适用于蛋白质等生物大分子的分离提取。这主要是由于它们的疏水性很高、交联度大、孔隙小和电荷密度高。用于蛋白质类生物大分子吸附分离的离子交换剂必须具有很高的亲水性和较大孔径。很高的亲水性使其对蛋白质的非特异性吸附很小；较大的孔径则保证蛋白质容易进入离子交换剂的内部，提高吸附容量。蛋白质吸附剂的孔径一般需要达到 $10\sim100\mathrm{nm}$，图 6.2 所示的微球介质具有适宜的孔径分布（图 6.3）。

　　用于蛋白质分离纯化的离子交换剂基质主要有葡聚糖凝胶、琼脂糖凝胶、纤维素和亲水性聚乙烯等，其他还有硅胶和可控孔玻璃。常用的离子交换基团亦分为强酸、弱酸、强碱和弱碱四种。在表 6.2 所列的各种离子交换基团中，常用于蛋白质离子交换的有 DEAE、Q（阴离子交换基）以及 CM、SP 和 P（阳离子交换基），其中以 DEAE 最为常用。表 6.3 为部分商品化离子交换剂及其离子交换容量（相当于离子交换基的密度）和蛋白质吸附容量。

#### 6.1.2.2　离子交换剂性能的评价

　　孔径、孔径分布、比表面积和孔隙率也是评价离子交换剂性能的重要参数。此外，离子交换剂的特性常用交换容量和滴定曲线表征。

### 表 6.2 主要离子交换基团及其分子结构

| 离子交换基团 | 结　构 |
|---|---|
| **强酸性基** | |
| 　磺酸基(sulphonate) | $-SO_3^-$ |
| 　磺丙基(sulphopropyl,SP) | $-(CH_2)_3SO_3^-$ |
| 　膦酸基(phosphate,P) | $-PO_3^{2-}$ |
| **弱酸性基** | |
| 　羧甲基(carboxylmethyl,CM) | $-CH_2COO^-$ |
| 　羧基(carboxylate) | $-COO^-$ |
| **强碱性基** | |
| 　三甲氨基(trimethyl amine) | $-N^+(CH_3)_3$ |
| 　二甲基-$\beta$-羟基乙胺(dimethyl-$\beta$-hydroxyl ethylamine) | $-N^+(CH_3)_2$<br>　　$\mid$<br>　　$C_2H_4OH$ |
| 　季铵乙基(quaternary aminoethyl,Q) | 　　　$C_2H_5$　　OH<br>　　　$\mid$　　　$\mid$<br>$-(CH_2)_2-N^+CH_2CHCH_3$<br>　　　$\mid$<br>　　　$C_2H_5$ |
| 　三乙胺乙基(triethyl aminoethyl,TEAE) | $-(CH_2)_2-N^+(C_2H_5)_3$ |
| **弱碱性基** | |
| 　二乙胺乙基(diethyl aminoethyl,DEAE) | 　　　$C_2H_5$<br>　　　$\mid$<br>$-(CH_2)_2-N^+H$<br>　　　$\mid$<br>　　　$C_2H_5$ |
| 　二乙氨基(diethylamine) | $-NH^+(C_2H_5)_2$ |
| 　氨基(amino) | $-NH_3^+$ |

### 表 6.3 部分商品化离子交换剂的离子交换容量和蛋白质吸附容量[2,3]

| 离子交换剂 | 离子交换容量 (mmol/mL) | | 蛋白质吸附容量 (mg/mL) | | 基　质 |
|---|---|---|---|---|---|
| | (a) | (b) | (c) | (d) | |
| DEAE-Sephadex A-25 | 0.354 | 0.5 | 22 | 70 | 葡聚糖凝胶 |
| DEAE-Sephadex A-50 | 0.030 | 0.175 | 78 | 250 | 葡聚糖凝胶 |
| DEAE-Sepharose CL-6B | 0.114 | 0.15 | 97 | 100 | 交联琼脂糖 |
| DEAE-Bio-Gel A | 0.013 | 0.02 | | 28 | 琼脂糖凝胶 |
| DEAE-Toyopearl 650M | 0.108 | | 26 | | 亲水性聚乙烯 |
| DEAE-Cellulose DE-23 | 0.108 | 1.0 (e) | 58 | | 纤维状纤维素 |
| DEAE-Cellulose DE-52 | 0.118 | 1.0 (e) | 116 | | 球状纤维素 |
| DEAE-Sephacel | 0.093 | 1.4 (e) | 89 | | 球状纤维素 |
| DEAE-Trisacryl M | 0.175 | 0.3 | 73 | 85 | 丙烯酸共聚物 |
| CM-Sephadex C-25 | 0.550 | | 70 (f) | | 葡聚糖凝胶 |
| CM-Sephadex C-50 | 0.170 | | 140 (f) | | 葡聚糖凝胶 |
| SP-Sephadex C-25 | 0.30 | | 70 (f) | | 葡聚糖凝胶 |
| SP-Sephadex C-50 | 0.09 | | 110 (f) | | 葡聚糖凝胶 |

　　注：测定条件如下，(a) pH=7.0；(b) $I$=0.1mol/L；(c) 牛血清白蛋白，pH=8.3；(d) 血红蛋白，pH=8.0，$I$=0.01mol/L；(e) 单位为 mmol/g；(f) 0.1mol/L 醋酸缓冲液，pH=5.0。

　　(1) 离子交换容量　离子交换容量 (ion exchange capacity) 是单位重量的干燥离子交换剂或单位体积的湿离子交换剂所能吸附的一价离子的物质的量 (mmol)，是表征离子交换能力的主要参数之一。交换容量的测定方法如下。

　　对于阳离子交换剂，先用盐酸将其处理成氢型后，称重并测其含水量，同时称数克离子交换剂，加入过量已知浓度的 NaOH 溶液，发生下述离子交换反应：

$$R^-H^+ + NaOH \Longleftrightarrow R^-Na^+ + H_2O$$

式中，$R^-$ 表示离子交换基。待反应达到平衡后（强酸性离子交换剂需静置 24h 左右，弱酸性离子交换剂需静置数日），测定剩余的 NaOH 物质的量（mol），就可求得该阳离子交换剂的交换容量。

对于阴离子交换剂，不能利用与上述相对应的方法，即不能用碱将其处理成羟型后测定交换容量。这是因为，羟型离子交换剂在高温下容易分解，含水量不易准确测定，并且用水清洗时，羟型离子交换剂易吸附水中的 $CO_2$ 而使部分转变成碳酸型。所以，一般将阴离子交换剂转换成氯型后测定其交换容量。取一定量的氯型阴离子交换剂装入柱中，通入硫酸钠溶液，柱内发生下述离子交换反应：

$$2R^+Cl^- + Na_2SO_4 \Longleftrightarrow R_2^+SO_4^{2-} + 2NaCl$$

用铬酸钾为指示剂，用硝酸银溶液滴定流出液中的氯离子。根据洗脱交换下来的氯离子量，就可计算交换容量。

蛋白质等生物大分子与小分子化合物的离子交换特性有很大差别：①蛋白质的相对分子质量大，树脂孔道对其空间排阻作用大，不能与所有的离子交换活性中心接触；②离子交换吸附的蛋白质分子会妨碍其他蛋白质与未吸附蛋白质的离子交换基团发生作用，并阻碍蛋白质扩散进入到其他交换区域；③蛋白质带多价电荷，在离子交换中一般可与多个离子交换基发生作用。因此，蛋白质的交换容量远低于无机离子的交换容量。如表 6.3 所示，蛋白质的交换容量根据测定条件的不同而各不相同，因此文献值有一定范围，仅供参考。对于所用的离子交换系统，需通过实验测定。

（2）滴定曲线　滴定曲线是检验和测定离子交换剂性能的重要数据，可参考如下方法测定。

分别在几个大试管中放入 1g 氢型（或羟型）离子交换剂，其中一个试管加入 50mL 0.1mol/L 的 NaCl 溶液，其他试管亦加入相同体积的溶液，但含有不同浓度的 NaOH（或 HCl），使其发生离子交换反应。强酸（碱）性离子交换剂放置 24h，弱酸（碱）性离子交换剂放置 7 天。达到平衡后，测定各试管中溶液的 pH 值。以每克干离子交换剂加入的 NaOH（或 HCl）为横坐标，以平衡 pH 值为纵坐标作图，就可得到滴定曲线。图 6.5 为几种典型离子交换剂的滴定曲线。可见，强酸（或强碱）性离子交换剂的滴定曲线开始是水平的，到某一点突然升高（或降低），表明在该点交换剂上的离子交换基团已被碱（或酸）完全饱和；弱酸（或弱碱）性离子交换剂的滴定曲线逐渐上升（或下降），无水平部分。

利用滴定曲线的转折点，可估算离子交换剂的交换容量；而由转折点的数目，可推算不同离子交换基团的数目。同时，滴定曲线还表示交换容量随 pH 值的变化。因此，滴定曲线比较全面地表征了离子交换剂的性质。

# 6.2 吸附平衡

### 6.2.1 吸附等温线

吸附是一种平衡分离方法，即根据不同溶质在液固两相间分配平衡的差别实现分离。因此，溶质的吸附平衡行为既是评价吸附剂性能的重要指标，也是吸附过程分析和设计的理论基础。

当溶质在液固两相间达到吸附平衡时，吸附剂上的平衡吸附质浓度 $q$ 是液相游离溶质浓

度 $c$ 和温度 $T$ 的函数，即

$$q = f(c, T) \qquad (6.3)$$

一般吸附操作在恒温下进行，即温度保持不变。此时 $q$ 只是 $c$ 的函数，$q$ 与 $c$ 的关系曲线称为吸附等温线（adsorption isotherm）。如果 $q$ 与 $c$ 之间呈线性函数关系

$$q = mc \qquad (6.4)$$

则称此吸附为 Henry 型吸附平衡，其中 $m$ 为分配系数。式(6.4) 一般在低浓度范围内成立。当溶质浓度较高时，吸附平衡常呈非线性，式(6.4) 不再成立。描述非线性吸附平衡的方程式类型较多，Freundlich 经验方程为其中之一

$$q = kc^{\beta} \qquad (6.5)$$

式中，$k$ 和 $\beta$ 为常数，一般 $0.1 < \beta < 1$。

很明显，Henry 型线性吸附平衡是 Freundlich 方程中 $\beta = 1$ 的一种特殊情况。

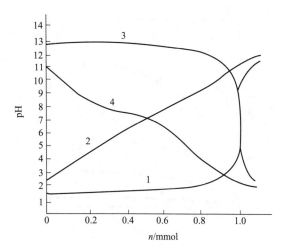

图 6.5　几种典型离子交换剂的滴定曲线

$n$ 为单位质量离子交换剂悬浮液中加入的
NaOH 或 HCl 的物质的量（mmol）

1—强酸型（Amberlite IR-120）；2—弱酸型
（Amberlite IRC-84）；3—强碱型（Amberlite
IRA-400）；4—弱碱型（Amberlite IR-45）

在很多情况下，可用 Langmuir 单分子层吸附理论描述溶质的吸附平衡。Langmuir 模型是描述气固吸附平衡的经典理论，其要点是：吸附剂表面有许多活性点，每个活性点具有相同的能量，只能吸附一个分子，并且被吸附的分子间无相互作用。基于 Langmuir 单分子层吸附理论，可推导 Langmuir 吸附平衡方程（Langmuir isotherm）

$$q = \frac{q_{\mathrm{m}} c}{K_{\mathrm{d}} + c} \qquad (6.6a)$$

或

$$q = \frac{q_{\mathrm{m}} K_{\mathrm{b}} c}{1 + K_{\mathrm{b}} c} \qquad (6.6b)$$

式中，$q_{\mathrm{m}}$ 为吸附容量（adsorption capacity）；$K_{\mathrm{d}}$ 为吸附平衡的解离常数（dissociation constant）；$K_{\mathrm{b}}$ 为结合常数（association constant）。

$$K_{\mathrm{b}} = \frac{1}{K_{\mathrm{d}}}$$

Langmuir 吸附平衡模型的应用范围非常广泛。一般情况下，蛋白质的吸附不满足 Langmuir 单分子层吸附理论的前提条件，但其吸附等温线仍可用 Langmuir 方程描述。图 6.6 为阴离子交换剂 DEA-pGTD 介质的蛋白质吸附等温线数据[1]。在不同的液相离子强度下，蛋白质的吸附平衡均可用 Langmuir 方程拟合。在吸附操作条件下（合适的 pH 值和较低的离子强度），一般蛋白质吸附剂的吸附容量为 $q_{\mathrm{m}} = 50 \sim 100 \mathrm{mg/mL}$，解离常数为 $K_{\mathrm{d}} = 0.05 \sim 0.1 \mathrm{mg/mL}$（随离子强度增大而降低）。

需要注意的是，尽管 Langmuir 平衡模型可很好地拟合蛋白质的吸附平衡等温线，但它只是一种表象平衡模型，而非机理模型，即蛋白质的吸附不满足 Langmuir 单分子层吸附理论。

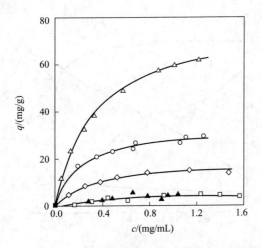

图 6.6　离子强度对牛血清白蛋白（BSA）
吸附等温线的影响

蛋白质溶液：BSA 溶于 0.01mol/L Tris-HCl 缓冲液（pH＝7.6）
溶液中 NaCl 浓度（mol/L）：0(△)；0.1(◦)；0.2(◇)；0.4(□)
(▲) NaCl 浓度从 0(△) 提高到 0.4mol/L 时的洗脱等温线数据；
图中实线是利用式(6.6a) 的拟合结果

当 $n$ 个相同溶质分子在一个活性点上发生吸附时，可得式（6.6b）的一般形式

$$q = \frac{q_\mathrm{m} K_\mathrm{b} c^\beta}{1 + K_\mathrm{b} c^\beta} \qquad (6.7)$$

式（6.7）也可理解为溶质吸附偏离 Langmuir 单分子层吸附的程度，其中 $\beta$（> 1）称作非均匀吸附参数（heterogeneity parameter）。由于式（6.7）是式（6.5）和式（6.6b）的组合，因此又称 Langmuir-Freundlich 吸附等温线方程（Langmuir-Freundlich isotherm），或 L-F 模型。

对于 $n$ 个不同组分的单分子层吸附，式（6.6b）可写成多组分吸附的一般形式

$$q_i = \frac{q_{mi} K_{bi} c_i}{1 + \sum_{j=1}^{n} K_{bj} c_j} \qquad (6.8)$$

式（6.8）为组分 $i$ 的吸附浓度与各组分浓度之间的关系式，表明了各个组分在同一个活性点上竞争性吸附的结果，使组分 $i$ 的吸附浓度下降。

另一种应用较多的平衡模型是 Toth 吸附平衡模型[4]

$$q = \frac{q_\mathrm{m} K_\mathrm{b} c}{[1 + (K_\mathrm{b} c)^n]^{1/n}} \qquad (6.9)$$

与 Langmuir 吸附平衡模型相似，Toth 吸附平衡模型最初也是在研究气固吸附平衡时推导的，但已成为描述液固吸附平衡的一个重要吸附等温线方程。

上述吸附平衡方程常用于生物物质的吸附分离过程。此外还有许多吸附平衡关系式，描述不同的吸附现象，如 Dubinin-Astskhov 式、BET（Brunauer-Emmett-Teller）式等[4]。

当吸附剂对溶质的吸附作用非常强烈时，式（6.5）中的 $\beta$ 常小于 0.1，或用式（6.6a）表示的 Langmuir 吸附解离常数 $K_\mathrm{d}$ 非常小，此时液相溶质浓度对吸附浓度的影响很小，接近不可逆吸附，吸附等温线为矩形（rectangular isotherm，$q$＝常数）。例如，以单克隆抗体为配基的免疫亲和吸附剂（详见第 8 章）吸附蛋白质的等温式中一般 $\beta < 0.1$，可用矩形等温线近似。包括矩形吸附等温线在内的各种吸附平衡关系示于图 6.7。

吸附等温线可通过平衡吸附实验测定。常采用的方法有摇瓶间歇吸附法（finite batch method）[5]和动态色谱吸附法（dynamic adsorption method）[4,6]。色谱法常用于测定高效液相色谱介质的吸附等温线，而制备分离所用吸附剂的粒径较大，内扩散传质阻力大，吸附速率慢，一般不宜采用色谱法，而多采用间歇吸附法。间歇吸附实验应准备多个摇瓶（或试管），准确称取一定量的吸附剂，分别放入摇瓶中，向各摇瓶加入体积相同但浓度不同的吸附质溶液，在恒温条件下振荡一定时间（数小时至数日，依吸附速率而定，保证吸附达到平衡）。之后，进行固液分离，测定各摇瓶中的液相溶质浓度 $c$，计算吸附相的吸附溶质浓度 $q$。

$$q = \frac{V_\mathrm{L}(c_0 - c)}{V_\mathrm{S}} \qquad (6.10)$$

式中，$c_0$ 为液相溶质的初始浓度；$V_L$ 为溶液体积；$V_S$ 为吸附剂体积或质量。

只要实验设计正确，测量方法可靠，就可获得一组完整的吸附等温线数据。改变溶液的 pH 值、离子强度等可研究环境因素对吸附平衡的影响。

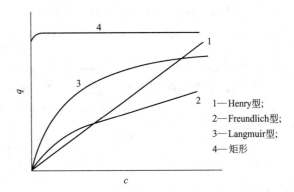

1—Henry型；
2—Freundlich型；
3—Langmlich型；
4—矩形

图 6.7　几种常见的吸附等温线

### 6.2.2　离子交换的计量置换模型

计量置换模型（stoichiometric displacement model，SDM）[7,8] 是建立在质量作用定律基础上的非机理模型。该模型假设离子交换是吸附过程的唯一机理，离子交换过程用满足质量作用定律的化学计量"反应"描述，吸附平衡时吸附剂表面保持电中性。溶质（如蛋白质）分子通过与反离子竞争吸附结合到离子交换配基上。模型假设如下。

① 系统为理想体系，各组分的活度系数为 1。

② 吸附剂表面均一，孔道形状和尺寸均匀，且孔道直径足够大，对溶质无尺寸排阻效应。

③ 对于蛋白质类生物大分子，与溶质分子结合的伴离子（co-ion）分成两类：当溶质在离子交换剂表面吸附时，第一类伴离子从溶质上释放出来，而第二类伴离子始终与溶质分子相结合。

④ 用特征电荷 $z$ 描述具有多点结合特性的蛋白质与离子交换剂结合位点的数量。

根据上述假设条件可分别推导线性吸附平衡［式(6.4)］的分配系数和非线性吸附平衡的 SDM 模型方程。

#### 6.2.2.1　线性吸附平衡的分配系数

在没有待分离的溶质存在时，离子交换剂表面的离子基团或可离子化的基团 R（$R^+$ 或 $R^-$）一直被其反离子（counterion）覆盖，液相中的反离子浓度为常数。溶质与反离子带有相同的电荷，溶质的吸附是基于其与离子交换基间相反电荷的静电引力。典型的离子交换过程发生下列反应：

阴离子交换　　　　　　　　$R^+A^- + P^- \Longleftrightarrow R^+P^- + A^-$　　　　　　　　　　(6.11a)

阳离子交换　　　　　　　　$R^-A^+ + P^+ \Longleftrightarrow R^-P^+ + A^+$　　　　　　　　　　(6.11b)

式中，$R^+$ 和 $R^-$ 分别表示阴离子交换基和阳离子交换基；A 表示反离子；P 表示溶质。

上述离子交换的平衡常数 $K_{PA}$ 分别为

$$K_{PA^-} = \frac{[RP][A^-]}{[RA][P^-]}$$　　　　　　　　　　(6.12a)

$$K_{PA^+} = \frac{[RP][A^+]}{[RA][P^+]}$$　　　　　　　　　　(6.12b)

在离子交换过程中，反离子 U 的浓度对溶质在固液两相间的分配系数 $m$ 具有重要影响。以阴离子交换剂为例，单价强电解质 XH 完全解离，分配系数为

$$m = \frac{[RP]}{[P^-]}$$　　　　　　　　　　(6.13)

式中，"［　］"表示浓度（下同）。

由式(6.11a) 和式(6.12)，可得到分配系数与反离子浓度的关系

$$m = \frac{K_{PA} - [RA]}{[A^-]} \qquad (6.14)$$

即分配系数与反离子浓度成反比，表明离子交换的分配系数随离子强度的增大而下降。

式(6.14) 适用于可完全解离的强电解质。对于单价弱电解质 PH，仅发生部分解离

$$PH \Longleftrightarrow P^- + H^+$$

解离平衡常数为

$$K_{dP} = \frac{[P^-][H^+]}{[PH]} \qquad (6.15)$$

则分配系数为

$$m = \frac{[RP]}{[P^-] + [PH]} \qquad (6.13a)$$

故从式(6.11a)、式(6.12a) 和式(6.14) 得到

$$m = \frac{K_{PA} - [RA]}{[A^-]} \times \frac{1}{1 + [H^+]/K_{dP}} \qquad (6.14a)$$

可见，式(6.14) 是式(6.14a) 的一种特殊情况（当 $K_{dP} \to \infty$ 时）。从式(6.14) 或式(6.14a) 可知

$$m = \frac{m_1}{[A^-]} \qquad (6.16)$$

式中，$m_1$ 是反离子浓度为 1（任意单位）时溶质 X 的分配系数。

从上式可知，$\ln m$ 与 $\ln[A]$ 呈线性关系，其斜率为 $-1$。事实上，该斜率与溶质和反离子的种类无关，只与反离子和溶质的离子价有关。若反离子和溶质的离子价分别为 $a$ 和 $b$（$a$、$b$ 可为正或负）的一般情况，离子交换反应为

$$bRA + aP^b \Longleftrightarrow aRP + bA^a \qquad (6.11c)$$

离子交换平衡常数为

$$K_{PA} = \frac{[RP]^{|a|}[A^a]^{|b|}}{[RA]^{|b|}[P^b]^{|a|}} \qquad (6.12c)$$

利用式(6.12c) 得到分配系数的表达式为

$$m = \frac{m_1}{[A^a]^{|b/a|}} \qquad (6.17)$$

蛋白质是多价的两性高分子电解质，具有等电点 p$I$。当溶液的 pH 值偏离等电点，pH$>$p$I$ 时带负电荷，可被阴离子交换剂吸附；pH$<$p$I$ 时，带正电荷，可被阳离子交换剂吸附。蛋白质在离子交换剂上的吸附同样受反离子浓度的影响。用盐浓度 $c_s$ 代替式(6.17) 中的反离子浓度，则蛋白质的分配系数与盐浓度的关系为

$$m = \frac{m_1}{c_s^z} \qquad (6.18)$$

理论上，式(6.18) 中的 $z$ 为吸附 1 个蛋白质分子所交换的反离子数，即蛋白质的静电荷 $b$ 与反离子的离子价数 $a$ 之比的绝对值 [式(6.17)]。但蛋白质的表面电荷数可达 2 位数以上，而实际离子交换中 $z$ 值远小于 $b$ 与 $a$ 之比的绝对值，故称此 $z$ 为特征电荷（characteristic charge）。式(6.18) 中的特征电荷 $z$ 可达 2～10 或更大，因此，离子强度的微小改变就会引起分配系数的很大变化。另外，在相同的离子强度和 pH 值下，蛋白质之间分配系数的差别往往很大。由于离子交换过程中溶质的分配系数随离子强度增大而急剧降低，故离子交换操

作需在低离子强度下进行。

若溶质浓度较小，式(6.18) 中的 $m_1$ 可认为是常数。因此，在低浓度范围内，溶质的分配系数仅是离子强度的函数，与溶质浓度无关，离子交换吸附等温式可用 Henry 型线性吸附平衡关系式(6.4) 表达。但在较高浓度范围，$m_1$ 随溶质浓度变化明显，吸附平衡呈非线性。

### 6.2.2.2 非线性吸附平衡方程

以阴离子交换为例推导非线性 SDM 模型。根据上述假设，离子交换平衡方程如下

$$n\text{PB}_{r+z} + z\text{X}_n\text{A} \longleftrightarrow z\text{A}^{n-} + n\text{X}_z\text{PB}_r + nz\text{B}^+ \tag{6.19}$$

式中，P 表示蛋白质；B 表示伴离子；X 表示吸附剂表面的一个吸附位点；A 表示反离子；$z$ 为特征电荷，即蛋白质吸附所置换下来的单价反离子数，也是第一类伴离子数；$r$ 表示第二类伴离子数；$n$ 为反离子的电荷数。

如果 P 是碱基数小于 10 的寡聚核苷酸，特征电荷 $z$ 等于分子所带的净电荷数；但对于生物大分子，由于其复杂的三维构象使带电残基形成不均匀分布，特征电荷数小于其所带的净电荷数。另外，在静电作用下蛋白质从液相向固定相转移过程中，由于蛋白质的分子热运动发生旋转取向，使蛋白质与吸附剂结合的自由能最小；在一定的吸附条件下（如恒定的 pH 值和盐浓度），可能有多个蛋白质取向存在，蛋白质的取向与吸附蛋白质浓度有关。因此 $z$ 代表蛋白质竞争性吸附的平均作用，它的实验值不一定是整数。式(6.19) 的吸附平衡常数定义为

$$K' = \frac{[\text{X}_z\text{PB}_r]^n [\text{A}^{n-}]^z [\text{B}^+]^{nz}}{[\text{PB}_{r+z}]^n [\text{X}_n\text{A}]^z} \tag{6.20}$$

在吸附过程中，第一类伴离子从蛋白质上释放，即

$$\text{PB}_{r+z} \longleftrightarrow \text{PB}_r^{z-} + z\text{B}^+ \tag{6.21}$$

平衡常数为

$$K'' = \frac{[\text{PB}_r^{z-}][\text{B}^+]^z}{[\text{PB}_{r+z}]} \tag{6.22}$$

离子交换的总平衡常数为

$$K = \frac{K'}{(K'')^n} \tag{6.23}$$

故将式(6.20) 和式(6.22) 代入式(6.23)，得到

$$K = \frac{[\text{X}_z\text{PB}_r]^n [\text{A}^{n-}]^z}{[\text{PB}_r^{z-}]^n [\text{X}_n\text{A}]^z} \tag{6.24}$$

离子交换剂的交换容量 $\Lambda$ 为蛋白质和反离子所占的吸附位点之和，即

$$\Lambda = z[\text{X}_z\text{PB}_r] + n[\text{X}_n\text{A}] \tag{6.25}$$

将式(6.25) 代入式(6.24) 得

$$[\text{PB}_r^{z-}] = \frac{[\text{X}_z\text{PB}_r]}{K^{1/n}} \left(\frac{n[\text{A}^{n-}]}{\Lambda - z[\text{X}_z\text{PB}_r]}\right)^{z/n} \tag{6.26}$$

式(6.26) 即为 SDM 模型方程。其中，$[\text{PB}_r^{z-}]$ 为液相溶质浓度，$[\text{X}_z\text{PB}_r]$ 为吸附相溶质浓度，$[\text{A}^{n-}]$ 为反离子浓度（盐浓度）。设 $q = [\text{X}_z\text{PB}_r]$，$c = [\text{PB}_r^{m-}]$，$c_s = [\text{A}^{n-}]$，则式(6.26) 变为

$$c = \frac{q}{K^{1/n}} \left(\frac{nc_s}{\Lambda - zq}\right)^{z/n} \tag{6.26a}$$

当 $n=1$ 时

$$c=\frac{q}{K}\Big(\frac{c_{\mathrm{s}}}{\Lambda-zq}\Big)^{z}$$ (6.26b)

当 $c\rightarrow0$ 时，$q\rightarrow0$，所以式(6.26b)表示的吸附等温线的分配系数为

$$m=\lim_{c\rightarrow0}\frac{q}{c}=K\left(\frac{\Lambda}{c_{\mathrm{s}}}\right)^{z}$$ (6.27)

比较式(6.18)和式(6.27)，可知两者形式相同，式(6.18)中 $m_1=K\Lambda^z$。若特征电荷 $z=1$，并设 $\Lambda=q_{\mathrm{m}}$，SDM 模型简化为 Langmuir 型吸附等温线方程

$$q=\frac{q_{\mathrm{m}}Kc}{c_{\mathrm{s}}+Kc}$$ (6.28)

与 Langmuir 模型相比，SDM 模型直观地描述了液相盐浓度对蛋白质吸附的影响。例如，从图 6.6 中的吸附平衡数据可知，在蛋白质浓度 $c$ 接近 0 的低浓度范围内，吸附等温线斜率随盐浓度增大而迅速下降，与 SDM 模型的预测趋势一致。

### 6.2.3　空间质量作用模型

空间质量作用（steric mass-action，SMA）模型是针对蛋白质的相对分子质量大、带电荷数多等特性提出的非线性离子交换平衡模型[9,10]，也可看作是上述化学计量置换模型的改进模型。SMA 模型的假设前提除上述化学计量置换模型假设条件外，认为蛋白质分子的吸附导致吸附剂表面反离子的空间位阻（steric hindrance），这些被屏蔽的反离子不能和其他蛋白质发生交换反应；另外，假设伴离子的影响可以忽略不计。因此，蛋白质和反离子的离子交换平衡用下式表示

$$nc+z\,\overline{q}_{\mathrm{s}}\Longleftrightarrow nq+zc_{\mathrm{s}}$$ (6.29)

式中，$c$ 和 $q$ 分别表示液相和吸附相蛋白质浓度；$c_{\mathrm{s}}$ 表示液相反离子浓度；$q_{\mathrm{s}}$ 表示可以和蛋白质进行交换反应的吸附相反离子；$n$ 表示反离子的电荷数。

此离子交换反应的平衡常数 $K$ 为

$$K=\Big(\frac{q}{c}\Big)^{n}\Big(\frac{c_{\mathrm{s}}}{q_{\mathrm{s}}}\Big)^{z}$$ (6.30)

蛋白质吸附所屏蔽的反离子浓度 $q_{\mathrm{s}}^{\mathrm{SH}}$ 为

$$q_{\mathrm{s}}^{\mathrm{SH}}=\sigma q$$ (6.31)

式中，$\sigma$ 为蛋白质的空间因子，即一个蛋白质分子所屏蔽的反离子数。

因此吸附相中反离子总浓度 $q_{\mathrm{s}}$ 可用下式表示

$$q_{\mathrm{s}}=\overline{q}_{\mathrm{s}}+\sigma q$$ (6.32)

根据吸附相的电中性原理，下式成立

$$\Lambda\equiv n\,\overline{q}_{\mathrm{s}}+(z+n\sigma)q$$ (6.33)

式中，$\Lambda$ 为吸附剂的离子交换容量。

从式(6.33)中解出 $\overline{q}_{\mathrm{s}}$ 并代入式(6.30)，即得到 SMA 模型方程

$$c=\frac{q}{K^{1/n}}\Big(\frac{nc_{\mathrm{s}}}{\Lambda-(z+n\sigma)q}\Big)^{z/n}$$ (6.34)

当 $n=1$ 时

$$c=\frac{q}{K}\Big(\frac{c_{\mathrm{s}}}{\Lambda-(z+\sigma)q}\Big)^{z}$$ (6.34a)

式(6.34)或式(6.34a)即为 SMA 模型方程。很明显，与式(6.26a)表示的 SDM 方程相

比，SMA 模型增加了空间因子项。

在线性吸附条件下，即 $c \to 0$，$q \to 0$ 时，SMA 模型［式(6.34a)］也可简化为式(6.27)，当 $c \to \infty$ 时，$\bar{q}_s \to 0$，$q \to q_m$，式(6.34a) 简化为

$$q_m = \frac{\Lambda}{z + \sigma} \tag{6.35}$$

式中，$q_m$ 为可达到的最大吸附浓度，即吸附剂的吸附容量。

SMA 模型为三参数模型（$K$，$z$，$\sigma$）。交换容量 $\Lambda$ 为吸附剂的特性参数，可利用 6.1.2 节介绍的方法测定。式(6.27) 中的两个线性模型参数（$K$，$z$）利用线性色谱实验确定[9]。在蛋白质饱和吸附的条件下（即液相蛋白质浓度足够大时）测定吸附剂的吸附容量 $q_m$，就可利用式(6.35) 确定空间因子 $\sigma$。

蛋白质为两性高分子电解质，其分子结构和理化性质受溶液 pH 值的影响很大。因此，SMA 模型参数与溶液 pH 值有关。另外，尽管 SMA 模型包含了盐浓度对蛋白质吸附平衡的影响，但其中的一些模型参数仍与盐浓度有关。

# 6.3 吸附过程传质动力学

吸附分离技术涉及气固或液固两相间的扩散传质，是一种典型的扩散分离方法。生物分离过程主要涉及液固两相传质，本节重点介绍溶质在液相和固相（吸附剂）中的扩散及其相关理论。

### 6.3.1 液相扩散

与世间万物一样，分子也处于不停的运动之中。分子的运动是漫无目标的。在相对静止系统中，分子或粒子的运动行为称为扩散（diffusion）。分子的扩散速率用扩散系数（diffusivity，diffusion coefficient）表达。扩散系数 $D$ 用 Fick 定律定义[11]

$$J_A = -D \frac{dc_A}{dx} \tag{6.36}$$

式中，$J_A$ 为溶质 A 的扩散通量（diffusion flux），$kmol/(m^2 \cdot s)$；$c_A$ 为溶质的浓度，$kmol/m^3$；$x$ 为扩散方向上的距离，m；$D$ 为扩散系数，$m^2/s$。$dc_A/dx$ 为溶质在扩散方向上的浓度梯度。

因此，Fick 定律表示溶质的扩散通量与浓度梯度成正比，但方向与浓度梯度相反，即溶质运动的总体趋势是从高浓度区向低浓度区扩散。

气体的黏度小，密度低，分子间相互碰撞的频率低，故气相中小分子溶质的扩散系数较大，常压下为 $(1 \sim 2) \times 10^{-5} m^2/s$。液相中分子间相互碰撞的频率高，黏度大，故液相分子扩散系数远低于气相，常温条件下小分子溶质的扩散系数在 $(0.5 \sim 2.0) \times 10^{-9} m^2/s$，是气相扩散系数的万分之一。在非黏性液体中，刚性球形溶质（rigid sphere）的扩散系数可用 Stokes-Einstein 方程估算

$$D_0 = \frac{k_B T}{6 \pi \mu_L r_s} \tag{6.37}$$

式中，$D_0$ 为液相溶质扩散系数；$k_B$ 为 Boltzmann 常数（$1.38 \times 10^{-23} J/K$）；$T$ 为热力学温度，K；$\mu_L$ 为液相黏度；$r_s$ 为球形分子的 Stokes 半径，又称水力学半径（hydrodynamic radius）。对于小分子非电解质溶质，可用 Wilke-Chang 方程计算扩散系数

$$D_0 = 7.4 \times 10^{-12} \frac{T(\chi M_r)^{1/2}}{\mu_L V_m^{0.6}} \qquad (6.38)$$

式中，$D_0$ 为扩散系数，$m^2/s$；$\mu_L$ 为黏度，$mPa \cdot s$；$T$ 为热力学温度，$K$；$M_r$ 为溶质的相对分子质量；$V_m$ 为正常沸点下溶质的分子体积，$cm^3/mol$；$\chi$ 为溶剂缔合因子（association parameter）。

$V_m$ 值可用 Le Bas 原子体积计算[12]。水为溶剂时，$\chi = 2.6$。应注意式（6.38）中物理量并非完全使用 SI 单位制。

式（6.37）和式（6.38）表明，液相中溶质的扩散系数与温度成正比，与溶液黏度成反比。另外，利用式（6.38）的计算值为无限稀释溶液中的扩散系数，或溶质浓度较低时的扩散系数。当溶质浓度较高时，扩散系数随浓度增大而变化：可能减小，也可能增大，取决于溶质的相互作用及浓度提高引起的黏度变化。

蛋白质是两性高分子电解质，具有特定的弹性立体结构和分子形状，对环境变化敏感。因此，蛋白质的扩散系数除上述温度和黏度等环境因素影响外，还受溶液 pH 值和离子强度的影响。但目前还很难定量描述溶液 pH 值和离子强度对蛋白质单扩散系数的作用。根据 Stokes-Einstein 方程和大量实测的蛋白质扩散系数数据，研究者已提出了一些计算蛋白质扩散系数的关联式。

蛋白质的分子尺寸与其相对分子质量成正比。蛋白质的比体积（specific volume）一般为 $0.69 \sim 0.78 cm^3/g$，平均值为 $0.73 cm^3/g$。利用蛋白质的相对分子质量和比体积可计算蛋白质分子的体积。因此，根据 Stokes-Einstein 方程，蛋白质的扩散系数与其相对分子质量的立方根成反比。据此，Young 等[13]提出的关联式适用于计算球形蛋白质分子的扩散系数

$$D_0 = 8.34 \times 10^{-12} \frac{T}{\mu_L M_r^{1/3}} \qquad (6.39)$$

式（6.39）又称 Young-Carroad-Bell 关联式，其中各物理量的单位与式（6.38）相同。

式（6.39）利用蛋白质的相对分子质量计算扩散系数，使用方便，但有时误差较大。如上所述，蛋白质为弹性高分子，并且在水溶液带有相当厚度的水化层（hydration layer）。因此，相对分子质量不能准确描述蛋白质的空间分子运动行为。蛋白质的旋转半径 $r_g$（radius of gyration）对蛋白质的分子形状和尺寸非常敏感，可以满足空间更准确地描述蛋白质的空间分子运动行为。利用 $r_g$ 代替 Stokes-Einstein 方程中的 $r_s$，Tyn 和 Gusek[14]提出下列计算球形蛋白质扩散系数的关联式

$$D_0 = 5.78 \times 10^{-12} \frac{T}{\mu_L r_g} \qquad (6.40)$$

式（6.40）又称 Tyn-Gusek 关联式，其中各物理量的单位也与式（6.38）相同，旋转半径 $r_g$ 的单位为 Å（$1Å = 0.1nm$）。在温度 $T = 293.3K$、$\mu_L = 1.002 mPa \cdot s$ 的水溶液中，式（6.40）变成下式

$$D_0 = \frac{1.69 \times 10^{-9}}{r_g} \qquad (6.40a)$$

对于棒状蛋白质（rod-like proteins），式（6.40）的误差较大，需用分子长度 $L$ 的 1/10 代替 $r_g$。

$$D_0 = \frac{1.69 \times 10^{-9}}{0.1L} \qquad (6.40b)$$

其中 $L = \sqrt{12} r_g$。

蛋白质的旋转半径 $r_g$ 可用小角度 X 射线散射、拟弹性激光散射等方法测定，故利用式(6.40)计算蛋白质扩散系数也比较方便，并且式(6.40)的精度优于式(6.39)。

He 和 Niemeyer[15] 在分析各种形状蛋白质的各种分子半径（$r_g$、$r_s$ 和体积当量半径）关系的基础上，根据 Stokes-Einstein 方程提出下述关联式

$$D_0 = 6.85 \times 10^{-12} \frac{T}{\mu_L (M_r^{1/3} r_g)^{1/2}} \qquad (6.41)$$

与大量实测蛋白质扩散系数的比较表明，式(6.41)适用于球形和棒状蛋白质扩算系数的计算，精度优于式(6.39)和式(6.40)。

比较式(6.39)～式(6.41)，可知式(6.41)表示的扩散系数与式(6.39)和式(6.40)的几何平均[式(6.42)]非常相近。

$$D_0 = 6.94 \times 10^{-12} \frac{T}{\mu_L (M_r^{1/3} r_g)^{1/2}} \qquad (6.42)$$

因此，式(6.41)将蛋白质的相对分子质量和旋转半径作为计算扩散系数的重要参数，结合了式(6.39)和式(6.40)的优点。

表 6.4 列出了蛋白质等生物大分子扩散系数的实测数据[14,15]。可以看出，扩散系数随相对分子质量和旋转半径的增大而下降。相对分子质量 $1 \times 10^4 \sim 1 \times 10^5$ 的蛋白质的扩散系数是小分子溶质的 5%～10%。

**表 6.4　蛋白质等生物大分子的扩散系数（20℃）**

| 溶质 | $M_r$ | $r_g/\text{Å}$ | $D_0/(\times 10^{-11} \text{m}^2/\text{s})$ |
|---|---|---|---|
| 核糖核酸酶 | 12600 | 14.8 | 13.1 |
| 溶菌酶 | 14400 | 15.2 | 11.8 |
| 胰凝乳蛋白酶 | 21600 | 18.0 | 10.2 |
| β-酪蛋白 | 24100 | 75.0 | 6.05 |
| 胃蛋白酶 | 34160 | 20.5 | 8.7 |
| α-胰凝乳蛋白酶原 | 38000 | 18.1 | 7.9 |
| 卵白蛋白 | 45000 | 24.0 | 7.3 |
| 血红蛋白 | 64500 | 24.8 | 6.3 |
| 牛血清白蛋白 | 66000 | 29.8 | 5.93 |
| 己糖激酶 | 102000 | 24.7 | 5.9 |
| γ-球蛋白 | 153100 | 70.0 | 4.0 |
| 过氧化氢酶 | 225000 | 39.8 | 4.1 |
| 纤维蛋白原 | 390000 | 142.0 | 1.86 |
| 阻凝蛋白 | 493000 | 468.0 | 1.16 |
| α₂-肌红蛋白 | 820000 | 63.7 | 2.41 |
| 丙酮脱氢酶 | 3780000 | 156.5 | 1.20 |
| 脱氧核糖核酸 | 4000000 | 1.170 | 0.13 |
| 芜菁黄叶病毒 | 4970000 | 108.0 | 1.55 |
| 紫花苜蓿花叶病毒 | 6920000 | 216.0 | 1.05 |
| 抗生素 λ | 17000000 | 285.0 | 0.69 |
| 烟草花叶病毒 | 39000000 | 924.0 | 0.44 |

注：1Å=0.1nm。

## 6.3.2　固相扩散

### 6.3.2.1　固相扩散系数

如图 6.1 所示，固体吸附剂主要分多孔型和凝胶型两大类。无论是何种类型的固体介质，溶质均在固相内部有限的孔道中发生扩散，溶质的扩散行为与在自由溶液中有很大的不同，表现在扩散系数上，就是相同条件下溶质的固相扩散系数小于其在自由溶液中的扩散

系数。

固体介质的孔隙率用 $\varepsilon_p$ 表示，是固相中孔隙的体积分数。由于孔径通常都有一定的分布范围（图 6.3），对于分子尺寸不同的溶质，尤其是蛋白质类生物大分子，孔隙率与其相对分子质量有关，即蛋白质的相对分子质量越大，有效孔隙率越小。另外，固相介质内部的孔道并非笔直和完全相通的，孔道的这种性质通常用曲折因子（tortuosity factor）表示。多孔介质的曲折因子 $\tau$ 一般为 3～6，可用下式近似计算[4]

$$\tau = \frac{(2-\varepsilon_p)^2}{\varepsilon_p} \tag{6.43}$$

因为 $\varepsilon_p < 1$，所以 $\tau > 1$。

由于固相介质内部的孔道结构，溶质在固相中的扩散系数小于其自由溶液中的扩散系数。固相中相对于整个固相体积扩散系数称为有效扩散系数（effective diffusivity）。有效扩散系数常用下式近似计算

$$D_e = \frac{\varepsilon_p D_0}{\tau} \tag{6.44}$$

除固相的孔道结构影响固相扩散系数外，孔道对溶质的阻滞作用也会降低扩散系数，尤其是蛋白质等生物大分子。在孔道的阻滞作用下发生的固相扩散称为阻滞扩散（restricted diffusion），其扩散系数又称阻滞扩散系数。大分子溶质在固相介质中的扩散行为非常复杂，孔径、蛋白质分子半径、凝胶浓度、凝胶中纤维半径、蛋白浓度和静电作用都对扩散有显著影响。利用流体动力学理论研究刚性多孔介质中阻滞扩散的结果表明，有效扩散系数随分子半径和孔道半径之比的增大而降低[16]。凝胶介质是由直径在 2nm 左右的高分子纤维组成的网状结构，其性质与高分子溶液有许多相似之处，高分子溶液中的阻滞扩散理论可直接用于凝胶介质。在高分子溶液中，蛋白质的阻滞扩散系数可用下式表达

$$D_e = D_0 \exp(-Br_0 c_f^{1/2}) \tag{6.45}$$

式中，$r_0$ 为蛋白质和高分子纤维的相互作用半径；$c_f$ 为高分子纤维浓度；$B$ 为比例常数。

$r_0$ 可用蛋白质的 Stokes 半径与纤维半径（$r_f$）之和表示，所以式（6.45）变为

$$D_e = D_0 \exp[-B(r_s+r_f)c_f^{1/2}] \tag{6.46}$$

Boyer 和 Hsu[17]利用凝胶过滤色谱法测定了 7 种蛋白质（表 6.5）在琼脂糖凝胶 Sepharose CL-6B 中的有效扩散系数，发现 $D_e/D_0$ 随相对分子质量的增大而降低（表 6.6），并根据式（6.46）提出式（6.47）来关联有效扩散系数与相对分子质量的关系。

$$D_e = D_0 \exp[-B_m(M_r^{1/3}+A_m)c_f^{1/2}] \tag{6.47}$$

式中，$B_m$ 和 $A_m$ 为常数。

利用式（6.47）线性回归分析 7 种蛋白质的有效扩散系数，得

$$D_e = D_0 \exp[-0.1307(M_r^{1/3}+12.45)c_f^{1/2}] \tag{6.47a}$$

利用式（6.47a）和式（6.39）计算的蛋白质有效扩散系数与实测值相比，误差在 25％以内，平均误差为 19％。

从式（6.46）和式（6.47）可以发现，凝胶浓度越高，蛋白质分子半径越大（或相对分子质量越大），阻滞作用越明显。另外，蛋白质分子形状和浓度对扩散系数也有重要影响。若蛋白质浓度较高，无论在凝胶中还是在自由溶液中，扩散系数均随蛋白质浓度升高而线性降低[18]。

表 6.5　七种蛋白质的性质

| 蛋白质 | $M_r$ | $r_s$/nm | $D_0^{20}/(\times 10^{-11}\,m^2/s)$ | $D_0^4/(\times 10^{-11}\,m^2/s)$ |
|---|---|---|---|---|
| 肌红蛋白 | 16890 | 1.89 | 11.3 | 6.9 |
| β-乳球蛋白 | 35400 | 2.74 | 7.8 | 4.7 |
| 卵白蛋白 | 45000 | 2.93 | 7.3 | 4.4 |
| 牛血清白蛋白 | 67000 | 3.59 | 5.9 | 3.6 |
| 己糖激酶 | 102000 | 3.63 | 5.9 | 3.6 |
| 免疫球蛋白 | 161000 | 5.62 | 3.8 | 2.3 |
| 过氧化氢酶 | 225000 | 5.21 | 4.1 | 2.59 |

注：$D_0^{20}$ 和 $D_0^4$ 分别为 20℃和 4℃自由溶液中的扩散系数。

表 6.6　蛋白质在 Sepharose CL－6B 凝胶中的有效扩散系数（4℃）

| 蛋白质 | $\varepsilon_p$ | $D_e/(\times 10^{-11}\,m^2/s)$ | $D_e/D_0$ |
|---|---|---|---|
| 肌红蛋白 | 0.734 | 2.35 | 0.343 |
| β-乳球蛋白 | 0.625 | 1.25 | 0.155 |
| 卵白蛋白 | 0.610 | 0.82 | 0.184 |
| 牛血清白蛋白 | 0.550 | 0.56 | 0.155 |
| 己糖激酶 | 0.549 | 0.52 | 0.146 |
| 免疫球蛋白 | 0.457 | 0.25 | 0.102 |
| 过氧化氢酶 | 0.474 | 0.30 | 0.119 |

　　上述讨论仅针对溶质与固相介质不产生任何相互作用的情况。若溶质在固相介质表面发生吸附现象，也会影响其孔内扩散。例如，在刚性多孔吸附剂中，蛋白质的孔扩散系数随吸附密度的增大而下降[19,20]；利用带有负电荷的色素分子辛巴蓝（Cibacron Blue 3GA）为配基的亲和吸附中，带有同种电荷的 BSA 的孔扩散系数随液相离子强度的降低和配基密度的增大而下降[21,22]，这是由于吸附剂介质孔隙对蛋白质的静电排阻作用。因此，固相扩散，尤其是生物大分子的固相扩散行为非常复杂，需要深入研究。

　　固体介质中扩散系数的测定方法很多，除上述凝胶过滤色谱法外，还有利用梯度核磁共振法[18]和透膜扩散法[23]等。但最简单和常用的方法是有限池间歇吸附法（finite batch method），即间歇全混搅拌池吸附法[19~22]。无论何种方法，都需要利用适当的模型方程计算扩散系数。

### 6.3.2.2　固相扩散模型

　　利用第 5 章中图 5.12 所示的微分元法，根据 Fick 定律［式(6.36)］和质量守恒原理可建立固相介质中溶质扩散的连续性方程[24]。

$$\frac{\partial c_s}{\partial t} = \frac{D_e}{x^a} \times \frac{\partial}{\partial x}\left( x^a\,\frac{\partial c_s}{\partial x} \right) \tag{6.48}$$

　　式中，$c_s$ 为固相中溶质浓度；$t$ 为时间；$x$ 为扩散方向的坐标；指数 $a$ 与固相介质的形状有关。式(6.48)是不发生溶质吸附情况下固相中溶质的扩散方程，又称 Fick 第二定律。

　　在半无限大平板厚度方向上的扩散，$a=0$，式(6.48)变为

$$\frac{\partial c_s}{\partial t} = D_e\,\frac{\partial^2 c_s}{\partial x^2} \tag{6.48a}$$

　　在无限长圆柱体半径（$r$）方向上的扩散，$a=1$，式(6.48)变为

$$\frac{\partial c_s}{\partial t} = D_e \left( \frac{\partial^2 c_s}{\partial r^2} + \frac{1}{r} \times \frac{\partial c_s}{\partial r} \right) \tag{6.48b}$$

在球形介质半径（$r$）方向上的扩散，$a=2$，式（6.48）变为

$$\frac{\partial c_s}{\partial t} = D_e \left( \frac{\partial^2 c_s}{\partial r^2} + \frac{2}{r} \times \frac{\partial c_s}{\partial r} \right) \tag{6.48c}$$

一般吸附剂为球形粒子，故式（6.48c）是吸附分离研究中常用的基本模型方程。

若溶质在介质表面发生吸附，需对上述模型方程进行修正。在多孔吸附剂中，吸附剂孔内溶质和吸附剂表面被吸附的溶质在浓差推动下均可发生扩散传质。从固相扩散行为和吸附剂结构等不同角度，描述吸附剂内溶质扩散的数学模型有多种，包括孔扩散模型、表面扩散模型、平行扩散模型和有效扩散模型等[25~28]。其中最常用的是孔扩散模型（pore diffusion model，PDM），其基本假设条件如下。

① 假设系统为理想体系，各组分的活度系数为1。

② 对于球形吸附剂，假设吸附剂粒径均一，配基均匀分布在吸附剂孔表面。

③ 吸附剂的孔隙率均一，在吸附过程中保持不变。

④ 在吸附剂内任意位置处，游离溶质和吸附溶质均处于平衡状态，孔内游离溶质浓度梯度为扩散传质的推动力。

与推导式（6.48）的过程类似，得到的孔扩散模型方程为

$$\varepsilon_p \frac{\partial c_p}{\partial t} + \frac{\partial q}{\partial t} = \frac{\varepsilon_p D_p}{r^2} \times \frac{\partial}{\partial r} \left( r^2 \frac{\partial c_p}{\partial r} \right) \tag{6.49}$$

式中，$D_p$ 表示孔扩散模型中的孔扩散系数；$c_p$ 为孔内游离溶质浓度；$q$ 为吸附溶质浓度。

$c_p$ 和 $q$ 之间处于平衡状态，即

$$q = \frac{q_m c_p}{K_d + c_p} \tag{6.6c}$$

在间歇全混搅拌池吸附过程中，溶质从液相向固相的传质方程为

$$\frac{dc}{dt} = -\frac{3F \varepsilon_p D_p}{R} \left( \frac{\partial c_p}{\partial r} \right)_{r=R} \tag{6.50}$$

式中，$F$ 为吸附系统中的固液体积之比；$R$ 为吸附剂半径；$c$ 为液相溶质浓度。

式（6.49）和式（6.50）的初始和边界条件如下

$$t=0, \quad q=0, \quad c_p=0, \quad c=c_0 \tag{6.51a}$$

$$r=R, \quad c_p=c \tag{6.51b}$$

$$r=0, \quad \frac{\partial c_p}{\partial r}=0 \tag{6.51c}$$

式中，$c_0$ 为液相初始浓度。

利用间歇全混搅拌池吸附法可测定吸附过程中液相浓度随时间变化的曲线，数值求解上述模型并与实验数据拟合，可计算 PDM 模型中的扩散系数。

# 6.4  固定床吸附

吸附分离操作除少数情况下采用间歇搅拌槽外，一般多采用固定床（fixed bed，packed bed）吸附设备——吸附柱或吸附塔。如图 6.8 所示，吸附柱内填充固相吸附介质，料液连

续输入吸附柱中，溶质被吸附剂吸附。从吸附柱入口开始，吸附剂的溶质吸附浓度不断上升，达到饱和吸附浓度 $q_0$［$q_0$ 与入口料液浓度 $c_0$ 相平衡，即 $q_0 = f(c_0)$］。当吸附柱内全部吸附剂的溶质吸附接近饱和时，溶质开始从柱中流出，出口浓度逐渐上升，最后达到入口料液的溶质浓度，即吸附达到完全饱和。吸附达到完全饱和后，若继续输入料液，则输入的溶质全部流出吸附柱。吸附过程中吸附柱出口溶质浓度的变化曲线称为穿透曲线（breakthrough curve），如图 6.9 所示。出口处溶质浓度开始上升的点称为穿透点（breakthrough point），达到穿透点所用的操作时间称为穿透时间。由于穿透点难于准确测定，故一般习惯上将出口浓度达到入口浓度 5%～10% 的时间称为穿透时间。

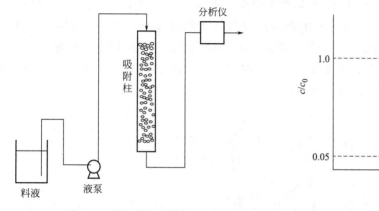

图 6.8　固定床吸附操作

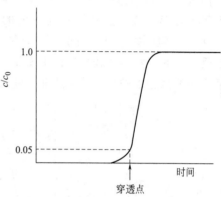

图 6.9　穿透曲线

当吸附操作达到穿透点时，继续进料不仅对增加吸附量的效果不大，而且由于出口溶质浓度迅速增大，造成目标产物的损失。故在穿透点附近需停止吸附操作，顺次转入杂质清洗（contaminant washing）、吸附质洗脱（product elution）和吸附剂再生（regeneration）操作。

吸附过程中，吸附柱内某位置处溶质的吸附达到饱和，即 $q_0 = f(c_0)$ 时，该位置处的液相浓度 $c_0$ 和固相浓度 $q_0$ 不再改变。而在该位置的下游区域，由于尚未达到饱和吸附，液固相溶质浓度均低于饱和浓度。因此，吸附柱内液固两相均存在近似同步的浓度分布。图 6.10(a) 为吸附操作过程中吸附柱内轴向溶质浓度分布随时间的变化情况，在相应时刻的出口溶质浓度示于图 6.10(b)。随着操作时间的推移，液相溶质浓度从 $c_0$ 到 0 的区域不断向出口方向移动，最后到达出口，吸附达到接近饱和（图 6.10 中时间 $t_5$）。一般将吸附柱中液相（或固相）溶质浓度从 $c_0$（或 $q_0$）到 0 的分布区域称为浓度波或吸附带（离子交换吸附操作中称交换带）。由于吸附带内溶质浓度不断变化，液固之间尚未达到吸附平衡，存在传质现象，所以吸附带所覆盖的区域又称传质区。如果吸附带的浓度分布（浓度波）以一定的形状

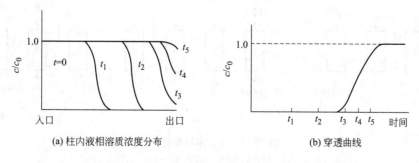

(a) 柱内液相溶质浓度分布　　　　　　　(b) 穿透曲线

图 6.10　吸附柱内轴向溶质浓度分布随时间的变化和对应的穿透曲线

移动，则称此浓度分布为恒定图式（constant pattern）分布，吸附带为恒定图式吸附带。为方便起见，在固定床吸附操作的理论分析中经常采用恒定图式假设。但需注意的是，恒定图式吸附带只有在优惠吸附（吸附等温线上凸，如 Langmuir 和 Freundlich 型吸附等温线）时才可能发生。

利用固定床吸附的穿透曲线可以测定溶质的吸附平衡关系，即 6.2.1 提到的动态色谱吸附法。如图 6.11 所示，对于不发生吸附的溶质，穿透曲线为曲线 1，其流出体积应为固定床的空隙体积（void volume）和吸附剂的有效孔隙体积（effective pore volume，即溶质能够进入的孔隙体积）之和（$V_0$）；对于被吸附的溶质，由于吸附剂的吸附作用，穿透曲线滞后（曲线 2），流出体积为 $V$。因此，吸附剂的吸附溶质量为图 6.11 的斜线部分的面积，或近似等于 $c_0(V-V_0)$。利用不同浓度的溶液反复进行吸附操作，即可获得吸附平衡关系 $q^* = f(c)$。但必须指出，由于内扩散等传质阻力的存在，动态吸附法的测定精度在很大程度上受流速的影响。在较高流速下操作时，穿透曲线平缓，测定误差较大。故动态吸附法需在适当小的流速下进行，使穿透曲线陡直。

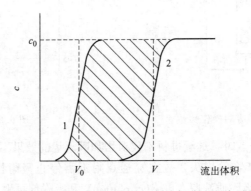

图 6.11　动态吸附法测定平衡吸附量（斜线部分面积为平衡吸附量）

图 6.8 所示的吸附操作仅使用一个固定床，在吸附剂再生操作过程中需停止吸附操作。如果同时使用多个吸附柱，进行多柱串联操作，则可不必停止吸附操作而使其中一柱得到再生。图 6.12 为使用 4 个吸附柱的多柱串联操作示意图。首先 1 号柱直接输入料液，故其先于 2 号和 3 号柱达到吸附平衡，此时 4 号柱再生完毕 ［图 6.12(a)］；之后，将料液输入口切换至 2 号柱，同时 1 号柱开始清洗、洗脱和再生 ［图 6.12(b)］；如此，逐次转入图 6.12(c) 和其后的状态，循环往复。显然，整个操作过程中进料（吸附）从未间断，因此从固相的角度，多柱串联操作属于半连续操作，这是多柱串联操作的优点之一。另外，由于多柱串联使整个系统中的流体流动更接近平推流，有利于提高吸附效率。

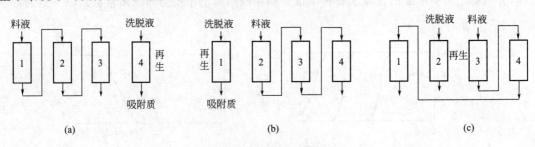

图 6.12　多柱串联吸附操作

操作顺序为：（a）→（b）→（c）

## 6.5 固定床吸附过程理论

穿透曲线的预测是固定床吸附过程设计与操作的基础。一般固定床吸附操作多采用轴向扩散模型分析。轴向扩散模型是理想的平推流流动中叠加一个轴向返混，返混程度用轴向扩散系数表示。与第 5 章的微分萃取相似，该模型的建立基于如下假设。

① 在与流体流动方向垂直的每一截面上，具有均匀的径向浓度。

② 在每一截面及流体流动的方向上，流速和轴向扩散系数均为恒定值。

③ 溶质浓度为轴向距离的连续函数。

图 6.13 为吸附操作过程中轴向扩散模型示意图，经过物料衡算可推导出模型方程为

$$\frac{\partial c}{\partial t} = D_z \frac{\partial^2 c}{\partial z^2} - u \frac{\partial c}{\partial z} - FT_R \tag{6.52}$$

式中，$c$ 为溶质浓度；$t$ 表示时间；$u$ 为流体线速度（interstitial velocity）；$D_z$ 为轴向扩散系数；$z$ 为从入口开始的距离；$T_R$ 为相间传质速率；$F$ 为柱内固液体积比。

$$F = \frac{1-\varepsilon_c}{\varepsilon_c} \tag{6.53}$$

式中，$\varepsilon_c$ 为床层空隙率（bed voidage，void fraction）。

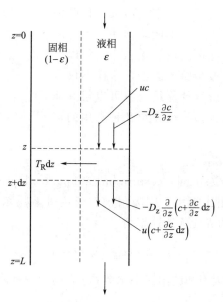

图 6.13　固定床吸附过程的轴向扩散模型

对于吸附过程，式(6.52)的初始和边界条件为

$$c = 0, \ t = 0 \tag{6.52a}$$

$$c = c_0 + \frac{D_z}{u} \times \frac{\partial c}{\partial z}\Big|_{z=0}, \ t > 0, \ z = 0 \tag{6.52b}$$

$$\frac{\partial c}{\partial z} = 0, \ t > 0, \ z = L \tag{6.52c}$$

式(6.52b) 和式(6.52c) 称为 Dancwerts 边界条件，式(6.52b) 中的 $c_0$ 为进料浓度。

式(6.52) 为固定床吸附过程的连续性方程。其中，轴向扩散系数 $D_z$ 可用文献中提出的

关联式计算，例如：

$(1)^{[29]}$

$$D_z = D_0 \left( 0.7 + 2.5 \frac{\varepsilon_c ReSc}{1 + 7.7(\varepsilon_c ReSc)^{-1}} \right) \tag{6.54}$$

$(2)^{[30]}$

$$\frac{\varepsilon_c uL}{D_z} = 0.2 + 0.11 Re^{0.48} \tag{6.55}$$

式中，$Re$ 为 Reynolds 数，$Re = \dfrac{d_p u \rho}{\mu_L}$；$Sc$ 为 Schmidt 数，$Sc = \dfrac{\mu_L}{\rho D_0}$；$\rho$ 为料液密度；$\mu_L$ 为料液黏度；$D_0$ 为溶质的分子扩散系数。

传质速率 $T_R$ 可具有各种不同的表达式。根据 $T_R$ 的表达式不同，该模型可派生出各种不同的传质速率模型。一般来说，液相中的溶质吸附到固体吸附剂的速率受以下几种因素的影响（图 6.14）。

① 吸附剂外表面液膜（即固液界面的流体滞留底层）内扩散传质。

② 吸附剂孔内扩散。

③ 吸附溶质的表面扩散。

④ 溶质的表面吸附。

6.3.2 节已经介绍孔扩散、表面扩散及各种扩散模型。孔扩散和表面扩散为平行过程，它们与液膜扩散传质和表面吸附串联发生。对于特定的吸附体系，上述因素的影响程度各不相同，某些因素的影响很小，可以忽略不计。因此，只需考虑速控步骤的影响，这样不仅可以大大简化过程模型，而且所得计算结果也可以很好地描述实际操作过程的吸附行为。下面介绍几种常用的速控模型。

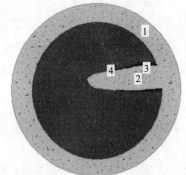

图 6.14 影响多孔吸附介质
吸附速率的因素
1—外表面液膜；2—孔内扩散；
3—表面扩散；4—表面吸附

### 6.5.1 表面吸附速率控制

表面吸附速率控制模型（surface adsorption rate controlling model）假定表面吸附速率与液膜及内扩散传质速率相比很小，则吸附剂粒子内外溶质浓度均一。若吸附平衡可用 Langmuir 方程表示，此时的界面传质速率为

$$T_R = k_1 c (q_m - q) - k_{-1} q \tag{6.56}$$

式中，$k_1$ 和 $k_{-1}$ 分别为吸附和脱附速率常数；$q$ 为固相中吸附溶质的浓度；$q_m$ 为吸附剂的吸附容量；$c$ 为液相浓度。

当 $T_R = 0$ 时，吸附达到平衡，式（6.56）变成 Langmuir 方程式（6.6a），其中

$$K_d = \frac{k_{-1}}{k_1} \tag{6.57}$$

如果轴向扩散可以忽略不计，即流体流动为平推流，式（6.52）中右侧第一项为零，利用式（6.56）和适当的初始边界条件可得式（6.52）的分析解，称为 Thomas 解（Thomas solution）$^{[31]}$。

一般分子的表面吸附速率与吸附剂内外传质速率相比均很快，因此很少出现表面吸附速率控制的情况。但是，作为简化的经验速率模型，速率表达式（6.56）应用很广。

### 6.5.2 液膜扩散速率控制

液膜扩散速率控制模型 (film diffusion rate controlling model) 假定固体粒子外表面的液膜传质速率为速率控制步骤，因此粒子内溶质浓度均一，速率方程变成

$$T_R = k_f a(c - c_i) \tag{6.58}$$

式中，$k_f$ 为液膜传质系数；$a$ 为单位吸附剂体积内的液固接触表面积 ($a = 6/d_p$)；$c$ 和 $c_i$ 分别为吸附剂粒子外部和内部的溶质浓度。

利用式(6.58) 和线性吸附等温式(6.4)，并假定流体流动为平推流，可得到式(6.52) 的分析解。

液膜扩散速率一般亦较高，只有当吸附剂粒径很小，或溶质的内扩散系数很大时，才可能成为速控步骤。但是，与式(6.56) 一样，式(6.58) 也是一种简化的传质速率方程，使用方便。

### 6.5.3 内扩散速率控制

在大多数实际吸附过程中，表面吸附和液膜传质速率相对较大，因此很少单独考虑表面吸附或液膜传质速率为控制步骤，而认为内扩散（孔扩散和表面扩散）为速率控制步骤，有时也同时考虑内扩散与液膜传质或表面吸附。这就是内扩散速率控制模型 (interior diffusion rate controlling model)。固相扩散模型已在 6.3.2 节详细介绍，若吸附动力学过程用孔扩散模型描述，则式(6.49) 成立。考虑表面液膜传质阻力，初始和边界条件为

$$t = 0, \quad q = 0, \quad c_p = 0 \tag{6.59a}$$

$$r = R, \quad \varepsilon_p \frac{dc_p}{dt} = k_f a(c - c_p|_{r=R}) \tag{6.59b}$$

$$r = 0, \quad \frac{\partial c_p}{\partial r} = 0 \tag{6.59c}$$

液固界面传质速率为

$$T_R = a\varepsilon_p D_p \frac{\partial c_p}{\partial r}\bigg|_{r=R} = k_f a(c - c_p|_{r=R}) \tag{6.60}$$

该模型也可忽略表面液膜传质阻力，此时的边界条件为式(6.51b)。

另外，该模型假定在孔内的任何时刻和位置，$q$ 和 $c_p$ 之间均满足吸附平衡关系，即

$$q(r,t) = f[c_p(r,t)] \tag{6.61}$$

式中，$f$ 表示吸附等温函数关系。

这样，式(6.52)、式(6.49) 以及式(6.59) ～式(6.61) 就构成完整的固定床的孔扩散传质模型。

在线性吸附等温式和假定流体流动为平推流的情况下才能得到固定床中孔扩散传质模型的分析解[32~36]，对于非线性吸附，只能依靠数值解法。

## 6.6 其他吸附操作

### 6.6.1 膨胀床吸附

膨胀床 (expanded bed) 是液固相返混程度较低的液固流化床 (liquid-solidfluidized bed)，膨胀床吸附 (expanded bed adsorption，EBA) 也称流化床吸附 (fluidized bed adsorption，FBA)。作为一种特殊形式的流化床，膨胀床兼有了固定床和流化床的优点，同时

又克服了后两者的一些缺陷。膨胀床与流化床的最大区别是流化的固相介质基本可以悬浮在膨胀床内的固定位置，流体流动状态和固定床相近，以接近平推流的方式流经床层，所以液固两相的轴向混合程度都较低，从而使目标产物获得良好的吸附效率。膨胀床与传统固定床的区别在于：膨胀床的床层上部安装有可调节床层高度的调节器（top adapter），当液体（料液或清洗液等）从床底以高于吸附剂最小流化速率（minimum fluidization velocity）的流速输入时，吸附剂床层产生膨胀，高度调节器上升，如图 6.15 所示[37]。由于床层空隙率高，可使菌体细胞或细胞碎片自由通过。因此，与固定床吸附相比，膨胀床吸附可直接处理菌体发酵液或细胞匀浆液，回收其中的目标产物，从而可节省离心或过滤等预处理过程，提高目标产物收率，降低分离纯化过程成本。膨胀床吸附分离技术集料液澄清、目标产物浓缩和分离纯化于一体，是重要的生物集成分离（integrated separation）技术。另外，膨胀床吸附技术也可与细胞破碎或发酵过程相耦合，提高生物下游加工过程效率。

与传统流化床相同，膨胀床的床层高度随液相流速的提高而增大，如图 6.16[38] 所示。在膨胀床操作中，料液流速大于吸附剂的最小流化速率，小于吸附剂的终端速率（terminal velocity）。最小流化速率 $U_{mf}$ 用下式计算

$$U_{mf}=\frac{d_p^2(\rho_s-\rho_L)g}{1650\mu_L} \quad (Re<20) \tag{6.62}$$

终端速率 $U_t$ 用 Stokes 沉降方程计算

$$U_t=\frac{d_p^2(\rho_s-\rho_L)g}{18\mu_L} \tag{6.63}$$

式中，$\rho_L$ 和 $\rho_s$ 分别为液相和固相密度。

膨胀床的床层膨胀符合 Richardson-Zaki 方程[39]

$$U=U_t\varepsilon_c^n \tag{6.64}$$

式中，$U$ 为液相空塔速率（superficial velocity）；$\varepsilon_c$ 为床层空隙率；$n$ 为 Richardson-Zaki 系数，层流区的 $n$ 值约为 4.8。

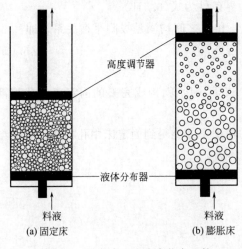

图 6.15　固定床和膨胀床状态比较

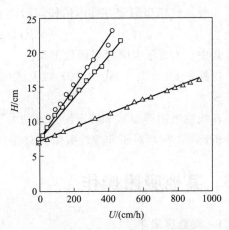

图 6.16　膨胀床中床层膨胀高度和流速的关系
（○）NFBA-S；（△）NFBA-L；（□）Streamline SP

从式(6.63) 和式(6.64) 可知，固相介质的密度和粒径越大，$U_t$ 值越大，达到一定膨

胀率（$\varepsilon_c$）所需的液相流速越高，即床层高度随液相流速增大的速率越小。图 6.16[38] 为三种介质的床层膨胀高度和流速的关系，各介质的物理性质列于表 6.7。图 6.16 的实测数据反映了上述床层膨胀理论的预测固相密度和粒径的影响规律。当液固相的物性已知时，可利用式(6.63) 和式(6.64) 估算达到所需膨胀率（床层高度）的液相流速。

表 6.7　图 6.16 中三种介质的物理性质

| 固相介质 | 粒径范围/$\mu m$ | $d_p/\mu m$ | $\rho_s/(g/mL)$ |
| --- | --- | --- | --- |
| NFBA-S | 50~165 | 102 | 1.88 |
| NFBA-L | 140~300 | 215 | 2.04 |
| Streamline SP | 100~300 | 195 | 1.20 |

确定膨胀床操作流速的另一原则是要保证在操作流速下料液中的杂质颗粒被带出床层，因此，料液流速要远大于杂质微粒的终端速率。一般杂质颗粒的粒径和密度远小于吸附剂，所以，根据式(6.63)，这一要求容易达到。所以，一般膨胀床操作流速主要根据固相介质和液相的性质决定，前提是要保证稳定的膨胀床和高吸附效率。通常情况下，膨胀床操作流速以使床层高度达到填充床的 2~3 倍为宜。

由于膨胀床的床层结构特性和处理原料的特点（主要为微粒悬浮液），其吸附操作方式与固定床不尽相同。处理细胞悬浮液或细胞匀浆液的一般操作流程示于图 6.17。首先用缓冲液膨胀床层（a），以便于输入料液，开始膨胀床吸附操作（b）。当吸附接近饱和时，停止进料，转入清洗过程。在清洗过程初期，为除去床层内残留的微粒子，仍需采用膨胀床操作（c），待微粒子清除干净后，则可恢复固定床操作（d），以降低床层体积，减少清洗剂用量和清洗时间。清洗操作之后的目标产物洗脱过程亦采用固定床方式（e）。需注意的是，图 6.17 中的步骤（d）和（e）也可采用膨胀床操作模式，以避免操作模式更换带来的不便。

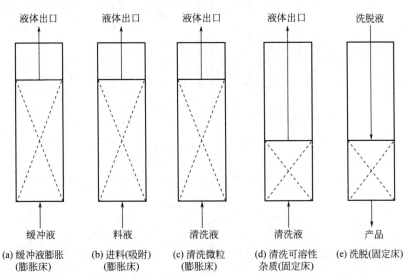

图 6.17　膨胀床吸附操作过程

清洗操作 [图 6.17(c)] 可利用一般缓冲液或黏性溶液。利用黏性溶液清洗时流体流动更接近平推流，清洗效率高，清洗液用量少。目标产物的洗脱操作采用固定床方式不仅可节省操作时间，而且可提高回收产物的浓度。另外，洗脱液流动方向可与吸附过程相反 [图

6.17(e)]，以提高洗脱速率。另外，由于处理料液为悬浮液，吸附剂污染较严重，为循环利用吸附剂，洗脱操作后需进行严格的吸附剂再生，恢复其吸附容量。

由于各个操作阶段液相的黏度和密度等物性不同，若采用恒速操作，床层高度将发生变化。例如，料液黏度和密度高于普通缓冲液，恒速进料时床层高度增加，为保持一定的膨胀率，需降低进料流速；吸附操作后期由于蛋白质的吸附，吸附剂的密度上升，此时又需提高流速。

膨胀床吸附具有集成化分离的优势。但是，与固定床吸附相比，膨胀床吸附也存在其自身的缺点：①如图 6.17 所示，膨胀床吸附操作较复杂和繁琐，需要一定的手工控制，对操作人员的技能和熟练程度要求较高；②膨胀床吸附直接处理含有细胞碎片的料液，料液中的核酸、细胞碎片等可与介质之间产生相互作用，造成介质颗粒聚集，尤其是料液浓度较高时，颗粒聚集现象严重，会造成流体沟流甚至床层塌陷，严重影响柱效，甚至造成分离操作失败，因此，膨胀床吸附操作中必须控制料液在适当浓度范围内；③由于料液含有大量的细胞碎片、脂类和核酸等成分，介质的污染严重，需要严格的清洗和再生操作。

### 6.6.2 移动床和模拟移动床吸附

如果像气体吸收操作的液相那样，吸附操作中固相可连续输入和排出吸附塔，与料液形成逆流接触流动，可实现连续稳态的吸附操作。这种操作法称为移动床（moving bed）吸附。图 6.18 为包括吸附剂再生过程在内的连续循环移动床吸附操作示意图，稳态吸附条件下吸附床和再生床内吸附质的轴向浓度分布示于图 6.19。

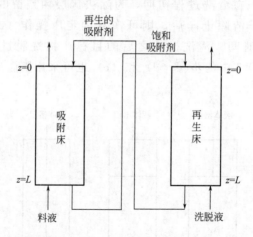

图 6.18　移动床吸附操作

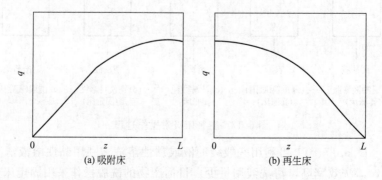

图 6.19　吸附床和再生床内吸附质的轴向浓度分布

因为稳态吸附条件下移动床吸附操作中溶质在液固两相中的浓度分布不随时间改变，设备和过程的设计与气体吸收塔或液液萃取塔基本相同。但在实际操作中，最大的问题是吸附剂的磨损和如何通畅地排出固体粒子。为防止固相出口的堵塞，可采用床层振动或用球形旋转阀等特殊装置排出固相。

上述移动床易发生堵塞，固相的移动操作有一定的难度。因此，固相本身不移动，而移动切换液相（包括料液和洗脱液）的入口和出口位置，如同移动固相一样，产生与移动床吸附相同效果的吸附操作称为模拟移动床（simulated moving bed）吸附。6.4 节的多柱串联操作亦基于同样的思想。

图 6.20 为移动床和模拟移动床吸附操作示意图。其中图 6.20(a) 为真正的移动床操作，料液从床层中部连续输入，固相自下向上移动，被吸附（或吸附作用较强）的溶质 P（简称吸附质）和不被吸附（或吸附作用较弱）的溶质 W 从不同的排出口连续排出，溶质 P 的排出口以上部分为吸附质洗脱回收和吸附剂再生段。图 6.20(b) 为由12 个固定床构成的模拟移动床，b1 为某一时刻的操作状态，b2 为 b1 以后的操作状态。如将 12 个床中最上一个看作是处于最下面一个床的后面（即 12 个床循环排列），则从b1 状态到 b2 状态液相的入口和出口分别向下移动了一个床位，相当于液相的入口、出口不变，而固相向上移动了一个床位的距离，形成液固逆流接触操作。由于固相本身不移动而通过切换液相的入口和出口产生移动床的分离效果，故称该吸附分离方法为模拟移动床吸附。

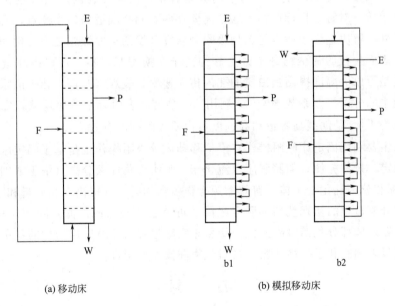

图 6.20　移动床（a）和模拟移动床（b）

F—料液；P—吸附质；E—洗脱液；W—非（弱）吸附质

### 6.6.3　搅拌釜吸附

搅拌釜吸附（stirred tank adsorption）即有限池吸附（finite batch adsorption），是最基本的吸附操作方式，在吸附研究中经常采用。

搅拌釜吸附操作中，料液与吸附剂在搅拌釜内混合接触，发生吸附，待吸附接近平衡后，过滤使固液分离。因此，搅拌釜吸附操作与混合-澄清式萃取类似，包括单釜吸附和多釜吸附，后者又分多次吸附（多级错流吸附）和多级逆流吸附。

## 6.7　本章总结

　　吸附、膜分离和萃取是生物分离过程中最常用的分离技术。吸附和萃取都是基于相间分配的扩散分离操作，但与萃取相比，吸附剂的固体属性使其在相分离和反复回收利用等方面具有明显优势；同时，吸附剂表面可任意修饰功能基团，使其对目标分子产生高选择性吸附作用，故吸附的分离选择性通常远优于萃取。同样，膜的隔离（界面）和透过属性决定其有限的分离选择性，主要用于固液分离、大分子的浓缩以及分子量差别明显的溶质间的分离。虽然利用荷电膜可一定程度上实现蛋白质间的分离，但在操作弹性和过程控制的难易程度上无法与吸附相比。因此，各种基于界面吸附作用的色谱方法（第7章和第8章）是生物大分子分离纯化的核心技术。

　　吸附剂是吸附分离载体，而吸附剂内的扩散传质通常是吸附过程的速控步骤，特别是对于生物大分子。因此，吸附剂必须具备高吸附容量，同时对分子的内扩散产生较小的阻力，保证其在较短时间内达到较大的吸附量（或在一定流速的固定床吸附操作条件下具有较大的动态吸附容量）。从本章介绍的传质动力学可知，分子扩散和孔内阻滞扩散速率与分子量密切相关，而蛋白质的孔内阻滞扩散系数随孔径降低而减小。因此，吸附剂需要具备较大的比表面积和较大的孔径，使其产生较大的平衡吸附容量，同时保证溶质具有较大的内扩散速率。这是一对矛盾。对特定目标产物，通常需要在两者间找到适当的平衡点，实现最有效的吸附分离。此外，解决这一矛盾也是新型吸附剂研究开发的重要课题之一。例如，近年的研究发现，在孔表面接枝的葡聚糖分子链上修饰离子交换配基，不仅可以提高蛋白质吸附容量，更奇特的是可以大幅度提高蛋白质的孔内传质速率，表观（有效）孔扩散系数甚至可以高于自由溶液中的分子扩散系数[40~44]。利用这一独特的表面分子传递现象，并结合介质内对流孔的构筑[41,45]，是创制高容量和高速度蛋白质吸附剂的有效途径。

　　吸附分离主要利用固定床吸附操作，模拟移动床等吸附操作也是基于固定床。这是因为固定床结构稳定，操作方便。但膨胀床（流化床）吸附可集固液分离（细胞或细胞碎片的去除）、产品浓缩和分离纯化于一体，有效缩短操作步骤和时间，提高产品质量和收率。因此，在胞内蛋白质分离过程的初期使用膨胀床吸附，可节省离心（或微滤）除菌、盐析（除杂、降低黏度和浓缩）和部分色谱吸附操作。膨胀床吸附过程需注意床层结构的稳定性。利用高密度、小粒径吸附剂有利于提高膨胀床吸附效率和操作稳定性。

习　　题

1. 固定床吸附操作的恒定图式假设在什么情况下能够成立？为什么？

2. 在全混搅拌釜吸附操作条件下，若吸附等温式为式(6.6)，可假设粒子内溶质浓度分布均匀（$=q$）。相间传质速率方程可用下式

$$\frac{\mathrm{d}q}{\mathrm{d}t}=k_1 c(q_\mathrm{m}-q)-k_1 K_\mathrm{d}q \tag{6.65}$$

搅拌釜内的初始条件为

$$c=c_0,q=0,t=0 \tag{6.66}$$

试推导下式

$$\ln \frac{(c+c^*+\beta)(c_0-c^*)}{(c-c^*)(c_0+c^*+\beta)}=k_1(2c^*+\beta)t \tag{6.67}$$

式中，$c^*$ 为吸附达到平衡后的液相溶质浓度。

$$c^*=\frac{-\beta+\sqrt{\beta^2-4\alpha}}{2}$$

$$\alpha=-K_d c_0$$

$$\beta=F q_m+K_d-c_0$$

3. 色素修饰的交联琼脂糖凝胶 CB-Sepharose CL-6B 吸附牛血清白蛋白（BSA）的吸附等温式为 Langmuir 型，$q_m=63\text{g/L}$，$K_d=0.22\text{g/L}$，$k_1=0.1\text{m}^3/(\text{kg}\cdot\text{h})$。若 $c_0=5\text{g/L}$，$F=0.1$。计算达到饱和吸附的 99% 所需的操作时间。

# 参 考 文 献

[1] Zhou X，Xue B，Sun Y. Enhancing protein capacity of macroporous polymeric adsorbent. Biotechnol Prog，2001，17：1093-1098.

[2] Kato Y，Nakamura K，Hashimoto T. Evaluation of conventional and medium-performance anion exchangers for the separation of proteins. J Chromatogr，1982，253：219-225.

[3] Janson J-Ch，Hedman P. Large-scale chromatography of proteins//Fiechter A，ed. Advances in Biochemical Engineering. vol. 25. Berlin：Springer-Verlag，1982：43-100.

[4] Guiochon G，Shirazi S G，Katti A M. Fundamentals of Preparative and Nonlinear Chromatography. Boston：Academic Press，1994.

[5] He L Z，Gan Y R，Sun Y. Adsorption-desorption of BSA to highly substituted dye-ligand adsorbents：quantitative study of the effect of ionic strength. Bioprocess Eng，1997，17：301-305.

[6] 林炳昌. 非线性色谱数学模型理论基础. 北京：科学出版社，1994.

[7] Cysewki P，Jaulmes A，Lemque R，Sebille B，Vidal-Madjar C，Jilge G. Multivalent ion-exchange model of biopolymer chromatography for mass overload conditions. J Chromatogr，1991，548：61-79.

[8] Bellot J C，Condoret J S. Modelling of liquid chromatography equilibria. Process Biochem，1993，28：365-376.

[9] Brooks C A，Cramer S M. Steric mass-action ion exchange：displacement profiles and induced salt gradients. AIChE J，1992，38：1969-1978.

[10] Gallant S R，Kundu A，Cramer S M. Modeling non-linear elution of proteins in ion-exchange chromatography. J Chromatogr A，1995，702：125-142.

[11] Cluster E L. Diffusion：Mass Transfer in Fluid System. 2nd edition. Cambridge：Cambridge University Press，1997.

[12] Sherwood T K，Pigford R，Wilke C R. Mass Transfer. New York：McGraw-Hill，1975.

[13] Young M E，Carroad P A，Bell R L. Estimation of diffusion coefficients of proteins. Biotechnol Bioeng，1980，22：947-955.

[14] Tyn M T，Gusek T W. Prediction of diffusion coefficients of proteins. Biotechnol Bioeng，1990，35：327-338.

[15] He L Z，Niemeyer B. A novel correlation for protein diffusion coefficients based on molecular weight and radius of gyration. Biotechnol Progr，2003，19：544-548.

[16] Deen W M. Hindered transport of large molecules in liquid-filled pores. AIChE J，1987，33：1409-1425.

[17] Boyer P M，Hsu J T. Experimental studies of restricted protein diffusion in an agarose matrix. AIChE J，1992，38：259-272.

[18] Gibbs S J，Lightfoot E N，Root T W. Protein diffusion in porous gel filtration chromatography media studied by pulsed filed gradient NMR Spectroscopy. J Phys Chem，1992，96：7458-7462.

[19] 陈卫东，孙彦. 吸附密度对蛋白质在离子交换凝胶中孔扩散系数的影响. 化工学报，2003，54：215-220.

[20] Chen W D，Dong X Y，Bai S，Sun Y. Dependence of pore diffusivity of protein on adsorption density in anion-exchange adsorbent. Biochem Eng J，2003，14：45-50.

[21] Zhang S P，Sun Y. Ionic strength dependence of protein adsorption to dye-ligand adsorbents. AIChE J，2002，48：178-186.

[22] Zhang S P，Sun Y. Study on protein adsorption kinetics to dye-ligand adsorbent by the pore diffusion model. J Chromatogr A，2002，964：35-46.

[23] Sun Y，Furusaki S，Yamauchi A，Ichimura K. Diffusivity of oxygen into carriers entrapping whole cells. Biotechnol Bioeng，1989，34：55-58.

[24] Crank J. The Mathematics of Diffusion. 2nd edition. Oxford：Clarendon Press，1975.

[25] Chen W D，Dong X Y，Sun Y. Analysis of diffusion models for protein adsorption to porous anion-exchange adsorbent. J Chromatogr A，2002，962：29-40.

[26] Zhou X P，Li W，Shi Q H，Sun Y. Analysis of mass transport models for protein adsorption to cation exchanger by

visualization with confocal laser scanning microscopy. J Chromatogr A, 2006, 1103: 110-117.

[27] Yang K, Sun Y. Structured parallel diffusion model for intraparticle mass transport of proteins to porous adsorbent. Biochem Eng J, 2007, 37: 298-310.

[28] Sun Y, Yang K. Analysis of mass transport models based on Maxwell-Stefan theory and Fick's law for protein uptake to porous anion exchanger. Sep Purif Technol, 2008, 60: 180-189.

[29] Gebauer K H, Thoemmes J, Kula M-R. Breakthrough performance of high-capacity membrane adsorbers in protein chromatography. Chem Eng Sci, 1997, 52: 405-419.

[30] Wen C Y, Fan L T. Models for flow systems and chemical reactors. New York: Marcel Dekker Inc, 1975.

[31] Thomas H C. Heterogeneous Ion Exchange in a Flowing System. J Am Chem Soc, 1944, 66: 1664-1666.

[32] Kasten P R, Lapidus L, Amundson N R. Mathematics of adsorption in beds. V Effect of intraparticle diffusion in flow systems in fixed beds. J Phys Chem, 1952, 56: 683-688.

[33] Masamune S, Smith J M. Adsorption rate studies—significance of pore diffusion. AIChE J, 1964, 10: 246-252.

[34] Masamune S, Smith J M. Transient mass transfer in a fixed bed. Ind Eng Chem Foundam, 1964, 3: 179-181.

[35] Masamune S, Smith J M. Adsorption rate studies: interaction of diffusion and surface processes. AIChE J, 1965, 11: 34-40.

[36] Masamune S, Smith J M. Adsorption of ethyl alcohol on silica gel. AIChE J, 1965, 11: 41-45.

[37] Chase H A. Purification of proteins by adsorption chromatography in expanded bed. Trends Biotechnol, 1994, 12: 296-303.

[38] Tong X D, Sun Y. Nu-Fe-B alloy-densified agarose gel for expanded bed adsorption of protein. J Chromatog A, 2002, 943: 63-75.

[39] Richardson J F, Zaki W N. Sedimentation and fluidization: Part I. Trans Inst Chem Eng, 1954, 32: 35-53.

[40] Stone M C, Carta G. Protein adsorption and transport in agarose and dextran-grafted agarose media for ion exchange chromatography. J Chromatogr A, 2007, 1146: 202-215.

[41] Shi Q H, Jia G D, Sun Y. Dextran-grafted cation exchanger based on superporous agarose gel: Adsorption isotherms, uptake kinetics and dynamic protein adsorption performance. J Chromatogr A, 2010, 1217: 5084-5091.

[42] Yu L L, Shi Q H, Sun Y. Effect of dextran layer on protein uptake to dextran—grafted adsorbents for ion—exchange and mixed—mode chromatography. J Sep Sci, 2011, 34: 2950-2959.

[43] Bowes B D, Lenhoff A M. Protein adsorption and transport in dextran—modified ion—exchange media. III. Effects of resin charge density and dextran content on adsorption and intraparticle uptake. J Chromatogr A, 2011, 1218: 7180-7188.

[44] Lenhoff A M. Protein adsorption and transport in polymer—functionalized ion—exchangers. J Chromatogr A, 2011, 1218: 8748-8759.

[45] Shi Q H, Zhou X, Sun Y. A novel superporous agarose medium for high-speed protein chromatography. Biotechnol Bioeng, 2005, 92: 643-651.

# 7 色谱

色谱（chromatography）用于物质的分离始于 20 世纪初。1903 年，俄国植物学家向填充碳酸钙的柱中注入植物色素的石油醚萃取物，然后用石油醚冲洗，发现柱中出现数条相互分离的色带，色谱法的命名就是由此发现开始的。色谱法又称层析法或色层法，本书统一使用色谱这一名称。

大部分色谱以吸附分离为基础。色谱分离精度高、设备简单、操作方便，根据各种原理进行分离的色谱法不仅普遍应用于物质成分的定量分析与检测，而且广泛应用于生物物质的制备分离和纯化，是蛋白质生物下游加工过程最重要的纯化技术。

## 7.1 色谱原理与分类

### 7.1.1 原理

色谱分离的主体介质由互不相溶的流动相（mobile phase）和固定相（stationary phase）组成。色谱就是根据混合物中的溶质在两相之间分配行为的差别引起的随流动相移动速度的不同进行分离的方法。典型的柱色谱分离设备示于图 7.1。固定相填充于柱内，形成固定床，在柱的入口端加入一定量的待分离原料后，连续输入流动相，料液中的溶质在流动相和固定相之间发生扩散传质，产生分配平衡。分配系数大的溶质在固定相上存在的概率大，随流动相移动的速度小。这样，溶质之间由于移动速度的不同而得到分离。利用分析仪器（如紫外检测器）在色谱柱出口处可以检测到各自的浓度峰（图 7.2），又称洗脱曲线或色谱图（chromatogram）。

### 7.1.2 分类

#### 7.1.2.1 流动相与固定相

色谱法根据流动相的相态分气相色谱法、液相色谱法和超临界流体色谱法，而固定相有

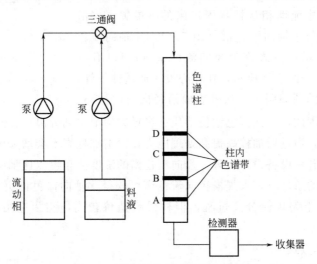

图 7.1 柱色谱设备和操作示意图

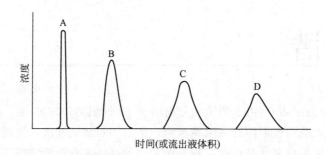

图 7.2　色谱柱出口处溶质浓度变化（洗脱曲线）

固体、液体和以固体为载体的液体薄层三种。生物物质一般存在于水溶液中，因此，生物分离主要采用液相色谱法（liquid chromatography）。液相色谱亦包括丰富的内容，如凝胶过滤色谱、吸附色谱和分配色谱（固定相为液体，或固定于固体表面的液体薄层）等。

#### 7.1.2.2　固定相的形状

根据固定相或色谱装置形状的不同，液相色谱又分纸色谱（paper chromatography）、薄层色谱（thin-layer chromatography）和柱色谱（column chromatography）。纸色谱和薄层色谱多用于分析目的；而柱色谱不仅分辨率高，而且易于放大，适用于大量制备分离，是主要的色谱分析和分离制备技术。图 7.1 即为柱色谱的设备与操作示意图。

#### 7.1.2.3　压力

在以固体（包括以固体为载体的液体薄层）为固定相的液相柱色谱中，根据操作压力（主要是柱两端的压降）又分为低压（压力＜0.5MPa）、中压（压力为 0.5～4.0MPa）和高压（压力为 4.0～40MPa）液相色谱。高压液相色谱使用的色谱介质（固定相）粒径一般仅 3～10μm，传质阻力小，可在较高流速下实现高精度分离，主要用于分析，也可用于分离制备。但大规模制备分离最常用的是低压和中压液相色谱。

#### 7.1.2.4　轴向和径向流色谱

一般色谱操作中流动相从柱状固定床的一端输入，沿轴向流向另一端，属于轴向流色谱（图 7.1）。除轴向流色谱外，另一种色谱操作方式称为径向流色谱（radial flow chromatography）。如图 7.3 所示，在柱心设一通透性细管，料液及流动相从柱的圆周引入，从外表面沿径向流向柱心，

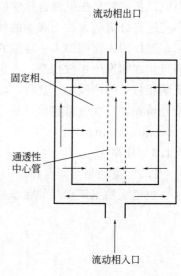

图 7.3　径向流色谱操作示意图

透过中心管流出。因此，径向流色谱使溶质在半径方向上得到分离。径向流色谱的优点是规模放大时半径不变，通过增加柱高提高处理能力，而增加柱高不会增大压降，对固定相的机械强度要求不高。若柱设备设计合理，径向流色谱的浓度分布可以比轴向流色谱更均匀。因此，在相同处理量的条件下，大规模径向流色谱可获得比轴向流色谱更高的柱效率。所以，径向流色谱更适合于大规模分离过程，但柱设备造价较高，实际应用较普通的轴向流色谱少。

#### 7.1.2.5　分离操作方式

液相色谱根据分离操作方式的不同可分为洗脱展开（elution development）、迎头分析

（frontal analysis）和置换展开（displacement development）三种。

洗脱展开又称洗脱色谱（elution chromatography），如图 7.1 所示，料液中的溶质根据其在固定相和流动相（常称作洗脱展开液，简称洗脱液）间分配行为的不同，在色谱柱出口处被展开形成相互分离的色谱峰（图 7.2）。迎头分析法与一般的固定床吸附操作相同，大量料液连续输入到色谱柱中，直到在出口处发生溶质穿透（breakthrough）。显然，迎头分析中各个溶质按其在固定相和流动相间分配系数的大小次序穿透，只有最先穿透的（分配系数最小）的组分能以纯粹的状态得到部分回收，之后的流出液均为双组分或双组分以上的混合物。置换展开即置换色谱（displacement chromatography），与普通的洗脱色谱所不同的是，置换色谱所采用的洗脱液（流动相）中含有与固定相的亲和作用比料液中的各个组分都要大的物质，这种物质称为置换剂（displacer）。置换剂将料液中所含溶质按其与固定相亲和力的大小不同从固定相上次序置换（洗脱）下来，彼此得到分离。置换色谱可使溶质区带得到浓缩，适于大量处理稀溶液。

上述三种操作方式中，洗脱展开是最常见的色谱分离法，是本章主要讨论的内容。迎头分析法主要用于色谱过程分析和理论研究。置换色谱具有一般洗脱色谱不可比拟的优势，将在本章最后一节介绍。

### 7.1.2.6 分配机理

根据溶质和固定相之间的相互作用机理（如液液分配、各种吸附作用），液相色谱法可分为多种，如凝胶过滤色谱、离子交换色谱、反相色谱、疏水性相互作用色谱和亲和色谱等。除亲和色谱在第 8 章介绍外，本章将逐一介绍各种色谱法的原理、特点和应用。

## 7.2 色谱过程理论基础

在色谱技术的发展历程中，研究者们提出了多种色谱过程的理论模型，以解释色谱分离现象，指导色谱技术发展，进行色谱设备和色谱介质的设计。从色谱过程热力学和动力学的观点出发，这些理论模型主要分三种，即平衡模型、理论板模型和传质速率模型。

### 7.2.1 平衡模型

平衡模型假定整个色谱柱中不存在传质阻力，溶质在固定相和流动相中的分配平衡均瞬间完成，即在色谱柱内的任何时刻和位置，固定相和流动相中的溶质浓度（分别为 $c_s$ 和 $c_m$）均符合分配（吸附）等温式

$$c_s = f(c_m) \tag{7.1}$$

另外，假定流动相的流动为平推流，则色谱柱内溶质的微分物料衡算方程为

$$\varepsilon_c \frac{\partial c_m}{\partial t} + (1-\varepsilon_c) \frac{\partial c_s}{\partial t} + \varepsilon_c u \frac{\partial c_m}{\partial z} = 0 \tag{7.2}$$

式中 $u$ 为流动相的线速度；$\varepsilon_c$ 为色谱柱空隙率；$t$ 为时间；$z$ 为流动方向的距离。

将式（7.1）带入式（7.2），经推导可得色谱柱内溶质的移动速度 $v$ 为

$$v = \frac{dz}{dt} = \frac{u}{1+Ff'(c_m)} \tag{7.3}$$

其中

$$F = \frac{1-\varepsilon_c}{\varepsilon_c}$$

从式（7.3）可得色谱柱内不同浓度的溶质从柱内流出所需的洗脱时间（elution time）$t_R$ 为

$$t_R = \tau[1 + Ff'(c_m)] \tag{7.4}$$

式中，$\tau = L/u$，是流动相在色谱柱内的平均停留时间，即流动相通过色谱柱空隙的平均时间；$L$ 为色谱柱长度；$t_R$ 又称溶质的保留时间（retention time）。

利用式（7.4）可以得到洗脱该浓度的溶质所需流动相体积为

$$V_R = V_0[1 + Ff'(c_m)] \tag{7.5}$$

式中，$V_0$ 为柱的空隙体积（void volume）；$V_R$ 通称溶质的洗脱体积（elution volume）或保留体积（retention volume）。

若色谱柱的填充体积为 $V_t$，则式(7.5) 又可写成

$$V_R = V_0 + f'(c_m)(V_t - V_0) \tag{7.6}$$

若分配平衡符合线性关系式，即

$$c_s = mc_m \tag{7.1a}$$

则 $f'(c_m) = m$，式(7.3)～式(7.6) 可分别改写成

$$\frac{dz}{dt} = \frac{u}{1 + mF} \tag{7.3a}$$

$$t_R = \tau(1 + mF) \tag{7.4a}$$

$$V_R = V_0(1 + mF) \tag{7.5a}$$

$$V_R = V_0 + m(V_t - V_0) \tag{7.6a}$$

式(7.4a)～式(7.6a) 为线性分配平衡情况下洗脱峰的洗脱时间或体积的计算公式。若分配平衡为非线性，则根据式(7.4)～式(7.6)，不同浓度的溶质的洗脱时间不同。对于优惠吸附，因为 $f'(c_m)$ 随 $c_m$ 增大而减小，则溶质浓度越高，洗脱时间越短（洗脱体积越小），故洗脱峰的形状如图 7.4 所示，洗脱峰前部出现激波层（shock layer，即溶质浓度从 0 快速增大到最大值的部分），而后部明显拖尾。对于非优惠吸附，洗脱峰恰好与图 7.4 相反，峰前部呈吐舌现象，而尾部出现激波层（即溶质浓度从最大值快速降低到 0 的部分），如图 7.5 所示。同理，对于线性吸附的情况，由于不同浓度的溶质移动速度相同，即洗脱时间（体积）相同，洗脱峰应为对称形状。因此，可以根据洗脱峰的形状判定溶质在固定相上分配（吸附）平衡的种类。

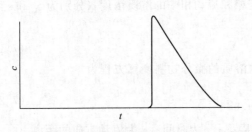

图 7.4　优惠吸附的洗脱曲线

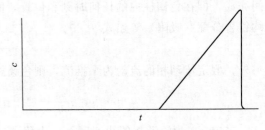

图 7.5　非优惠吸附的洗脱曲线

必须指出的是，平衡模型是非常粗略的。由于存在非理想流动和各种传质阻力，式(7.4)～式(7.6) 不能正确表达实际色谱过程中不同浓度溶质的洗脱时间或体积。对于线性分配平衡的情况，式(7.4a)～式(7.6a) 仅表示溶质的平均洗脱时间，即洗脱峰顶点的洗脱时间（因为洗脱峰是近似对称的）；对于非线性分配平衡的情况，平衡模型则不能表达色谱峰的准确位置，仅能通过色谱峰的形状判定分配平衡的优惠或非优惠特性。

## 7.2.2 理论板模型

在实际色谱过程中，由于存在传质阻力（如固定相表面液膜扩散和内扩散），溶质在两相间的分配平衡不可能瞬间完成。因此，平衡模型仅能显示线性分配平衡情况下柱内色谱带的平均移动速度或洗脱峰的平均停留时间，欲确定洗脱峰的形状，需采用更切合实际的理论模型。

理论板模型认为溶质的分配平衡不能瞬间完成，而需要一定的柱高，即在此柱高内溶质在两相间达到一次平衡。通常将溶质达到一次分配平衡的色谱柱段称为一个理论板（theoretical plate），该色谱柱段的高度称为理论板当量高度（height equivalent to a theoretical plate，HETP）。设高度为 $L$ 的色谱柱的理论板数为 $N$，则

$$\text{HETP} = \frac{L}{N} \tag{7.7}$$

图 7.6 表示 $N$ 段理论板中的三个理论板，因为在每一个理论板上溶质分配均达到平衡，所以，对于线性分配平衡

$$c_{s,n} = m c_{m,n} \tag{7.8}$$

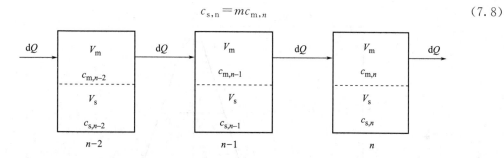

图 7.6　理论板模型示意图

当流动相从色谱柱入口连续流入，流动相流入微分体积 $\mathrm{d}Q$ 时，溶质在第 $n$ 段的物料衡算式为

$$(c_{m,n-1} - c_{m,n})\mathrm{d}Q = \frac{V_0}{N}\mathrm{d}c_{m,n} + \frac{V_t - V_0}{N}\mathrm{d}c_{s,n} \tag{7.9}$$

因为系统中只有流动相流动，到达出口所需时间为 $\tau = L/u$。将 $\tau = L/u$ 和式(7.8)带入式(7.9)后整理得

$$c_{m,n-1} - c_{m,n} = \frac{\tau(1+mF)}{N} \times \frac{\mathrm{d}c_{m,n}}{\mathrm{d}t} \tag{7.10}$$

若进料时间为 $t_0$，料液中溶质浓度为 $c_0$，$t > t_0$ 后输入不含溶质的流动相，则式(7.10)的初始和边界条件为

$$c_{m,n} = c_{m,n-1} = 0, \ t = 0$$
$$c_{m,0} = c_0, \ 0 < t \leqslant t_0 \tag{7.10a}$$
$$c_{m,0} = 0, \ t > t_0$$

当料液量很小时，可认为料液为脉冲输入，式(7.10)的解即洗脱曲线（洗脱峰）呈 Poisson 分布。如果 $N$ 值很大，则溶质的洗脱曲线可用 Gauss 分布（正规分布）近似，即

$$c_{m,N} = \frac{c_0 t_0}{\sqrt{\dfrac{2\pi\tau^2(1+mF)^2}{N}}} \exp\left\{ -\frac{[t-\tau(1+mF)]^2}{\dfrac{2\tau^2(1+mF)^2}{N}} \right\} \tag{7.11}$$

或

$$c_{m,N} = \frac{c_0 \theta_0}{\sqrt{\dfrac{2\pi(1+mF)^2}{N}}} \exp\left\{ -\frac{\left[\theta-(1+mF)\right]^2}{\dfrac{2(1+mF)^2}{N}} \right\} \qquad (7.12)$$

其中，$\theta = t/\tau$，$\theta_0 = t_0/\tau$。

图 7.7 为 Gauss 分布的洗脱曲线示意图。洗脱曲线的各个无量纲特性值如下。

平均洗脱时间 $\qquad\qquad \theta_R = t_R/\tau = 1 + mF \qquad\qquad (7.4b)$

散度（variance）$\qquad\quad \sigma_\theta^2 = \dfrac{\sigma^2}{\tau^2} = \dfrac{(1+mF)^2}{N} \qquad\quad (7.13)$

底线处切线峰宽 $\qquad\quad W = 4\sigma_\theta = \dfrac{4(1+mF)}{\sqrt{N}} \qquad\quad (7.14)$

1/2 高度处峰宽 $\qquad\qquad W_{1/2} = 2.354\sigma_\theta \qquad\qquad (7.15)$

从式(7.4b) 可知，通过理论板模型所得平均洗脱时间与平衡模型 [式(7.4a)] 一致。

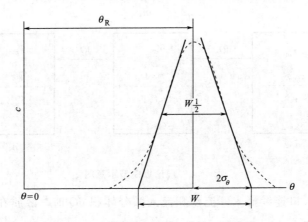

图 7.7　洗脱曲线（Gauss 分布）示意图

从式(7.14) 和式(7.4b) 得

$$N = \frac{\theta_R^2}{\sigma_\theta^2} \qquad (7.16)$$

或

$$N = 16\left(\frac{\theta_R}{W}\right)^2 \qquad (7.17)$$

说明理论板数越多，洗脱峰越窄，洗脱时间一定的溶质之间的分离程度越好。利用实测的洗脱峰和式(7.17) 可计算色谱柱的理论板数。但是，对于实测的洗脱峰，因为 $W_{1/2}$ 更容易精确测量，理论板数常用下式计算，即将式(7.15) 代入式(7.16) 得

$$N = 5.54\left(\frac{\theta_R}{W_{1/2}}\right)^2 \qquad (7.18)$$

当实测得到理论板数 $N$ 后，即可利用式(7.7) 计算色谱柱的理论板当量高度。

### 7.2.3　传质速率模型

理论板模型仅用一个理论板数或理论板当量高度描述色谱柱的分离性能，使用方便，特别适合于料液浓度很低的分析过程。但是，理论板模型不能确定色谱柱分离性能的影响因素。特别是对于料液浓度较高的制备分离过程，由于溶质的分配或吸附平衡一般为非线性，

理论板模型便显得过于单纯。因此，有必要考虑溶质在流动相和固定相间的传质速率以及流动相的流动状态，建立更完善的理论模型，以分析影响色谱分离的各种因素。

轴向扩散模型已在第 6 章介绍［式（6.52）］。考虑液膜传质阻力的轴向扩散模型方程为

$$\frac{\partial c_m}{\partial t} = D_z \frac{\partial^2 c_m}{\partial z^2} - u \frac{\partial c_m}{\partial z} - \frac{6Fk_f(c_m - c_m|_{r=R})}{d_p} \tag{7.19}$$

式中，$d_p$ 为固相粒子直径。

球形粒子内的扩散传质用均相扩散模型描述，则其物料衡算方程为

$$\frac{\partial c_s}{\partial t} = D_e \left( \frac{\partial^2 c_s}{\partial r^2} + \frac{2}{r} \times \frac{\partial c_s}{\partial r} \right) \tag{7.20}$$

若液固间溶质分配平衡关系符合 Henry 定律，根据式（7.1a），在液固界面处下式成立

$$c_m|_{r=R} = \frac{c_s|_{r=R}}{m} \tag{7.21}$$

上述微分方程中，$c_m = c_m(z,t)$，$c_s = c_s(z,r,t)$，初始和边界条件为

$$\begin{aligned}
& c_m = c_s = 0, t = 0, z \geqslant 0 \\
& c_m = c_0, 0 \leqslant t \leqslant t_0, z = 0 \\
& c_m = 0, t > t_0, z = 0 \\
& c_m = 0, z = \infty \\
& k_f(c_m - c_m|_{r=R}) = D_e \frac{dc_s}{dr}\Big|_{r=R}, t > 0 \\
& \frac{\partial c_s}{\partial r} = 0, t > 0, r = 0
\end{aligned} \tag{7.22}$$

利用 Laplace 变换对上述微分方程求解，可得溶质浓度的 Laplace 区域解，通过矩量分析法即可确定洗脱曲线的平均停留时间和散度与操作参数的关系。洗脱曲线的 $n$ 阶原点矩 $\mu'_n$ 和 $n$ 阶中心矩 $\mu_n$ 分别定义为

$$\mu'_n = \frac{\int_0^\infty t^n c(z,t)\,dt}{\int_0^\infty c(z,t)\,dt} \tag{7.23}$$

$$\mu_n = \frac{\int_0^\infty (t - \mu_1)^n c(z,t)\,dt}{\int_0^\infty c(z,t)\,dt} \tag{7.24}$$

$\mu'_1$ 为洗脱曲线的一阶原点矩（first absolute moment），即平均停留时间，为对称洗脱峰的洗脱时间；二阶中心矩（second central moment）$\mu_2$ 表示洗脱曲线的散度，即

$$\mu_2 = \sigma^2 \tag{7.25}$$

根据 Laplace 变换的定义

$$\bar{c}(z,s) = \int_0^{+\infty} c(z,t)\exp(-st)\,dt \tag{7.26}$$

可知在 Laplace 区域内洗脱曲线的 $n$ 阶原点矩为

$$\mu'_n = \frac{(-1)^n \lim_{s \to 0}\left(\dfrac{d}{ds}\right)^n \bar{c}(z,s)}{\lim_{s \to 0}\bar{c}(z,s)} \tag{7.27}$$

从式（7.24）得

$$\mu_2 = \mu'_2 - (\mu'_1)^2 \tag{7.28}$$

故利用 Laplace 变换的定义式（7.26），可得式（7.19）～式（7.22）的 Laplace 区域的解 $\bar{c}(z,$

s），进而利用式（7.27）和式（7.28）得到 $\mu_1'$ 和 $\mu_2$。

$$\mu_1' = t_R = \tau(1+mF) + \frac{t_0}{2} \tag{7.29}$$

$$\mu_2 = \sigma^2 = 2\tau\left[\frac{D_z(1+mF)^2}{u^2} + \frac{mFd_p^2}{60}\left(\frac{1}{D_e} + \frac{10m}{d_pk_f}\right)\right] + \frac{t_0^2}{12} \tag{7.30}$$

若忽略进料时间 $t_0$，式（7.29）表示的平均保留时间（洗脱时间）与平衡模型和理论板模型是一致的。

从式（7.7）和式（7.16）得

$$HETP = \frac{L\mu_2}{(\mu_1')^2} \tag{7.31}$$

利用式（7.29）～式（7.31）可计算色谱柱的理论板当量高度。忽略式（7.29）和式（7.30）中的 $t_0$ 项，则

$$HETP = \frac{2D_z}{u} + \frac{mFud_p^2}{30(1+mF)^2}\left(\frac{1}{D_e} + \frac{10m}{d_pk_f}\right) \tag{7.32}$$

若液膜传质阻力可以忽略（$k_f \rightarrow \infty$），则式（7.32）简化为下式

$$HETP = \frac{2D_z}{u} + \frac{mFud_p^2}{30D_e(1+mF)^2} \tag{7.32a}$$

上式常称为 vanDeemter 方程[1]。其中右侧第一项中的轴向扩散系数取决于溶质的分子扩散系数和流动相在固定相粒子间隙流动时的流速不均匀现象（如滞留、沟流等）。前者与流速无关，反映了 HETP 与 $u$ 成反比；后者在液相色谱的操作条件下基本上与 $ud_p$ 成正比，反映了 HETP 与 $u$ 无关。右侧第二项反映内扩散和液膜传质阻力对 HETP 的贡献，与 $u$ 成正比。因此，式（7.32）可改写成 van Deemter 方程的一般形式

$$HETP = \frac{A}{u} + B + Cu \tag{7.33}$$

式中，$A$、$B$、$C$ 为与 $u$ 无关的常数。

从式（7.33）可知，存在某一流速使 HETP 最小，如图 7.8 所示。在此流速下色谱柱的理论板数最大，分离效果最好。

在液相色谱的操作条件下，一般分子扩散的影响可忽略不计［即式（7.33）中的 $A$ 近似为零］。因此，为提高分离效果，可通过降低流速 $u$ 或减小固定相粒径［即式（7.33）中的 $C$ 值］来降低 HETP，提高理论板数。由于降低流速意味着增加分离时间，故采用减小粒径的方法可同时保证操作的高速度和分离的高精度，这就是高效液相色谱（high-performance liquid chromatography，HPLC）的理论基础。HPLC 的固定相不仅粒径小，而且扩散路径短（$D_e$ 值大），很短的色谱柱就具有很大的理论板数，对高速度、高精度的分析和分离非常有利。

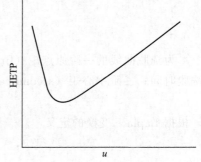

图 7.8　HETP 与流速的关系

# 7.3　分离度

色谱分离中，为表达两个洗脱位置相邻的溶质相互分离的程度，经常应用分离度（resolution）的概念。分离度又称分辨率，其定义如下

$$R_s = \frac{2(\theta_{R2} - \theta_{R1})}{W_1 + W_2}$$ (7.34)

式中，下标 1 和 2 分别代表两个前后相邻的洗脱峰。

因此，分离度是两个相邻洗脱峰之间的距离与两个峰宽的代数平均值之比。当洗脱峰的形状为 Gauss 分布时，利用分离度很容易判断两个相邻洗脱峰的分离程度。很明显，增大峰间距离或降低峰宽可提高溶质之间的分离度。

假定洗脱曲线为 Gauss 分布，分配平衡关系为线性，并且利用两种溶质测得的理论板数相等，将式(7.4b) 和式(7.14) 代入式(7.34)，得到

$$R_s = \frac{F(m_2 - m_1)N^{1/2}}{2(2 + m_1 F + m_2 F)}$$ (7.35)

对于两个相邻的洗脱组分，可假定两个洗脱峰宽和分配系数近似相等，即 $W_1 = W_2$，$m_1 = m_2$，从而上式简化为

$$R_s = \frac{F(m_2 - m_1)N^{1/2}}{4(1 + m_2 F)}$$ (7.35a)

将式(7.7) 代入上式得

$$R_s = \frac{F(m_2 - m_1)L^{1/2}}{4(1 + m_2 F)HETP^{1/2}}$$ (7.36)

图 7.9 表示三种理论板数情况下两种溶质的分离度。可以看出，当 $R_s > 1$ 时，溶质的分离已较好。一般 $R_s$ 值在 1～1.5 之间即可认为溶质间实现了良好的色谱分离。

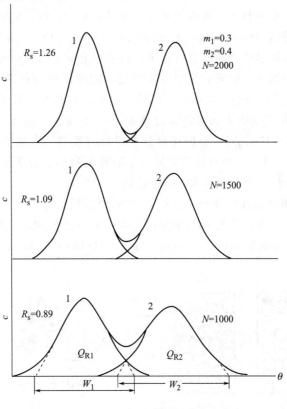

图 7.9 两个相邻的洗脱峰及其分离度

（$\varepsilon_c = 0.35$，$F = 1.86$）

157

另外，经常采用容量因子（capacity factor）和选择性（selectivity）为参数描述色谱柱的分离性能。容量因子（$k'$）是固定相与流动相间溶质分配量之比，所以

$$k' = mF \tag{7.37}$$

选择性（$\alpha$）为洗脱峰相邻的两种溶质的容量因子之比

$$\alpha = \frac{k_2'}{k_1'} \tag{7.38}$$

将式（7.37）代入式（7.35a）得

$$R_s = \frac{k_2' - k_1'}{4(1 + k_2')} N^{1/2} \tag{7.39}$$

将式（7.38）代入式（7.39）得

$$R_s = \frac{1}{4} \left( \frac{\alpha - 1}{\alpha} \right) N^{1/2} \left( \frac{k_2'}{1 + k_2'} \right) \tag{7.40}$$

因此，分离度随理论板数的增加而增大，当两种溶质的分配系数（或容量因子）相差较小（即分离选择性较小）时，需要较大的理论板数才能获得足够大的分离度。

# 7.4　凝胶过滤色谱

### 7.4.1　原理与操作

凝胶过滤色谱（gel filtration chromatography，GFC）是利用凝胶粒子（通常称为凝胶过滤介质）为固定相，根据料液中溶质相对分子质量的差别进行分离的液相色谱法。凝胶过滤色谱又称尺寸排阻色谱（size exclusion chromatography，SEC）。如图 7.10 所示，在装填具有一定孔径分布的凝胶过滤介质的色谱柱中，料液中溶质 1 的相对分子质量很大，不能进入到凝胶的细孔中，因而从凝胶间的床层空隙流过，洗脱体积为色谱柱的空隙体积 $V_0$；对于溶质 4，其相对分子质量很小，能够进入到凝胶的所有细孔中，因而其洗脱体积接近柱体积 $V_t$；相对分子质量介于溶质 1 和溶质 4 之间的溶质 2 和 3 可进入到凝胶的部分细孔中，故其洗脱体积介于 $V_0$ 和 $V_t$ 之间，根据相对分子质量的差别（溶质 2 的相对分子质量大于溶质 3）顺序洗脱（图 7.11）。相对分子质量大于溶质 1 和小于溶质 4 的溶质的洗脱体积分别与溶质 1 和溶质 4 相同，即分别为 $V_0$ 和接近 $V_t$。

显然，GFC 可分离洗脱体积介于 $V_0$ 和 $V_t$ 之间的溶质，即式（7.4a）～式（7.6a）中的分配系数为 $0 \leqslant m < 1$。因此，GFC 的分离精度有限，料液的处理量也很小。例如，如果 A、B 两种溶质的分配系数分别为 $m_A$ 和 $m_B$（$m_A < m_B$），则根据式（7.6a），两个洗脱峰之间的距

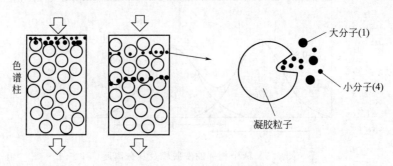

色谱柱

大分子(1)

小分子(4)

凝胶粒子

图 7.10　GFC 的分离原理

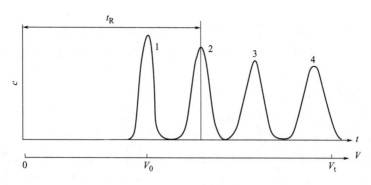

图 7.11 GFC 的洗脱曲线

离为

$$V_{R,B} - V_{R,A} = (V_t - V_0)(m_B - m_A) \tag{7.41}$$

式中，$V_{R,A}$ 和 $V_{R,B}$ 分别为溶质 A 和 B 的洗脱体积。

可见，只有当料液体积小于 $V_{R,B} - V_{R,A}$ 时，A、B 两种溶质才有可能得到完全分离。

GFC 操作中溶质的分配系数 $m$ 只是相对分子质量、分子形状和凝胶结构（孔径分布）的函数，与所用洗脱液的 pH 值和离子强度等物性无关，即在一般的色谱操作条件下，相对分子质量一定的溶质的分配系数为常数，为凝胶过滤介质对该溶质的有效孔隙率 $\varepsilon_p$。从 6.3.2 节之表 6.6 可知，$\varepsilon_p$ 随蛋白质相对分子质量的增大而降低，即蛋白质在凝胶过滤介质中的分配系数随相对分子质量的增大而减小。因此，GFC 操作一般采用组成一定的洗脱液进行洗脱展开，这种洗脱法称为恒洗脱液洗脱，简称恒定洗脱（isocratic elution）。

GFC 过程的轴向扩散模型方程为式(7.19)，用孔扩散模型描述溶质的内扩散，则有

$$\varepsilon_p \frac{\partial c_s}{\partial t} = D_e \left( \frac{\partial^2 c_s}{\partial r^2} + \frac{2}{r} \times \frac{\partial c_s}{\partial r} \right) \tag{7.42}$$

式中，$D_e$ 为有效孔扩散系数。

$$D_e = \varepsilon_p D_p \tag{7.43}$$

式(7.19) 和式(7.42) 的初始和边界条件与式(7.22) 相同。求解该微分方程组，得到的一阶原点矩、二阶中心矩和 HETP 表达式如下

$$\mu_1' = t_R = \tau(1 + \varepsilon_p F) + \frac{t_0}{2} \tag{7.44}$$

$$\mu_2 = 2\tau \left[ \frac{D_z(1 + \varepsilon_p F)^2}{u^2} + \frac{\varepsilon_p^2 F d_p^2}{60} \left( \frac{1}{D_e} + \frac{10}{d_p k_f} \right) \right] + \frac{t_0^2}{12} \tag{7.45}$$

$$\text{HETP} = \frac{2D_z}{u} + \frac{\varepsilon_p^2 F u d_p^2}{30(1 + \varepsilon_p F)^2} \left( \frac{1}{D_e} + \frac{10}{d_p k_f} \right) \tag{7.46}$$

若液膜传质阻力可以忽略（$k_f \to \infty$），则式(7.46) 简化为下式

$$\text{HETP} = \frac{2D_z}{u} + \frac{\varepsilon_p^2 F u d_p^2}{30 D_e (1 + \varepsilon_p F)^2} \tag{7.46a}$$

式(7.46) 为利用孔扩散模型推导的 GFC 的 HETP 表达式，而式(7.32) 可看作是利用均相扩散模型推导的 GFC 的 HETP 表达式，其中的分配系数即凝胶过滤介质的孔隙率。

### 7.4.2 凝胶过滤色谱介质

#### 7.4.2.1 介质的种类

凝胶过滤色谱常用于蛋白质等生物大分子的分级分离和除盐，因此，良好的凝胶过滤介

质应满足以下要求。

① 亲水性大，表面介质惰性，即介质与溶质之间不发生任何化学或物理相互作用。

② 化学稳定性高，在较宽的 pH 值和离子强度范围以及化学试剂中保持稳定，使用寿命长。

③ 具有一定的孔径分布范围。

④ 具有良好的机械强度，允许较高的操作压力（流速）。

商品化的凝过滤介质除部分软凝胶外，大部分均能满足上述要求。其中 Sephadex G 是最传统的软凝胶过滤介质之一，机械强度较低。Sephadex G 是利用葡聚糖交联制备的，交联剂一般为环氧氯丙烷（epichlorohydrin）。葡聚糖是葡萄糖分子以 $\alpha$-1,6-糖苷键连接而成的高分子聚合物，又称右旋糖酐。原料中环氧氯丙烷用量越大，交联度就越高，凝胶的网状结构越紧密，吸水量越小。Sephadex 凝胶按交联度大小，分 G10～G200 共八种型号。图 7.12 为交联葡聚糖的网状结构示意图，其中的曲线条表示葡聚糖凝胶纤维。

琼脂糖凝胶是另一种较常使用的凝胶过滤介质，其骨架结构如图 7.13 所示。琼脂糖是 D-半乳糖和 3,6-脱水-L-半乳糖交替连接的直链多糖，是琼脂的构成成分之一。Sepharose 是常用的琼脂糖凝胶品牌之一，其中 Sepharose CL-4B 和 CL-6B 是利用环氧氯丙烷交联制备的琼脂糖凝胶，凝胶浓度分别为 4% 和 6%，机械强度比未交联的 Sepharose 4B 和 6B 高。除凝胶过滤色谱外，琼脂糖凝胶经化学修饰后主要用于各种吸附色谱的固定相。

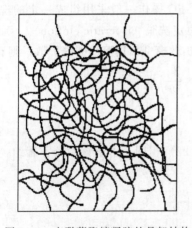

图 7.12　交联葡聚糖凝胶的骨架结构

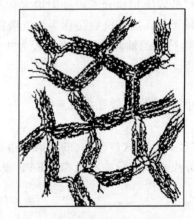

图 7.13　琼脂糖凝胶的骨架结构

TSK 凝胶是利用亲水性高分子合成制备的凝胶过滤介质，有较高的机械强度，其中 HW 系列为半刚性凝胶，适用于中压液相色谱；PW 系列机械强度更高，适用于高压液相色谱。TSK 凝胶经化学修饰后也常用于吸附色谱载体。

Superdex 凝胶是将葡聚糖共价交联到高度交联的琼脂糖珠体上制备的刚性凝胶，分离制备级凝胶的粒径为 24～44$\mu$m，分离精度高（每米色谱柱的理论板数可达 15000～20000），适用于高效液相色谱。此外，Superose 是经二次交联制备的刚性琼脂糖凝胶，常用于高效吸附色谱的载体。

部分商品化的凝胶过滤色谱介质列于表 7.1，各种介质的详细性能可参考有关产品目录。表 7.1 中除 Bio-BeadsS-X 系列主要用于疏水性物质的非水溶液凝胶过滤外，其他介质主要用于水溶性生物分子特别是蛋白质、核酸等的分离纯化。

表 7.1　常用的凝胶过滤色谱介质

| 商品名 | 基质 | 制造厂商 |
| --- | --- | --- |
| Sephadex G10～G200 | 交联葡聚糖 | GE Healthcare |
| Sepharose CL-4B,CL-6B | 交联琼脂糖 | GE Healthcare |
| Sephacryl S 系列 | 聚丙烯酰胺-葡聚糖 | GE Healthcare |
| Superdex 系列 | 高交联琼脂糖-葡聚糖 | GE Healthcare |
| Superose 系列 | 高交联琼脂糖(二次交联) | GE Healthcare |
| Bio-Beads S-X 系列 | 苯乙烯-二乙烯苯 | Bio-Rad |
| Bio-Gel P 系列 | 聚丙烯酰胺 | Bio-Rad |
| Bio-Gel A 系列 | 琼脂糖 | Bio-Rad |
| TSKgel SW 系列 | 硅胶 | Toyo Soda |
| TSKgel Toyopear1 HW 系列 | 亲水性聚乙烯醇 | Toyo Soda |
| TSKgel PW 系列 | 亲水性聚乙烯 | Toyo Soda |
| TSKgel CW-35 | 纤维素 | Toyo Soda |
| Cellulofine | 纤维素 | Chisso |

#### 7.4.2.2　凝胶特性参数

表征凝胶特性的参数主要有下列各项。

(1) 排阻极限 (exclusion limit)　凝胶过滤介质的排阻极限是指不能扩散到凝胶网络内部的最小分子的相对分子质量。不同的凝胶过滤介质品牌具有不同的排阻极限，例如，表7.1 中 Sephadex G50 的排阻极限是 30kDa，即相对分子质量大于该数值的分子不能进入到凝胶网络中，其洗脱体积为 $V_0$。

(2) 分级范围 (fractionation range)　即能为凝胶阻滞并且相互之间可以得到分离的溶质的相对分子质量范围。Sephadex G50 的分级范围为 1.5～30kDa

(3) 凝胶粒径　凝胶一般为球形，其粒径大小对分离度有重要影响。粒径越小，HETP越小，分辨率越大。凝胶粒径多用筛目或微米表示。软凝胶粒径较大，一般为 $50～150\mu m$ (100～300 目)；硬凝胶粒径较小，一般为 $5～50\mu m$。例如，Sepharose 和 Sephadex 凝胶粒径分布范围为 $45～165\mu m$，而 Superose 和 TSKgel ToyopearlHW 系列可小到 $20～40\mu m$，甚至 $6～10\mu m$。

(4) 空隙体积 (void volume)　指色谱柱中凝胶之间空隙的体积，即 $V_0$ 值。空隙体积可用相对分子质量大于排阻极限的溶质测定，一般使用平均分子质量为 2000kDa 的水溶性蓝色葡聚糖 (blue dextran) 测定。

(5) 溶胀率　某些市售的干燥凝胶颗粒 (如 Sephadex G 系列)，使用前要用水溶液进行溶胀处理，溶胀后每克干凝胶所吸收水分的百分数称为溶胀率，即

$$溶胀率 = \frac{溶胀处理后质量 - 干燥质量}{干燥质量} \times 100\%$$

Sephadex G50 的溶胀率为 $500\% \pm 30\%$。Sephadex G 系列中的凝胶型号与此溶胀率有关。

(6) 床体积 (bed volume)　也是针对以干燥状态购入的凝胶粉末而言。凝胶干粉的床体积指 1g 干胶粉末充分溶胀后所占有的体积。Sephadex G50 的床体积为 9～11mL/g 干胶。凝胶的床体积可用于估算装满一定体积的色谱柱所需的凝胶干粉量。

对于商品化的凝胶过滤介质，厂商的产品目录中一般均给出其凝胶的各种性质，如分级范围、粒径、流速与压力的关系等，可参考使用。

#### 7.4.3　影响分离的因素

如式(7.36) 所示，HETP 是影响溶质之间分离度的重要因素。因此，研究各种因素对

HETP 的影响，可以理解各种因素影响分离特性的行为。

### 7.4.3.1 线速度

图 7.14 表示 HETP 与流动相线速度的关系[2]，实验所用凝胶过滤介质为 Toyopearl HW40F 和 HW55F，粒径为 $44\mu m$。可以看出，除 NaCl 外，其他各种溶质（蛋白质、维生素 $B_{12}$）的 HETP 与 $u$ 之间呈线性关系。因为 HW40F 凝胶的排阻极限小，该凝胶色谱柱中蛋白质的分配系数 $m=0$，因此式（7.32）变为 HETP$=2D_z/u$，约为常数（因为 $D_z \propto ud_p$）。HW55F 凝胶的排阻极限较大，该凝胶柱中 $m>0$，故从式（7.32）右侧第二项可知，HETP 随 $u$ 线性增大，且在 $u=0$ 处直线交于一点（即 HETP$=2D_z/u$）。当 $u<0.2\text{cm/min}$ 时，NaCl 的 HETP 随流速降低急剧增大，主要是由于分子扩散的影响。

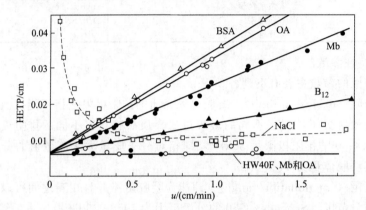

图 7.14  GFC 的 HETP 与线速度的关系（20℃）

色谱柱：$\phi 16 \times 300$；HW55F：Toyopearl HW55F，$d_p=44\mu m$；

HW40F：Toyopearl HW40F，$d_p=44\mu m$

BSA—牛血清白蛋白；OA—蛋清白蛋白；Mb—肌红蛋白；$B_{12}$—维生素 $B_{12}$

设无量纲参数

$h=\text{HETP}/d_p$（无量纲理论板当量高度）

$v=ud_p/D_m$（无量纲线速度）

$P=ud_p/D_z$（轴向扩散强度的倒数）

$\gamma_s=D_e/D_m$

将上述参数导入式（7.32a），得到理论板当量高度的无量纲表达式

$$h=\frac{2}{P}+\frac{mF}{(1+mF)^2}\times\frac{v}{30\gamma_s}=A+Bv \tag{7.47}$$

采用不同粒径的凝胶过滤介质和操作温度测定不同流速下的 HETP 值，所得结果用式（7.47）关联，得到图 7.15[2]。可以看出，实验结果基本在距离很近的两条直线之间，说明式（7.47）较好地表达了无量纲线速度对无量纲理论板当量高度的影响。此外，当 $v=0$ 时，$h=2\sim3$，即 HETP 为凝胶粒径的 $2\sim3$ 倍。

### 7.4.3.2 料液体积

若不省略式（7.29）和式（7.30）中的 $t_0$ 项，即将

$$\mu'_1=t_R+\frac{t_0}{2}$$

和

$$\mu_2 = \sigma_0^2 + \frac{t_0^2}{12}$$

代入式(7.31)，可得下式

$$\mathrm{HETP} = \frac{L(\sigma_0^2 + t_0^2/12)}{(t_R + t_0/2)^2} \tag{7.48}$$

式(7.48)表示料液体积对 HETP 的影响，结果示于图 7.16[3]。图 7.16 中用无量纲进料时间 $(t_0/\tau)$ 表示料液体积，实线为利用式(7.48)计算的结果。在一定料液体积范围内 HETP 为常数，之后 HETP 随料液体积增大而急剧增大，计算结果与实验值基本一致。该结果表明，为得到较高的分离度，料液体积需根据溶质之间分配系数的差别控制在适当的范围内，在不影响分离度的前提下取最大值。

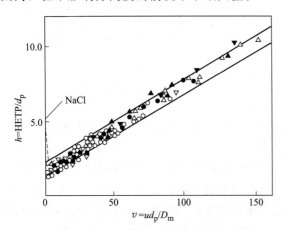

图 7.15　GFC 的无量纲理论板当量高度与
无量纲线速度的关系
色谱柱及料液同图 7.14；温度：10～40℃；
凝胶粒径：35～75μm

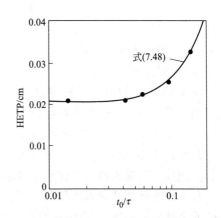

图 7.16　料液体积对 HETP 的影响
色谱柱：$\phi22\times300$，Toyopearl HW 55F，$d_p=44\mu m$；
料液：1mg/mL 肌红蛋白，$u=0.87$cm/min

### 7.4.3.3　料液浓度

根据 GFC 的分离原理，溶质的洗脱时间 $t_R$ 和 HETP 应与料液浓度无关。但实际分离操作中发现，当料液浓度较高时，洗脱曲线常呈现不对称形状，如出现吐舌或拖尾，甚至出现分裂的两个峰，使 HETP 急剧增大。出现这种现象的主要原因是料液区和流动相的黏度差引起的。特别是对于高效色谱柱，当添加浓缩料液时，这种现象更加显著。经验表明，料液与流动相的黏度比需小于 2，以避免不规则洗脱曲线的出现，而影响分离效果。

### 7.4.3.4　相对分子质量与分配系数的关系

GFC 中溶质的分配系数在分级范围内随相对分子质量的对数值增大而线性减小，如图 7.17 所示。因此，分配系数与相对分子质量 $M_r$ 之间存在如下关系

$$m = a - b\lg M_r \tag{7.49}$$

将式(7.47)和式(7.49)代入式(7.36)，得到下式

$$R_s = \frac{FbL^{1/2}\lg(M_{r1}/M_{r2})}{4[(1+m_1 F)^2(Ad_p + Bud_p^2/D_m)]^{1/2}} \tag{7.50}$$

从式(7.50)可以看出，$b$ 值越大，即凝胶的分级范围越小，分离度越大。因此，应用 GFC 进行分离，根据混合物中溶质的相对分子质量选择分级范围较小的凝胶过滤介质，对提高分离度或料液处理量是非常重要的。

### 7.4.3.5  凝胶粒径

从式（7.32）可知，凝胶粒径越小，HETP越小。因此，利用小粒径凝胶是提高色谱柱效的最佳途径，任何色谱过程都是如此。此外，从式（7.47）可知，如果 $d_p$ 降低而保持 $h$ 值和 $v$ 值不变，流速 $u$ 可提高，此时 HETP（$=hd_p$）亦降低。也就是说，减少粒径，不仅柱效增大，分离度提高，而且可以提高分离速度。但实际上，由于固定相和色谱设备的耐压能力有限，不可能大幅度提高流速，而通常在固定相或设备允许的压力范围内采用最大限度的流速，使柱效保持在较高的水平，提高溶质之间的分离度。

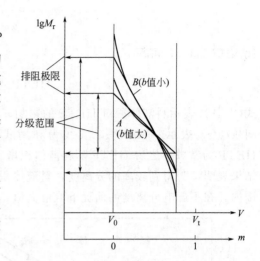

图 7.17  GFC 柱中溶质分配系数与相对分子质量的关系

## 7.4.4  凝胶过滤色谱的应用

### 7.4.4.1  分离纯化

GFC 可用于相对分子质量从几百到 $10^6$ 数量级的物质的分离纯化，是蛋白质、肽、脂质、抗生素、糖类、核酸以及病毒（50～400nm）的分离与分析中频繁使用的液相色谱法。

此外，GFC 还可用于医药产业中无热原水的制备以及低分子生物制剂中抗原性杂质的除去。例如，青霉素的致敏作用一般认为是产品中存在的一些高分子杂质所致，如青霉素聚合物和青霉素降解产物青霉烯酸与蛋白质相结合形成的青霉噻唑蛋白，它们都是具有强烈致敏性的全抗原。利用 Sephadex G25 凝胶柱处理青霉素溶液可除去这类高分子杂质。

### 7.4.4.2  脱盐

GFC 在生物分离领域的另一主要用途是生物大分子溶液的脱盐，以及除去其中的低相对分子质量物质。例如，经过盐析沉淀获得的蛋白质溶液中盐浓度很高，一般不能直接进行离子交换色谱分离，可首先用 GFC 脱盐。此外，GFC 还用于溶解目标产物的缓冲液的交换。生物物质的分离纯化需要多步操作，上一步操作所用缓冲液有时不适合于下一步单元操作的有效实施（例如，某些盐离子抑制蛋白质在亲和吸附剂上的吸附），必须进行缓冲液的交换。若将缓冲液 A 换成缓冲液 B，可先用 B 液冲洗 GFC 柱，上样后用 B 液洗脱，即可完成缓冲液的交换。

### 7.4.4.3  相对分子质量的测定

在凝胶过滤介质的分级范围内蛋白质的分配系数（或洗脱体积）与相对分子质量的对数呈线性关系，所以 GFC 可用于未知物质相对分子质量的测定。首先用标准蛋白质如细胞色素 C（12500，指相对分子质量，下同）、肌红蛋白（16900）、胰凝乳蛋白酶（23200）、卵白蛋白（45000）和血红蛋白（64500）等分别进行凝胶过滤色谱实验，确定分配系数与相对分子质量的关系式（7.49）。然后测定未知物质的洗脱体积（分配系数），就可推算其相对分子质量。不过，GFC 仅对球形分子的测量精度较高，对分子形状为棒状的物质，测量值会小于实际值。

## 7.4.5  凝胶过滤色谱的特点

与其他色谱法相比，GFC 的最大特点是操作简便，凝胶过滤介质相对价廉易得，适合于大规模分离纯化过程。因此，GFC 在生物大分子的分离纯化过程中应用最为普遍，尤其被广泛应用于分离纯化过程的初级阶段以及最后成品化前的脱盐。GFC的具体优点如下。

① 溶质与介质不发生任何形式的相互作用，因此可采用恒定洗脱法洗脱展开，操作条件温和，产品收率可接近100%。

② 每批分离操作结束后不需要进行苛刻介质清洗或再生，故容易实施循环操作，提高产品纯度。

③ 作为脱盐手段，GFC比透析法速度快，精度高；与超滤法相比，剪切应力小，蛋白质活性收率高。

④ 分离机理简单，操作参数少，容易规模放大。

与后述的其他色谱法相比，GFC的不足之处如下。

① 仅根据溶质之间相对分子质量的差别进行分离，选择性低，料液处理量小，一般为柱体积的5%。

② 经GFC洗脱展开后产品被稀释，因此需要在具有浓缩作用的单元操作（如超滤、离子交换和亲和色谱等）后使用。

# 7.5 离子交换色谱

### 7.5.1 原理与操作

离子交换色谱（ion exchange chromatography，IEC）是利用离子交换剂为固定相，根据荷电溶质与离子交换剂之间静电相互作用力的差别进行溶质分离的洗脱色谱法。根据6.2.2节介绍的离子交换平衡理论 [式(6.18)]，荷电溶质在离子交换剂上的分配系数可用下式表示

$$m(I) = \frac{A}{I^B} + m_\infty \tag{7.51}$$

式中，$I$ 为流动相的离子强度；$A$ 和 $B$ 为常数，$m_\infty$ 为离子强度无限大时溶质的分配系数，是静电相互作用以外的非特异性吸附引起的溶质在离子交换剂上的吸附。

对于不同的溶质，式(7.51)中的常数 $A$ 和 $B$ 不同，即在离子交换剂上的吸附行为不同，因此在洗脱过程中彼此之间得到分离。

第6章的表6.2中列出了主要的离子交换基团，其中常用于蛋白质等生物分子离子交换吸附色谱的阴离子交换基有 DEAE（二乙胺乙基，适用范围 pH<8.6）和 Q（季铵乙基）；阳离子交换基为 CM（羧甲基，适用范围 pH>4）和 SP（磺丙基）。表7.1中所列的各种凝胶过滤介质键合上述离子交换基团，即可制备相应的离子交换剂。常用于制备离子交换剂的介质有 Sephadex、Sepharose、TSKgel PW、Toyopearl、Bio-Gel A 和纤维素等。第6章的表6.3给出了常用的离子交换剂及其特性。

对于蛋白质等两性电解质，式(7.51)中的常数 $A$ 和 $B$ 为 pH 值的函数。在物理意义上，$B$ 为溶质的静电荷数与离子交换基的离子价数之比（详见6.2.2节）。由于蛋白质等生物大分子为多价电解质，在 pH 值偏离等电点的溶液中净电荷数常为两位数以上，故 $B$ 值比较大。这样，一方面蛋白质的分配系数对离子强度非常敏感，即离子强度的微小改变，就会引起分配系数的很大变化；另一方面，不同蛋白质的 $B$ 值可能相差很大，即在同一离子强度下不同蛋白质分配系数可能相差非常大（几个数量级）。因此，如果采用离子强度不变的流动相进行恒定洗脱，根据式(7.6a)，两种蛋白质的洗脱体积相差很大（图 7.18），甚至分

配系数大的蛋白质很难洗脱，造成洗脱剂的大量消耗和洗脱时间的大幅度增加。所以，IEC操作很少采用恒定洗脱法，而多采用流动相离子强度线性增大的线性梯度洗脱法（linear gradient elution）或离子强度阶跃增大的阶跃梯度洗脱法［step gradient elution，也称逐次洗脱法（stepwise elution）］。

线性梯度洗脱过程中，流动相的离子强度线性增大，因此溶质的分配系数连续降低，移动速度逐渐增大［式(7.3)］，使恒定洗脱条件下难于洗脱的溶质 B（图 7.18）在较小的流动相体积下洗脱（图 7.19）。显然，通过改变流动相离子强度的增大速度（即浓度梯度），可调节溶质的洗脱体积，即溶质洗脱峰之间的距离，在改善分离度的同时缩短分离操作时间。

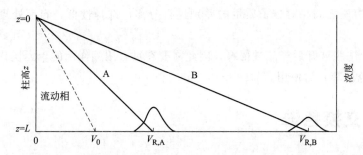

图 7.18　恒定洗脱过程中溶质 A 和 B 在 IEC 柱内的移动和洗脱曲线
溶质移动速度一定，柱内溶质之间距离逐渐增大

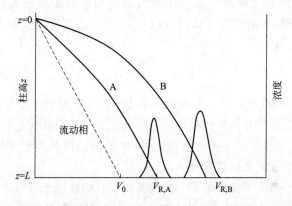

图 7.19　线性梯度洗脱过程中溶质 A 和 B 在 IEC 柱的移动和洗脱曲线
溶质的移动速度不断增大，直至与流动相流速相同（$m \rightarrow 0$）

逐次洗脱过程中，流动相的离子强度阶跃增大，因此溶质分配系数的降低和移动速度的增大也是阶段式的。如果流动相离子强度的阶跃速度很快（即在每种离子强度下的洗脱操作时间都很短），逐次洗脱就接近了线性梯度洗脱；反之则接近恒定洗脱。因此，逐次洗脱是介于恒定洗脱和线性梯度洗脱之间的一种洗脱法。

在线性梯度洗脱和逐次洗脱过程，IEC 柱内溶质区带后部的离子强度高于前部，因此区带后部的移动速度高于前部，溶质在洗脱过程中得到浓缩。GFC 之外的色谱操作多采用线性梯度洗脱法或逐次洗脱法，只是流动相组成的变化情况各不相同。线性梯度洗脱法和逐次洗脱法相互比较，优缺点如下。

### 7.5.1.1　线性梯度洗脱法

优点：流动相离子强度（盐浓度）连续增大，不出现干扰峰，操作范围广。

缺点：需要特殊的调配浓度梯度的设备。

#### 7.1.5.2　逐次洗脱法

优点：利用切换不同盐浓度的流动相溶液进行洗脱，不需要特殊梯度设备，操作简便。

缺点：因为流动相浓度不连续变化，容易出现干扰峰。此外，容易出现多组分洗脱峰重叠的现象，因此洗脱操作参数（如盐浓度、体积）的设计较困难。

综合上述两种洗脱法的特点，在实际色谱操作中，如果料液组成未知，一般应首先采用线性梯度洗脱法，确定各种组分的分配特性以及色谱操作的条件。

### 7.5.2　线性梯度洗脱色谱

#### 7.5.2.1　洗脱时间

线性梯度洗脱过程中，IEC 柱内离子强度（盐浓度）不断增大，溶质的分配系数按式 (7.51) 不断减小，移动速度则按式 (7.3b) 逐渐增大。

$$\frac{\mathrm{d}z_p}{\mathrm{d}t} = \frac{u}{1 + Hm(I)} \tag{7.3b}$$

式中，$z_p$ 为柱内色谱带所处位置距入口的距离。

由于在操作过程中 $m(I)$ 并非常数，而是操作时间（离子强度）的函数，因此式 (7.3b) 不能简单积分得到式 (7.4a)，即式 (7.4a) 不再适用于线性梯度洗脱时间的计算。当分配系数与离子强度的关系 [即式 (7.51)] 已知，并且 IEC 柱内离子强度与操作时间（$t$）和距柱入口的距离（$z$）之间的关系 $I = I(z, t)$ 确定后，可对式 (7.3b) 积分，计算溶质的洗脱时间。但是，确定分配系数与离子强度之间的关系需要大量实验，并且只有 $m = m(I)$ 为简单函数时式 (7.3b) 的积分才有分析解，否则只有依赖数值计算。为了避免直接利用式 (7.3b) 计算 $t_R$ 的复杂过程，Yamamoto 等提出了比较简便的方法[4]，简介如下。

离子交换色谱过程涉及盐离子和目标溶质（如蛋白质）的传质过程。根据 6.3 节介绍的固相传质动力学理论和扩散系数数据可知，盐离子的扩散系数比蛋白质高约两个数量级。因此，与蛋白质相比，IEC 柱内盐离子在固定相粒子内传质速度非常快，可认为液固相之间离子的分配处于平衡状态，分配系数为 $m_I$，则

$$I_s = m_I I \tag{7.52}$$

式中，$I$ 和 $I_s$ 分别为流动相和固定相中的离子强度。

利用轴向扩散模型建立 IEC 柱内离子强度的物料衡算方程，得到

$$\frac{\partial I}{\partial t} = D_{zI} \frac{\partial^2 I}{\partial z^2} - u \frac{\partial I}{\partial z} - F \frac{\partial I_s}{\partial t} \tag{7.53}$$

式中，$D_{zI}$ 为盐离子的轴向扩散系数。

假定线性梯度洗脱条件下 IEC 柱内轴向盐浓度分布为线性，则

$$\frac{\partial I}{\partial z} = 常数;\quad \frac{\partial^2 I}{\partial z^2} = 0 \tag{7.54}$$

因此，从式 (7.52)～式 (7.54) 得到

$$\frac{\partial I}{\partial t} = -\frac{u}{1 + Fm_I} \times \frac{\partial I}{\partial z} \tag{7.55}$$

设流动相的离子强度梯度为 $\Delta I / \Delta V (\mathrm{mol}/\mathrm{L}^2)$，则柱内任一位置的离子强度变化速率为

$$\frac{\partial I}{\partial t} = \frac{\Delta I}{\Delta V} Q \tag{7.56}$$

式中，$Q$ 为流动相的流速，L/s。

将式(7.56) 代入式(7.55) 后积分，可得柱内任一位置处的离子强度为

$$I = I_0 + \frac{\Delta I}{\Delta V} Q \left[ t - \frac{(1 + Fm_I)z}{u} \right] \tag{7.57}$$

式中，$I_0$ 为流动相的初始离子强度。

用 $z_p$ 表示溶质洗脱峰的位置，因为

$$\frac{dI}{dz_p} = \frac{\partial I}{\partial t} \times \frac{dt}{dz_p} + \frac{\partial I}{\partial z_p} \tag{7.58}$$

并且 $\partial I / \partial z_p = \partial I / \partial z$，故将式(7.3b) 和式(7.55) 代入式(7.56) 得

$$\frac{dI}{dz_p} = -\frac{[m(I) - m_I]F}{1 + Fm_I} \times \frac{\partial I}{\partial z} \tag{7.59}$$

对式(7.57) 取微分 $\partial I / \partial z$，并代入式(7.59) 得

$$\frac{dI}{dz_p} = \frac{\Delta I}{\Delta V} \times \frac{QF}{u}[m(I) - m_I] \tag{7.60}$$

积分上式得

$$\int_{I_0}^{I_p} \frac{dI}{m(I) - m_I} = \frac{\Delta I}{\Delta V}(V_t - V_0) \tag{7.61}$$

式中，$I_p$ 为溶质洗脱位置处的离子强度。

式(7.61) 右侧为离子强度梯度与柱内固相体积的积，用 GH 表示，即

$$GH = \frac{\Delta I}{\Delta V}(V_t - V_0) \tag{7.62}$$

则

$$GH = \int_{I_0}^{I_p} \frac{dI}{m(I) - m_I} \tag{7.63}$$

式(7.63) 明确表达了 GH 与 $I_p$ 之间的函数关系。利用小型 IEC 柱在不同流动相离子强度梯度（$\Delta I / \Delta V$）下测定溶质洗脱位置的离子强度 $I_p$ 值，可获得 GH 与 $I_p$ 之间的关系曲线。图 7.20 即为实测的 GH 与 $I_p$ 的关系线图[5]，利用此图，可推算任何规模的 IEC 柱（$V_t - V_0$ 值已知）在任何流速和离子强度梯度（$\Delta I / \Delta V$）条件下的 $I_p$ 值。

另外，在式(7.57) 中，因为 $z = L$ 和 $t = t_R$ 时，$I = I_p$，所以

$$t_R = \frac{I_p - I_0}{(\Delta I / \Delta V)F} + \frac{L(1 + Fm_I)}{u} \tag{7.64}$$

或

$$t_R = \frac{L}{u} \left[ \frac{I_p - I_0}{(\Delta I / \Delta V)V_0} + 1 + Fm_I \right] \tag{7.64a}$$

利用 GH 与 $I_p$ 关系线图和式(7.64) 或式(7.64a) 可推算溶质的洗脱时间。

GH 与 $I_p$ 关系线图的另一用途是确定溶质的吸附平衡关系。对式(7.63) 取微分 $d(GH)/dI_p$，得到

$$\frac{d(GH)}{dI_p} = \frac{1}{m(I_p) - m_I} \tag{7.65}$$

因此，在不同 $I_p$ 值处测算 GH 与 $I_p$ 关系线图的斜率，即 $d(GH)/dI_p$，即可确定 $m(I)$ 与 $I$ 之间的关系。

Yamamoto 等的实验结果证明，利用 GH 与 $I_p$ 关系线图，无论是推算洗脱时间还是吸附平衡关系，都与实测结果保持一致。

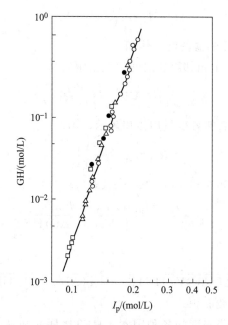

图 7.20 线性梯度洗脱条件下洗脱位置处离子强度 ($I_p$) 与 GH 的关系

IEC柱：$\phi16\times150$，DEAE-Toyopearl 650

料液：1mg/mL 卵清白蛋白，5mL；流动相：$I_0=0.04$mol/L；pH=7.7

（○）$d_p=65\mu m$，$u=2.1$cm/min；（●）$d_p=40\mu m$，$u=3.3$cm/min；

（△）$d_p=65\mu m$，$u=2.3$cm/min；（□）$d_p=65\mu m$，$u=2.6$cm/min

#### 7.5.2.2 分离度

由于线性梯度洗脱条件下溶质的分配系数为操作时间和位置的函数，洗脱曲线的峰宽和溶质之间的分离度不能利用式(7.14)和式(7.35)、式(7.36)计算。虽然从理论上可分别对溶质和盐建立如式(7.19)～式(7.22)的微分物料衡算方程，并配以相应的初始和边界条件，通过数值计算确定洗脱曲线，进而求算分离度，但这一过程相当复杂，实际应用很不方便。

如前所述，在线性梯度洗脱条件下，IEC柱内溶质区带的后部移动速度高于前部，即线性梯度洗脱具有区带浓缩作用；另一方面，与其他色谱操作过程一样，由于轴向返混和传质阻力的影响，溶质区带在洗脱过程中不断分散。这是两种方向相反的作用。在洗脱操作的初期，后者占主导地位，区带宽度不断增加。随着区带宽度的增加（即区带前后距离增大），区带前后溶质的移动速度差增大，即区带浓缩作用增大。当区带宽度增大到一定值以后，浓缩与分散作用达到平衡，区带将以一定的宽度向下移动，达到准稳态（quasi-steady state）。基于准稳态假设，并假定盐的分配系数为常数（与盐浓度和蛋白质溶质的存在无关），溶质的移动速度为 $u/[1+Fm(I_p)]$，Yamamoto 等利用理论板模型推导出如下洗脱曲线峰宽（体积单位）公式[4,6]

$$W_V=\left\{\frac{8[1+Fm(I_p)]^3V_0}{(\Delta I/\Delta V)FN(1+Fm_I)J}\right\}^{1/2} \tag{7.66}$$

其中

$$J=\left|\frac{\mathrm{d}m(I)}{\mathrm{d}I}\right|_{I=I_p} \tag{7.67}$$

由式(7.57)得溶质洗脱位置处的离子强度为

$$I_p = I_0 + \frac{\Delta I}{\Delta V}(V_R - V_I) \tag{7.68}$$

式中，$V_I$ 为用作流动相的盐的洗脱体积。

根据式(7.62)，得到两个相邻溶质之间的洗脱距离为

$$V_{R2} - V_{R1} = \frac{I_{p2} - I_{p1}}{\Delta I / \Delta V} \tag{7.69}$$

将分离度的定义式(7.34) 右侧各变量用体积表示，则

$$R_s = \frac{2(V_{R2} - V_{R1})}{W_{V1} + W_{V2}} \tag{7.34a}$$

设 $W_{V1} = W_{V2}$，并将式(7.66) 和式(7.69) 代入式(7.34a) 得

$$R_s = \frac{(I_{p2} - I_{p1})[LF(1 + Fm_1)J]^{1/2}}{[1 + Fm_1(I)]^{3/2}[8V_0(\Delta I / \Delta V)\mathrm{HETP}_1]^{1/2}} \tag{7.70}$$

所以

$$R_s \propto \left[\frac{L}{(\Delta I / \Delta V)V_0 \ \mathrm{HETP}}\right]^{1/2} \propto \left[\frac{1}{(\Delta I / \Delta V)A_c \ \mathrm{HETP}}\right]^{1/2} \tag{7.71}$$

式中，$A_c$ 为 IEC 柱的截面积。

式(7.71) 表明了影响分离度的各种因素。HETP 是 $u$ 和 $d_p$ 的函数，其与流速之间的无量纲关系为式(7.47)。在 IEC 操作中，一般流速远高于 GFC，式(7.47) 中的无量纲流速一般为 $200 \sim 400$，而 GFC 为 $20 \sim 150$。因此，对于 IEC 操作，式(7.47) 中常数 $A$ 的作用很小，可以忽略不计，所以

$$\mathrm{HETP} \propto \frac{u d_p^2}{D_m} \tag{7.72}$$

将式(7.72) 代入式(7.71)，并用 $\mathrm{GH} = (\Delta I / \Delta V)(V_t - V_0)$ 代替 $(\Delta I / \Delta V)V_0$，得到

$$R_s \propto \left(\frac{D_m L I_a}{\mathrm{GH} u d_p^2}\right)^{1/2} \tag{7.73}$$

式中，$I_a$ 为使该式右侧无量纲的因次常数，其数值为 1。

从式(7.71) 和式(7.73) 可以看出：

① 当离子强度梯度 $\Delta I / \Delta V$ 一定时，分离度与柱高无关。这一结果可用图 7.19 解释：洗脱开始一段时间后，由于离子强度上升，各个溶质区带的移动速度接近，在此柱高以上，继续增加柱高，区带之间的距离不再改变，并且在准稳态下各区带宽度不变，因此分离度不随柱高改变。如欲使分离度随 $L$ 增大，必须随柱高 $L$ 的增加，相应降低离子强度梯度［即保持 $\mathrm{GH} = (\Delta I / \Delta V)(V_t - V_0) = (\Delta I / \Delta V)(1 - \varepsilon_c)A_c L$ 值不变］。

② 当柱高一定时，分离度随离子强度梯度的降低而增大。

③ $u$ 和 $d_p$ 对分离度的影响同 GFC，即分离度与 $d_p u^{1/2}$ 成反比。另外，分离度与 $D_m^{1/2}$ 成正比。

### 7.5.3 逐次洗脱色谱

逐次洗脱过程中，流动相的盐浓度不连续改变，因此过程的理论分析更加复杂。不过，逐次洗脱作为介于恒定洗脱和线性梯度洗脱之间的洗脱分离手段，IEC 柱内溶质区带移动行为可大致分为两种。如图 7.21 所示，在某一流动相盐浓度下，不同溶质的分配系数可能大于零或等于零，即在固定相离子交换剂上有吸附（如图 7.21 中溶质 A）或无吸附（如图 7.21 中溶质 B）。溶质 A 的区带按其在固定相上的分配系数以低于流动相流速的速度移动，

相当于恒定洗脱的情况,区带宽度不断增大;由于溶质 B 在该盐浓度下完全脱附,因此其移动速度与流动相相同,区带位置一直处于洗脱液的最前端,即盐浓度梯度非常大的区域内,相当于梯度非常大的线性梯度洗脱,得到的洗脱溶质被高度浓缩。因此,在逐次洗脱过程中,如果盐浓度的阶跃变化设置合理,可以使目标溶质得到高度浓缩。反之,如果阶跃变化设置不合理,盐浓度过高时会使许多溶质同时洗脱,溶质之间得不到分离。

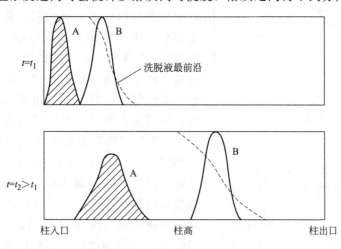

图 7.21　逐次洗脱过程中溶质区带的移动行为

### 7.5.4　离子交换色谱的应用及特点

如果说 GFC 主要用于生物产物的初步纯化和中后期的脱盐,IEC 是则蛋白质、肽和核酸等生物产物的主要分离纯化手段。这主要是由于 IEC 基于离子交换的原理分离纯化生物产物,不仅具有通用性,而且选择性远高于 GFC。归纳而言,IEC 具有如下的特点。

① 料液处理量大,在适宜的操作条件下,分离过程具有浓缩作用。

② 应用范围广泛,优化操作条件可大幅度提高分离的选择性,所需柱长较短,并可在较高流速下操作。

③ 吸附作用机理明确,非特异性吸附小,产品回收率高。

④ 离子交换剂种类多,选择余地大,价格也远低于亲和吸附剂(见第 8 章)。

但是,如前所述,IEC 的操作变量远多于 GFC,影响分离特性的因素非常复杂。这种复杂性给目标产物的选择性高度纯化带来了机遇,同时也增加了过程设计和规模放大的难度。小型色谱柱的实验数据一般不能直接用于规模(包括柱体积和处理量)放大,而必须实施必要的探索性实验。

## 7.6　疏水性相互作用色谱

### 7.6.1　原理

疏水性相互作用色谱(hydrophobic interaction chromatography,HIC)是利用表面偶联弱疏水性基团(疏水性配基)的疏水性吸附剂为固定相,根据蛋白质与疏水性吸附剂之间的弱疏水性相互作用的差别进行蛋白质类生物大分子分离纯化的洗脱色谱法,由瑞典学者首先提出用于蛋白质的色谱分离[7,8]。

亲水性蛋白质表面均含有一定量的疏水性基团,疏水性氨基酸(如酪氨酸、苯丙氨酸

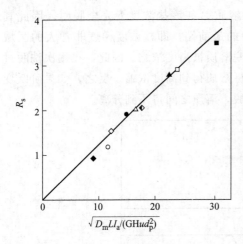

图 7.22　HIC 线性梯度洗脱过程分离度
与式(7.73)右侧的线性关系

HIC柱：$\phi$16，Butyl Toyopearl 650S，$d_p=37\mu m$；

$u=1.7\sim1.9cm/min$

$L=7.5cm$，GH (mol/L)$=0.06$（◇）；

0.12（◆）；0.24（◆）

$L=15.0cm$，GH (mol/L)$=0.06$（□）；

0.12（△）；0.24（○）

$L=30.0cm$，GH (mol/L)$=0.06$（■）；

0.12（▲）；0.24（●）

等）含量较多的蛋白质疏水性基团多，疏水性也大。尽管在水溶液中蛋白质具有将疏水性基团折叠在分子内部而表面显露极性和荷电基团的趋势，但总会有一些疏水性基团或极性基团的疏水部位暴露在蛋白质表面。这部分疏水基团可与亲水性固定相表面偶联的短链烷基、苯基等弱疏水基发生疏水性相互作用，被固定相（疏水性吸附剂）所吸附。根据第 3 章介绍的蛋白质盐析沉淀原理，在离子强度较高的盐溶液中，蛋白质表面疏水部位的水化层被破坏，裸露出疏水部位，疏水性相互作用增大。所以，蛋白质在疏水性吸附剂上的分配系数随流动相盐析盐浓度（离子强度）的提高而增大[9]。因此，HIC 与 IEC 不同，蛋白质的吸附（进料）需在高浓度盐溶液中进行，洗脱则主要采用降低流动相离子强度的线性梯度洗脱法或逐次洗脱法。根据 HIC 的这一特点，7.5 节介绍的 IEC 线性梯度洗脱过程中溶质洗脱时间［式(7.64)］的推算方法以及有关影响分离度因素［式 (7.73)］的讨论均适用于 HIC 的线性梯度洗脱过程[4～6]。图 7.22 是证明式(7.73)适用于 HIC 线性梯度洗脱过程的实验结果[6]。

### 7.6.2　疏水性吸附剂

表 7.1 所列的各种凝胶过滤介质经偶联疏水性配基后均可用作疏水性吸附剂。常用的疏水性配基主要有苯基、短链烷基（$C_3\sim C_8$）、烷氨基、聚乙二醇和聚醚等。因疏水性吸附作用与配基的疏水性（疏水链长度）和配基密度成正比，故配基修饰密度应根据配基的疏水性而异，疏水性高的配基应较疏水性低的配基修饰密度低。一般配基修饰密度在 $10\sim40\mu mol/mL$ 之间。配基修饰密度过小则疏水性吸附作用不足，密度过大则洗脱困难。

疏水性配基与亲水性固定相粒子之间的偶联主要利用氨基的结合或醚键结合，形成图 7.23 所示的各种疏水性吸附剂，其中 R 表示疏水配基。图 7.23(a) 的末端氨基以及（a）和（b）的键合亚氨基显弱碱性，在中性 pH 值范围内带正电荷，因此，这类疏水性吸附剂除疏水性吸附外，还可能存在静电吸附（离子交换）作用。图 7.23(c) 的吸附剂利用醚键结合，不引入荷电基团，对蛋白质仅产生疏水性吸附作用。表 7.2 为部分商品化疏水性吸附剂。

(a) $\omega$-氨基烷基型疏水性吸附剂

—NH—R—NH$_2$

(b) 烃基型疏水性吸附剂

—NH—R $\left(R=—(CH_2)_nCH_3, n=2\sim7; 或R=—\bigcirc\right)$

(c) 醚键型疏水性吸附剂

O—CH$_2$CHCH$_2$OR $\left(R=—(CH_2)_nCH_3, n=2\sim7; 或R=—\bigcirc\right)$
|
OH

图 7.23　主要疏水性吸附剂配基的分子结构

表 7.2　部分商品化疏水性吸附剂

| 吸附剂 | 配基 | 基质 | 粒度/$\mu$m |
|---|---|---|---|
| Phenyl Superose | 苯基 | 高交联琼脂糖 | 13 |
| Octyl Sepharose CL-4B | 辛基 | 交联琼脂糖 | 45～165 |
| Phenyl Sepharose FF | 苯基 | 高交联琼脂糖 | 45～165 |
| Butyl Sepharose FF | 丁基 | 高交联琼脂糖 | 45～165 |
| Octyl Sepharose FF | 辛基 | 高交联琼脂糖 | 45～165 |
| Phenyl Sepharose HP | 苯基 | 高交联琼脂糖 | 34 |
| TSK gel Butyl Toyopearl 650 | 丁基 | 亲水性聚乙烯醇 | 40，90 |
| TSK gel Phenyl 5-PW | 苯基 | 亲水性聚乙烯醇 | 10 |
| TSK gel Ether 5-PW | 聚醚 | 亲水性聚乙烯 | 10 |
| SepaBeads FP-BU 13 | 丁基 | 聚乙烯 | 13 |
| SepaBeads FP-OT 13 | 辛基 | 聚乙烯 | 13 |
| SepaBeads FP-DA 13 | 苯基 | 聚乙烯 | 13 |

### 7.6.3　色谱操作

#### 7.6.3.1　影响疏水性吸附的因素

蛋白质的疏水性与其荷电性质相比复杂得多，不易定量掌握。除疏水性吸附剂的性质（疏水性配基的结构和修饰密度）外，流动相的组成以及操作温度对蛋白质疏水性吸附的强弱均有重要影响。

（1）离子强度及种类　如前所述，蛋白质的疏水性吸附作用随离子强度提高而增大。除离子强度外，离子的种类对蛋白质的疏水性吸附也有重要影响。如第 3 章所述，高价阴离子的盐析作用较大。疏水性吸附与盐析沉淀一样，在高价阴离子的存在下吸附作用较强。因此HIC 分离过程中主要利用硫酸铵、硫酸钠和氯化钠等盐溶液为流动相，在略低于盐析点的盐浓度下进料，然后逐渐降低流动相离子强度进行洗脱分离。

（2）破坏水化作用的物质　$SCN^-$、$ClO_4^-$ 和 $I^-$ 等离子半径大、电荷密度低的阴离子可减弱水分子之间相互作用，即这类阴离子具有破坏水化作用的性质。因此，这类阴离子与上述盐析作用强的高价阴离子（如 $SO_4^{2-}$，$HPO_4^{2-}$ 等）的作用正好相反，前者称为离液离子（chaotropic ion），后者称为反离液离子（antichaotropic ion）。在离液离子存在下疏水性吸附减弱，蛋白质易于洗脱。

除离液离子外，乙二醇和丙三醇等含羟基的物质也具有影响水化的作用，降低蛋白质的疏水性吸附作用，经常用作洗脱促进剂，洗脱疏水吸附强烈、仅靠降低盐浓度难于洗脱的高疏水性蛋白质。

（3）表面活性剂　表面活性剂可与吸附剂及蛋白质的疏水部位结合，从而减弱蛋白质的疏水性吸附。根据这一原理，难溶于水的膜蛋白质可添加一定量的表面活性剂使其溶解，利用 HIC 法进行洗脱分离。但此时选用表面活性剂的种类和浓度应当适宜：浓度过小则膜蛋白不溶解，过大则抑制蛋白质的吸附。

（4）温度　一般吸附为放热过程，温度降低则吸附结合常数增大。但疏水性吸附与一般吸附相反，吸附结合作用随温度升高而增大。其原因如第 3 章所述，蛋白质疏水部位的失水有利于疏水性吸附，而失水是吸热过程，即疏水性吸附为吸热过程，$\Delta H > 0$。因为

$$\frac{\mathrm{d}\ln K}{\mathrm{d}T} = \frac{\Delta H}{RT^2} \tag{7.74}$$

所以吸附平衡常数 $K$ 随温度升高而增大。

#### 7.6.3.2 蛋白质的分离

HIC 基于疏水性吸附分离纯化蛋白质类生物大分子，与 IEC 的离子交换作用完全不同。因此，HIC 不仅是一种有效的分离纯化手段，而且还可与 IEC 互补短长，分离纯化利用 IEC 难于分离的蛋白质。但是，由于疏水性相互作用机理比较复杂，吸附剂的选择和洗脱分离条件不易掌握。例如，鼠肝细胞色素 C 氧化酶与疏水性吸附剂的相互作用不能单纯地用疏水性吸附来解释：该酶可被 Octyl Sepharose 完全吸附，而用疏水性更大的 Decyl Sepharose 为吸附剂时，吸附作用降低。因此，在利用 HIC 分离蛋白质的混合物时，需事先利用各种小型预装柱进行吸附与洗脱实验，确定最佳吸附剂和洗脱分离溶剂。

### 7.6.4 疏水性相互作用色谱的特点

HIC 主要用于蛋白质类生物大分子分离纯化。虽然 HIC 不如 IEC 应用普遍，但可作为 IEC 的补充工具。如果使用方法得当，HIC 具有与 IEC 相近的分离效率。归纳而言，HIC 具有如下特点。

① 由于在高浓度盐溶液中疏水性吸附作用较大，因此 HIC 可直接分离盐析后的蛋白质溶液。

② 可通过调节疏水配基链长和密度调节吸附力，因此可根据目标产物的性质选择适宜的吸附剂。

③ 疏水性吸附剂种类较多，选择余地大，价格与离子交换剂相当。

# 7.7 色谱聚焦

### 7.7.1 原理与操作

色谱聚焦（chromatofocusing）是基于离子交换的原理，根据两性电解质分子间等电点的差别进行分离纯化的洗脱色谱法，可用于蛋白质、多肽和核酸等生物大分子的分离纯化。

色谱聚焦利用离子交换剂为固定相，因此是一种离子交换色谱法。但是，与一般 IEC 所不同的是，色谱聚焦利用在较宽 pH 值范围内具有缓冲作用的多缓冲离子交换剂（polybuffer exchanger）为固定相，同时利用在较宽 pH 值范围内具有缓冲作用的多缓冲剂（polybuffer）为流动相。所以，当向色谱柱内输入与柱内初始 pH 值不同的多缓冲剂时，柱内 pH 值缓慢改变，在轴向形成连续的 pH 梯度，使料液中的溶质依据各自的等电点或者吸附，或者脱附，逐次向下移动，彼此之间得到分离。

下面以阴离子交换剂为固定相的情况为例，介绍色谱聚焦的分离原理。

设料液中含有 A、B 两种蛋白质，等电点分别为 $pI_A$ 和 $pI_B$，并且 $pI_A > pI_B$。首先用 pH 值高于 $pI_A$ 的缓冲剂（pH 值为 $pH_0$）冲洗色谱柱，使柱内 pH 值为 $pH_0$，然后加一定体积的料液。由于 $pH_0 > pI_A > pI_B$，所以 A 和 B 均带负电荷，被阴离子交换剂吸附。加料液后，用已将 pH 值调节到小于 $pI_B$ 的多缓冲剂（pH 值为 $pH_e$）为流动相进行洗脱，使柱内形成 pH 梯度。如图 7.24 所示，入口处 pH 值逐渐降低。当入口处 pH 值降到 $pI_B < pH < pI_A$ 时（图中时间 $t_1$），A 带正电荷而从离子交换剂上脱附，开始向下（出口端）移动。因为从入口向下 pH 值逐渐增大，所以当 A 下移至 $pH \geqslant pI_A$ 处时因为又被吸附而停止下移。此时 B 仍带负电荷，被吸附在入口处。当入口 pH 值降至 $pH < pI_B$ 时（图中时间 $t_2$），B 也开始下移，直至 $pH \geqslant pI_B$ 处停止。此时 A 和 B 已有所分离。这样，A 按图中实心圆的次序向出口移动，B 按图中空心圆的次序向出口移动。当出口 pH 值降至溶质的等电点

时，溶质从柱内洗脱出来。图中 A 的洗脱时间为 $t_4$，B 的洗脱时间为 $t_5$（$t_5 > t_4$），彼此之间得到分离。在洗脱过程中，由于溶质区带后部 pH 值低于前部，所以区带后部总是先于前部开始移动，区带受到压缩。因此，色谱聚焦具有浓缩溶质的作用。

图 7.25 是与图 7.24 相对应的色谱聚焦洗脱曲线及柱出口溶液 pH 值随时间的变化。

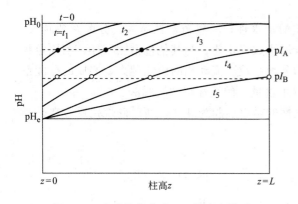

图 7.24　色谱聚焦柱内 pH 梯度和溶质　　　图 7.25　洗脱曲线及色谱柱出口 pH 值的变化
　　　　位置随时间变化过程示意图

### 7.7.2　多缓冲剂与多缓冲离子交换剂

多缓冲剂是两性电解质缓冲剂，由相对分子质量大小不一的多种组分构成，每种构成成分均为多羧基多氨基化合物，存在各自的等电点。常用的多缓冲剂有 GE Healthcare 公司生产的 Polybuffer 96、Polybuffer 74 和 Pharmalyte，缓冲 pH 值范围分别为 pH=9～6、pH=7～4 和 pH=10.5～8。在相应的缓冲 pH 值范围内，各种多缓冲剂具有均衡的缓冲容量，在色谱聚焦操作中提供平滑的 pH 梯度。

多缓冲离子交换剂可利用普通的凝胶过滤介质偶联特殊的离子交换基制备，如 GE Healthcare 公司生产的 Polybuffer exchanger PBE 系列（PBE118 和 94）即为以 Sepharose 6B 为载体的阴离子交换剂，前者与 Pharmalyte 匹配使用，后者与 Polybuffer 96 和 Polybuffer 74 匹配使用。GE Healthcare 公司生产的另一种多缓冲离子交换剂为 Mono P，其离子交换基为具有不同 $pK_a$ 值的弱碱性氨基。Mono P 可与上述三种多缓冲剂匹配使用，粒径仅 $10\mu m$，用作高效色谱聚焦柱的固定相。

### 7.7.3　色谱聚焦的应用

色谱聚焦需使用特殊的固定相和流动相，难于应用在大规模分离纯化过程，主要用于生化实验规模的样品制备或成分分析。但作为一种蛋白质分离纯化手段，色谱聚焦的分辨率极高，峰宽可小到 0.02～0.05pH 单位，可分离等电点相差仅 0.02 的蛋白质。

## 7.8　反相色谱

反相色谱（reversed-phase liquid chromatography，RPLC）是利用表面非极性的反相介质为固定相，极性有机溶剂的水溶液为流动相，根据溶质极性（疏水性）的差别进行分离纯化的洗脱色谱法。与前述 HIC 类似，RPLC 中溶质亦通过疏水性相互作用分配于固定相表面。但是 RPLC 固定相表面完全被非极性基团所覆盖，表现强烈的疏水性。因此，必须采用极性有机溶剂（如甲醇、乙腈等）或其水溶液进行溶质的洗脱分离。

RPLC 主要用于相对分子质量低于 5000，特别是 1000 以下的非极性小分子物质的分析和纯化，也可用于部分相对分子质量较小的蛋白质（如胰岛素）等生物大分子的分析和纯化。由于反相介质表面的疏水性高，并且流动相为极性有机溶剂，生物活性大分子在 RPLC 分离过程中容易变性失活。所以，以回收生物活性蛋白质为目的时，应注意选用适宜的反相介质和流动相。

溶质在反相介质上的分配系数取决于溶质的疏水性，一般疏水性越大，分配系数越大。例如，烃类化合物的分配系数与其分子所含碳原子数成正比。与其他色谱法一样，当固定相一定时，可通过调节流动相的组成调整溶质的分配系数。流动相的极性越大，溶质的分配系数越大。因此 RPLC 多采用降低流动相极性（水含量）的线性梯度洗脱法。

反相介质的商品种类繁多，其中最具代表性的是以硅胶为载体，通过硅烷化反应在硅胶表面键合非极性分子层制备。硅烷化反应式为

$$—Si—OH + Cl—\underset{R^2}{\overset{R^1}{Si}}—R \longrightarrow —Si—O—\underset{R^2}{\overset{R^1}{Si}}—R$$

硅胶　　　　硅烷化试剂　　　　反相介质

硅烷化试剂中的 $R^1$ 和 $R^2$ 多为甲基，R 为 $C_4$、$C_8$、$C_{18}$ 烷基或苯基，其中利用 $C_{18}$ 硅烷化试剂制备的反相介质最多，通称 ODS（Octadecyl silica），其次是 $C_8$ 和 $C_4$。上述硅烷化反应的转化率只能达到约 45％，即硅胶表面尚残留约 55％的硅羟基。残留的硅羟基可采用反应活性高的三甲基氯硅烷覆盖（capping），使表面达到完全非极性。为提高 ODS 的性能，在利用 $C_{18}$ 硅烷化试剂反应前，常利用 1,3-二氯四甲基二硅烷（$[(CH_3)_2SiCl]_2O$）首先与硅胶反应，进行预覆盖（precapping）。通过控制反应时间和温度，可获得性能稳定的反相介质。

除硅胶外，高分子聚合物也可作为反相介质的载体，如 TSK gel Octadecy 1-4PW 和 TSK gel Octadecy 1-NPR（聚丙烯酸酯-$C_{18}$）等。

反相介质性能稳定，分离效率高，可分离蛋白质、肽、氨基酸、核酸、甾类、脂类、脂肪酸、糖类、植物碱等含有非极性基团的各种物质。因此，RPLC 作为定量分析手段，广泛应用于科学研究、临床诊断、工业检测和环境保护等各个行业。作为产品纯化制备手段，由于反相介质与其分离的对象相比价格较高，多限于实验室规模的应用，在大规模工业生产中应用较少。

# 7.9　羟基磷灰石色谱

羟基磷灰石（hydroxyapatite, HAP）是一种磷酸钙晶体，基本分子结构为 $Ca_{10}(PO_4)_6(OH)_2$。利用 HAP 的片状晶体颗粒为固定相分离纯化蛋白质的液相色谱技术最早由 Tiselius 等于 1956 年提出[10]，20 世纪 70 年代以后取得迅速发展。一般认为，HAP 的吸附主要基于钙离子和磷酸根离子的静电引力，即在 HAP 晶体表面存在两种不同的吸附晶面，各存在吸附点 C 和 P，前者起阴离子交换作用，后者起阳离子交换作用。因此，在中性 pH 环境下酸性蛋白质（$pI<7$）主要吸附于 C 点，碱性蛋白质（$pI>7$）主要吸附于 P 点。利用磷酸盐缓冲液（$K_2HPO_4+KH_2PO_4$）为流动相洗脱展开时，磷酸根离子在 C 点竞争性吸附，交换出酸性蛋白质；而 $K^+$ 在 P 点竞争性吸附，交换出碱性蛋白质。所以 HAP 色谱通常以磷酸盐缓

冲液为流动相，采用提高盐浓度的线性梯度洗脱法。

早期的 HAP 吸附剂多为 Tiselius 型片状晶体，HAP 色谱柱效较低。1986 年后出现球形 HAP 吸附剂，使 HAP 色谱高效化。商品化的 HAP 吸附剂或其预装柱种类很多，我国的科研机构也开发了球形 HAP 吸附剂制造技术[11]。

由于 HAP 晶体表面结构特别，吸附机理特殊，因此可用于识别 DNA 及 RNA 的单链和双链，分离 IEC 和 HIC 难于分离的蛋白质物系。例如，人肿瘤坏死因子（human tumour necrosis factor，hTNF）的构成蛋白质分子差异很小，利用 IEC 法、高效 RPLC 法和电泳法只能得到一个洗脱峰或电泳带，而利用 HAP 色谱可分离得到 4 个洗脱峰[12]。

HAP 吸附剂价格便宜，远低于离子交换剂，适用于大规模分离纯化过程，已成为单克隆抗体纯化的有效手段。

# 7.10　流通色谱

流通色谱（flow-through chromatography）指利用含有对流孔（convective pores）的介质为固定相的液相色谱法，其分离模式包括前述的各种吸附色谱，如离子交换色谱、疏水性相互作用色谱、亲和色谱和反相色谱等。

传统的吸附色谱介质的孔径较小，一般在 100nm 以下。其中生物大分子吸附介质的孔径较大，一般为 30～100nm。介质的孔径越小，比表面积越大，分子尺寸与介质孔径相适应的目标溶质的吸附容量越高。但是，由于介质孔径较小，流体阻力大，在通常的色谱操作压力下流体不能对流进入固相介质的孔内。所以，固相介质内部的传质仅靠溶质的内扩散来完成。如 6.3.2 节所述，液相中溶质的扩散系数很小，尤其是生物大分子，在固相中的阻滞扩散系数更小，固相传质速率很低。因此，传统吸附色谱的柱效随流速增大而迅速下降，动态吸附容量也随流速增大而迅速降低。为获得较大的色谱分辨率和动态容量，传统色谱只能在适当低的流速下操作。即使是使用粒径数微米的高效液相色谱，分析柱的流速一般不超过 500cm/h，大规模制备分离受操作压力的限制，流速更低。

为解决色谱技术存在的分辨率和操作速度之间的矛盾，长期以来，色谱介质一直是色谱技术研究的核心内容。对于制备色谱而言，理想的介质至少应具备如下条件，即吸附容量大、分辨率高、操作流速快，以满足分离过程通量大、收率高和纯化效果好等要求。1990 年前后，Afeyan 等[13～15] 开发了同时具有对流孔和扩散孔的双分散孔介质（bidisperse porous media）（图 7.26[13]），又称灌注色谱（perfusion chromatography）介质。这种商品名为 POROS（美国 PerSeptive Biosystems 公司）的双分散孔色谱介质内部分布着两种结构的孔隙，一种是贯穿整个颗粒的特大孔，孔径为 600～800nm，称为穿透孔（flow-through pores）或对流孔（convective pores）；另一种是连接这些特大孔的较小一些的孔，孔径为 50～100nm，称为连接孔或扩散孔（diffusive pores）。POROS 的骨架由苯乙烯和二乙烯基苯的共聚物构成，介质的化学性质和机械性能稳定，表面亲水化后可制成各种色谱模式的吸附介质（离子交换、疏水性吸附、亲和吸附和反相介

图 7.26　双分散孔介质的
孔道结构示意图
线条和箭头表示流动相的流动轨迹和方向

穿透孔
扩散孔

质等。其中前三种介质的孔表面覆有葡聚糖等亲水性多糖，保证介质表面的亲水性和键合相应的配基）。利用 POROS 介质的色谱过程中，流动相和溶质可对流通过流通孔，大大降低了介质内扩散传质阻力，可在高流速下进行色谱操作，保持色谱的高分辨率和动态吸附容量[16~18]。由于色谱过程中流动相可对流通过吸附剂粒子，这类色谱介质又称流通孔介质（flow-through media），相应的色谱方法通称流通色谱（flow-through chromatography）[19]。

利用双分散孔的流通色谱过程分离速度快、色谱效率高。Afeyan 等[16]建立了简单的模型来描述流通色谱过程中流速、传质、柱效等因素之间的关系。对于 POROS 粒子，色谱操作线速度超过 300cm/h 时，穿透孔内对流流动即占主导地位。因为流体以对流形式透过穿透孔，并且扩散孔道很短（小于 1μm），在如此高的流速下操作并不影响灌注色谱的柱效。从式(7.32) 可知，在高流速下表面液膜传质阻力可以忽略不计，HETP 可用下式近似

$$HETP = C' \frac{d_p^2 u}{D_e} \qquad (7.75)$$

式中，$C'$ 为常数。

在粒子内溶质以对流和扩散两种形式移动，因此式(7.75)中的有效扩散系数可用下式近似

$$D_e = D + \frac{u_{pore} d_p}{2} \qquad (7.76)$$

式中，$D$ 为扩散孔内的扩散系数；$u_{pore}$ 为穿透孔内的流速。

在灌注色谱操作范围内，因为流速较高，式(7.76) 右侧第二项占主导地位，所以

$$D_e \approx \frac{u_{pore} d_p}{2} \qquad (7.77)$$

对于一定的流通孔介质，$u_{pore}$ 与操作线速度的关系为

$$u_{pore} = \lambda u \qquad (7.78)$$

式中，$\lambda$ 为常数。

将式(7.77) 和式(7.78) 代入式(7.75) 得

$$HETP = C' \frac{2d_p^2 u}{\lambda u d_p} = C'' d_p \qquad (7.79)$$

即 HETP 仅是粒径的函数，与流速无关。式(7.79) 解释了流通色谱在高流速操作而不影响柱效的原因。在利用 POROS 介质的流通色谱操作范围内（500~5000cm/h），这一结论一般是成立的，但当流速更高时，内扩散的影响会再次出现，HETP 随流速增大而增大。

因此，流通色谱的最大特点是分离速度快，分辨率高。一般流通色谱可在数分钟内完成，而利用 HPLC 则需数十分钟到 1h。例如，利用 POROSQ/H 离子交换色谱柱，5min 即可完全分离牛血清白蛋白（BSA）和铁传递蛋白，而且每 5min 循环 1 次，利用 1mL 柱体积的色谱柱可在 1 天内得到 5g 血清蛋白质[17]。

## 7.11 置换色谱

上面介绍的各种色谱操作模式均属于洗脱色谱。除凝胶过滤色谱外，各种洗脱色谱操作均通过改变流动相的组成（如离子强度、pH 值等）连续（线性梯度洗脱）或阶跃（逐次洗脱）减弱溶质与固定相之间的相互作用，使溶质得到洗脱分离。洗脱色谱操作简便，是最常用的色谱分离方法。另一种色谱分离模式是置换色谱（displacement chromatography，

DC）。置换色谱的概念早在 20 世纪 30 年代就已提出。1943 年 Tiselius 证明置换色谱能够克服洗脱色谱的许多缺点[20]，引起工业界的重视。第二次世界大战期间美国的曼哈顿计划（Manhattan Project）曾将其用于稀土氧化物的分离纯化[21]，是置换色谱的最早应用。20世纪 60 年代末以后，有学者开始应用理想色谱模型研究置换色谱理论，解释置换色谱的实验现象。近二十年来，由于数值计算方法和计算机技术的进步，置换色谱的非线性理论和应用研究均取得了重要进展[22,23]。大量研究表明，本章介绍的各种色谱方法，包括离子交换色谱[22~24]、疏水性相互作用色谱[25]、反相色谱[26]、羟基磷灰石色谱[27]以及亲和色谱[28]（见第 8 章）均可采用置换色谱操作模式。

　　置换色谱基于置换剂与吸附质间在吸附剂表面的竞争性吸附。在置换色谱操作中，色谱柱首先用适于溶质吸附的流动相（又称载液，carrier）平衡，然后添加一定量的料液，使溶质吸附在色谱柱入口。在进料的过程中，料液中各溶质由于吸附作用而得到浓缩，并由于溶质间吸附作用不同，它们之间已经得到部分分离。之后，连续输入含有置换剂的溶液。置换剂与固定相表面结合位点（如离子交换基、疏水性配基、固定化金属离子、色素配基和羟基磷灰石等）的亲和力比料液中的各个组分都要高（即其吸附等温线近似矩形），故与料液中的各个组分竞争固定相的结合位点，将吸附的溶质置换下来。在此条件下，置换剂前沿推动被置换下来的料液溶质向出口方向移动，同时竞争不断减少的被料液溶质占据的吸附位点。与此同时，吸附作用较强的料液溶质也会推动吸附作用较弱的料液溶质向出口移动（即前者是后者的置换剂）。最后，如果色谱柱足够长，在优惠吸附系统中，各溶质组分按其与固定相亲和力的大小顺序形成彼此相连的纯组分区带，在置换剂的驱动下向出口移动。置换剂的移动速度一定，故各溶质区带的移动速度也为定值，即形成"等速置换列"（isotachic displacement train），也称作"成比例的等速状态"（scaled isotachic state）。在置换列中，如果一种组分由于某种原因进入到其前面或后部的溶质区带，则由于其与其前后区带中的溶质对固定相的亲和力不同，会重新回到它自己的区带：如果进入它前面的溶质区带，它的吸附作用大于该区带溶质，移动速度降低；如果进入它后面的溶质区带，它的吸附作用小于该区带溶质，移动速度增大。因此，置换色谱具有自浓缩作用（self-sharpening）。在理想状态下（即传质和吸附速率无限大，液相流动为平推流），进料形成的矩形波会得到维持，等速置换列为彼此相连的矩形波（图 7.27）。但实际过程中存在传质阻力和非理想流动，造成区带的分散。热力学的自浓缩作用抵御传质阻力和非理想流动的分散作用，使"等速置换列"得以维持，但各区带的前后会形成激波层（shock layer）（图 7.28），区带间存在部分混合。从

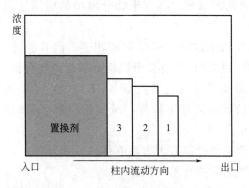

图 7.27　色谱柱内形成的"理想的"矩形置换色谱列
　　　数字表示料液组分（吸附作用 1＜2＜3＜置换剂）

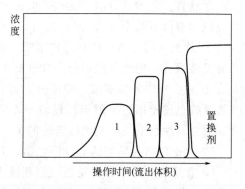

图 7.28　置换色谱柱出口的浓度分布曲线

图 7.28 还可以看出，典型的置换色谱区带是平坦的高浓度带（concentration plateau），而非一般洗脱色谱的尖峰（peak）。

当等速置换列形成后，置换列的继续运行不会改变分离效果。因此，针对一个特定的分离系统（料液、置换剂、吸附剂），置换色谱柱长存在最佳值，以能够形成等速置换色谱列的柱长为宜。过长的色谱柱只会增加背压和分离成本。

置换剂完全穿透色谱柱后，即可停止输入置换剂，进行色谱柱的再生和载液平衡。整个置换色谱分离操作流程示于图 7.29[21]。

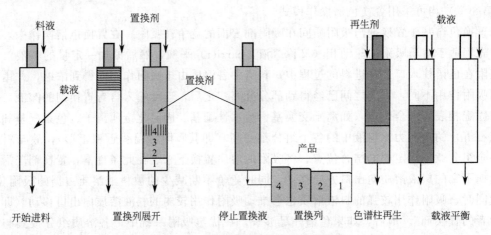

图 7.29　置换色谱操作流程示意图

根据置换色谱原理，可以归纳其具有如下优势。

① 与一般的洗脱色谱经常出现的脱尾现象相比，置换列中各溶质区带的边界陡直，因此置换色谱的分辨率高。

② 置换色谱具有浓缩作用，并可通过调节置换剂浓度控制分离产品的浓度，处理量大，并且特别适用于处理稀料液。

③ 置换列中各组分区带紧密相连，色谱柱（固定相）利用率高，流动相用量少。

④ 与亲和色谱（见第 8 章）专一性纯化单一目标产物相比，置换色谱同时实现多个目标产物的分离纯化，适于含有多个目标产物的料液的分离。

⑤ 与梯度洗脱色谱相比，置换色谱过程中料液、置换剂和再生剂均以简单阶跃函数的形式输入，容易进行连续色谱分离。

尽管置换色谱具有诸多优点，但相对于洗脱色谱而言，其在生物分离中的应用还很少。主要原因有以下几个方面。

① 置换列的检测与控制比较困难。置换列中浓缩的组分区带紧密相连，离开色谱柱后容易发生混合，因此不能进行在线分析，需要在色谱柱出口直接分取样品进行离线分析。

② 置换列中各高度浓缩的组分紧密相连，需要较高的色谱效率（HETP 值小）。因此，一般置换色谱使用的吸附剂粒径较小，并需在较低的流速下操作，减少激波层区带间的混合。通常置换色谱是洗脱色谱流速的 $10\%\sim50\%$。

③ 置换色谱为典型的非线性色谱，其过程理论和模拟放大方法有待进一步发展。

④ 置换剂的选择和开发是限制置换色谱发展的主要技术问题。

置换色谱中研究最多的是离子交换置换色谱（IEDC）。传统的观点认为，置换剂需要与固定相载体进行多位点结合才能发挥良好的置换作用。因此 IEDC 的置换剂多用相对分子质量较高的聚离子化合物（polyions）。聚离子型置换剂具有一定的相对分子质量分布和（或）离子基团密度分布，故亲和性不均一。亲和性较低的置换剂组分会造成溶质区带的污染。20世纪90年代以后，研究者们尝试开发了一些小分子置换剂（low molecular mass displacers）。研究表明，置换剂对固定相的亲和性比其分子尺寸更重要，因此，只要小分子具有足够大的亲和性，就可发挥良好的置换作用。小分子置换剂的稳定性、均一性、溶解性和生物相容性较好，并且容易从生物大分子混合物中分离除去，是置换剂的发展方向。

## 7.12　本章总结

作为平衡分离技术，固定床色谱的理论板数可以达到数千以上，因此分辨率极高，是高度分离纯化的主要手段。不仅如此，色谱介质表面通过修饰各种功能基团，如荷电基团、疏水性基团等，通过静电作用、氢键、配位键和疏水作用等（单独或各种作用的组合）与生物分子产生作用，产生高度的分离选择性。因此，色谱是蛋白质和质粒DNA等生物大分子分离纯化过程的核心技术[29~32]，其中阴离子交换色谱特别适于蛋白质溶液中病毒的去除[33]。本章介绍的各种色谱技术中，IEC、HIC和GFC等洗脱色谱技术因色谱介质种类多、操作简便、分离条件易于优化，是最主要的蛋白质色谱分离方法。

近年来，混合模式色谱（mixed-mode chromatography，MMC）技术得到广泛的重视[34,35]。MMC也称多模式色谱（multimodal chromatography）[36]，某些情况下又称疏水性电荷诱导色谱（hydrophobic charge induction chromatography）[37]。MMC利用可与蛋白质同时发生多种作用（如静电作用、疏水性作用、配位键和氢键等）的化学基团为配基，可在很宽的离子强度范围内对蛋白质产生吸附作用，而洗脱主要通过改变pH值使配基对蛋白质产生静电排斥作用。与普通IEC和HIC相比，MMC的操作弹性更大；此外，若配基选择合适，MMC可能展示更高的选择性。

与洗脱色谱相比，置换色谱有独特的优势，但对于复杂的分离体系，置换色谱在置换剂的选择和分离条件的优化等方面存在较大困难和不确定性，限制了其发展和应用。此外，由于置换剂的吸附作用很强，吸附剂的洗脱再生也是技术难点之一。在上述MMC模式下的置换色谱过程利用改变pH来洗脱置换剂[38,39]，比基于IEC或HIC的置换色谱具有一定优势。

与普通的吸附操作一样，吸附剂内的扩散传质是生物大分子吸附过程的速控步骤。流通色谱利用具有对流孔的色谱介质，是在不显著损害吸附容量前提下降低生物大分子吸附过程传质阻力的根本途径。根据介质基质材料的不同，可以利用不同致孔方法构筑超大孔结构，使色谱过程中孔内产生对流流动[40]。除介质孔结构外，第6章6.7节介绍了接枝配基结构可显著提高表面分子传质速率的现象，具有深入研究和开发利用的重要价值。

## 习　　题

1. 某凝胶过滤介质的排阻极限为200kDa，填充柱体积为100mL，用其测得A和B两种蛋白质的洗脱体积分别为58mL和64mL，相对分子质量2000kDa的蓝色葡聚糖的洗脱体积为40mL。

（1）试计算A和B的分配系数；

（2）若在某流速下用A和B两种蛋白质溶液测得该凝胶过滤色谱柱的理论板当量高度均为0.3mm，且洗脱曲线呈Gauss分布，在此流速下要使微量的AB混合溶液的分离度达到1.3，此GFC柱的最小

填充高度应为多少？

2. 若利用第1题计算得到的凝胶过滤色谱柱（体积为100mL）分离A和B的混合物，流速不变，试计算进料量分别为1mL、2mL、5mL、10mL和20mL时，A和B的分离度。

3. 试图示和文字说明线性梯度洗脱时离子交换色谱柱内溶质位置随时间变化的情况。

4. 采用逐次洗脱的离子交换色谱分离蛋白质时，有时会在出口处检测到干扰峰。例如，料液中仅有一个蛋白质组分，而检测到两个洗脱峰，其中之一是干扰峰。试从蛋白质在离子交换柱中分配平衡和移动速度与洗脱剂浓度关系的角度，解释干扰峰出现的原因。

5. 试分析用于蛋白质分离的色谱介质（如离子交换剂、疏水性吸附剂等）的配基密度为什么不能过高？

6. 利用疏水性相互作用色谱分离A和B的混合物时，在某操作条件下A和B的分离度不理想。试分析应如何改善操作条件，并说明理由。

7. 第6题中，若操作条件不变，试分析应如何选择色谱柱（包括介质），并说明理由。

8. 试解释线性梯度洗脱的反相色谱中溶质得到浓缩的机理。

# 参 考 文 献

[1] Guiochon G，Shirazi S G，Katti A M. Fundamentals of Preparative and Nonlinear Chromatography. Boston：Academic Press，1994.

[2] Yamamoto S，Nomura M，Sano Y. Factors affecting the relationship between the plate height and the linear mobile phase velocity in gel filtration chromatography of proteins. J Chromatogr，1987，394：363-367.

[3] Yamamoto S，Nomura M，Sano Y. Scaling up of medium-performance gel filtration chromatography of proteins. J Chem Eng Japan，1986，19：227-231.

[4] Yamamoto S，Nakanishi K，Matsuno R，Kamikubo T. Ion exchange chromatography of proteins - prediction of elution curves and operating conditions. Ⅰ. Theoretical considerations. Biotechnol Bioeng，1983，25：1465-1483.

[5] Yamamoto S，Nomura M，Sano Y. Adsorption chromatography of proteins：Determination of optimum conditions. AIChE J，1987，33：1426-1434.

[6] Yamamoto S，Nomura M，Sano Y. Resolution of proteins in linear gradient elution ion-exchange and hydrophobic interaction chromatography. J Chromatogr，1987，409：101-110.

[7] Hjerten S. General aspects of hydrophobic interaction chromatography. J Chromatogr，1973，87：325-331.

[8] Porath J，Sundberg L，Fornstedt N，Olsson I. Salting-out in amphiphilic gels as a new approach o hydrophobic adsorption. Nature，1973，245 (5426)：465-466.

[9] Chen J，Sun Y. Modeling of the salt effects on hydrophobic adsorption equilibrium of protein. J Chromatogr，A，2003，992：29-40.

[10] Tiselius A，Hjerten S，Levin O. Protein chromatography on calcium phosphate columns. Arch Biochem and Biophys，1956，65：156-163.

[11] 余贤真，周纯益. 液相色谱用填充材料——羟基磷灰石 // 刘国诠主编. 生物工程下游技术. 第2版. 北京：化学工业出版社，2003：265-276.

[12] Kawasaki T. Specification of the adsorption model in hydroxyapatite chromatography. Ⅲ. Competition model in gradient chromatography and another relevant model. Sep Sci Technol，1988，23：1105-1117.

[13] Afeyan N B，Fulton S P，Gordon N F，Mazsaroff I，Várady L，Regnier F E. Perfusion chromatography：an approach to purifying biomolecules. Bio/Technology，1990，8：203-206.

[14] Afeyan N B，Regnier F E，Dean R C. Perfusive Chromatography：US Pat 5019270. 1991.

[15] Regnier F E. Perfusion chromatography. Nature，1991，350：634.

[16] Afeyan N B，Gordon N F，Mazsaroff I，Várady L，Fulton S P. Flow-through particles for the high performance liquid chromatographic separation of biomolecules：perfusion chromatography. J Chromatogr，1990，519：1-29.

[17] Afeyan N B，Fulton S P，Regnier F E. Perfusion chromatography packing materials for proteins and peptides. J Chromatogr，1991，544：267-279.

[18] García M C，Torre M，Marina M L. Characterization of commercial soybean products by conventional and perfusion reversed-phase high-performance liquid chromatography and multivariate analysis. J Chromatogr A，2000，881：47-57.

[19] Collins W E. Protein separation with flow-through chromatography. Sep Purif Methods，1997，26：215-253.

[20] Tiselius A. Studies uber adsorptionsanalyse I. Kolloid Z，1943，105：101-111.

[21] Freitag R. Displacement chromatography：Application to downstream processing in biotechnology // Subramanian G，ed. Bioseparation and Bioprocessing. A Handbook，vol. Ⅰ. Weinheim：Wiley-VCH，1998：89-112.

[22] Brooks C A，Cramer S M. Steric mass-action ion exchange：displacement profiles and induced salt gradients. AIChE J，1992，38：1969-1978.

[23] Nakarajan V, Cramer S M. Modeling shock layers in ion-exchange displacement chromatography. AIChE J, 1999, 45: 27-37.

[24] Nakarajan V, Ghose S, Cramer S M. Comparison of linear gradient and displacement separations in ion-exchange systems. Biotechnol Bioeng, 2002, 78: 365-375.

[25] Shukla A, Sunasara K M, Rupp R G, Cramer S M. Hydrophobic displacement chromatography of proteins. Biotechnol Bioeng, 2000, 68: 672-680.

[26] Husband D L, Mant C T, Hodges R S. Development of simultaneous purification methodology for multiple synthetic peptides by reversed-phase sample displacement chromatography. J Chromatogr A, 2000, 893: 81-94.

[27] Vogt S, Freitag R. Comparison of anion exchange and hydroxyapatite displacement chromatography for the isolation of whey proteins. J Chromatogr A, 1997, 760: 125-137.

[28] Vunnum S, Gallant S, Cramer S M. Immobilized metal affinity chromatography: Displacer characterization of traditional mobile phase modifiers. Biotechnol Prog, 1996, 12: 84-91.

[29] Chon J H, Zarbis-Papastoitsis G. Advances in the production and downstream processing of antibodies. New Biotechnol, 2011, 28: 458-463.

[30] Cramer S M, Holstein M A. Downstream bioprocessing: recent advances and future promise. Current Opinion in Chem Eng, 2011, 1: 27-37.

[31] Guiochon G, Beaverb L A. Separation science is the key to successful biopharmaceuticals. J Chromatogr A, 2011, 1218: 8836- 8858.

[32] Janson J C. Protein Purification: Principles, High Resolution Methods, and Applications. 3rd edition. New York: Wiley, 2011.

[33] Strauss D M, Lute S, Tebaykina Z, et al. Understanding the mechanism of virus removal by Q Sepharose Fast Flow chromatography during the purification of CHO-cell derived biotherapeutics. Biotechnol Bioeng, 2009, 104: 371-380.

[34] Zhao G F, Dong X Y, Sun Y. Ligands for mixed-mode protein chromatography: principles, characteristics and design. J Biotechnol, 2009, 144: 3-11.

[35] Shi Q H, Cheng Z, Sun Y. 4-(1H-imidazol-1-yl) aniline: a new ligand of mixed-mode chromatography for antibody purification. J Chromatogr A, 2009, 1216: 6081-6087.

[36] Chung W K, Freed A S, Holstein M A, McCallum S A, Cramer S M. Evaluation of protein adsorption and preferred binding regions in multimodal chromatography using. NMR, 2010, 28: 16811-16816.

[37] Zhao G F, Peng G, Li F, Shi Q H, Sun Y. 5-Aminoindole, a new ligand for hydrophobic charge induction chromatography. J Chromatogr A, 2008, 1211: 90-98.

[38] Zhao G F, Sun Y. Displacement chromatography of proteins on hydrophobic charge induction adsorbent column. J Chromatogr A, 2007, 1165: 109-115.

[39] Zhao G F, Zhang L, Bai S, Sun Y. Analysis of hydrophobic charge induction displacement chromatography by visualization with confocal laser scanning microscopy. Sep Purif Technol, 2011, 82C: 138-147.

[40] Sun Y, Liu F F, Shi Q H. Approaches to high-performance preparative chromatography of proteins, in Biotechnology in China I. From Bioreaction to Bioseparation and Bioremediation. Advances in Biochemical Engineering/Biotechnology, 2009, 113: 217-254.

# 8 亲和色谱

生物物质，特别是酶和抗体等蛋白质，具有识别特定物质并与该物质的分子相结合的能力。这种识别并结合的能力具有排他性，即生物分子能够区分结构和性质非常相近的其他分子，选择性地与其中某一种分子相结合。生物分子间的这种特异性相互作用称为生物亲和作用（bioaffinity）或简称亲和作用（affinity），通过亲和作用发生的结合称为特异性结合（specific binding）或亲和结合（affinity binding）。利用生物分子间的这种特异性结合作用的原理进行生物物质分离纯化的技术称为亲和分离（affinity separation）或亲和纯化（affinity purification），其典型代表为亲和色谱（affinity chromatography）。

利用生物亲和作用的原理纯化蛋白质的报道最早见于 1910 年，当时发现不溶性淀粉可以选择性吸附 α-淀粉酶。但有意识地利用生物亲和作用纯化蛋白质的研究始于 20 世纪 50 年代初，1951 年 Campbell 等[1] 利用半抗原（对氨苯甲基）修饰纤维素制备的载体为亲和吸附介质（affinity adsorbent）从血清中纯化了抗体。但由于亲和吸附介质制备技术的障碍，亲和纯化技术的实用化进程缓慢，直到 1967 年 Axen 等[2] 和 Cuatrecasas 等[3] 开发了利用溴化氰活化琼脂糖凝胶制备亲和吸附介质的方法，才使亲和纯化技术从研究走向实用，亲和色谱这一名称也是在此时首次出现。20 世纪 80 年代以后，利用生物亲和作用的高度特异性与其他分离技术如膜分离、双水相萃取、反胶团萃取、沉淀分级和电泳等相结合，相继出现了亲和过滤、亲和分配、亲和反胶团萃取、亲和沉淀、亲和电泳等亲和纯化技术。但除亲和色谱外，其他亲和纯化技术尚未达到实用化的阶段。

本章在介绍生物亲和作用的本质的基础上，以亲和色谱为主阐述各种亲和纯化技术的原理、特点、分离过程和应用。

## 8.1 生物亲和作用

### 8.1.1 亲和作用的本质

affinity 一词源于拉丁语的 affinitus，原意为结婚或亲缘关系。因此在化学或生物化学中，affinity 可以理解为分子之间的结合作用。实际上，亲和作用不只限于生物物质之间，对于非常简单的化合物，如 $Na^+$ 和 $Cl^-$ 通过静电作用相互吸引的现象也是一种亲和作用。因此，亲和作用是自然界普遍存在的现象，只是生物分子间的亲和作用具有更高的选择性。在本章中，如不特殊说明，亲和作用均指生物分子间的特异性结合作用。生物亲和作用是生命诞生、维持与延续的重要基础，而亲和纯化技术仅仅是人为利用生物亲和作用的手段之一。

参与亲和作用的两个分子（或物质）中，其中之一为蛋白质的情况占绝大多数，或者两者均为蛋白质。蛋白质是高分子化合物，种类繁多，结构复杂。因此，蛋白质参与亲和作用的机理尚不完全清楚。一般认为，蛋白质的立体结构中含有某些参与亲和结合的部位，这些结合部位呈凹陷或凸起的结构，能与该蛋白质发生亲和作用的分子恰好可以进入到此凹陷结构中，或者该蛋白质的凸起部位恰好能够进入与其发生亲和作用的分子（一般也是蛋白质）

的凹陷部位，就像钥匙和锁孔的关系一样。蛋白质分子表面的凹陷或凸起部位与整个蛋白质分子相比要小得多。例如，球形蛋白质的直径一般为几纳米到十几纳米，而结合部位的直径一般为 $1\sim2nm$。由于不是整个分子或物质参与亲和结合，亲和作用的分子（物质）对可以是：大分子-小分子，大分子-大分子，大分子-细胞，细胞-细胞。

具有亲和作用的分子（物质）对之间具有"钥匙"和"锁孔"的关系是产生亲和结合作用的必要条件，但并不充分。除此之外，还需要分子或原子水平的各种相互作用才能完整地体现亲和结合作用。这些相互作用包括以下几个方面（图 8.1）。

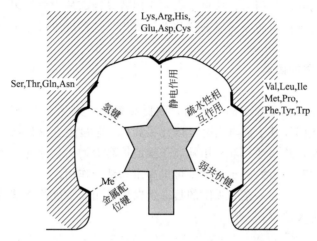

图 8.1　蛋白质的结合部位及各种结合作用力
（记号表示参与结合作用的氨基酸残基）

### 8.1.1.1　静电作用

亲和作用分子对的结合部位上带有相反电荷时，产生静电引力。在中性 pH 值下，蛋白质分子上的天冬氨酸、谷氨酸和半胱氨酸等酸性氨基酸残基带负电荷，而精氨酸、赖氨酸和组氨酸等碱性氨基酸残基带正电荷。此外 N 末端氨基酸的 $\alpha$-氨基带正电荷，C 末端氨基酸的羧基带负电荷。因为静电引力与距离的平方成反比，如满足"钥匙"和"锁孔"的关系，在近距离发生的静电引力是很强烈的。

### 8.1.1.2　氢键

如果亲和作用分子对的一个分子中含有氧原子或氮原子，结合部位之间可以产生氢键作用，即形成 O…H—O（0.26nm）或 O…H—N（0.28～0.30nm）。由于氧和氧或氧和氮原子与氢原子必须基本排列在一条直线上，并且原子之间的距离达到一定程度时才能产生氢键，因此氢键的产生与否受结合部位之间位置关系的严格制约。

### 8.1.1.3　疏水性相互作用

如果亲和作用分子对的一个分子中含有芳香环或烃基链等疏水基，另一分子的结合部位上也含有疏水区，则两者之间可发生疏水性相互作用。例如蛋白质的缬氨酸、亮氨酸、异亮氨酸、甲硫氨酸和脯氨酸等氨基酸残基含有碳氢链，苯丙氨酸、酪氨酸和色氨酸残基含有芳香环，这些氨基酸残基如暴露在结合部位，则与另一分子的疏水基发生疏水性相互作用。

### 8.1.1.4　配位键

如果两个分子均与同一金属原子配位，则两者之间可通过金属配位键间接结合。例如羧肽酶（carboxypeptidase）与其底物的结合需要通过锌原子产生配位键。过渡金属离子

$Cu^{2+}$、$Zn^{2+}$和$Ni^{2+}$等可与组氨酸的咪唑基产生配位键，形成金属螯合结构。

#### 8.1.1.5　弱共价键

弱共价键是指结合力较弱的可逆共价键，如氨基与甲酰基之间形成的Schiff碱（Schiff base），醛基与羟基之间形成的半缩醛基（hemiacetal）均为可逆共价键，结合力较弱。当亲和作用分子对之间满足形成弱共价键的条件时可能形成弱共价键。利用巯基间的氧化还原反应产生二硫键的色谱方法通常称作共价色谱（covalent chromatography）。

由此可见，生物亲和作用是一种复杂的生物现象，除具备"钥匙"和"锁孔"的关系外，还需存在特殊的相互作用力，这也是亲和作用特异性高的主要原因。此外，当蛋白质分子发生亲和结合时，蛋白质的分子形态往往发生变化。这种现象可能也是产生亲和结合作用的重要原因。

### 8.1.2　影响亲和作用的因素

#### 8.1.2.1　离子强度

如果亲和结合作用主要源于静电引力，则提高离子强度无疑会减弱或完全破坏亲和作用。由于氢键的形成同样基于静电引力，因此提高离子强度也会降低或消除氢键作用。

与静电引力相反，疏水性相互作用随离子强度提高而增大。因此，当亲和结合作用主要源于疏水性相互作用时，增大离子强度则可提高亲和结合作用。

在亲和分离操作中，许多亲和吸附的目标蛋白质可用高浓度盐溶液洗脱，说明静电引力在亲和作用中占有重要地位。

#### 8.1.2.2　pH值

蛋白质为多价两性电解质，含有许多解离基团，不同解离基团的解离常数（$pK_a$）不同。例如，25℃下C末端的$\alpha$-羧基的$pK_a=3.4\sim3.8$，N末端的$\alpha$-氨基的$pK_a=7.4\sim7.5$，天冬氨酸的$\beta$-羧基的$pK_a=3.9\sim4.0$，赖氨酸的$\varepsilon$-氨基的$pK_a=10.0\sim10.4$。如果蛋白质的结合部位存在羧基，则在pH值等于该羧基的$pK_a$值时，该羧基的50%带负电荷；当pH值高于$pK_a$值一个pH单位时，则该羧基的90%带负电荷；反之，如果pH值低于$pK_a$值一个pH单位，则该羧基仅有10%带负电荷。因此，如果静电引力对亲和结合作用的贡献较大，pH值会严重影响亲和作用，即在适当的pH值下亲和结合作用较高，而在其他pH值下亲和结合作用减弱或完全消失。事实上，在亲和分离操作中，溶液pH值的选择是非常重要的。

#### 8.1.2.3　变性剂和离液离子

脲（urea）和盐酸胍（guanidinohydrochloric acid）的存在可抑制氢键的形成，破坏疏水性相互作用。因此，如果亲和结合作用中存在氢键和/或疏水性作用，则加入脲或盐酸胍可减弱亲和作用。但是，脲和盐酸胍是蛋白质的强烈变性剂，高浓度（>4mol/L）下容易引起蛋白质的变性。

另外，在$SCN^-$、$I^-$和$ClO_4^-$等离子半径较大的离液阴离子存在下，疏水性相互作用降低。因此，如果疏水性相互作用对亲和结合的贡献较大，添加这些离子会降低亲和结合作用。

#### 8.1.2.4　温度

由于温度升高使分子和原子的热运动加剧，结合部位的静电作用、氢键及金属配位键减弱。但温度上升可使疏水性相互作用增强（详见7.6节）。

#### 8.1.2.5　螯合剂

如果亲和结合作用源于亲和分子对与金属离子形成的配位键，则加入乙二胺四乙酸

（EDTA）等螯合剂除去金属离子，会使亲和结合作用消失。

### 8.1.3 亲和作用体系

生物物质中最熟知和常见的亲和作用体系（affinity system）之一是酶与其底物，酶反应的底物特异性即反映在一种酶仅与特定的物质（底物）相结合并催化该物质发生的特定反应。此外，酶反应的可逆竞争性抑制剂和底物一样与酶的活性部位结合，抑制酶的活性。由于酶反应的产物来自底物，与底物具有某种相似性，也往往成为酶反应的抑制剂。需要辅酶Ⅰ（NAD）参与酶反应的各种酶可与辅酶Ⅰ发生可逆性结合；含有糖基的酶或蛋白质分子通过糖基与植物凝集素结合；酶或蛋白质作为抗原可与其抗体结合。上述这些都是与酶或蛋白质有关的亲和作用体系。

必须指出，不同亲和作用体系的特异性是各不相同的。例如，抗原与其单克隆抗体的结合基本上是一对一的关系，即该单克隆抗体不能与其他抗原结合，这种亲和作用是高度特异性的。对于大多数亲和体系，亲和作用均不具备绝对的特异性。例如，外源凝集素可与任何含有糖基的蛋白质结合，这类亲和体系属于群特异亲和体系。表 8.1 自上而下大致按特异性的高低列出了各种常用于亲和分离的亲和作用体系（亲和作用分子对）。

表 8.1　主要亲和作用体系

| 特异性 | 亲和作用分子对 | |
| --- | --- | --- |
| | A | B |
| 高特异性 | 抗原 | 单克隆抗体 |
| | 激素 | 受体蛋白 |
| | 核酸 | 互补碱基链段、核酸结合蛋白 |
| | 酶 | 底物、产物、抑制剂 |
| 群特异性 | 免疫球蛋白 | 蛋白 A、蛋白 G |
| | 酶 | 辅酶 |
| | 凝集素 | 糖、糖蛋白、细胞、细胞表面受体 |
| | 酶、蛋白质 | 肝素 |
| | 酶、蛋白质 | 活性染料（色素） |
| | 酶、蛋白质 | 过渡金属离子($Cu^{2+}$、$Zn^{2+}$、$Ni^{2+}$ 等) |
| | 酶、蛋白质 | 氨基酸（组氨酸等） |

将具有亲和作用的两种分子中的一种分子与固体粒子或可溶性物质共价偶联，可特异性吸附或结合另一种分子，使另一种分子（通称为目标产物）容易从混合物中得到选择性分离纯化，亲和色谱等亲和纯化技术正是基于这一原理。在亲和纯化中，一般将亲和作用分子对中被固定的分子称为其亲和结合对象（一般为蛋白质）的配基（ligand）。用 L 表示配基，E 表示蛋白质，则可逆性亲和结合作用可表示为

$$E+L \Longleftrightarrow E.L \tag{8.1}$$

其中，E.L 为蛋白质与配基形成的复合体。上述结合反应的解离常数 $K_d$ 为

$$K_d = \frac{[E][L]}{[E.L]} \tag{8.2}$$

结合常数 $K_{eq}$ 为

$$K_{eq} = \frac{[E.L]}{[E][L]} \tag{8.3}$$

式中，[E]、[L] 和 [E.L] 分别表示蛋白质、配基和其复合体的平衡浓度。

结合常数越大，或解离常数越小，表示亲和结合作用越强。适用于亲和吸附分离的亲和

体系的结合常数范围为 $10^4 \sim 10^8 \, \text{L/mol}$。有些亲和体系的结合常数很高,例如,生物素(biotin)与抗生物蛋白(avidin)的结合常数达 $10^{15} \, \text{L/mol}$,其亲和结合基本上是不可逆的。结合常数过大会使目标产物很难洗脱回收,但结合常数最低不能小于 $10^3 \, \text{L/mol}$,否则亲和结合作用太小,不能有效地结合目标产物。

## 8.2 亲和色谱原理

亲和色谱是利用亲和吸附作用分离纯化生物物质的液相色谱法。亲和色谱的固定相是键合亲和配基的亲和吸附介质(亲和吸附剂)。由于目标产物基于生物亲和作用吸附在固定相上,具有高度的选择性,因此,亲和色谱操作与一般的固定床吸附操作方式相似,多采用断通式前端分析法。如图 8.2 所示,一般亲和色谱操作分进料(feedstock loading)、杂质清洗(contaminant washing)、目标产物洗脱(target product elution)和色谱柱再生(column regeneration)4 个步骤。首先,含有目标产物的料液连续通入色谱柱,直至目标产物在色谱柱出口穿透为止 [图 8.2(a)];然后利用与溶解原料的溶液组成相同的缓冲液为清洗液,清洗色谱柱,除去不被吸附的杂质(蛋白质、核酸等)[图 8.2(b)];清洗完毕后,利用可使目标产物与配基解离的溶液(洗脱液)洗脱目标产物,即得到纯化的目标产物 [图 8.2(c)];最后,为分离纯化下一批料液,利用清洗液清洗再生色谱柱,使色谱柱的物理环境(如 pH 值和离子强度等)适合于目标产物的亲和吸附 [图 8.2(d)]。图 8.3 是分离操作过程中色谱柱出口浓度变化示意图,其中 a~c 分别对应于吸附、清洗和洗脱三个操作步骤。

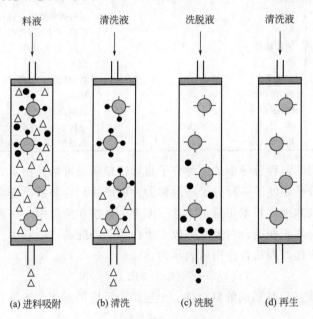

料液　　　清洗液　　　洗脱液　　　清洗液

(a) 进料吸附　　(b) 清洗　　(c) 洗脱　　(d) 再生

图 8.2　亲和色谱操作示意图
(●)目标产物;(△)杂质

如果亲和吸附的选择性较低,亲和吸附剂可能同时吸附两种以上的蛋白质。此时可根据不同蛋白质的亲和结合常数的差别进行线性梯度洗脱或逐次洗脱操作,与 IEC 操作类似。为使各种吸附蛋白质之间得到良好的分离,一般进料量较小,远低于目标产物发生穿透所需的进料量。例如[4],以活性染料为配基分离脱氢酶时,因为料液中含有苹果酸脱氢酶和 3-

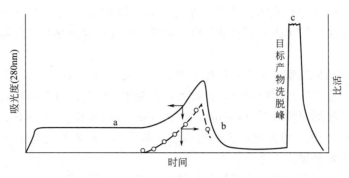

图 8.3　亲和色谱柱出口流出液中目标产物与总蛋白浓度变化

（○ 标产物（比活）

羟基酪酸脱氢酶，而两种脱氢酶与染料配基的亲和作用不同，并且随盐浓度增大而降低，可以采用逐渐增大盐浓度的线性梯度洗脱法或采用盐溶液和含 NADH（还原型辅酶Ⅰ）的逐次洗脱法分离两种脱氢酶。

# 8.3　亲和色谱介质

亲和吸附作用是在特定配基的存在下实现的，因此，除少数特殊情况外，均需根据目标产物选择适当的亲和配基修饰固定相粒子，制备所需的亲和吸附介质。这里所说的少数特殊情况是指外源凝集素的亲和纯化。如 8.2 节所述，植物凝集素与糖基具有亲和结合作用，因此，天然琼脂糖凝胶和葡聚糖凝胶可直接用作外源凝集素的亲和吸附介质。例如，Sephadex 凝胶是交联葡聚糖凝胶，而葡聚糖是葡萄糖以 $\alpha$-1,6-糖苷键连接而成的，可亲和吸附伴刀豆球蛋白 A（一种植物凝集素）；Sepharose 凝胶中含有半乳糖，在 $Ca^{2+}$ 存在下可亲和吸附蛇毒凝集素。在利用亲和色谱技术纯化目标产物时，商品化的亲和吸附介质往往不能满足特殊目标产物的需要，有必要自制亲和吸附介质。因此，本节从讨论亲和配基的性质入手，进而介绍亲和配基的固定化方法。

### 8.3.1　亲和配基

#### 8.3.1.1　酶的抑制剂

蛋白酶均存在抑制其活性的物质，这类物质称为酶的抑制剂（enzyme inhibitor）。在生物体内蛋白酶的抑制剂可与蛋白酶的活性部位结合，抑制酶的活性，必要时保护生物组织不受蛋白酶的损害。

酶的抑制剂在分子大小和形态上分布较广，有天然的生物大分子，也有小分子化合物。例如胰蛋白酶的天然蛋白质类抑制剂有胰脏蛋白酶抑制剂（pancreatic trypsin inhibitor，PTI）、卵黏蛋白（ovomucoid）和大豆胰蛋白酶抑制剂（soybean trypsin inhibitor，STI）等，小分子抑制剂有苄脒（benzamidine）、精氨酸和赖氨酸。这些抑制剂均可作为亲和纯化胰蛋白酶的配基，但与酶的结合常数各不相同。例如，STI 与胰蛋白酶的结合常数达 $10^9$ L/mol 以上[5]，而对氨基苄脒（$p$-aminobenzamidine）与胰蛋白酶的结合数约为 $4 \times 10^4$ L/mol（25℃）[6]。

#### 8.3.1.2　抗体

利用抗体为配基的亲和色谱又称免疫亲和色谱（immunoaffinity chromatography）。抗体与抗原之间具有高度特异性结合能力，结合常数一般为 $10^7 \sim 10^{12}$ L/mol。因此，利用免疫亲和色谱法，特别是以单抗为配基的免疫亲和色谱法是高度纯化蛋白质类生物大分子的有效手段。

单抗需要利用动物免疫实验从动物腹水中获得，或者通过动物细胞培养生产，因此，单抗本身就是一种昂贵的生物活性物质，很难大规模使用。但是，对于产量较小的某些基因工程药物，如组织纤溶酶原激活剂（tissue-type plasminogen activator，t-PA）和干扰素（interferon）等的分离纯化，单抗免疫亲和色谱法的确是非常有效的纯化手段，也是目前工业生产这些药物的主要分离技术之一。

与单抗相比，多克隆抗体的特异性要低得多。但是，利用多克隆抗体为配基时，只要选择适当的洗脱条件，也可进行目标产物的高度纯化。

### 8.3.1.3 蛋白 A

蛋白 A（protein A）为相对分子质量约 42000 的蛋白质，存在于黄色葡萄球菌（*Staphylococcus aureus*）的细胞壁中，占该细胞壁构成成分的约 5%。蛋白 A 在确定其为蛋白质之前称 A 抗原，与动物免疫球蛋白 G（immunogloblin G，IgG）具有很强的亲和结合作用，结合部位为 IgG 分子的 Fc 片段（Y 字形 IgG 分子的主干部分）。每个蛋白 A 分子上含有 5 个 Fc 片段结合部位。除 IgG 外，蛋白 A 与人 IgM 和人 IgA 也具有亲和结合作用，但结合力较弱。

蛋白 A 不与抗体（IgG）的抗原结合部位结合，而且任何抗体的 Fc 片段的结构都非常相似，因此，蛋白 A 可作为各种抗体的亲和配基，但与不同抗体的结合常数有所不同。此外，蛋白 A 与抗体结合并不影响抗体与抗原的结合能力，因此蛋白 A 也可用于分离抗原-抗体的免疫复合体。

### 8.3.1.4 凝集素

凝集素（lectin）是与糖特异性结合的蛋白质（酶和抗体除外）的总称，大部分凝集素为多聚体，含有两个以上的糖结合部位，不同的凝集素与糖结合的特异性不同。例如，常用作亲和配基的伴刀豆球蛋白 A（concanavalin A，Con A）与葡萄糖和甘露糖的亲和结合作用较强，而麦芽凝集素（wheat germ agglutinin，WGA）与 *N*-乙酰葡糖胺（*N*-acetyl-glucosamine）的亲和结合作用较强。

Con A 可用作糖蛋白、多糖、糖脂等含糖生物大分子以及全细胞、细胞膜片段和细胞表面受体蛋白的亲和配基。pH<5.6 时 Con A 为二聚体，相对分子质量为 52000；pH>5.6 时为四聚体，相对分子质量为 102000，每个亚基（subunit）之间通过二硫键结合。因此，在利用 Con A 为配基的亲和色谱操作中，操作条件（如 pH 值、溶液组成）应当适宜，不能使 Con A 的亚基发生解离。

### 8.3.1.5 辅酶和腺苷磷酸

各种脱氢酶和激酶需要在辅酶（coenzyme）的存在下表现其生物催化活性，即脱氢酶和激酶与辅酶之间具有亲和结合作用。辅酶主要有辅酶Ⅰ（烟酰胺腺嘌呤二核苷酸，nicotinamide adenine dinucleotide，NAD）、辅酶Ⅱ（烟酰胺腺嘌呤二核苷酸磷酸，NAD phosphate，NADP）和腺苷三磷酸（adenosine triphosphate，ATP）等。这些辅酶可用作脱氢酶和激酶的亲和配基。此外，腺苷一磷酸（adenosine 5′-monophosphate，AMP）、腺苷二磷酸（adenosine 2′,5′-diphosphate，ADP）的腺苷部分与上述辅酶的结构类似，与脱氢酶和激酶同样具有亲和结合作用，可用作这些酶的亲和配基。

#### 8.3.1.6 色素配基

三嗪类色素（triazine dyes）是一类分子内含有三嗪环的合成活性染料，与各种需要在 NAD 的存在下表现其生物活性的脱氢酶和激酶具有结合作用。这类色素与 NAD 的结合部位相同，具有抑制酶活性的作用，因此又称为生物模拟色素（biomimetic dye）。利用色素为配基的亲和色谱法一般称作色素亲和色谱（dye-ligand affinity chromatography）。

除脱氢酶和激酶外，三嗪类色素还与很多蛋白质具有结合能力，如血清白蛋白、干扰素、核酸酶、溶菌酶和糖解酶等，用途非常广泛。色谱与这些蛋白质结合的作用机理很复杂，有些是疏水性相互作用，有些则是疏水性吸附和静电吸附共同作用的结果[7,8]。

三嗪类色素的种类很多，各种色素与蛋白质的亲和结合作用的强弱不同。表 8.2 为部分色素产品及其与蛋白质的亲和结合能力（按五个级别划分）[9]，其中 Cibacron Blue 3GA（又称 Reactive Blue 2）是最常用的活性色素，分子结构为

此外，Reactive Red 120（Procion Red H-E3B）、Reactive Blue 4（Procion Blue MX-R）和 Reactive Yellow 2（Procion Yellow H-5G）等也是常用的色素配基。

**表 8.2　部分三嗪类色素及其与蛋白质的亲和结合能力**

| 色　　素 | 亲和结合能力 | 色　　素 | 亲和结合能力 |
|---|---|---|---|
| Reactive Yellow 86 | 1 | Reactive Blue 114 | 4 |
| Reactive Blue 4 | 2 | Reactive Red 4 | 4 |
| Reactive Blue 2 (Cibacron Blue 3GA) | 3 | Reactive Brown 10 | 4 |
| Reactive Red 120 | 3 | Reactive Blue 140 | 5 |
| Reactive Yellow 2 | 3 | Reactive Green 5 | 5 |
| Reactive Blue 5 | 4 | | |

必须指出，表 8.2 所划分的色素结合能力并不是绝对的，而是根据目标蛋白质的不同有所差异。例如，Procion Red H-E3B 对苹果酸脱氢酶的亲和结合能力比 Procion Blue MX-4GD 强；而对于 3-羟基酪酸脱氢酶，两者的作用正好相反[4]。三嗪类色素与蛋白质的结合常数为 $10^4 \sim 10^7$ L/mol，一般随离子强度增大而降低[4,7,8]。

#### 8.3.1.7 过渡金属离子

$Cu^{2+}$、$Ni^{2+}$、$Zn^{2+}$ 和 $Co^{2+}$ 等过渡金属离子可与 N、S 和 O 等供电原子（electron donor atom）产生配位键，因此可与蛋白质表面的组氨酸（histidine）的咪唑基（imidazole）、半胱氨酸（cysteine）的巯基（mercapto group）和色氨酸（tryptophan）的吲哚基（indole）发生亲和结合作用，其中以组氨酸的咪唑基的结合作用最强。过渡金属离子与咪唑基的结合强弱顺序是 $Cu^{2+} > Ni^{2+} > Zn^{2+} \geqslant Co^{2+}$。

过渡金属离子可通过与亚胺二乙酸（iminodiacetic acid，IDA）或三羧甲基乙二胺［tris (carboxymethyl)-ethylene diamine，TED］形成螯合金属盐固定在固定相粒子表面，用作亲和吸附蛋白质的配基。这种利用金属离子为配基的亲和色谱一般称为金属螯合亲和色谱（metal chelate affinity chromatography）或固定化金属离子亲和色谱（immobilized metal affinity chromatography，IMAC），由 Porath 等[10]于 1973 年首次提出。

图 8.4 为利用 IDA 螯合 $Cu^{2+}$ 及其与蛋白质相互作用的示意图。IDA 螯合的 $Cu^{2+}$ 在加入蛋白质之前与溶剂分子（如水、咪唑）配位。加入蛋白质后，蛋白质置换溶剂分子，与金属离子形成配位键而被吸附。被吸附的蛋白质可利用酸或 $Zn^{2+}$ 溶液（H＋或 $Zn^{2+}$ 和固定化金属离子竞争，与蛋白质发生结合作用）洗脱，或用咪唑溶液（咪唑与固定化金属离子结合，置换蛋白质）洗脱，也可用螯合剂（如 EDTA）将金属离子和蛋白质一起洗脱下来。由于大多数蛋白质都含有组氨酸等残基，故 IMAC 用途广泛。不同蛋白质表面组氨酸残基的含量和分布不同，利用其差别引起的结合作用的强弱不同可进行蛋白质的色谱分离。

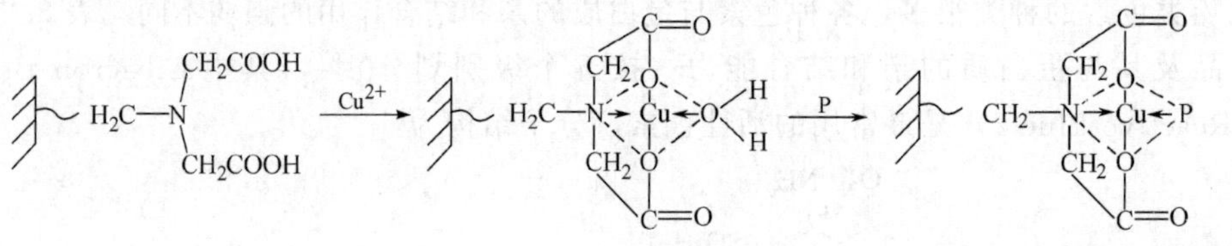

图 8.4　固定化 IDA 与 $Cu^{2+}$ 形成的螯合结构及吸附蛋白质的平面示意图（P 表示蛋白质）

### 8.3.1.8　组氨酸

在各种氨基酸中，组氨酸（图 8.5）的性质比较独特：具有弱疏水性、咪唑环为弱电性。因此组氨酸可与蛋白质发生亲和结合作用。虽然这种亲和作用的机理尚不十分清楚，但利用固定化组氨酸吸附蛋白质以及洗脱色谱实验结果表明，静电和疏水性相互作用均有可能参与亲和结合[11]。在盐浓度较低和 pH 值约等于目标蛋白质等电点的溶液中，固定化组氨酸的亲和吸附作用最强，随着盐浓度增大，亲和吸附作用降低。因此，利用组氨酸为配基可亲和分离等电点相差较大的蛋白质，洗脱则可采用增大盐浓度的梯度洗脱法。

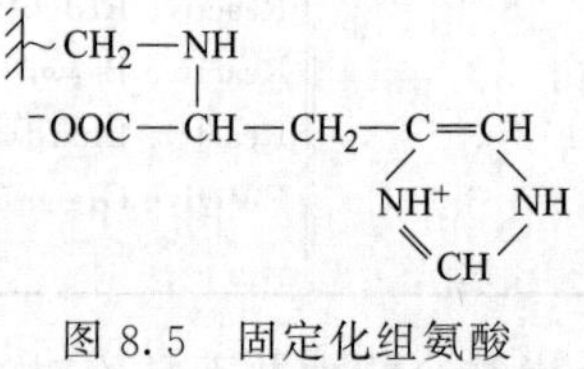

图 8.5　固定化组氨酸

### 8.3.1.9　肝素

肝素（heparin）是存在于哺乳动物的肝、肺、肠等脏器中的酸性多糖，相对分子质量一般为 5000～30000，具有抗凝血作用。肝素与脂蛋白、脂肪酶、甾体受体、限制性核酸内切酶、抗凝血酶、凝血蛋白质等具有亲和作用，可用作这些物质的亲和配基。肝素的亲和结合作用在中性 pH 值和低浓度盐溶液中较强，随着盐浓度的增大结合作用降低。

### 8.3.2　亲和吸附剂及其制备方法

将亲和配基共价偶联在固体粒子的表面（孔内）即可制备亲和吸附剂，该固体粒子通常称为配基的载体（carrier/support）。因此，亲和吸附剂又称亲和载体（affinity carrier/affinity support）。作为载体的固体粒子应满足以下要求。

① 具有亲水性多孔结构，无非特异性吸附，比表面积大。
② 物理和化学稳定性高，有较高的机械强度，使用寿命长。
③ 含有可活化的反应基团，用于亲和配基的固定化。
④ 粒径均一的球形粒子。

可以看出，上述要求除第③条外，与凝胶过滤介质相同（见 7.4 节）。实际上，亲水性凝胶过滤介质表面含有大量可活化的羟基。因此，一般凝胶过滤介质均可作为亲和配基的载体制备亲和吸附剂。表 8.3 列出了部分商品化的亲和吸附剂及其可纯化的目标产物。此外，还有许多商品化的活化载体，供各种配基的固定化。

商品化的亲和吸附介质种类有限，在实际应用中，特别是在科研工作中往往需要在实验室内利用凝胶过滤介质合成所需的亲和吸附介质。合成的方法很多，可根据凝胶和配基的反应活性基团的不同加以适当选择[12]。下面介绍几种常用的方法。

表 8.3　部分商品化的亲和吸附剂及其亲和吸附的目标产物

| 亲和吸附介质 | 配基 | 亲和吸附对象（目标产物） | 制造商 |
| --- | --- | --- | --- |
| Blue Sepharose CL-6B | Cibacron Blue F3G-A | NAD,ATP 相关酶,白蛋白,干扰素 | GE Healthcare |
| Protein A-Sepharose CL-4B | ProteinA | IgG,免疫复合体 | GE Healthcare |
| Con A-Sepharose | Con A | 糖蛋白,多糖 | GE Healthcare |
| AMP-Sepharose | AMP | NAD 相关酶 | GE Healthcare |
| Lysine Sepharose 4B | L-lysine | 纤溶酶原,纤溶酶原激活剂 | GE Healthcare |
| Heparin Sepharose CL-6B | Heparin | 限制性核酸内切酶,脂蛋白,脂肪酶,凝结蛋白 | GE Healthcare |
| Affi-Gel Blue | Cibacron Blue F3G-A | NAD,ATP 相关酶,白蛋白,干扰素 | Bio-Rad |
| Affi-Gel Protein A | Protein A | IgG,免疫复合体 | Bio-Rad |
| Affi-Prep Protein A | Protein A | IgG,免疫复合体 | Bio-Rad |
| TSKgel Chelate-5PW | IDA | 各种蛋白质 | Toyo Soda |
| TSKgel Blue-5PW | CibacronBlue | NAD,ATP 相关酶,白蛋白,干扰素 | Toyo Soda |
| TSKgel ABA-5PW | $p$-氨基苄脒 | 胰蛋白酶,尿激酶 | Toyo Soda |
| TSKgel Boronate-5PW | $m$-氨基苯硼酸 | 糖蛋白,多糖,转移 RNA | Toyo Soda |

### 8.3.2.1　溴化氰活化法

用于多糖凝胶的活化，被固定的活性基团为含氨基的配基（$RNH_2$）。溴化氰（CNBr）对多糖类载体的活化在碱性（pH>10）条件下数分钟即可完成，之后的配基修饰亦需在碱性条件下进行，一般使用碳酸盐缓冲液。反应机理为

$$\text{—OH} \xrightarrow[\text{pH11}]{\text{CNBr}} \text{—O—CN} \xrightarrow{\text{交联}} \text{—O} \diagup \diagdown \text{C}\!=\!\text{NH} \xrightarrow[\text{pH10}]{\text{R—NH}_2} \text{—OC—NH—R}$$

CNBr 为剧毒药品，上述操作需在通风橱中进行。CNBr 活化法适用于 $RNH_2$ 型配基的修饰，如蛋白质类配基。

### 8.3.2.2　环氧基活化法

环氧基活化法可用于多糖凝胶和表面为氨基的载体的活化，固定分子结构为 $RNH_2$、ROH 和 RSH 的配基。常用的活化试剂为 1,4-丁二醇-二缩水甘油醚（简称 BGE）和环氧氯丙烷（epichlorohydrin）。活化过程需在强碱条件下进行。以活化羟基为例，反应机理为

$$\text{—OH} + \text{CH}_2\text{—CHCH}_2\text{O(CH}_2)_4\text{OCH}_2\text{CH—CH}_2 \xrightarrow{\text{NaOH}} \text{—OCH}_2\text{CHCH}_2\text{O(CH}_2)_4\text{OCH}_2\text{CH—CH}_2$$

BGE

或

$$\text{—OH} + \text{Cl—CH}_2\text{CH—CH}_2 \xrightarrow{\text{NaOH}} \text{—OCH}_2\text{CH—CH}_2$$

引入活性基团环氧基后，可采用下述直接法或间接法固定配基。

（1）直接固定化法　在碱性条件下，通过与上述固定的活性环氧基直接反应固定配基（ROH、RNH$_2$、RSH）。

$$\text{=O} \sim \text{CH}-\text{CH}_2 + \text{R}-\text{NH}_2 \xrightarrow[\text{pH9} \sim 11]{} \text{=O} \sim \underset{\underset{\text{OH}}{|}}{\text{CH}}-\text{CH}_2\text{NH}-\text{R}$$

此反应速度很慢，所需固定化时间较长（24h 以上）。利用改良的间接法可提高反应速度和配基固定化率。

（2）间接固定化法　将环氧基进一步活化后，可使配基固定化反应更容易进行。通过环氧基的配基间接固定化方法很多，下面用化学反应式介绍几种常用的间接固定化法。

① 氧化法

$$\text{=O} \sim \text{CH}-\text{CH}_2 + \text{NaOH} \xrightarrow[\text{pH9} \sim 11]{\text{NaBH}_4} \text{=O} \sim \underset{\underset{\text{OH}}{|}}{\text{CH}}\text{CH}_2\text{OH} \xrightarrow{\text{NaIO}_4} \text{=O} \sim \text{CH}_2\text{CHO} \longrightarrow$$

$$\xrightarrow[\text{NaBH}_4 \text{或NaCNBH}_3]{\text{R}-\text{NH}_2} \text{=O} \sim \text{CH}_2\text{CH}_2\text{NH}-\text{R}$$

其中 NaBH$_4$ 和 NaCNBH$_3$ 为还原剂，还原甲酰基与氨基反应形成的不稳定 Schiff 碱，将 —CH＝NR 转化为 —CH$_2$NHR。

② 碳二亚胺法

$$\text{=O} \sim \text{CH}-\text{CH}_2 + \text{浓氨水} \longrightarrow \text{=O} \sim \underset{\underset{\text{OH}}{|}}{\text{CH}}\text{CH}_2\text{NH}_2 \xrightarrow[\text{pH6.0}]{\text{顺丁二酸酐}}$$

$$\text{=O} \sim \underset{\underset{\text{OH}}{|}}{\text{CH}}\text{CH}_2\text{NHCOCH}_2\text{CH}_2\text{COOH} \xrightarrow[\text{EDC}]{\text{R}-\text{NH}_2} \text{=O} \sim \underset{\underset{\text{OH}}{|}}{\text{CH}}\text{CH}_2\text{NHCOCH}_2\text{CH}_2\text{CONH}-\text{R}$$

常用的水溶性碳二亚胺为 1-乙基-3-(3-二甲胺丙基）碳二亚胺，简称 EDC。

③ 戊二醛活化法　上述②中用浓氨水处理后得到的氨基化载体用戊二醛甲酰化后固定配基。

$$\text{=O} \sim \text{CH(OH)CH}_2\text{NH}_2 + \text{OHC(CH}_2)_3\text{CHO} \xrightarrow{\text{NaCNBH}_3} \text{=O} \sim \text{CH(OH)CH}_2\text{NH(CH}_2)_4\text{CHO}$$

$$\xrightarrow[\text{NaCNBH}_3 \text{或NaBH}_4]{\text{R}-\text{NH}_2} \text{=O} \sim \text{CH(OH)CH}_2\text{NH(CH}_2)_4\text{CH}_2\text{NH}-\text{R}$$

因为 NaBH$_4$ 不仅还原 Schiff 碱，而且还原甲酰基，故第一步反应不能用 NaBH$_4$，只能用 NaCNBH$_3$，后者只能还原 Schiff 碱。

8.3.2.3　硅胶的活化

活化硅胶常采用硅烷化试剂，如 γ-氨丙基三甲（或乙）氧基硅烷和 γ-(2,3-环氧丙氧基）丙基三甲（或乙）氧基硅烷等，反应式分别为

$$\text{=Si}-\text{OH} + (\text{CH}_3)_3\text{Si(CH}_2)_3\text{NH}_2 \longrightarrow \text{=Si}-\text{O(CH}_3)_2\text{Si(CH}_2)_3\text{NH}_2$$

$$\text{=Si}-\text{OH} + (\text{CH}_3)_3\text{Si(CH}_2)_3\text{OCH}_2\text{CH}-\text{CH}_2 \longrightarrow \text{=Si}-\text{O(CH}_3)_2\text{Si(CH}_2)_3\text{OCH}_2\text{CH}-\text{CH}_2$$

引入活性氨基或环氧基后，可利用上述相应方法固定配基。但需注意的是，硅胶在碱性溶

液中不稳定，所以固定化反应不能在碱性条件下进行。在酸溶液中环氧基可发生二醇化反应

$$
|Si-O(CH_3O)_2Si(CH_2)_3OCH_2CH-CH_2 \xrightarrow{H^+} |Si-O(CH_3O)_2Si(CH_2)_3OCH(OH)CH_2OH
$$

$$
\xrightarrow{NaIO_4} |Si\sim CH_2CHO \xrightarrow[NaBH_4]{R-NH_2} |Si-CH_2CH_2NH-R
$$

　　利用上述各种活化和固定化法得到的配基固定化密度与载体的性质、活化和固定化法以及配基的性质有关，并且受反应条件（温度、pH 值等）的影响。因此，对于特定配基，需选择适当的载体在适宜的条件下进行活化与固定化反应，以达到所需的固定化密度，提高亲和色谱操作中目标产物的吸附容量和分离效果。

　　一般来说，目标产物的吸附容量随配基固定化密度的提高而增大。但是，当配基固定化密度过高时，配基之间会产生空间位阻作用（steric hindrance），影响配基与目标产物之间的亲和吸附，配基的有效利用率降低。因此，配基固定化密度也不宜过高，通常存在最佳密度值范围。

### 8.3.3　间隔臂的作用

　　当配基的相对分子质量较小时，将其直接固定在载体上，会由于载体的空间位阻，配基不能对生物大分子产生有效的亲和吸附作用，如图 8.6(a) 所示。这时，需要在配基与载体之间连接一个"间隔臂"（spacer），以增大配基与载体之间的距离，使其与生物大分子发生有效的亲和结合，如图 8.6(b) 所示。在上述配基固定化方法中，环氧基活化法中的双环氧化合物起间隔臂的作用。事实上，除 CNBr 活化法外，其他活化法都引入了不同的活性基团，这些活性基团如果有适当的长度，都可起到间隔臂的作用。利用 CNBr 活化法固定小分子配基时，一般需先引入 ω-氨基己酸或 1,6-二氨基己烷后再用相应的方法固定配基。

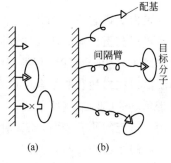

图 8.6　间隔臂的作用

　　引入间隔臂的长度是有一定限度的。若间隔臂分子链过长，配基与目标分子的亲和结合能力反而会下降。例如，研究表明[13]，间隔臂的长度对

**表 8.4　Freundlich 型亲和吸附平衡关系实例**

| 亲和吸附介质 | 溶质 | 缓冲液 | 温度/℃ | 平衡关系 |
|---|---|---|---|---|
| Sepharose 6B-Benzamidine | 胰蛋白酶 | 50mmol/LTris-HCl+<br>0.5mol/L NaCl(pH=7.8) | 10 | $\rho_b \bar{q}=8.0 c_m^{*0.67}$ |
| Sepharose 6B-Trypsin | Benzamidine | 50mmol/LTris-HCl+<br>0.5mol/L NaCl(pH=7.8) | 10 | $\rho_b \bar{q}=0.16 c_m^{*0.67}$ |
| Sepharose 4B-STI | 胰蛋白酶 | 50mmol/LTris-HCl+<br>0.5mol/L NaCl(pH=7.8) | 10 | $\rho_b \bar{q}=2.3 c_m^{*0.15}$ |
| Sepharose 4B-PAPTG | β-半乳糖苷酶 | 50mmol/L Tris-HCl+<br>0.5mol/L NaCl(pH=7.5) | 10 | $\rho_b \bar{q}=10.6 c_m^{*0.51}$ |
| Sepharose 4B-anti-BSA | 牛血清白蛋白 | 20mmol/L PBS+<br>0.15mol/L NaCl | 25 | $\rho_b \bar{q}=0.67 c_m^{*0.095}$ |

　　注：PBS—磷酸盐缓冲液（phosphate buffer saline）；PAPTG—对氨基苯-β-D-硫代半乳糖吡喃糖苷（p-aminophenyl-β-D-thiogalactopyranoside）；anti-BSA—抗牛血清白蛋白抗体；STI—大豆胰蛋白酶抑制剂（soybean trypsin inhibitor）；$\rho_b$—亲和吸附介质的床层填充密度（kg 介质/L 床体积）；$\bar{q}$—单位质量填充介质的平均吸附量（kg/kg 介质）；$c_m^*$—流动相（游离）溶质的平衡浓度。

固定化核苷酸与脱氢酶和激酶的亲和结合能力影响很大。当间隔臂含有 $6 \sim 8$ 个亚甲基（—$CH_2$—）时亲和吸附作用最大；当亚甲基数超过 8（长度＞1.0nm）时，亲和吸附作用下降。这可能是由于间隔臂过长容易弯曲，使配基与载体之间的距离缩短，或者不能有效地与酶的亲和结合部位接触，从而减弱了对酶的亲和作用。

# 8.4 亲和吸附平衡

## 8.4.1 亲和吸附等温线

与其他类型的吸附相似，蛋白质等生物大分子的亲和吸附平衡基本上可用 Langmuir 或 Freundlich 等温式表达。在吸附浓度较低的范围内，吸附等温线近似为线形（详见 6.2 节）。表 8.4 为部分 Freundlich 型亲和吸附等温式的实例[14,15]。其中 $c_m$ 的指数值越小，表示亲和结合力越强。当指数值小于 0.1 时，吸附平衡关系可用矩形等温式近似。

## 8.4.2 色素亲和吸附平衡

在前面 8.3.1 节已经介绍了色素亲和配基。色素亲和吸附剂吸附蛋白质的机理比较复杂，对不同的蛋白质，色素配基的吸附作用机理不尽相同。色素配基中研究最多的是 Cibacron Blue 3GA，简称 CB。CB 作为一种生物模拟色素，具有特殊的化学结构，使其可以和多种蛋白质通过不同的机理进行结合。首先，CB 分子中的多个芳环使其具有一定的疏水性，可以和蛋白质的非极性表面发生疏水性相互作用；其次，CB 分子上的蓝色发色基团具有和 $NAD^+$ 和 $NADP^+$ 相类似的构象和尺寸，从而可以和许多核苷酸依赖酶（例如脱氢酶和激酶）在二核苷酸结合位点发生强烈的特异性结合；最后，因为 CB 分子上的三个芳环氢被带负电荷的磺酸基所取代，又使其具有阳离子交换基的性质，可以和蛋白质发生静电相互作用。系统的研究表明，CB 对大部分蛋白质的吸附作用不外乎静电吸附和疏水性吸附，但对不同的蛋白质，两者的作用大小不一。对于大部分蛋白质，色素亲和吸附容量均随离子强度增大而降低，即使是与色素分子带同种负电荷的血清白蛋白（因为带电符号相同，不存在静电吸附，只有疏水性吸附，而疏水性吸附应随离子强度增大而增大）。这表明还存在另一种作用，即色素配基与载体介质的吸附作用。在较高盐浓度下，色素分子和琼脂糖凝胶基质之间可发生强疏水作用，造成色素配基的"倒伏"[7,16]。配基的倒伏随盐浓度提高而增大，故可与蛋白质结合的有效配基数随盐浓度增大而减小，致使发生蛋白质吸附容量随盐浓度增大而降低的现象。

基于对色素 CB 与琼脂糖凝胶载体的疏水性吸附作用随盐浓度提高而增大的认识，Zhang 和 Sun[17~19] 提出用下式描述色素配基与载体表面之间的吸附平衡

$$L_v + \alpha c_s \Longleftrightarrow L_s \tag{8.4}$$

式中，$L_v$ 为未倒伏的配基浓度；$L_s$ 为倒伏的配基浓度；$c_s$ 为盐浓度；$\alpha$ 为盐作用系数（表示盐对色素配基倒伏作用影响的大小）。

上述关系的平衡常数为

$$K_s = \frac{L_s}{c_s^\alpha L_v} \tag{8.5}$$

结合空间质量作用模型（见 6.2.3 节）和蛋白质与 CB 的疏水性吸附，可推导如下吸附平衡方程

$$\frac{q}{c}=K\left(\frac{L_t-(n+\sigma+K_s c_s^\alpha \sigma)q}{1+K_s c_s^\alpha}\right)^n \tag{8.6}$$

式中，$L_t$ 为色素配基的总浓度；$K$ 为蛋白质与配基的亲和结合平衡常数；$\sigma$ 为空间因子；$n$ 为每个蛋白质分子结合的 CB 配基分子数，相当于离子交换吸附的空间质量作用模型方程式（6.34a）中的特征电荷。

式（8.6）表示的空间质量作用模型描述了蛋白质吸附量随盐浓度增大而降低的现象。图 8.7 为利用独立测定的模型参数得到的模型计算值和实测 BSA 吸附平衡数据的比较[18]，两者吻合很好，说明模型方程具有预测性。该模型也可较好地描述双组分吸附平衡，并可扩展成描述既有疏水性吸附又有离子交换吸附的蛋白质吸附平衡模型[19]。

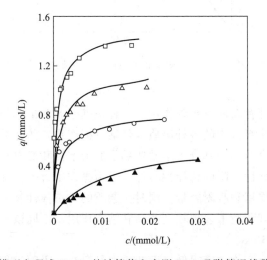

图 8.7　模型方程式(8.6)的计算值和实测 BSA 吸附等温线数据的比较

实验条件：（□）$L_t=19.0$mmol/L，$c_s=0.10$mol/L；

（△）$L_t=12.1$mmol/L，$c_s=0.10$mol/L；

（○）$L_t=7.01$mmol/L，$c_s=0.10$mol/L；

（▲）$L_t=15.82$mmol/L，$c_s=0.50$mol/L

## 8.5　亲和色谱过程和应用

### 8.5.1　亲和色谱过程

流速是影响色谱柱效和分离速度的重要因素，这一点在第 7 章已着重阐述。提高流速虽可提高分离速度，但柱效降低，穿透曲线平缓，色谱柱的有效利用率降低。因此，任何色谱操作都要在适当的流速下进行，兼顾操作速度和柱效率的关系，在保证良好的色谱分离的前提下采用尽可能高的流速。另外，色谱固定相载体和色谱分离设备本身也有耐压能力限制。就固定相载体而言，软凝胶载体（如琼脂糖凝胶）等低强度载体容易受压变形，存在最大允许操作线速度。如图 8.8 所示，在一定操作压力以上，继续增大压力流速反而降低，并且最大允许线速度随柱径和柱高增大而降低。因此，在色谱放大设计和操作中需要特别注意这一问题。

如图 8.2 所示，亲和色谱操作多采用断通式前端分析法，当溶质在色谱柱出口发生穿透后（或接近穿透前）停止进料，逐次转入清洗、洗脱和亲和吸附剂的再生过程。下面就进料吸附、清洗和洗脱三个阶段分别阐述一般的操作原则。

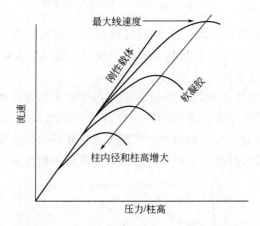

图 8.8　刚性和软凝胶固定相的色谱操作中流速与压力的关系

#### 8.5.1.1　进料吸附

亲和色谱操作中可能存在两种吸附作用，一种是基于亲和配基与目标分子之间特异性结合的亲和吸附，另一种是料液中的各种溶质（包括目标产物）的非特异性吸附。非特异性吸附产生于溶质与固定相介质和配基分子中某些部位的疏水性和静电相互作用。特异性吸附有很高的选择性，而非特异性吸附的选择性很低。吸附操作中首先要保证亲和吸附介质对目标产物有较高的亲和吸附作用和吸附容量，同时，杂质的非特异性吸附要控制在最低水平。配基与目标产物在特定物理环境下表现较高的亲和结合作用，不同亲和体系所要求的物理环境不同，但一般 pH 值为 6～8。

因为生物料液中目标产物浓度很低，而杂质大量存在，吸附过程中即使有少量杂质的非特异性吸附发生也会大大降低纯化效果。一般来说，杂质的非特异性吸附量与其浓度、性质、载体材料、配基固定化法以及流动相的离子强度、pH 值和操作温度等因素有关。例如，当配基或目标产物带有电荷，或者用溴化氰活化法修饰配基的同时引入带电基团时，在较低离子强度下，亲和吸附剂（包括已被吸附的目标产物）对杂质的静电作用较强，非特异性吸附量较大。另外，在离子强度较高的情况下，由于间隔臂上碳氢链的疏水性相互作用较强，也可能使非特异性吸附量增大。因此，为减小吸附操作中的非特异性吸附量，所用缓冲液的离子强度要适当，一般为 0.1～0.5mol/L，缓冲液的 pH 值应使配基和目标产物与杂质的静电作用较小。此外，要使用高纯度的配基制备亲和吸附介质，提高亲和吸附剂自身的质量。有时，为减小杂质以及目标产物的疏水性吸附，可在料液（以及后续的清洗液）中加入 0.1～5g/L 的表面活性剂（如 Tween 80、Triton X-100 等）。对于疏水性较大的蛋白质（如组织纤溶酶原激活剂），加入表面活性剂是提高目标产物纯度和回收率的有效手段[20]。

#### 8.5.1.2　清洗

清洗操作的目的是洗去色谱柱空隙中和吸附剂内部存在的杂质，一般使用与吸附操作相同的缓冲液（pH 值和离子强度相同），必要时加入表面活性剂，保证目标产物的吸附和杂质的清除。由于溶质的吸附是可逆的，清洗过度会使目标产物的损失增多，特别是对于吸附结合常数较小的亲和体系。但是，若清洗不充分会使洗脱回收的目标产物纯度降低。因此，在清洗操作中应分析色谱流出液的组成变化情况，确定适宜的清洗操作时间。

#### 8.5.1.3 洗脱

目标产物的洗脱方法有两种，即特异性洗脱（specific elution）和非特异性洗脱（non-specific elution）。

特异性洗脱是利用含有与亲和配基或目标产物具有亲和结合作用的小分子化合物溶液为洗脱剂，通过与亲和配基或目标产物的竞争性结合，脱附目标产物。例如，赖氨酸和精氨酸都是 t-PA 的抑制剂，利用固定化赖氨酸为配基亲和分离 t-PA 时，可用精氨酸溶液进行洗脱[20]；葡萄糖与凝集素 Con A 具有亲和结合作用，利用 Con A 为配基的亲和色谱可用葡萄糖溶液洗脱。特异性洗脱条件温和，有利于保护目标产物的生物活性。另外，由于仅特异性洗脱目标产物，对于特异性较低的亲和体系（例如，用三嗪类色素为配基时）或非特异性吸附较严重的物系，特异性洗脱法有利于提高目标产物的纯度。

非特异性洗脱通过调节洗脱液的 pH 值、离子强度、离子种类或温度等理化性质降低目标产物的亲和吸附作用，是较多采用的洗脱方法。图 8.9 是利用 BSA-Sepharose 4B 亲和色谱柱分离抗 BSA 血清中不同抗体组分的色谱结果[21]，通过逐次降低洗脱液的 pH 值，得到三个抗体组分洗脱峰。利用组分 1、组分 3 和全血清（含三个组分）修饰 Sepharose 4B，制备了三种抗体吸附剂。三种抗体吸附剂亲和吸附 BSA 的平衡容量与 pH 值之间的关系示于图 8.10[21]。虽然三种抗体吸附剂吸附 BSA 的行为不完全相同，但均在酸性和碱性 pH 值范围内吸附容量降低，表明利用酸性或碱性溶液是洗脱抗原或抗体的有效手段。图 8.11 是离子强度和盐种类对吸附容量的影响。可以看出，利用高浓度 SCN$^-$ 也可降低抗原和抗体的结合作用。其他亲和体系，如酶-抑制剂、抗体-蛋白 A 等均具有类似的性质。利用这些亲和体系的亲和色谱洗脱操作多利用 pH＝2～3 或 pH＝10～12 的缓冲液。色素亲和色谱则利用高浓度盐溶液洗脱。离液离子（如 SCN$^-$、I$^-$）也是常用的洗脱剂组分。当亲和结合力很大，利用常规方法不能洗脱被吸附的目标产物时，可利用脲或盐酸胍等变性剂溶液使目标产物发生结构变化，失去与配基的亲和结合作用。但这些变性剂容易使目标产物或固定化配基发生失活或不可逆变性，需要慎重使用。

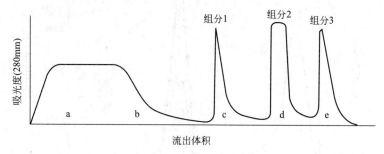

图 8.9　BSA-Sepharose 4B 亲和色谱柱分离抗 BSA 血清的抗体组分

a—进料；b—清洗：0.02mol/L 磷酸盐缓冲液，0.15mol/L NaCl，pH＝7.6（PBS）；

c—洗脱 1：柠檬酸缓冲液，pH＝3.8，离子强度＝0.3mol/L；

d—洗脱 2：柠檬酸缓冲液，pH＝2.3，离子强度＝0.3mol/L；

e—洗脱 3：0.1mol/L 盐酸

### 8.5.2　亲和色谱的应用

下面介绍利用各种配基的亲和色谱分离蛋白质的实例，以加深对亲和色谱操作过程的理解。所举各例具有一定代表性，可供实际分离操作中参考。

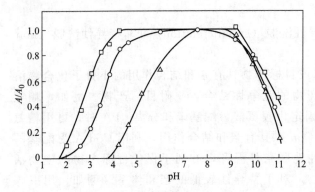

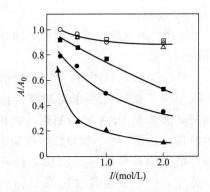

图 8.10　pH 值对抗体-Sepharose 4B
吸附 BSA 量（A）的影响

25℃，离子强度=0.3mol/L，BSA 质量浓度=0.05g/L

(○) 全血清；(△) 组分 1；(□) 组分 3

$A_0$ 为 pH=7.6 时的吸附容量

图 8.11　离子强度和盐种类对抗体
吸附 BSA 容量的影响

25℃，pH=7.6，BSA 浓度=0.05g/L

(○，●) 全血清；(△，▲) 组分 1；(□，■) 组分 3

(○，△，□) NaCl；(●，▲，■) NaSCN

$A_0$ 是在离子强度为 0.21mol/L 的 NaCl 溶液中的吸附容量

#### 8.5.2.1　t-PA 的纯化——酶的抑制剂为亲和配基

组织纤溶酶原激活剂（t-PA）是一种糖蛋白，具有激活纤溶酶原、促进血纤维蛋白溶解的作用，是治疗血栓等心脑血管疾病的蛋白药物。t-PA 主要存在于动物心脏组织中，但含量很低，目前主要利用重组 DNA 动物细胞培养生产 t-PA。赖氨酸、精氨酸、氨基苄脒和纤维蛋白与 t-PA 具有亲和结合作用，常用作亲和色谱纯化 t-PA 的配基。图 8.12 是利用精氨酸-Sepharose 4B 亲和色谱柱纯化猪心组织 t-PA 的结果[22]，原料为猪心丙酮粉经醋酸钾抽提、硫酸铵沉淀、纤维蛋白-Sepharose 4B 亲和色谱和 Sephacyl S-300 凝胶过滤柱纯化后的活性部分。亲和吸附的 t-PA 用盐酸胍（GdmCl）为洗脱液梯度洗脱，回收斜线（▨）所示部分，t-PA 的活性提高近 7 倍，收率为 56%。

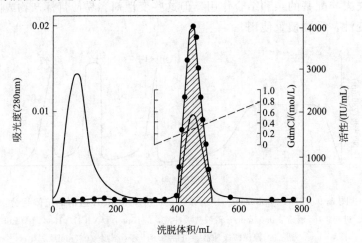

图 8.12　精氨酸-Sepharose 4B 亲和色谱（φ25×50）纯化 t-PA

——280nm吸光度；●t-PA活性；
---GdmCl(洗脱液)浓度梯度；▨收集的t-PA活性部分

#### 8.5.2.2　干扰素的纯化——免疫亲和色谱

干扰素（interferon，IFN）是一类生理活性蛋白质，对癌症、肝炎等疾病具有特殊疗效。根据 IFN 蛋白质的一级结构（氨基酸的排列顺序）差别，IFN 主要分 α、β 和 γ 三种类型。IFN 可通过动物细胞培养、基因重组大肠杆菌或重组枯草杆菌发酵生产，目前有多种不同种类的 IFN 投入商业生产。由于三嗪类色素对 IFN 具有亲和结合作用，因此色素亲和色谱是纯化 IFN 的主要方法之一。固定化金属离子亲和色谱和免疫亲和色谱也可用于 IFN 的纯化。图 8.13 是利用单抗免疫亲和色谱法纯化源于大肠杆菌的重组人白细胞干扰素（rhIFN-α）的操作条件和结果[23]。以破碎细胞抽提液的硫酸铵沉淀活性部分为原料，经一步单抗免疫亲和色谱，rhIFN-α 的比活提高了 1150 倍，收率达 95%。

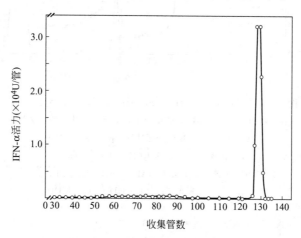

图 8.13　单抗免疫亲和色谱纯化 rhIFN-α

色谱柱：φ25×35

料液：700mL，总蛋白＝37.1g（缓冲液 A＋0.1mol/L NaCl）

清洗液：30～80 管，缓冲液 A＝25mmol/L Tris-HCl＋0.1g/L 硫代二甘醇＋10μmol/L 苯甲基磺酰氟，pH＝7.5

81～116 管，缓冲液 B＝25mmol/L Tris-HCl＋0.5mol/L NaCl＋2g/L Triton X-100，pH＝7.5

117～124 管，缓冲液 C＝0.15mol/L NaCl＋1g/L TritionX-100

洗脱液：125～140 管，缓冲液 D＝0.2mol/L 醋酸＋0.1mol/L NaCl＋1g/L TritionX-100，pH＝2.5

收集的活性部分：127～131 管（30mg 蛋白质）

#### 8.5.2.3　脱氢酶的纯化——色素亲和色谱

三嗪类色素配基的特点是化学稳定性高、价格便宜、适用范围广、亲和结合力适中、蛋白质结合容量大。因此，色素亲和色谱的操作成本低廉，有很高的实用价值。基于色素的蛋白质结合作用与盐浓度的关系，色素亲和色谱的吸附操作通常在低浓度盐溶液中进行，用相同的低浓度盐溶液清洗后，通过逐次或线性提高盐浓度的梯度洗脱法洗脱目标产物。当目标产物的亲和吸附较强时（增大盐浓度亦不能洗脱），可利用辅酶或色素溶液为特异性洗脱剂的逐次或线性梯度洗脱法。

图 8.14 为色素亲和色谱纯化脱氢酶的实例[4]。加入 3L 菌体细胞抽提液后，用低浓度盐溶液 A 清洗，除去未被吸附的杂蛋白。之后，逐次用高浓度盐溶液 B 和辅酶Ⅰ溶液 C 洗脱，分别获得了羟基酪酸脱氢酶（3-HDH）和苹果酸脱氢酶（MDH）活性峰。收集的 3-HDH 活性部分超滤浓缩至 200mL 后透析脱盐，再加入到另一个色素亲和柱，继续进行纯化，结果示于图 8.15。经过两步色素亲和色谱纯化，3-HDH 比活提高 213 倍（第一步 34.4 倍，第二步 6.2 倍），最终收率为 78%（第一步为 99%）。

#### 8.5.2.4　淀粉酶抑制剂的纯化——固定化金属离子亲和色谱

固定化金属离子亲和色谱（IMAC）根据蛋白质表面与金属离子螯合的氨基酸残基（如

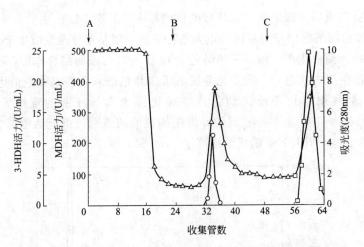

图 8.14  Procion Red H-3B-Sepharose 亲和色谱纯化脱氢酶

色谱柱：$\phi$124×150（1.8L），箭头表示各溶液加入点，每管收集 200mL

A—10mmol/L 磷酸盐缓冲液，pH＝7.5（5L）；

B—A 液＋1.0mol/L KCl，pH＝7.5（5L）；

C—B 液＋2mmol/L NADH，pH＝7.5（3L）

（△）280nm 吸光度；（○）3-HDH；（□）MDH

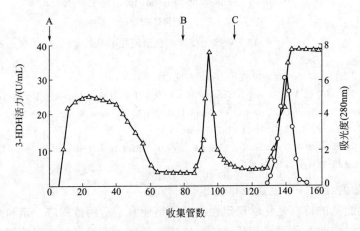

图 8.15  Procion Blue MX-4GD-Sepharose 亲和色谱纯化 3-HDH

色谱柱：$\phi$90×125（800mL），箭头表示各溶液加入点，每管收集 18mL

A、B 和 C 各溶液分别与图 8.14 相同；（△）280nm 吸光度；（○）3-HDH

咪唑基、巯基和吲哚基等）的含量和分布的差别分离纯化蛋白质，适用范围广，无毒副作用，吸附容量高。IMAC 的洗脱操作通常采用提高离子强度或降低 pH 值的逐次或线性梯度洗脱法。当蛋白质的亲和吸附作用很强，一般的方法难于洗脱时，可利用 EDTA 等螯合剂，将蛋白质和金属离子一起洗脱下来。

图 8.16 是利用 Cu-IDA-Sepharose CL-6B 亲和色谱纯化大麦抽提液中 α-淀粉酶抑制剂（蛋白质）的流程图[24]。分离系统由两个色谱柱构成，图中左侧色谱柱（$\phi$252×200）填充 Cu-IDA-Sepharose CL-6B，用于吸附 α-淀粉酶抑制剂；右侧色谱柱（$\phi$252×100）填充 IDA-Sepharose CL-6B，用于捕获从左侧柱中漏出的 $Cu^{2+}$，以避免纯化产物的铜离子污染。Cu-IDA-Sepharose CL-6B 柱的吸附容量为 250L 抽提液，但进料量为 50L。用平衡液

（0.05mol/L Tris-HCl，0.15mol/L NaCl，pH＝7.5）清洗后，逐次用含0.05mol/L 和0.2mol/L 甘氨酸（Gly）的溶液洗脱，每次均洗脱至280nm 下的吸光度值可忽略为止。最后用含0.05mol/L EDTA 的 NaCl（0.5mol/L）溶液再生色谱柱。所得 IMAC 分离结果示于图 8.17[24]。大麦淀粉酶抑制剂含有 10 个组氨酸残基，与 $Cu^{2+}$ 的结合力高于其他杂蛋白。因此，0.05mol/L 甘氨酸的洗脱峰中淀粉酶抑制剂仅占料液中的 2％，大部分为其他杂蛋白；而 0.2mol/L 甘氨酸的洗脱峰中淀粉酶抑制剂含上柱前料液中活性的 90％，比活提高 8 倍。

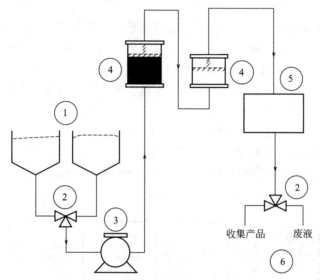

图 8.16　IMAC 纯化 α-淀粉酶抑制剂的流程图
1—料液和缓冲液罐；2—三通阀；3—液泵；4—色谱柱；
5—紫外检测器；6—部分收集器/废液罐

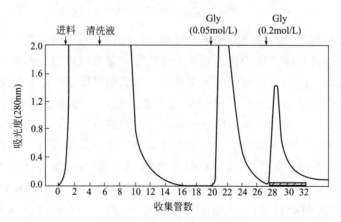

图 8.17　Cu-IDA-Sepharose CL-6B 亲和色谱纯化 α-淀粉酶抑制剂
箭头表示各溶液加入点；▨ 表示收集的活性部分

#### 8.5.2.5　基因重组融合蛋白的纯化

利用基因重组技术，人工克隆目标产物的基因，使其在大肠杆菌、酵母或动物培养细胞中得到表达，从而通过大规模菌体发酵或细胞培养大量生产特定目标产物已经相当普遍，绝大多数现代生物技术医药产品如干扰素、白细胞介素（interleukin，IL）、集落刺激因子（colony-stimulating factor）、胰岛素（insulin）、t-PA、胰岛素样生长因子（insulin-like growth factor，IGF）和促红细胞生成素（erythropoietin，EPO）等均是基因重组技术的产物。同时，从目标产物分离纯化的角度，将具有特殊分子识别作用（亲和结合作用）的基团（如氨基酸、肽链、蛋白质等）的基因与目标产物的基因克隆相连接，制备融合基因，则此融合基因的表达产物就是连接有特定分子识别基团的目标蛋白质——基因重组融合蛋白质（recombinant fusion protein），简称融合蛋白。与目标蛋白相融合的分子基团称为融合蛋白的亲和标签（affinity tag）。这样，利用亲和标签的特异性亲和吸附剂就可简单方便地纯化目标产物。

便于目标产物分离纯化的融合蛋白质已有许多种。早期的代表性研究工作是 20 世纪 80 年代中后期 Uhlen 等开展的利用蛋白 A 或其 IgG 结合部位为亲和标签的各种融合蛋白[25,26]。如图 8.18 所示，利用 1000L 发酵罐培养基因重组大肠杆菌，生产 IGF-I 与蛋白 A 的 IgG 结合部位（Z）的融合蛋白 ZZ-IGF-I，经离心和过滤除菌后，将培养上清液通入 IgG-SepharoseFF 亲和色谱柱，洗脱得到纯化的融合蛋白 ZZ-IGF-I［图 8.18(a)］；融合蛋白冻干后［图 8.18(b)］，加入到 0.2mol/L 的羟胺溶液中化学裂解（cleavage）融合部位［图 8.18(c)］；经过凝胶过滤色谱柱脱盐后［图 8.18(d)］，再用 IgG 亲和色谱柱吸附除去裂解的 IgG 结合部位（ZZ）和未裂解的 ZZ-IGF-I，可得到 IGF-I 纯品［图 8.18(e)］[26]。

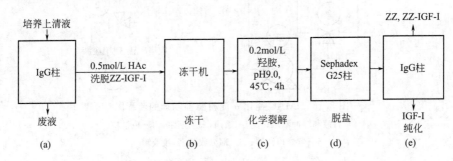

图 8.18　基因重组融合蛋白 IGF-I 的纯化过程

利用融合蛋白生产目标产物使分离纯化过程更简便。但利用融合蛋白表达目标产物会带来一些新的问题：①亲和标签除少数用化学水解法外，多数用蛋白酶水解法裂解除去，酶裂解法虽然选择性较高，但需在较高温度下进行，容易引起目标蛋白的非特异性水解；②裂解后需附加色谱分离步骤除去蛋白酶，使纯化过程复杂化；③考虑蛋白酶需在裂解完成后除去，为方便纯化操作，一般蛋白酶的用量较小，易使裂解不完全；④由于大分子蛋白酶不能有效地与融合部位接触，许多融合蛋白很难在所希望的融合部位裂解。

针对上述问题，Walker 等[27]开发了利用融合蛋白酶裂解目标融合蛋白的方法，解决了裂解用酶的分离问题。利用相对分子质量小（$2\times10^4$）、低温下活性高、水解特异性极高的蛋白酶 3C 与不同的亲和标签融合，得到各种标签的融合蛋白酶 3C（记作 Tag-3C），Tag-3C 可有效地裂解其他融合蛋白的融合部位。因为 Tag-3C 融合有亲和标签，所以容易用相应的亲和吸附色谱回收。图 8.19 是 Tag-3C 的三种利用方式。如果 Tag-3C 与目标融合蛋白含有相同的亲和标签［例如图 8.19(a) 中的 GST-3C］，则 GST-3C 和目标融合蛋白均被吸附在亲和吸附剂上（如谷胱甘肽-Sepharose）。在亲和介质上 GST-3C 裂解融合蛋白，使目标蛋白脱离亲和柱得到回收，而裂解下来的亲和标记物（GST）和 GST-3C 仍牢固地吸附在亲和柱上。利用这种方法，仅经一步亲和色谱操作就可同时完成融合蛋白的裂解和纯化，得到纯化的目标产品。如果融合蛋白的裂解不能在色谱柱中进行，则可利用常规方法首先亲和纯化融合蛋白，然后向融合蛋白溶液中加入 Tag-3C [例如图 8.19(b) 中的 HIS-3C], 裂解融合蛋白 (His-PKCI) 后, 用 IMAC 吸附裂解下来的亲和标签 HIS 和 HIS-3C, 纯化目标蛋白 PKCI [图 8.19(b)]。

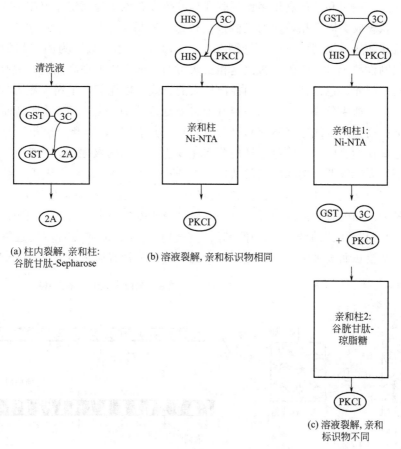

图 8.19 融合蛋白酶裂解融合蛋白的三种利用方式

HIS—六组氨酸肽链; 2A—目标蛋白;

GST—谷胱甘肽-S-转移酶 (glutathione-S-transferase);

PKCI—蛋白激酶 c 抑制剂 (inhibitor of protein kinase c);

Ni-NTA—镍-腈三乙酸 (nickel-nitrilotriacetic acid)

对于绝大多数融合蛋白酶与目标融合蛋白的亲和标签不同的情况, 可利用不同的亲和色谱柱分别除去目标融合蛋白的标记物和融合蛋白酶。如图 8.19(c) 所示, GST-3C 可裂解融合蛋白 HIS-PKCI, 第一个 $Ni^{2+}$ 螯合柱吸附裂解下来的六组氨酸肽链, 而第二个谷胱甘肽-Sepharose 柱吸附 GST-3C, 最终得到纯化的目标产物 PKCI。

在众多亲和标签中, 应用最多的是聚组氨酸六肽[28], 因为这种融合蛋白可用固定化金属离子亲和色谱分离纯化。其他亲和标签有聚苯丙氨酸 (配基为苯基)、精氨酸 (配基为脱羟基胰蛋白酶)、八肽 (配基为 $Ca^{2+}$ 需求性抗体) 等。

# 8.6 亲和膜色谱

### 8.6.1 原理和特点

亲和膜 (affinity membrane) 利用亲和配基修饰的微滤膜为亲和吸附介质亲和纯化目标

蛋白质，是固定床亲和色谱的变型。所以，利用亲和膜的纯化方法又称亲和膜色谱（mem-brane-based affinity chromatography）[29]。

传统的固定床型亲和色谱利用多糖凝胶或硅胶等多孔粒子为固定相，床层压降随流速线性增大；由于软凝胶类固定相粒子的机械强度较低，容易发生压密现象（受压变形），在较高压力下，流速随压力提高而下降（见图8.8）。因此，利用软凝胶为固定相的色谱操作速度有限。利用刚性粒子（如硅胶）为固定相虽然可通过增大压力提高流速，但高压操作势必增大设备投资。因此，色谱柱一般采用径向放大的方式，以保证在不增大压力的前提下提高色谱柱的处理量。如果色谱柱的体积一定（即料液处理能力一定），降低柱高而增大柱径可在相同压降下提高流速（线速度不变），即提高色谱分离速度，因此"短粗"型亲和色谱柱有利于提高分离操作速度。为使色谱柱的分离速度达到可能的极限值，"理想"的色谱柱几何形状应该是柱高无限低（实际的极限情况下等于介质直径），柱径无限大。但是，实际的固定床不可能实现这一"理想"，而微滤膜可接近这一"理想"状态，如图8.20所示。这就是利用微滤膜为亲和配基载体的原理。将一张微滤膜比喻为一个固定床，则膜厚即为床层高度。图8.21为亲和膜吸附原理，亲和配基固定在膜孔表面，流体在对流透过膜的过程中目标蛋白质与配基接触而被吸附。因此，亲和膜色谱也是一种流通色谱（见7.10节）。

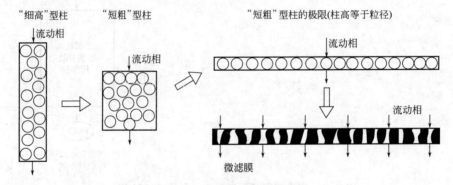

图8.20　亲和膜概念的提出

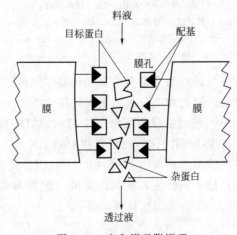

图8.21　亲和膜吸附原理

利用多孔粒子为固定相的色谱操作中，溶质分子在粒子内的扩散为速度控制步骤。例如，利用BSA抗体修饰的Sepharose为介质吸附BSA，基于二级反应动力学常数计算的吸附反应时间为5s[30]，而内扩散所需的平均时间 $t_D$ 用下式近似计算

$$t_D = \frac{L_D^2}{D} \tag{8.7}$$

式中，$L_D$ 为扩散路径长；$D$ 为溶质的扩散系数。

因为扩散路径（孔道）并非笔直，所以 $L_D$ 大于粒子半径。即使设 $L_D$ 与粒子半径相等，BSA（$D=6\times10^{-7}\,cm^2/s$）在粒径为 $100\,\mu m$ 的 Sepharose 介质中扩散所需平均时间为 $(50\times10^{-4})^2/(6\times10^{-7})=41s$，远大于吸附反应时间。所以，在固定床色谱操作中，除需考虑压降的限制外，还需保证溶质在多孔粒子内有足够的扩散时间，最大限度地提高配基的利用率。一般来说，溶质在色谱柱内的平均停留时间（$=V_0/Q$，$V_0$ 和 $Q$ 分别为柱空隙体积和流量）要远大于 $t_D$ 值，才能获得较大的色谱吸附容量。因此，内扩散传质阻力也限制了固定床色谱的操作速度。为了在不影响配基利用率（吸附容量）的前提下提高分离操作速度，必须增大柱体积，这就意味着增加设备投资和操作成本（亲和吸附介质用量增大）。

**表 8.5 亲和膜与固定床亲和色谱的比较**

| 项　目 | 中空纤维亲和膜 | $100\,\mu m$ Sepharose 固定床 |
|---|---|---|
| 流动相停留时间/min | 0.014 | 34.7 |
| 设备体积/L | 0.713 | 1070 |
| 平均流量/(L/min) | 1.4 | 1.4 |
| 配基用量/g | 1.9 | 1950 |

在微滤操作中，流体以对流的形式透过滤膜，与配基接触，大大降低了传质阻力，从而可在不影响亲和结合作用的前提下最大限度地提高操作速度。Brandt 等[29]设计了一个体积为 0.773L 的中空纤维亲和膜设备，与利用 Sepharose 凝胶为固定相的固定床亲和色谱设备的比较结果列于表 8.5。可以看出，在相同流量（1.4L/min）的情况下，亲和膜设备的体积和配基用量仅分别为固定床色谱的 1/1026 和 1/1384。因此，利用亲和膜的纯化过程不仅设备投资低，而且配基用量小，对于利用昂贵配基（如抗体）的分离体系无疑是非常有利的。

综上分析结果，亲和膜色谱的优点如下。

① 无内扩散传质阻力，仅存在表面液膜传质阻力。由于传质阻力小，吸附速度快，达到吸附平衡所需时间短，配基利用率高。

② 设备压降小，流速快；设备体积小，配基用量低。

③ 微孔膜介质种类多，价格便宜。

但是亲和膜吸附也存在一些缺点。从分离效率的角度，因膜的厚度（柱高）很小（一般为 $10\sim100\,\mu m$），理论板数很低，吸附和清洗效率低。因此，作为一种流通色谱方法，亲和膜色谱的分离效率低于第 7 章介绍的利用双分散孔介质的色谱。为解决这一问题，可以将多张平板膜叠加，提高柱高和柱效，但这样会增大操作压力。

除亲和膜外，用疏水性基团或离子交换基团修饰微滤膜可制备疏水性吸附膜或离子交换膜，用于溶质的吸附分离。疏水性吸附膜和离子交换膜的原理和特点与亲和膜相同，但分离的选择性不如亲和膜。

### 8.6.2 应用

20 世纪 80 年代末期以后，亲和膜及其设备已陆续商品化。较早的亲和膜（包括离子交换膜）设备为螺旋卷式膜组件（美国 Cuno 公司产品，商品名为 Zeta affinity）[31]，膜材料为纤维素，修饰有乙烯基团，用于配基的固定化。在操作中流体沿径向透过膜组件，从中心管流出，在低于 0.07MPa 的操作压力下透过流速可达 $100\sim1000mL/min$。利用固定化蛋白

A 的亲和膜组件吸附各种 IgG 的实验表明，每克膜材料可吸附 7～19mg IgG，洗脱收率为 91%～100%。另一种亲和膜设备为中空纤维型微滤膜（孔径 0.5～1.0μm）组件。以蛋白 A 为配基的亲和膜设备纯化含血清培养液中的小鼠单抗的实验表明，利用含 10mL 膜材料的小型亲和膜设备可在 15min 内完成 1.2L 粗料液的纯化处理，单抗收率为 97%，其中除去了 95% 的核酸和 99.5% 的牛血清白蛋白。基于 Sepracor 公司实验结果的计算表明，利用 300 美元的蛋白 A 可纯化 8 万美元的单抗。由于利用该纯化系统可将除菌、纯化和浓缩操作一步完成，分离速度可达到传统色谱法的 100 倍。

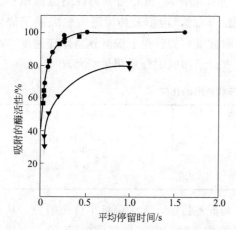

图 8.22　色素亲和膜吸附 G6PDH 动力学

膜面积＝3cm²

料液中 G6PDH 纯度＝1.2%

上样量：（●、■）吸附容量的 67%；（▼）吸附容量的 130%

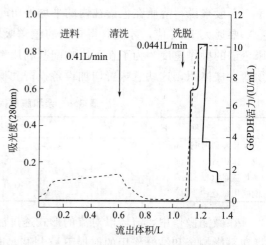

图 8.23　0.6L 纯度为 1% 的 G6PDH 料液的纯化

两张色素亲和膜重叠使用，每张膜面积为 115cm²

洗脱液：1mmol/L NADP＋200g/L 乙二醇

---- 280nm 下吸光度；—— G6PDH 活性

利用 Cibacron Blue F3G-A 修饰的微滤膜（膜厚 210μm，孔径 0.45μm，修饰密度为 7μmol/mL）吸附葡萄糖-6-磷酸脱氢酶（G6PDH）的动力学实验结果示于图 8.22[32]，其中平均停留时间为膜体积与料液透过流速之比。可以看出，当通过的料液中含有相当于膜吸附容量 67% 的 G6PDH 时，0.25s（压力＝0.4MPa，线速度＝5cm/min）的平均停留时间就足以使吸附达到饱和。当 G6PDH 含量达到膜吸附容量的 130% 时，所需的平均停留时间不超过 1s，充分证明了亲和膜吸附速度快的结论。

图 8.23 为利用上述色素亲和膜纯化 G6PDH 的结果[32]，利用体积仅 4.83mL 的亲和膜在 9min 内即完成了 0.6L 料液的纯化处理，G6PDH 收率达 82%，比活提高 27 倍。

# 8.7　本章总结

亲和色谱基于亲和配基与目标分子的特异性结合作用，在分离选择性方面远高于其他吸附色谱。当利用特异性很高的生物配基（如抗体、蛋白质 A）时，亲和色谱选择性高的优势尤其明显。但是，除生物配基外，其他小分子配基（如色素、氨基酸）在选择性方面尚不尽如人意；目前正在使用的天然亲和配基（如抗体、蛋白质 A）存在来源有限、价格昂贵、稳定性低、具有免疫原性等问题；此外，很多蛋白质缺乏合适的亲和配基，限制了亲和色谱的应用。因此，设计合成和筛选小分子配基是推广应用亲和色谱技术的关键。由 3～10 个氨基酸残基构成的短肽分子不仅易于合成，而且具有很好的生物相容性和较高的亲和性，是亲和配基设计的首选。短肽配基的设计和筛选方法主要有基于蛋白质结构的理性设计法[33,34]以及利用组合化学肽库或生物表面展示肽库的筛选法[34~36]。

除亲和配基外，重组表达亲和标签融合蛋白是利用亲和色谱的有效途径。本章介绍了各种常用的亲和标签，利用基因融合技术将亲和标签和目标蛋白进行融合表达，再利用亲和标签与其配基之间的特异性吸附作用，可实现目标蛋白质的分离纯化。但是，通常情况下纯化的融合蛋白需经过蛋白酶水解去除亲和标签。这一方面增加了额外的操作步骤和材料费用，另一方面也存在目标蛋白质被意外切割的风险，给产品质量控制带来隐患。近年来利用内含肽连接亲和标签和目标蛋白质的方法逐渐得到推广应用[37,38]。内含肽可在 pH 或温度变化时发生自裂解，不需要蛋白酶的作用。因此，利用内含肽作为亲和标签与目标蛋白的连接肽，不需要使用昂贵的蛋白酶，并且裂解仅发生在剪接位点，可以避免目标蛋白质肽链上蛋白酶敏感位点的断裂。

由于亲和相互作用的高选择性，可以与其他选择性较低的分离技术相结合，提高相应技术的选择性。基于这一原理，已相继提出了亲和超滤[39]、亲和反胶团萃取[40]、亲和分配[41]和亲和沉淀[42]等亲和分离方法。研制合适的亲和载体是构建这些亲和分离方法的核心。

## 习　　题

1. 固定化亲和配基和蛋白质的解离常数随配基固定化密度的增大如何变化？为什么？
2. 蛋白质的吸附密度随配基固定化密度的增大如何变化？为什么？
3. 亲和色谱的吸附操作中，若离子强度对亲和吸附基本无影响，配制的料液离子强度一般为 0.1~0.5mol/L，这是基于何种考虑？
4. 试比较亲和色谱的特异性洗脱和非特异性洗脱的优缺点。

## 参 考 文 献

[1] Campbell D H，Luescher E，Lerman L S．Immunologic adsorbents．Ⅰ．Isolation of antibody by means of a cellulose-protein antigen．Proc Natl Acad Sci USA，1951，37：575-578．
[2] Axen R，Porath J，Ernback S．Chemical coupling of peptides and proteins to polysaccharides by means of cyanogen halides．Nature，1967，214（95）：1302-1304．
[3] Cuatrecasas P，Wilchek M，Anfinsen C B．Selective enzyme purification by affinity chromatography．Proc Natl Acad Sci USA，1968，61：636-643．
[4] Scawen M D，Darbyshire J，Harvey M J，Atkinson T．The rapid purification of 3-hydroxybutyrate dehydrogenase and malate dehydrogenase on triazine dye affinity matrices．Biochem J，1982，203：609-705．
[5] Lebowitz J，Laskowski M Jr．Potentiometric measurement of protein-protein association constants．Soybean trypsin inhibitor-trypsin association．Biochemistry，1962，1：1044-1055．
[6] 孙彦，徐晓燕，王绍亭．配基修饰脂质体的制备及亲和分离胰蛋白酶的研究．化工学报，1993，44：359-365．
[7] Zhang S P，Sun Y．Further studies on the contribution of electrostatic and hydrophobic interactions to protein adsorption on dye-ligand adsorbents．Biotechnol Bioeng，2001，75：710-717．
[8] Zhang S P，Sun Y．Ionic strength dependence of protein adsorption to dye-ligand adsorbents．AIChE J，2002，48：178-186．
[9] Scopes R K．Strategies for enzyme isolation using dye-ligand and related adsorbents．J Chromatogr，1986，376：131-140．
[10] Porath J，Carsson J，Olsson I，Belfrage G．Metal chelate affinity chromatography，a new approach to protein purification．Nature，1975，258：598-599．
[11] Vijayalakshmi M A．Pseudobiospecific ligand affinity chromatography．Trends Biotechnol，1989，7：71-76．
[12] Hermanson G T，Mallia A K，Smith P K．Immobilized Affinity Ligand Techniques．San Diego：Academic Press，1992．
[13] Lowe C R，Harvey M J，Craven D B，Dean P D G．Parameters relevant to affinity chromatography on immobilized nucleotides．Biochem J，1973，133：499-506．
[14] Katoh S，Sada E．Rates of mass transfer in affinity chromatography．J Chem Eng Japan，1980，13：151-153．
[15] Sada E，Katoh S，Sukai K，Kondo A．Adsorption of equilibrium in immuno-affinity chromatography with polyclonal

and monoclonal antibodies. Biotechnol Bioeng, 1986, 28: 1497-1502.

[16] Liu Y C, Stellwagen E. Accessibility and multivalency of immobilized Cibacron Blue F3GA. J Biol Chem, 1987, 262: 583-588.

[17] Zhang S P, Sun Y. Steric mass-action model for dye-ligand affinity adsorption of protein. J Chromatogr A, 2002, 957: 89-97.

[18] Zhang S P, Sun Y. A predictive model for salt effects on dye-ligand affinity adsorption equilibrium of protein. Ind Eng Chem Res, 2003, 42: 1235-1242.

[19] Zhang S P, Sun Y. A model for the salt effect on adsorption equilibrium of basic protein to dye-ligand affinity adsorbent. Biotechnol Prog, 2004, 20: 207-214.

[20] Dodd I, Jalalpour S, Southwick W, Newsome P, Browne M J, Robinson J H. Large scale, rapid purification of recombinant tissue-type plasminogen activator. FEBS Letters, 1986, 209: 13-17.

[21] Sada E, Katoh S, Kiyokawa A, Kondo A. Characterization of fractionated polyclonal antibodies for immunoaffinity chromatography. Biotechnol Bioeng, 1988, 31: 635-642.

[22] Wallen P, Bergsdorf N, Ranby M. Purification and identification of two structural variants of porcine tissue plasminogen activator by affinity adsorption on fibrin. Biochim Biophys Acta, 1982, 719: 318-328.

[23] Staehelin T, Hobbs D S, Kung H, Lai C Y, Pestka S. Purification and characterization of recombinant human leukocyte interferon (IFLrA) with monoclonal antibodies. J Biol Chem, 1981, 256: 9750-9754.

[24] Zawistowska U, Zawistowski J, Friesen A D. Application of immobilized metal affinity chromatography for large-scale purification of endogenous $\alpha$-amylase inhibitor from barley kernels. Biotechnol Appl Biochem, 1992, 15: 160-170

[25] Nilsson B, Abrahmsen L, Uhlen M. Immobilization and purification of enzymes with staphylococcal protein A gene fusion vectors. EMBO J, 1985, 4: 1075-1080.

[26] Moks T, Abrahmsen L, Oesterloef B, Josephson S, Oestling M, Enfors S O, Persson I, Nilsson B, Uhlen M. Large-scale affinity purification of human insulin-like growth factor I from culture medium of *Escherichia coli*. Bio/Technology, 1987, 5: 379-382.

[27] Walker P A, Leong L E, Ng P W, Tan S H, Waller S, Murphy D, Porter A G. Efficient and rapid affinity purification of proteins using recombinant fusion proteases. Bio/Technology, 1994, 12: 601-605.

[28] Spalding B J. Downstream processing: key to slashing production costs 100 fold. Bio/Technology, 1991, 9: 229-233, 235.

[29] Brandt S, Goffe R A, Kessler S B, O'Connor J L, Zale S E. Membrane-based affinity technology for commercial scale purifications. Bio/Technology, 1988, 6: 779-782.

[30] Olson W C, Yarmush M L. Electrophoretic elution from monoclonal antibody immunoadsorbents: a theoretical and experimental investigation of controlling parameters. Biotechnol Prog, 1987, 3: 177-188.

[31] Mandaro R M, Roy S, Hou K C. Filtration supports for affinity separtion. Bio/Technology, 1987, 5: 928-932.

[32] Champluvier B, Kula M-R. Dye-ligand membrane as selective adsorbents for rapid purification of enzymes: A case study. Biotechnol Bioeng, 1992, 40: 33-40.

[33] Liu F F, Dong X Y, Wang T, Sun Y. Rational design of peptide ligand for affinity chromatography of tissue-type plasminogen activator by the combination of docking and molecular dynamics simulations. J Chromatogr A, 2007, 1175: 249-258.

[34] Sun Y, Liu F F, Shi Q H. Approaches to high-performance preparative chromatography of proteins, in Biotechnology in China I. From Bioreaction to Bioseparation and Bioremediation. Advances in Biochemical Engineering/Biotechnology, 2009, 113: 217-254.

[35] Yang H, Gurgel P V, Carbonell R G. Purification of human immunoglobulin G via Fc-specific small peptide ligand affinity chromatography. J Chromatogr A, 2009, 1216: 910-918.

[36] Liu Z, Gurgela P V, Carbonell R G. Purification of human immunoglobulins A, G and M from Cohn fraction II/III by small peptide affinity chromatography. J Chromatogr A, 2012, 1262: 169-179.

[37] Kavoosi M, Creagh A L, Kilburn D G, Haynes C A. Strategy for selecting and characterizing linker peptides for CBM9-tagged fusion proteins expressed in *Escherichia coli*. Biotechnol Bioeng, 2007, 98: 599-610.

[38] Gillies A R, Hsii J F, Oak S, Wood D W. Rapid cloning and purification of proteins: Gateway vectors for protein purification by self-cleaving tags. Biotechnol Bioeng, 2008, 101: 229-240.

[39] Luong J H T, Male K B, Nguyen A L. A continuous affinity ultrafiltration process for trypsin purification. Biotechnol Bioeng, 1988, 31: 516-520

[40] Sun Y, Ichikawa S, Sugiura S, Furusaki S. Affinity extraction of proteins with a reversed micellar system composed of Cibacron blue-modified lecithin. Biotechnol Bioeng, 1998, 58: 58-64.

[41] Lam H, Kavoosi M, Haynes C A, Wang D I C, Blankschtein D. Affinity-enhanced protein partitioning in decyl $\beta$-D-glucopyranoside two-phase aqueous micellar systems. Biotechnol Bioeng, 2005, 89: 381-392.

[42] Kim J Y, Mulchandani A, Chen W. Temperature-triggered purification of antibodies. Biotechnol Bioeng, 2005, 90: 373-379.

# 9 蛋白质复性

重组 DNA 技术的发展和蛋白质表达系统的丰富多样性为利用微生物大规模生产蛋白质药物和生物技术产品开辟了广阔的空间。但是，重组蛋白质的高表达常常导致其在胞内发生错误折叠和聚集，形成被称为包含体（inclusion body）的聚集体。包含体主要由蛋白质构成，其中大部分是基因表达产物。这些基因表达产物的一级结构是正确的，但立体结构是错误的，所以没有生物活性。因此，对于以包含体形式表达的蛋白质，需要在分离回收包含体后，溶解包含体使其肽链伸展（unfolding），然后在合适的溶液环境下使目标蛋白质恢复天然构型和生物活性。这一过程称为蛋白质的体外（*in vitro*）再折叠（refolding）或复性（renaturation）。

胞内重组蛋白质包含体的沉积可能是"天堂"，也可能是"地狱"。至于是天堂还是地狱，主要取决于沉积的包含体蛋白质是否容易复性。对于那些难于复性的蛋白质，包含体的形成意味着表达系统的失败，必须着力于胞内可溶性蛋白质表达的研究，避免包含体的形成；对于那些可以体外复性的包含体蛋白质，蛋白质包含体的形成可以使后续的分离纯化过程变得更简单。即使如此，蛋白质复性绝非易事，特别是在高浓度下的蛋白质复性。本章在介绍包含体形成机理和性质的基础上，重点阐述包含体的分离纯化、影响蛋白质复性的主要因素和目前研究及应用的主要蛋白质复性方法。

## 9.1 包含体的形成和性质

### 9.1.1 包含体的形成

蛋白质的立体结构信息完全蕴藏在一级结构中，即氨基酸顺序决定了蛋白质的立体结构。因此，理论上蛋白质折叠成天然活性态是自发完成的。但是，伸展的肽链折叠成立体结构的过程受其周围环境的影响，分子间的相互作用影响分子内的折叠。分析表明，包含体内除表达产物外，还含有微量的质粒、rRNA 和 RNA 聚合酶，说明包含体在表达产物翻译后立即就形成了。同时，包含体内的表达产物具有部分二级结构[1]。因此，包含体的形成机理尚不完全清楚，一般认为包含体的形成是部分折叠的中间态（intermediates）之间疏水性相互作用的结果，主要原因是蛋白质本身具有易于聚集沉淀的性质，或表达产物周围的物理环境（如温度、离子组成）不适或缺少某些折叠辅助因子（如分子伴侣）的作用。

外源重组蛋白质包含体主要在以大肠杆菌为宿主的原核细胞表达系统中形成，在酵母细胞和其他真核细胞的表达系统中也会出现过表达的蛋白质包含体。不仅如此，在过表达的情况下，内源蛋白质也可沉积成包含体[2]。这些现象均证实，在大多数情况下，包含体的形成是蛋白质过量表达的结果，而与蛋白质种类和表达系统无关。即包含体的形成与其相对分子质量、疏水性以及折叠途径等内在性质没有必然的联系。换句话说，对于任何蛋白质和任何表达系统，在过量表达的情况下都可能形成包含体。蛋白质的折叠复性和包含体（聚集体）的形成为动力学竞争过程，可用图 9.1 所示的简化的竞争反应动力学描述。

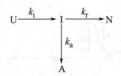

图 9.1　简化的蛋白质折叠动力学模型

U—伸展肽链（unfolded peptide）；I—折叠中间态；

N—天然活性态；A—聚集体（包含体）

$k_i$、$k_r$ 和 $k_a$ 分别为中间体生成速率常数、折叠速率常数和聚集体生成速率常数

图 9.1 中，活性产物 N 的形成为分子内折叠反应，折叠速率与浓度成正比；聚集体 A 的形成反应在分子间发生，反应速率与浓度的高次方成正比，即反应级数≥2。因此，如果新生肽折叠成天然活性蛋白质的速度缓慢，新生肽浓度增加和中间态的疏水性相互作用就可能导致包含体的形成。

上述分析表明，包含体的形成是不可预测的，取决于系统的表达速度和浓度。但也有例外，即当含有二硫键的蛋白质在细菌的胞液中表达时，由于胞液为还原性，巯基间不能被氧化形成二硫键而导致错误折叠（misfolding）。在此情况下，基本可以断定会形成包含体。

由于外源基因表达产物在原核细胞中易于形成包含体，许多蛋白质药物的生产依赖于蛋白质复性技术的提高。所以，蛋白质折叠复性技术和理论研究对蛋白质药物的开发生产具有重要指导意义。此外，蛋白质在体内的错误折叠和聚集还可能与许多重要疾病（如阿尔茨海默症、疯牛病、帕金森症等）有关。因此，蛋白质折叠理论也是生命科学领域的重要研究课题。

### 9.1.2　包含体的性质

包含体为高密度蛋白质聚集体，密度约 1.3g/mL。颗粒尺寸 0.1～1.0μm，有些达 3μm，随表达产物和表达系统而异[3]。包含体通常位于细胞质（cytoplasm）中，而一些分泌性蛋白质可能在外周胞质（periplasm）中形成。较大的包含体可在相差显微镜下观察到，呈现深色的点，所以包含体又称光折射体（refractile body）。包含体的主要成分为基因表达产物，占包含体的 50% 以上。其他构成成分因表达系统而异，包括磷脂、微量的质粒、rRNA 和 RNA 聚合酶，更多的是黏附于包含体颗粒的外膜蛋白质。外膜蛋白质并非包含体的构成成分，而是提取包含体时的不溶性物质，大部分可用表面活性剂反复清洗除去。在适宜的包含体提取和纯化条件下，目标产物纯度可达 90% 以上。

目前对包含体结构的信息知之甚少，仅观察到包含体内的表达产物具有部分二级结构。另外，包含体对蛋白酶不敏感，但在包含体中常可检测到少量降解产物。

以包含体形式表达重组蛋白质具有如下优势：①包含体蛋白质主要在以大肠杆菌为宿主细胞的原核细胞表达系统中形成，而大肠杆菌生长速度快，易于高密度培养，有利于大规模生产目标蛋白质；②包含体是在过表达的情况下形成的，因此一般包含体蛋白质的表达量都很高；③包含体富含目的基因表达产物，有利于后续的分离纯化；④沉积于包含体内的目标蛋白质不易被蛋白酶水解；⑤对于那些对宿主细胞有毒害作用或杀伤作用的目的基因表达产物，以包含体形式表达是最可取的生产途径。因此，如能有效地进行蛋白质的体外复性，就可充分发挥包含体蛋白质表达系统的优势。如图 9.1 所示，蛋白质折叠复性过程伴随聚集体的生成，因此，抑制聚集体的生成是蛋白质复性研究的主要内容之一。在聚集体得到有效抑制的前提下，才可能提高蛋白质复性收率，特别是在高浓度下的复性收率。

### 9.1.3 包含体的胞内抑制

有些蛋白质很难进行体外复性，特别是相对分子质量较大、结构复杂和含有较多二硫键的蛋白质。因此，在蛋白质体外复性研究的同时，生物学家试图通过各种方法抑制包含体的生成，提高可溶性蛋白质的表达量。根据上述包含体的形成机理，可以采用各种方法抑制胞内包含体的形成。例如，降低细胞培养温度，减缓蛋白质的表达速度和降低表达量；将目标蛋白质与分子伴侣（molecular chaperones）蛋白、折叠酶（foldases）和二硫键异构酶（disulfide isomerase）共表达，弥补外源蛋白质表达过程中缺乏的辅助因子；使用非代谢性碳源降低代谢速度和蛋白质表达量；将目标蛋白质与亲水性蛋白质融合表达，常用的融合蛋白质有谷胱甘肽转移酶（glutathione-S-transferase）、麦芽糖结合蛋白（maltose-binding protein）和硫氧还蛋白（thioredoxin）。上述方法在一些蛋白质表达中被证明是有效的，可增加可溶性蛋白质的表达量。但利用这些方法表达的蛋白质通常仍有部分或大部分以包含体的形式存在，并且整体表达量较低。

## 9.2 包含体的纯化和溶解

### 9.2.1 包含体的分离纯化

蛋白质复性过程包括包含体的分离纯化、包含体的溶解（可溶性变性/还原蛋白质）以及复性等步骤。包含体的分离从细胞破碎开始。细胞破碎通常采用机械破碎、化学裂解和酶解（见2.2节）等方法或它们的联合作用。包含体为致密的蛋白质凝聚体，密度较大，低速离心便可沉淀，与细胞碎片和可溶性产物分离。因此，机械破碎后进行离心沉降是最常用的包含体分离手段。高强度的机械破碎可降低细胞碎片的颗粒尺寸，有利于包含体的离心分离[4]。除离心分离外，膜分离（洗滤）也是常用的包含体分离回收方法[3]。

如图9.1所示，蛋白质复性是分子内折叠和分子间聚集反应的竞争动力学过程。因此，为提高蛋白质复性收率，必须抑制聚集体的生成，促进复性反应向正确折叠的方向进行。研究表明，在质粒DNA、脂多糖和其他蛋白质存在下，蛋白质的聚集体生成速率增大，复性收率降低[5]。而纯化的变性/还原蛋白质的复性收率可以得到大幅度提高[6]。因此，包含体纯度对复性收率影响显著，为实现较高的蛋白质复性收率，必须进行包含体的纯化。包含体的纯化过程因表达系统和表达产物而异，没有通用的最佳方案[7~9]。因此，对于特定的表达系统和表达产物，需根据具体情况进行过程开发实验，确定适宜的纯化方案。

经常采用的包含体分离纯化过程包括差速离心和反复洗涤步骤，最大程度地清除难以去除的膜蛋白质。可参考的一般过程如下。

① 细胞破碎。为提高下一步的离心分离效率，需进行高强度的破碎（利用高压匀浆破碎时需反复操作多次）。

② 离心沉降回收包含体。在较高的离心机转数（离心力）下除去可溶性组分和沉降速度较小的细胞碎片，回收沉降的粗包含体。

③ 粗包含体的洗涤。向粗包含体中加入螯合剂EDTA和低浓度变性剂（如1~4mol/L尿素，或1~2mol/L盐酸胍），或表面活性剂（如1~20g/L Triton X-100），溶解吸附在包含体表面的磷脂和膜蛋白质。同时加入一定浓度的蔗糖，提高包含体悬浮液的密度。

④ 离心沉降回收包含体。在较低的转数下离心分离，回收沉降的包含体。

⑤ 根据需要，可重复上述步骤③和④，直至达到满意的包含体纯度。

细胞破碎可采用机械破碎和酶解相结合的方法，以提高破碎效率。包含体纯化过程中也可利用核酸水解酶，提高核酸去除率[4,9]。

### 9.2.2　包含体的溶解

获得适当纯度的包含体后，需溶解包含体，使目标蛋白质肽链伸展，为进一步的复性创造条件。通常利用高浓度的强变性剂溶解包含体，如 6～8mol/L 盐酸胍（guanidinium chloride，GdmCl）或 8mol/L 尿素（urea），也可利用硫氰酸盐（thiocyanate）或表面活性剂（如十二烷基磺酸钠，十六烷基三甲基氯化铵等）。对于含有二硫键（disulfide bond）的蛋白质，还需加入还原剂解离错配的二硫键。常用的还原剂有 1～100mmol/L 的二硫苏糖醇（dithiothreitol，DTT）、1～200mmol/L 的 $\beta$-巯基乙醇（$\beta$-mercaptoethanol）和半胱氨酸（cysteine）等。有时还需要加入螯合剂（如 2mmol/L EDTA），以清除重金属离子（具有氧化作用）。

溶解的包含体蛋白质中仍会存在一些杂质，如蛋白质、核酸和细胞膜组分等。为提高复性收率，在复性前可对变性/还原的蛋白质进一步纯化。主要纯化方法有凝胶过滤色谱、离子交换色谱、反相色谱和固定化金属离子色谱等。纯化操作中使用的流动相需保证蛋白质处于变性/还原状态。若欲保存变性蛋白质，可将蛋白质交换到酸性溶液中（如 100g/L 醋酸或 5～10mmol/L 盐酸），并冷冻干燥。复性前用变性剂重新溶解干粉，就可进行蛋白质复性操作。

## 9.3　蛋白质复性

变性蛋白质溶解在高浓度变性剂中，降低变性剂浓度至非变性浓度范围即可引发蛋白质折叠复性。对于含有二硫键的蛋白质，其复性过程称为氧化复性（oxidative protein refolding），需要添加氧化剂和还原剂，调节复性液的氧化还原环境，促进正确二硫键的形成。常用的氧化/还原剂有氧化型谷胱甘肽（oxidized glutathione，GSSG）/还原型谷胱甘肽（reduced glutathione，GSH），胱氨酸（cystine）/半胱氨酸（cysteine），或在金属离子（如 $Cu^{2+}$）存在下的空气氧化。氧化复性通常在弱碱性（pH=7.5～9.5）缓冲液中进行，在此pH值条件下有利于硫醇阴离子（thiolate anion）的形成，促进二硫键的形成和交换。

蛋白质折叠过程复杂多变，其详细折叠途径和过程机理尚需深入研究。一般认为，疏水性作用在蛋白质折叠过程中发挥主要作用。由于体内蛋白质处于水相环境中，蛋白质分子中的疏水性基团具有包埋在蛋白质立体结构内部的趋势，因此，蛋白质结构可以看作亲水/疏水作用平衡的结果。针对疏水性相互作用在蛋白质三级结构上所占的突出地位和对蛋白质稳定性的重要影响，有两种折叠过程假说。一种假说认为肽链中的一些构象单元首先形成 α 螺旋、β 折叠、β 转角等二级结构，然后二级结构之间进行组合，最后排列成三级结构。这是一种从低级结构向高级结构逐步演化的"完美"假说。另一种假说认为蛋白质的折叠首先是肽链内部疏水性基团的识别并产生一个塌陷过程，然后经过调整形成不同层次的结构，最终折叠为活性构象。但是，疏水性作用是否为蛋白质折叠的决定性因素还有待证实，上述假说也不能解释所有蛋白质的折叠过程。

为便于过程分析，蛋白质复性过程常用图 9.1 所示的简化动力学模型表示[10,11]。即变性蛋白质的伸展肽链 U 首先折叠成过渡中间态 I，该中间态可进一步折叠复性到天然活性态 N；同时，中间态分子间的非特异性相互作用（主要是疏水性作用）导致分子多聚体甚至沉淀的形成。从该模型可明显看出，蛋白质复性的主要挑战就是创造适宜的复性条件，最大程度地抑制聚集体的生成，提高复性收率。现有的主要复性方法包括稀释复性、添加剂辅助复性、分子伴侣或人工分子伴侣辅助复性、反胶团的应用、色谱柱复性等。

### 9.3.1 稀释复性

稀释复性是最简单和最常用的传统复性方法，但根据具体操作模式又分为直接稀释复性、透析（或洗滤）复性和流加复性等。

直接稀释复性即将变性蛋白质溶液直接稀释到适宜的复性缓冲液（refolding buffer）中。如图 9.1 所示，当变性剂浓度降低后，伸展的肽链 U 迅速折叠成具有丰富的二级结构（α 螺旋和 β 结构）和部分三级结构的中间体 I。该过程非常迅速，通常在几毫秒内完成。因此，I 的生成可认为瞬间完成（即 $k_i \to \infty$），图 9.1 可进一步简化为从中间体 I 折叠成天然活性态 N 和生成聚集体 A 的平行反应，反应速率常数分别为 $k_r$ 和 $k_a$。折叠反应在分子内发生，为 1 级反应过程；聚集体的生成为分子间反应，为 2 级或 2 级以上反应过程。复性反应动力学方程为[12,13]

$$\frac{dI}{dt} = -k_r I - k_a I^n \tag{9.1}$$

$$\frac{dN}{dt} = k_r I \tag{9.2}$$

直接稀释复性的初始条件为

$$t = 0, I = U_0, N = 0 \tag{9.3}$$

式中，I 为折叠中间体浓度；N 为天然蛋白质浓度；$U_0$ 为伸展肽链（变性蛋白质）的初始浓度；t 为复性操作时间；n 为聚集体生成反应级数。

在溶菌酶的氧化复性中，聚集体生成反应可用 3 级反应动力学描述，即 $n = 3$，式(9.1)~式(9.3) 的分析解为

$$\frac{N}{U_0} = \varphi \left\{ \tan^{-1} \left[ (1 + \varphi^2) \exp(2k_r t) - 1 \right]^{0.5} - \tan^{-1} \varphi \right\} \tag{9.4}$$

其中

$$\varphi = \left( \frac{k_r}{k_a U_0^2} \right)^{1/2} \tag{9.5}$$

当 $t \to \infty$ 时，最终复性收率为

$$y = \varphi \left( \frac{\pi}{2} - \tan^{-1} \varphi \right) \times 100\% \tag{9.6}$$

如图 9.2 所示[13]，模型方程式 (9.4) 可以模拟不同初始变性溶菌酶浓度下的复性动力学曲线，证明该 3 级聚集体生成反应动力学模型适用于溶菌酶复性过程。同时，从图 9.2 可以看出，蛋白质复性收率随浓度提高而降低，间接反映了聚集体生成速率随浓度提高而增大。在稀释复性过程中，若复性系统的混合不利，会造成局部蛋白质浓度过高，复性收率下降。例如，在相同的蛋白质浓度下，通常会观察到复性收率随稀释倍数增大（即变性蛋白质浓度增大）而下降的现象[14]。因此，复性反应器的设计（反应器结构、搅拌桨结构和搅拌速度等）对复性收率具有显著影响[15]。

对于含有二硫键的蛋白质，氧化还原剂浓度对复性收率影响显著。研究表明，利用谷胱甘肽为氧化还原剂氧化复性溶菌酶，在 GSH/GSSG 为 1~3，总浓度为 6~16mmol/L[16] 的范围内，$k_r$ 与 $k_a$ 的比值较大，即式(9.5) 表示的 $\varphi$ 值较大，溶菌酶的复性收率较高［式

(9.6)]。但该复性条件并不一定适用于其他蛋白质,仅供优化复性条件的参考依据。一般来说,不同蛋白质的最佳复性条件也不同,并且同一种蛋白质在不同浓度下的最佳复性条件也不完全相同。这也是蛋白质复性的特点和难点之一。

若部分折叠的蛋白质相互聚集形成较大的聚集体,会产生蛋白质沉淀现象。沉淀的蛋白质聚集体浓度常用450nm或600nm可见光的吸光度(溶液浊度)测定。如图9.3所示[16],随变性蛋白质浓度提高,复性收率下降,而溶液浊度增大,说明聚集体的生成量随蛋白质浓度提高而增大。在发生明显沉淀的复性条件下,沉淀中会夹带复性的活性蛋白质,上述简化的复性模型不能正确描述复性过程(模型计算的收率大于实测值),需建立更完备的复性动力学模型[17,18]。

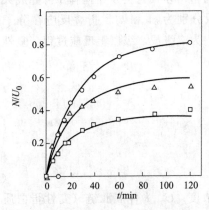

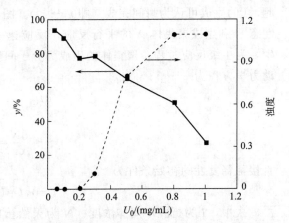

图9.2 溶菌酶的稀释复性动力学

盐酸胍浓度:1.0mol/L;GSH/GSSG=
4mmol/L/0.4mmol/L

变性溶菌酶浓度($U_0$)(mg/mL):0.5(○);
1.0(△);2.0(□)

实线为式(9.4)的拟合曲线[$k_r=0.035 min^{-1}$,
$k_a=0.108 mL^2/(mg^2 \cdot min)$]

图9.3 溶菌酶浓度对复性收率和浊度的影响

复性条件:0.5mol/L盐酸胍,5mmol/L GSSG,
2mmol/L DTT,1mmol/L EDTA,
50mmol/L Tris,pH=8,22℃;复性时间:3h

上述实验结果表明,聚集体的生成速率与蛋白质浓度的高次方成正比,浓度越高,聚集体生成速度越快,复性收率越低。所以,降低蛋白质浓度有利于获得较高的复性收率。因此,为提高复性收率,通常需在较低的浓度下进行蛋白质复性操作,有时蛋白质浓度需低于0.01mg/mL。但是,降低蛋白质浓度势必会增大复性液的体积,给后续的分离纯化增加困难。如何实现高浓度下的高收率复性就成为蛋白质复性研究的重要课题。

针对此问题,Rudolph等[19]提出了向复性液中脉冲加入变性蛋白质溶液的稀释复性方法(pulsed renaturation method),即将变性蛋白质分多批次加入到复性液中,或采用连续流加到复性液中的流加复性方法(fed-batch refolding)[20,21]。由于在流加变性蛋白质的同时复性液中蛋白质发生折叠复性,使变性蛋白质(折叠中间体)浓度始终保持在较低的水平,最终可在较高的蛋白质浓度下获得较高复性收率[22]。在溶菌酶的流加复性中,在5~10mg/mL的终浓度下,复性收率可达到80%以上[20,21]。

除利用复性缓冲液直接稀释复性外,也可用膜透析和超滤的方法降低变性剂浓度和调节复性液的氧化还原环境。透析为浓差驱动的扩散传质过程,速度较慢,不适用于大规模复性操作。与透析相比,洗滤操作速度较快。由于变性蛋白质或其中间体的疏水性较高,透析或洗滤过程中容易发生膜对蛋白质的吸附，故需采用高亲水性膜材料。

### 9.3.2 辅助因子的作用

由于聚集体的形成是导致复性收率降低的主要原因，在控制复性液的 pH 值、温度和氧化还原剂浓度等参数同时，研究者努力尝试在稀释复性中添加各种小分子溶质，以抑制聚集体的生成。利用辅助因子的稀释复性方法又称"稀释添加"复性。

许多小分子溶质具有促进蛋白质复性的作用（表 9.1）[4,7,9,23~27]，最常用的是低浓度的变性剂（盐酸胍和尿素），其他辅助因子有精氨酸、甘油、聚乙二醇、各种表面活性剂以及丙酮和乙酰胺等有机小分子溶质。添加剂辅助蛋白质复性的机理尚不完全清楚，但一般认为主要有两种作用：①稳定天然态蛋白质的结构，降低错误折叠蛋白质的稳定性；②提高折叠中间体或伸展肽链的溶解度（稳定性）。不同添加剂的作用机理不同。甘油的作用是稳定天然态蛋白质结构，提高其热力学稳定性，促进折叠反应的进行；低浓度变性剂、聚乙二醇和表面活性剂等其他大部分添加剂的作用是提高折叠中间体或伸展肽链的溶解度，抑制聚集体的生成。低浓度变性剂（如盐酸胍）可诱导酸变性蛋白质二级结构的生成，稳定复性过程中的熔球态中间体。

**表 9.1　具有辅助蛋白质复性作用的稀释添加剂**

| 分类 | 物质名称 | 分类 | 物质名称 |
|---|---|---|---|
| 低浓度变性剂 | 盐酸胍(0.5~2mol/L) | 醇类 | 甘油(glycerol) |
| | 尿素(1~4mol/L) | | 正戊醇(n-pentanol) |
| 氨基酸 | L-精氨酸(0.5~1mol/L) | | 正己醇(n-hexanol) |
| | | | 环己醇(cyclohexanol) |
| 表面活性剂 | 聚乙二醇($M_r$=3550)Triton X-100 | 其他有机小分子化合物 | 三羟甲基氨基甲烷(Tris) |
| | 十二烷基磺酸钠(SDS) | | 丙酮(acetone) |
| | 十六烷基三甲基溴化铵(CTAB) | | 乙酰胺(acetamide) |
| | 月桂醇麦芽糖苷(lauryl maltoside) | | 肌氨酸(sarcosine) |
| | 吐温 | | 硫脲(thiourea) |
| | 磷脂(phospholipids) | | 硫化甜菜碱(sulfobetaines) |
| 糖类 | 蔗糖 | 无机盐 | $(NH_4)_2SO_4$,LiCl,NaCl,$Na_2SO_4$,$K_2SO_4$ |
| | 葡萄糖(glucose) | | |
| | β-环糊精(β-cyclodextrin,β-CD) | | |
| | 乙酰葡萄糖胺(N-acetyl glucosamine) | | |

蛋白质折叠复性过程复杂多变，利用稀释添加剂需注意如下问题。

① 添加剂辅助蛋白质复性的作用具有选择性，即一种添加剂可能对某种蛋白质复性具有辅助作用，而对其他蛋白质复性无作用，甚至起反作用[26]。例如，聚乙二醇可辅助碳酸脱水酶（carbonic anhydrase B）复性，但对溶菌酶复性无影响。

② 对于那些稳定折叠中间体或伸展肽链的添加剂，添加剂的辅助作用在一定的浓度范围内有效，即存在最佳浓度或浓度范围[11,27]。在较低的浓度下添加剂的辅助作用不明显，而在较高的浓度下复性收率亦降低。这是由于这类添加剂在抑制聚集体生成的同时，也会抑制蛋白质的折叠复性，造成折叠速率和聚集体生成速率均随浓度提高而下降。如图 9.4 所示，利用式(9.4)计算的速率常数 $k_r$ 和 $k_a$ 均随盐酸胍浓度提高而下降，但 $k_r$ 与 $k_a$ 的比值即式(9.5)表示的 $\varphi$ 值随盐酸胍浓度提高而增大，复性收率也随盐酸胍浓度提高而提高 [式(9.6)]。若继续提高盐酸胍浓度至变性浓度范围时，蛋白质的折叠和分子间聚集作用被完全抑制，不能发生复性现象。一般变性剂浓度对复性速率常数的影响可用下式表示[10,21]

$$k_r = a_r(1+G)^{b_r} \tag{9.7}$$

$$k_a = a_a(1+G)^{b_a} \tag{9.8}$$

式中，$a_r$、$b_r$、$a_a$ 和 $b_a$ 为常数，$b_a < b_r < 0$。

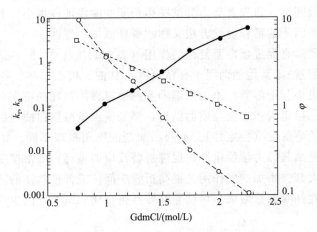

图 9.4 盐酸胍浓度对速率常数和 $\varphi$ 的影响

(□) $k_r$ (h$^{-1}$)；(○) $k_a$ [mL$^2$/(g$^2$·h)]；(●) $\varphi$

复性条件：1mg/mL 溶菌酶，5mmol/L GSSG，2mmol/L DTT，1mmol/L EDTA，

50mmol/L Tris，pH=8，22℃

③ 添加剂的最佳浓度或浓度范围与蛋白质种类和浓度有关。即不同蛋白质复性所需的添加剂浓度不同，并且随蛋白质浓度的提高，所需添加剂浓度也会提高。因此，一般添加剂的辅助作用在较低的蛋白质浓度下（<0.1~1mg/mL）有效，在较高的蛋白质浓度下由于分子间聚集的趋势强烈，添加剂的作用不明显。

④ 在生理环境下，低浓度蛋白质的折叠可在数分钟内完成，一般不超过 60min。但是，大部分添加剂在抑制聚集体生成的同时，也会抑制蛋白质的折叠复性，造成折叠速率降低。因此，在这类添加剂的存在下，由于复性速率较低，需要较长的复性时间（5~40h）才能获得较高的复性收率。因此，利用添加剂提高复性收率常需以延长复性操作时间为代价。

⑤ 在包含体蛋白质的复性中，若利用盐酸胍或尿素溶解包含体，应首先考虑通过调节盐酸胍或尿素的浓度来获得满意的复性效果。只有在复性效果不佳的情况下才考虑其他添加剂。

⑥ 在后续的分离过程中表面活性剂类添加剂的去除是必须考虑的问题。表面活性剂与蛋白质结合作用较强，长时间作用还会引起蛋白质变性，需要及时除去。离子型表面活性剂可用离子交换色谱去除。

### 9.3.3 分子伴侣和人工分子伴侣

生物学家深入研究了一类称为分子伴侣（molecular chaperones）的热休克蛋白质（heat shock protein，HSP），发现其在体内和体外都具有抑制蛋白质伸展肽链错误折叠和聚集、促进肽链折叠成天然活性肽的作用。目前已鉴定的分子伴侣蛋白质有数十种，其中研究最多的是源于大肠杆菌的 Chaperonin 家族 GroEL 和 GroES。GroEL 是由 14 个相对分子质量约 $5.7 \times 10^4$ 的相同亚基形成的双层饼状蛋白质，而 GroES 是由 7 个相对分子质量约 $1.0 \times 10^4$ 的相同亚基形成的单层饼状蛋白质。在蛋白质折叠过程中，GroEL 结合伸展的肽链或折叠的中间态，并在腺苷三磷酸（ATP）和 GroES 的存在下，水解 ATP 释放蛋白质和能量，促进蛋白质的折叠复性。GroEL 或 GroEL/GroES 在体外促进蛋白质复性的作用已被许多研究所证实。但是分子伴侣本身为蛋白质，应用成本较高；另外，在通常的操作条件下分子伴侣仅对低浓度蛋白质复性的辅助效果较好。采用固定化分子伴侣或其肽片段可解决其重复使用问题，并可用色谱柱进行较高浓度的蛋白质复性[28~30]。

模拟天然分子伴侣的辅助作用，研究者开发了人工分子伴侣（artificial chaperones）复性系统。典型的人工伴侣系统为表面活性剂（如 CTAB）/环糊精（CD）[31]。该方法首先利用表面活性剂分子捕获变性蛋白质，完全抑制蛋白质的折叠和分子间疏水作用，然后添加环糊精（或线形糊精、环状淀粉）。环糊精的内腔疏水，对表面活性剂具有吸附作用，从而将伸展肽链表面的表面活性剂分子快速剥离，引发蛋白质的折叠。这种方法操作简单方便，添加剂成本低廉，复性效率较高。

人工分子伴侣辅助蛋白质复性过程也可用表观复性动力学模型方程式（9.4）描述[13]。如图9.5 所示，与上述简单稀释复性相比（图 9.2），在人工分子伴侣存在下复性速率常数基本相同，而聚集体生成速率常数下降了约 50%，表明人工分子伴侣系统通过抑制聚集体的生成速率促进了蛋白质复性收率的提高。另外，在一定盐酸胍浓度范围内（<1.2mol/L），人工分子伴侣系统

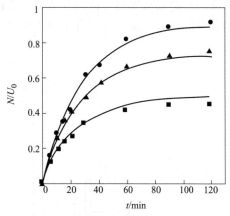

图 9.5　人工分子伴侣辅助溶菌酶复性动力学
盐酸胍浓度：1.0mol/L；
GSH/GSSG＝4mmol/L/0.4mmol/L
变性溶菌酶浓度（$U_0$）/(mg/mL)：0.5（●）；
1.0（▲）；2.0（■）
实线为式（9.4）的拟合曲线 [$k_r = 0.034 min^{-1}$,
$k_a = 0.048 mL^2/(mg^2 \cdot min)$]

与盐酸胍可协同作用辅助蛋白质复性（即二者的作用具有加成性）[11]，共同作用可实现高浓度（1~2mg/mL）蛋白质的高收率复性。

### 9.3.4　复性色谱

复性色谱（refolding chromatography）即利用色谱柱辅助蛋白质复性的方法，也称柱上复性（on-column refolding）或色谱复性（chromatographic refolding）[32]。复性色谱有多种形式，包括凝胶过滤色谱（尺寸排阻色谱）、变性蛋白质吸附色谱和固定化辅助因子色谱等。通常色谱柱不仅辅助蛋白质复性，还可发挥一定的分离作用，回收变性剂。

#### 9.3.4.1　凝胶过滤色谱

凝胶过滤色谱是最简单的一种复性色谱方法，其在辅助蛋白质复性方面的作用主要基于凝胶介质对复性过程中不同尺寸的分子或聚集体的排阻作用[14,33]。在色谱柱中，凝胶颗粒内部和凝胶颗粒间隙具有尺寸大小不同的孔隙（空隙）。不同形态的变性蛋白质因体积大小或与凝胶介质、辅助因子等作用力的差异在固定相和流动相之间进行动态分配。变性蛋白质或聚集体的分子体积较大，随流动相（复性液）在凝胶间的空隙体积内移动；部分折叠或完全折叠的蛋白质则可进入凝胶孔内，移动速度较慢；变性剂由于相对分子质量小，可进入大部分凝胶孔的内部，移动速度最慢。凝胶介质的网络结构阻滞蛋白质分子间的相互作用，可抑制分子间相互作用导致的分子聚集体的生成，同时实现蛋白质复性和变性剂分离。

利用凝胶过滤色谱可对较高初始浓度的变性蛋白质复性，进料蛋白质（变性溶菌酶）浓度可达 80mg/mL[14]。但色谱过程中蛋白质逐渐稀释，最终的洗脱浓度很低。在利用

Sephacryl S-100 介质的凝胶过滤色谱复性过程中，进料浓度为 9.6mg/mL 时复性收率最高，达到 83%，但回收的复性蛋白质浓度仅 0.18mg/mL[14]。这样的复性结果利用直接稀释复性很容易达到，甚至在 1~5mg/mL 的高浓度下也可达到 80%~100% 的复性收率[10]。Middelberg 等[34]在溶菌酶复性研究中也发现，在较低蛋白质浓度下，凝胶过滤色谱仅比直接稀释复性略高，而在较高浓度下凝胶过滤色谱无任何优势。但仅凭溶菌酶的复性结果不能完全否定凝胶过滤色谱辅助复性的有效性。利用凝胶过滤色谱辅助复性的关键点，一是要发挥色谱的分离能力，二是要考察其对包含体蛋白质的真正复性效果。

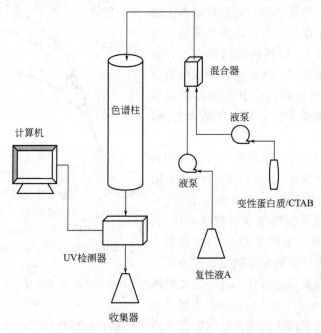

图 9.6　人工分子伴侣系统与凝胶过滤色谱耦合作用辅助蛋白质复性

　　与上述稀释复性类似，利用凝胶过滤色谱辅助蛋白质复性过程中，柱内和料液（变性蛋白质）性质（如变性剂浓度、添加剂、pH 值、氧化还原剂）是影响复性的重要因素。单纯利用凝胶过滤色谱方法进行蛋白质复性时，复性液（流动相）需含有适当浓度变性剂（如 1mol/L 盐酸胍或 2mol/L 尿素）。但由于流动相黏度随变性剂浓度升高而增大，含有高浓度变性剂的复性缓冲液中溶质组分扩散进入凝胶颗粒内部的速度下降，变性蛋白质的保留时间降低，不能得到充分复性。为充分抑制复性过程中聚集体的生成，Su 等提出了尿素梯度凝胶过滤色谱复性方法[35]，即在色谱柱入口端预先调配尿素浓度线性降低的梯度，色谱复性过程中变性蛋白质经历的环境中变性剂浓度逐渐降低，有利于提高蛋白质复性收率。Dong 等[36]提出了人工分子伴侣系统（CTAB/β-CD）与凝胶过滤色谱耦合作用辅助蛋白质复性的方法（图 9.6）。该方法首先用含有 16mmol/L β-CD 和 1mol/L GdmCl 的复性缓冲液 A 平衡色谱柱（159mLSephacryl S-100 凝胶柱），取适量变性蛋白质溶液与含有 CTAB 和 GdmCl 的缓冲液 B 混合，室温静置 10min 后，再以一定流速注入混合器与复性缓冲液 A 混合，注入色谱柱。变性蛋白质/CTAB 复合物与复性缓冲液 A 的流速比为 1∶3。上样完毕后，继续用缓冲液 A 淋洗色谱柱。在色谱柱中，β-CD 将 CTAB 从变性蛋白质表面剥离，启动蛋白质复性。与单纯的凝胶过滤色谱相比，该方法的操作流速可提高 2~5 倍。该方法还可用于蛋白质的连续复性，即在上述操作中连续输入变性蛋白质/CTAB 复合物与复性缓冲液 A。

Middelberg 等[34]采用环形色谱（annular chromatography）装置实现了溶菌酶的连续复性，在蛋白质浓度大于 1mg/mL 的浓度下获得了 72% 的复性收率。

### 9.3.4.2 变性蛋白质吸附色谱

利用色谱介质对变性蛋白质的结合作用可以将蛋白质固定在介质表面，使蛋白质分子间彼此分隔，抑制分子间相互作用。这类复性色谱称作变性蛋白质吸附色谱。疏水性相互作用色谱、离子交换色谱和亲和色谱等均可用于蛋白质复性。与凝胶过滤色谱相比，吸附色谱的分辨率较高，不仅可以分离变性剂，还可分离蛋白质。

耿信笃等最早研究了疏水性相互作用色谱在蛋白质复性中的应用[37]。在色谱过程中，变性蛋白质与疏水性介质的吸附作用较变性剂高，使之与变性剂分离，并在吸附-脱附-吸附的过程中发生折叠复性，同时与其他蛋白质分离。在重组人 γ-干扰素的复性中，一步色谱复性使产品纯度达到了 85%，活性收率是稀释复性的 2~3 倍。

离子交换色谱可吸附尿素溶解的变性蛋白质，辅助蛋白质复性和分离[38]。在利用离子交换色谱辅助蛋白质复性和分离时，若变性蛋白质溶液的 pH 值或离子强度不适于蛋白质的吸附和复性，需首先利用透析等方法调节料液 pH 值和离子强度，除去不利于复性的溶质。Su 等[39,40]提出了脲和 pH 双梯度离子交换色谱复性方法，可有效提高蛋白质的氧化复性效率。

亲和色谱通过与蛋白质特定区域结合来选择性吸附蛋白质，可保证蛋白质的主体部分游离于固定相表面，有利于蛋白质分子的折叠。例如，融合 6 个精氨酸肽片段的 α-葡萄糖苷酶可通过精氨酸肽片段吸附在离子交换剂表面，在优化的操作条件（离子强度、pH 值、温度、介质材料和助溶剂）下，实现高浓度（5mg/mL）蛋白质复性[41]。固定化金属离子色谱是亲和色谱之一，融合聚组氨酸标签的基因工程蛋白可用固定化金属离子色谱复性。Dong 等[42,43]利用固定化 Ni$^{2+}$ 色谱复性了以包含体形式表达的绿色荧光蛋白，在 0.6mg/mL 的回收产品浓度下，复性收率可达 60%（质量收率为 80%，故总收率为 48%），并且复性产品达到电泳纯。在相同的浓度下，简单稀释的复性收率仅达到 14%，利用人工分子伴侣仅达到 26%。因此，固定化金属离子色谱是聚组氨酸标签融合蛋白复性和纯化的有效手段。利用其他亲和色谱形式，如抗原-抗体、酶-抑制剂（或底物）的亲和作用，也可进行蛋白质的亲和色谱复性。

吸附色谱复性的操作条件需要严格的优化和控制，保证蛋白质的吸附、复性和分离。因此，通常在稀释复性中采用的复性液不一定适用于吸附色谱复性。

### 9.3.4.3 固定化辅助因子色谱

固定化辅助因子色谱是指将某些对蛋白质复性有辅助作用的溶质分子固定在凝胶介质表面，用该固定化凝胶介质辅助蛋白质复性的方法。固定化辅助因子色谱可认为是普通凝胶过滤色谱或吸附的延伸，故兼有凝胶过滤色谱和辅助因子对促进蛋白质复性的作用。

前述的固定化分子伴侣色谱[28~30]是一类典型的固定化辅助因子色谱。Fershet 等[29]将三种分子伴侣（mini-GroEL、DsbA 和 PPIase）固定于琼脂糖凝胶，对难于复性的蝎毒肽 Cn5，复性收率达 87%，生物活性达 100%。三种辅助因子中，mini-GroEL 为 GroEL 的功能域，具有抑制蛋白质聚集的作用；DsbA 催化二硫键的氧化和交换，促进正确二硫键的形成；而肽基脯氨酸顺反异构酶 PPIase（peptidyl-prolyl isomerase）催化肽基脯氨酰基连接的顺反异构化。

在上述的人工分子伴侣系统中，将 β-环糊精交联制成高分子微球，可进行固相人工分子伴侣辅助蛋白质复性。Nagamune 等[44]利用 $\beta$-环糊精微球为固相的膨胀床色谱复性 $\alpha$-葡萄糖苷酶，使复性收率提高 5 倍以上（与稀释复性相比）。在复性过程中 $\beta$-环糊精微球吸附表面活性剂（CTAB），使其从蛋白质表面剥离，复性产物不含表面活性剂和环糊精，有利于进一步分离纯化。固相吸附的 CTAB 可用水洗脱除去，容易重复使用。但由于扩散传质阻力的影响，固相环糊精剥离 CTAB 的速度较慢，因此，该系统并非对所有蛋白质的复性都有效。

氧化/还原剂也是复性辅助因子。将氧化/还原剂固定在微球表面，创造接近二硫键异构酶的氧化还原电位，可促进正确二硫键的形成，提高蛋白质复性速度和收率[45]。

### 9.3.5 反胶团溶解复性

蛋白质复性是分子内折叠和分子间聚集的竞争动力学过程。在"无限稀释"的条件下，不存在分子间相互作用，蛋白质复性过程被限制在折叠复性的方向（但可能也会发生错误折叠），获得高收率复性。低浓度的稀释复性正是基于这样的原理。利用反胶团（见 5.7 节）溶解变性蛋白质，可将变性蛋白质分子彼此分隔开来，阻止分子间相互作用，提高复性收率（图 9.7）。Hatton 等利用阴离子表面活性剂 AOT 的反胶团萃取变性溶菌酶，清洗除去反胶团中的变性剂后，反胶团溶解的蛋白质完全复性[46]。但该方法存在的问题是变性剂抑制蛋白质在反胶团相的溶解，故萃取率很低。研究者相继提出利用反胶团萃取固体变性蛋白质的方法[47]和利用非离子型表面活性剂反胶团的复性方案[48~50]，有可能改善反胶团溶解率（或溶解量）低、反萃取不完全、蛋白质与表面活性剂相互作用发生沉淀等问题。

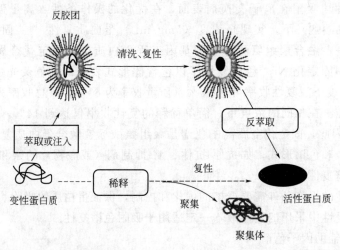

图 9.7 反胶团辅助蛋白质复性示意图及其与稀释复性的比较

### 9.3.6 荷电粒子促进同电荷蛋白质复性

Wang 等研究发现，向复性液中添加与蛋白质带有相同电荷的离子交换介质可以大幅度提高蛋白质的复性收率[51]。例如，添加带正电荷的 Q Sepharose FF，可使带正电荷的溶菌酶在 4mg/mL 的高浓度下复性收率接近 100%；利用添加带负电荷的 SP SepharoseFF，可使带负电荷的牛血清白蛋白在 2mg/mL 的高浓度下复性收率达到 80% 以上。这些结果与不加介质相比，复性收率均提高 1 倍以上。系统的研究表明，荷电介质的作用随粒子表面电荷密度增大而显著增大[52,53]，即利用高电荷密度的介质，在很少粒子添加的情况下（如 0.02g/mL）就可达到充分的促进复性作用。荷电介质对同电荷折叠蛋白质（中间体）的静电排斥作用有效抑制了折叠中间体的聚集，提高了复性收率。分析认为，荷电表面的静电排斥作用导致折叠中间体分子在介质表面附近产生定向排列，增大了蛋白质分子间的静电斥力，有效地抑制了折叠中间体的聚集。

荷电微球介质促进同电荷蛋白质复性的方法具有诸多优点：易于实现高浓度蛋白质的高收率复性；易于产品分离回收；荷电微球介质容易回收和反复利用；离子交换介质可吸附与其带有相反电荷的杂质，因此可同时实现目标蛋白质复性和纯化。

## 9.4 本章总结

根据蛋白质折叠过程的动力学特性，蛋白质体外复性的基本出发点都是设法抑制聚集体的生成，引导复性过程向正确折叠的方向发展，实现高浓度蛋白质的高收率复性。从蛋白质药物大规模生产的角度考虑，除应保证较高的复性收率外，整个复性过程还应满足如下要求。

① 复性方法和设备易于规模放大。
② 操作简便，易于实现自动化控制。
③ 复性过程富有弹性，可应用于各种蛋白质的复性。
④ 生产能力大，速度快，环境友好，成本低廉。

本章介绍的各种复性方法中，最简单同时也容易满足上述要求的复性方法莫过于直接稀释复性。如果通过调节变性剂以及氧化还原剂浓度就可获得满意的复性效果（包括较高的复性浓度和收率），则不必尝试其他手段。如果希望进一步提高复性浓度或复性收率，可尝试流加复性或试验其他添加剂的效果。当直接稀释和流加复性均不能获得满意的效果时，可考虑尝试色谱复性。对于融合聚组氨酸标签的重组蛋白质，固定化金属离子色谱应是优先考虑的对象。但是复性过程中不可避免地会产生蛋白质聚集体和沉淀，造成色谱柱的堵塞、操作压力骤升，这是色谱复性操作中必须注意的问题。

复杂的蛋白质结构和众多的影响因素决定了包含体分离纯化和蛋白质复性技术的多元化。针对具体的目标蛋白质，应选择合适的复性路线并进行有针对性的条件优化、反应器设计和放大研究，实现高浓度目标蛋白质的高收率复性。同时，复性技术和路线应与后续的分离纯化过程相匹配，满足整个生产过程收率高、成本低的要求。荷电微球介质对促进同电荷蛋白质复性作用的发现，有望为蛋白质复性技术的发展注入新的活力，广泛应用于包含体蛋白质的复性。

## 习　题

1. 分析归纳影响蛋白质复性的主要环境因素。
2. 在相同的复性蛋白质浓度下，复性收率一般随稀释倍数增大（即变性蛋白质浓度增大）而降低。分析原因并讨论改善的方案。
3. 参考图 9.1 以及式(9.1)、式(9.2)、式(9.7) 和式(9.8)，推导流加复性过程模型。
4. 利用反胶团复性蛋白质的方法构思独特。结合有关反胶团萃取（见 5.7 节）的知识和反胶团中蛋白质复性研究的现状，分析提高该方法实用性的途径。

## 参 考 文 献

[1] Kane J F, Hartley D L. Formation of recombinant protein inclusion bodies in *Escherichia coli*. Trends Biotechnol, 1988, 6: 95-101.

[2] Gribskov M，Burgess R R．Overexpression and purification of the sigma subunit of *Escherichia coli*．RNA polymerase．Gene，1991，9：825-829.

[3] Baneyx F．Recombinant protein expression in *Escherichia coli*．Curr Opin Biotechnol，1999，10：411-421.

[4] Middelberg A P J．Preparative protein refolding．Trends Biotechnol，2002，20：437-443.

[5] Maachupalli-Reddy J，Kelley BD，De Bernardez Clark E．Effect of inclusion body contaminants on the oxidative renaturation of hen egg white lysozyme．Biotechnol Prog，1997，13：144-150.

[6] Tran-Moseman A，Schauer N，De Bernardez Clark E．Renaturation of *Escherichia coli*-derived recombinant human macrophage colony-stimulating factor．Protein Expr Purif，1999，16：181-189.

[7] De Bernardez Clark E．Refolding of recombinant proteins．Curr Opin Biotechnol，1998，9：157-163.

[8] De Bernardez Clark E．Protein refolding for industrial processes．Curr Opin Biotechnol，2001，12：202-207.

[9] De Bernardez Clark E，Schwarz E，Rudolph R．Inhibition of aggregation side reactions during *in vitro* protein folding．Methods Enzymol，1999，309：217-236.

[10] Hevehan D L，De Bernardez Clark E．Oxidative renaturation of lysozyme at high concentrations．Biotechnol Bioeng，1997，54：221-230.

[11] Dong X Y，Shi J H，Sun Y．Cooperative effect of the artificial chaperones and guanidinium chloride on lysozyme renaturation at high concentrations．Biotechnol Prog，2002，18：663-665.

[12] Dong X Y，Wang Y B，Liu X G，Sun Y．Kinetic model of lysozyme renaturation with the molecular chaperone GroEL．Biotechnol Lett，2001，23：1165-1169.

[13] 董晓燕，王颖，孙彦．人工伴侣促进溶菌酶复性动力学．高校化学工程学报，2002，16：306-310.

[14] Batas B，Chandhuri J B．Protein refolding at high concentration using size-exclusion chromatography．Biotechnol Bioeng，1996，50：16-23.

[15] Buswell A M，Ebtinger M，Vertés A A，Middelberg A P J．Effect of operating variables on the yield of recombinant trypsinogen for a pulse-fed dilution-refolding reactor．Biotechnol Bioeng，2002，77：435-444.

[16] De Bernardez Clark E，Hevehan D L，Szela S，Maachupalli-Reddy J．Oxidative renaturation of hen egg-white lysozyme：Folding vs aggregation．Biotechnol Prog，1998，14：47-54.

[17] Buswell A M，Middelberg A P J．Critical analysis of lysozyme refolding kinetics．Biotechnol Prog，2002，18：470-475.

[18] Buswell A M，Middelberg A P J．A new scheme for lysozyme refolding and aggregation．Biotechnol Bioeng，2003，83：567-577.

[19] Rudolph R，Fischer S．Process for obtaining renatured proteins：US Patent 4933434．1990.

[20] Katoh S，Katoh Y．Continuous refolding of lysozyme with fed-batch addition of denatured protein solution．Process Biochem，2000，35：1119-1124.

[21] Dong X Y，Shi G Q，Li W，Li L，Sun Y．Modeling and simulation of fed-batch protein refolding process．Biotechnol. Prog，2004，20：1213-1219.

[22] Kotlarski N，O'Neill B K，Francis G L，Middelberg A P J．Design analysis for refolding monomeric protein．AIChE J，1997，43：2123-2132.

[23] Buchner J，Rudolph R．Renaturation，purification and characterization of recombinant Fab fragments produced in *Escherichia coli*．Bio/Technology，1991，9：157-162.

[24] Rariy R V，Klibanov A M．Correct protein folding in glycerol．Proc Natl Acad Sci USA，1997，94：13520-13523.

[25] Cleland J L，Builder S E，Swartz J R，Winkler M，Chang J Y，Wang D I C．Polyethylene glycol enhanced protein refolding．Bio/Technology，1992，10：1013-1019.

[26] Yasuda M，Murakami Y，Sowa A，Ogino H，Ishikawa H．Effect of additives on refolding of a denatured protein．Biotechnol Prog，1998，14：601-606.

[27] Dong X Y，Huang Y，Sun Y．Refolding kinetics of denatured-reduced lysozyme in the presence of folding aids．J Biotechnol，2004，114：135-142.

[28] Altamirand M M，Golbik R，Zahn R，Buckle A M，Fersht A R．Refolding chromatography with immobilized mini-chaperones．Proc Natl Acad Sci USA，1997，94：3576-3578.

[29] Altamirand M M，Garcia C，Possan L D，Fersht A R．Oxidative refolding chromatography：folding of the scorpion toxin Cn5．Nat Biotechnol，1999，17：187-191.

[30] Dong X Y，Yang H，Sun Y．Lysozyme refolding with immobilized GroEL column chromatography．J Chromatogr A，2000，878：197-204.

[31] Rozema D，Gellman S H．Artificial chaperone-assisted refolding of denatured-reduced lysozyme：modulation of the competition between renaturation and aggregation．Biochemistry，1996，35：15760-15771.

[32] Jungbauer A，Kaar W．Current status of technical protein refolding．J Biotechnol，2007，128：587-596.

[33] Batas B，Jones H R，Chaudhuri J B．Studies on the hydrodynamic volume changes that occur during refolding of lysozyme using size-exclusion chromatography．J Chromatogr A，1997，766：109-119.

[34] Lanckriet H，Middelberg A P J．Continuous chromatographic protein refolding．J Chromatogr A，2004，1022：103-113.

[35] Gu Z，Su Z，Janson J-Ch．Urea gradient size-exclusion chromatography enhanced the yield of lysozyme refolding．J

Chromatogr A，2001，918：311-318.

[36] Dong X Y，Wang Y，Shi J H，Sun Y. Size exclusion chromatography incorporating with artificial chaperone system enhanced lysozyme renaturation. Enzyme Microb Technol，2002，30：792-797.

[37] 耿信笃，张养军，申烨华，马凤. 生物大分子的色谱分离和纯化//刘国诠主编. 生物工程下游技术. 第 2 版. 北京：化学工业出版社，2003：127-137.

[38] Suttnar J，Dyr J E，Hamš íková E，Novák J，Vonka N V. Procedure for refolding and purification of recombinant proteins from inclusion bodies using a strong anion exchanger. J Chromatogr B，1994，656：123-126.

[39] Li M，Zhang G F，Su Z G. Dual gradient ion-exchange chromatography improved refolding yield of lysozyme. J Chromatogr A，2002，959：113-120.

[40] Li M，Su Z G，Janson J C. In vitro protein refolding by chromatographic procedures. Protein Exp Purif，2004，33：1-10.

[41] Stempfer G，Höll-Neugebauer B，Rudolph R. Improved refolding of an immobilized fusion protein. Nat Biotechnol，1996，14：329-334.

[42] Dong X Y，Chen L J，Sun Y. Refolding and purification of histidine-tagged protein by artificial chaperone-assisted metal affinity chromatography. J Chromatogr A，2009，1216：5207-5213.

[43] Dong X Y，Chen L J，Sun Y. Effect of operating conditions on the refolding of his-tagged enhanced green fluorescent protein by artificial chaperone-assisted metal affinity chromatography. Biochem Eng J，2009，48：65-70.

[44] Mannen T，Yamaguchi S，Honda J，Sugimoto S，Nagamune T. Expanded bed protein refolding using solid-phase artificial chaperone. J Biosci Bioeng，2001，91：403-408.

[45] Woycechowsky K J，Hook B A，Raines R T. Catalysis of protein folding by an immobilized small molecule dithiol. Biotechnol Prog ，2003，19：1307-1314.

[46] Hagen A J，Hatton T A，Wang D I C. Protein refolding in reversed micelles. Biotechnol Bioeng，1990，35：955-965.

[47] Hashimoto Y，Ono T，Goto M，Hatton T A. Protein refolding by reversed micelles utilizing solid-liquid extraction technique. Biotechnol Bioeng，1998，57：620-623.

[48] Sakono M，Muaruyama T，Kamiya N，Goto M. Refolding of denatured carbonic anhydrase B by reversed micelles formulated with nonionic surfactant. Biochem Eng J，2004，19：217-220.

[49] Wu X Y，Liu Y，Dong X Y，Sun Y. Protein refolding mediated by reversed micelles of Cibacron Blue F-3GA modified nonionic surfactant. Biotechnol Prog，2006，22：499-504.

[50] Dong X Y，Wu X Y，Liu Y，Sun Y. Refolding of denatured lysozyme assisted by artificial chaperones in reverse micelles. Biochem Eng J，2006，31：92-95.

[51] Wang G Z，Dong X Y，Sun Y. Ion-exchange resins greatly facilitate refolding of like-charged proteins at high concentrations. Biotechnol Bioeng，2011，108：1068-1077.

[52] Yu L L，Dong X Y，Sun Y. Ion-exchange resins facilitate like-charged protein refolding：Effect of porous solid phase properties. J Chromatogr A，2012，1225：168-173.

[53] Yang C Y，Yu L L，Dong X Y，Sun Y. Mono-sized microspheres modified with poly（ethylenimine）facilitate the refolding of like-charged lysozyme. React Funct Polym，2012，72：889-896.

# 10 结晶

结晶（cystallization）是从液相或气相生成形状一定、分子（或原子、离子）有规则排列的晶体（crystal）的现象。结晶可以从液相或气相中生成，但工业结晶操作主要以液体原料为对象。结晶是新相生成的过程，是利用溶质之间溶解度的差别进行分离纯化的一种扩散分离操作，这一点与沉淀的生成原理一致。但两者的区别在于，结晶是内部结构的质点元（原子、分子、离子）做三维有序规则排列、形状一定的固体粒子；而沉淀则是无规则排列的、无定形粒子。结晶的形成需在严密控制的操作条件下进行，因此，结晶的纯度远高于沉淀。

结晶是一种历史悠久的分离技术，5000 年前中国人的祖先已开始利用结晶原理制造食盐。目前结晶技术广泛应用于化学工业，在氨基酸、有机酸和抗生素等生物产物的生产过程中也已成为重要的分离纯化手段。可以认为，大多数固体产品都是以结晶的形式出售的，因此，在产品的制造过程中一般都要利用结晶技术。

结晶理论是通过无机盐的结晶现象研究发展起来的，但其基本原理也适用于生物产物的结晶。但生物产物结晶的研究历史较短，基础数据的积累较少，目前仍是重要的研究课题。本章从结晶的基本原理入手，介绍结晶的形成（成核）和生长动力学，结晶器及其设计理论基础和结晶操作概况。有关结晶过程和结晶器设计等详细内容可参考专著 [1,2]。

## 10.1 结晶原理

### 10.1.1 溶解度

向恒温溶剂（如水）中加入溶解性固体溶质，溶质在溶剂中发生溶解现象，溶剂中溶质的浓度不断上升。如果固体溶质的加入量与溶剂相比足够多，一定时间后，溶剂中溶质的浓度不再升高，而此时尚有固体溶质存在，即溶质在固液之间达到平衡状态。此时溶液中的溶质浓度称为该溶质的溶解度（solubility）或饱和浓度（saturated concentration），该溶液称为该溶质的饱和溶液（saturated solution）。溶解度（饱和浓度）的单位有多种，在结晶操作中常用单位质量（或体积）溶剂中溶质的质量表示（如 g/100g 水）。溶解度是温度的函数，因此，溶质在特定溶剂中的溶解度常用温度-溶解度曲线表示，该曲线又称饱和曲线。图 10.1 为部分物质在水中的温度-溶解度曲线 [3]。大多数物质的溶解度随温度的升高显著增大，也有一些物质的溶解度对温度的变化不敏感，少数物质（如螺旋霉素）的溶解度随温度升高而显著下降。此外，溶剂的组成（例如，有机溶剂与水的比例、其他组

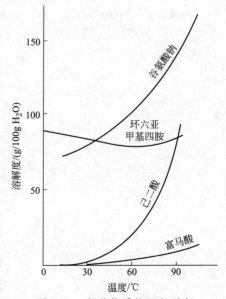

图 10.1 部分物质的温度-溶解度曲线（饱和曲线）

分、pH 值和离子强度等）对溶解度亦有显著影响。因此，调节 pH 值、离子强度和有机溶剂或水的浓度是氨基酸、抗生素等生物产物结晶操作的重要手段。在物性不同的溶剂中溶质的温度-溶解度曲线是结晶操作设计的基础。

### 10.1.2 过饱和溶液与介稳区

上述溶解度是指大颗粒晶体溶质的饱和浓度。但是，从热力学理论可知，与微小液滴的饱和蒸气压高于正常液体的饱和蒸气压等现象的原理一样，微小晶体的溶解度高于普通大颗粒晶体的溶解度。这一现象可用下述热力学公式表达

$$\ln \frac{c}{c_s} = \frac{2\sigma V_m}{RTr_c} \tag{10.1}$$

式中，$c_s$ 为普通晶体的溶解度；$c$ 为半径为 $r_c$ 的球形微小晶体的溶解度；$\sigma$ 为结晶界面张力；$V_m$ 为晶体的摩尔体积；$R$ 为气体常数；$T$ 为热力学温度。

从式(10.1) 可知，微小晶体的半径越小，溶解度越大。这一热力学现象已被许多实验结果所证实。例如，粒径为 $0.3\mu m$ 的 $Ag_2CrO_4$ 晶体比普通晶体的溶解度高 $10\%$，粒径为 $0.1\mu m$ 的 $BaSO_4$ 晶体比普通晶体的溶解度高 $80\%$。

由此可见，对于一个浓度低于溶解度的不饱和溶液，可通过蒸发或冷却（降温）使之浓度达到并超过相应温度下的溶解度（图 10.2）。设此时的溶质浓度为 $c>c_s$，根据式(10.1) 可知，此时即使有微小晶体析出，如果晶体半径 $r'<r_c$，则此微小晶体的溶解度 $c'>c$，即该微小晶体会自动溶解。换句话说，虽然此时溶质的浓度对普通晶体是过饱和的（$c>c_s$），但对于半径为 $r'$（$<r_c$）的微小晶体仍是不饱和的。设过饱和度为

$$\alpha = \frac{c}{c_s} \tag{10.2}$$

$\alpha$ 又称过饱和系数（或过饱和度比）。根据式(10.1)，用过饱和系数表示与过饱和溶液呈相平衡的微小晶体半径为

$$r_c = \frac{2\sigma V_m}{RT\ln\alpha} \tag{10.3}$$

$r_c$ 即为此过饱和度下的临界晶体半径：$r<r_c$ 的晶体溶解度大于 $c$，自动溶解；$r>r_c$ 的晶体溶解度小于 $c$，自动生长。因此，纯净的过饱和溶液可维持在一定的过饱和度范围内无结晶析出。但是，如果向其中加入颗粒半径大于 $r_c$ 的晶体，晶体就会自动生长，直至到其半径与溶质浓度之间符合式(10.1) 为止。这种在一定过饱和度范围内维持无结晶析出的状态称为介稳状态或亚稳状态。

由于 $r_c$ 随 $\alpha$ 的增大而降低，当 $\alpha$ 足够大时，$r_c$ 已非常微小，此时溶质分子（原子、离子）会合的概率又大大增加，极易形成半径大于 $r_c$ 的微小晶体。因此，当 $\alpha$ 超过某一特定值时，过饱和溶液中就会自发形成大量晶核，这种现象称为成核（nucleation）。这一特定浓度值与温度之间的关系表示在图 10.2 上即为超溶解度曲线（曲线 3），或称第二超溶解度曲线。第二超溶解度曲线与溶解度曲线之间的区域称为介稳区或亚稳区（metastable zone），第二超溶解度曲线以上的区域能够自发成核，称为不稳区（liable zone）。在介稳区又存在一定的过饱和浓度，在该浓度以下极难自发形成结晶，这一浓度与温度之间的关系表示在图 10.2 上即为第一超溶解度曲线。因此介稳区又分两部分，即第一超溶解度曲线与溶解度曲线之间的第一介稳区和第二超溶解度曲线与第一超溶解度曲线之间的第二介稳区。

必须指出，第一超溶解度曲线和第二超溶解度曲线并非严格的热力学平衡曲线。除热力学因素［式(10.1)］外，还受实验条件的影响，如搅拌强度、冷却或蒸发速度以及溶液纯

度等。

图 10.2 所示的各个区域内的结晶现象可归纳如下。

A 稳定区，即不饱和区。在此区域内即使有晶体存在也会自动溶解。

B 第一介稳区，即第一过饱和区。在此区域内不会自发成核，当加入结晶颗粒时，结晶会生长，但不会产生新晶核。这种加入的结晶颗粒称为晶种（seed crystals）。

C 第二介稳区，即第二过饱和区，在此区域内也不会自发成核，但加入晶种后，在结晶生长的同时会有新晶核产生。

D 不稳区，是自发成核区域，瞬时出现大量微小晶核，发生晶核泛滥。

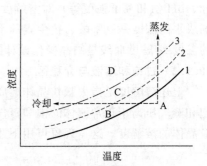

图 10.2 过饱和与超溶解度曲线

A—稳定区；B—第一介稳区；
C—第二介稳区；D—不稳区
1—溶解度曲线；2—第一超溶解
度曲线；3—第二超溶解度曲线

由于在不稳区内自发成核，造成晶核泛滥，形成大量微小结晶，产品质量难于控制，并且结晶的过滤或离心回收困难。因此，工业结晶操作均在介稳区内进行，其中主要是第一介稳区。这样，介稳区的宽度数据对工业结晶操作的设计尤为重要。介稳区的宽度常用图 10.3 所示的最大过饱和浓度 $\Delta c_{\max}$ 或最大过饱和温度（过冷温度）$\Delta T_{\max}$ 表示，两者的关系为

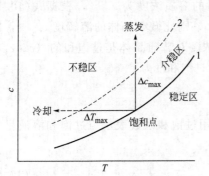

图 10.3 介稳区的宽度

1—溶解度曲线，2—超溶解度曲线

$$\Delta c_{\max} = \frac{\mathrm{d}c_{\mathrm{s}}}{\mathrm{d}T} \Delta T_{\max} \tag{10.4}$$

介稳区宽度的测定常常是结晶操作设计的第一步。其方法通常是在一定搅拌速度下缓慢冷却或蒸发不饱和溶液，在过饱和区域内检测晶核出现的过饱和温度或浓度。

### 10.1.3 成核

从式(10.3)可知，在一定的过饱和度下存在临界晶体半径 $r_{\mathrm{c}}$，半径大于 $r_{\mathrm{c}}$ 的晶体生长，而半径小于 $r_{\mathrm{c}}$ 的晶体溶解消失。理论上通常将半径为 $r_{\mathrm{c}}$ 的结晶微粒定义为晶核（crystal nuclei），而将半径小于 $r_{\mathrm{c}}$ 的结晶微粒称为胚种（embryos）。从热力学的角度，结晶操作中晶核不会消失，而是不断生长。但在实际的过饱和溶液中，由于晶核之间相互会合，实际上晶核数是不断减少的。因此，从实用的角度，通常利用数微米以上结晶的生长速度的实测结果和数微米至数十微米范围内结晶的粒度分布数据外插到粒径为零，将所得的粒数密度值称为晶核密度，此时的晶核是粒径为零的假想晶核。所以，晶核在不同情况下具有不同的定义，使用时应注意加以区分。此外，晶核的产生根据成核机理不同分为初级成核（primary nucleation）和二次成核（secondary nucleation），其中初级成核又分为均相成核（homogeneous nucleation）和非均相成核（heterogeneous nucleation）。

#### 10.1.3.1 初级成核

初级成核是过饱和溶液中的自发成核现象。从式(10.1)可知，$r_{\mathrm{c}}$ 越少越容易自发成

核。因此，初级成核在图 10.2 所示的不稳区内发生，其发生机理是胚种及溶质分子相互碰撞的结果。由于结晶是新相形成的过程，需要一定的能量，以形成稳定的相界面。这部分能量由两部分组成：一部分是晶体表面过剩自由能，设晶体为球形，半径为 $r$，则表面过剩自由能为 $4\pi r^2\sigma$；另一部分是体积过剩自由能，即晶体中的溶质与溶液中的溶质自由能的差，用晶体体积与单位体积的自由能差（$\Delta G_V$）之积表示，为 $(4/3)\pi r^3 \Delta G_V$。因此，成核过程的自由能变化为

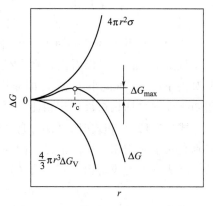

图 10.4　成核过程中自由能的变化

$$\Delta G = 4\pi r^2\sigma + \frac{4}{3}\pi r^3 \Delta G_V \tag{10.5}$$

式（10.5）右侧第一项为正值，而第二项为负值。所以在 $\Delta G$ 与 $r$ 的关系图上存在 $\Delta G$ 的最大值。如图 10.4 所示，使 $\Delta G$ 最大的晶体半径就是式（10.3）的临界半径 $r_c$，晶体半径大于或小于 $r_c$ 时，晶体将生长（$r$ 值增大）或溶解（$r$ 值减小），使 $\Delta G$ 值降低。令 $\mathrm{d}\Delta G/\mathrm{d}r=0$，可得

$$r_c = -\frac{2\sigma}{\Delta G_V} \tag{10.6}$$

或

$$\Delta G_V = -\frac{2\sigma}{r_c} \tag{10.7}$$

将式（10.7）代入式（10.5）得

$$\Delta G = 4\pi\sigma\left(r^2 - \frac{2r^3}{3r_c}\right) \tag{10.8}$$

式（10.8）是成核过程中 $\Delta G$ 与晶体半径之间的关系式。而将 $r=r_c$ 代入式（10.8）得 $\Delta G$ 的最大值为

$$\Delta G_{max} = \frac{4}{3}\pi\sigma r_c^2 \tag{10.9}$$

将式（10.3）代入式（10.9）得

$$\Delta G_{max} = \Delta E = \frac{16\pi V_m^2\sigma^3}{3(RT\ln\alpha)^2} \tag{10.10}$$

式（10.10）表示的 $\Delta E$ 是双组分溶液中球形结晶均相成核所需的活化能。如果溶液中除溶质和溶剂外，还存在一种半径为 $r'$ 的球形微粒，成核在此球形微粒上发生，所需的活化能为

$$\Delta E' = \frac{16\pi V_m^2\sigma_{12}^3}{3(RT\ln\alpha)^2} + 4\pi(r')^2(\sigma_{23}-\sigma_{13}) - \frac{4\pi RT\ln\alpha(r')^3}{3V_m} \tag{10.11}$$

式中，$\sigma_{12}$、$\sigma_{23}$ 和 $\sigma_{13}$ 分别为溶液与结晶、结晶与球形微粒、溶液与球形微粒的相间界面张力。

式（10.11）表示的 $\Delta E'$ 为非均相成核所需的活化能。根据 Arrhenius 方程，均相和非均相初级成核速率分别为

$$B_p = Z\exp\left(-\frac{\Delta E}{RT}\right) \tag{10.12a}$$

$$B'_p = Z' \exp\left(-\frac{\Delta E'}{RT}\right) \tag{10.12b}$$

式中，$Z$ 和 $Z'$ 为频率因子；$B_p$ 和 $B'_p$ 分别为均相和非均相成核速率。

从式（10.11）可以看出，在半径为 $r'$ 的球形微粒存在下，根据界面张力 $\sigma_{13}$ 和 $\sigma_{23}$ 数值的相对大小，$\Delta E'$ 可能小于 $\Delta E$，即非均相成核速率 $B'_p$ 大于均相成核速率 $B_p$。换句话说，非均相初级成核与均相初级成核相比，可以在较低的过饱和度下发生。

式（10.12a）和式（10.12b）是从热力学理论推导的初级成核速率方程，使用并不方便，特别是对于非均相成核的情况。因为在实际结晶操作中很难做到溶液的绝对纯净，所以通常的初级成核多为非均相成核，成核速率常用简单的经验公式表达

$$B_p = k_p \Delta c^p \tag{10.13}$$

式中，$k_p$ 和 $p$ 为常数。

而 $$\Delta c = c - c_s \tag{10.14}$$

为绝对过饱和度，是过饱和度的另一种表达方式。式（10.13）表明初级成核速率与过饱和度 $\Delta c$ 的 $p$ 次幂成正比。

### 10.1.3.2　二次成核

在过饱和度较小的介稳区内不能发生初级成核。但如果向介稳态过饱和溶液中加入晶种，就会有新的晶核产生。这种成核现象称为二次成核。工业结晶操作均在晶种的存在下进行，因此，工业结晶的成核现象通常为二次成核。二次成核的机理尚不十分清楚，但一般认为：在有晶体存在的悬浮液中，附着在晶体上的微小晶体或会合分子受到流体流动的剪切作用，以及晶体之间的相互碰撞和晶体与器壁的相互碰撞而脱离晶体，形成新的晶核。由于这些脱离的微小结晶或会合分子必须大于相应过饱和度下的热力学临界半径 $r_c$ 才能形成晶核，继续生长，因此，二次成核速率是过饱和度的函数。同时，微小晶体或会合分子脱离晶体受结晶器内流体力学性质和晶体悬浮密度的影响。因此，结晶器内的二次成核速率可用下述经验式表达

$$B_s = k_s \Delta c^l M^m P^n \tag{10.15}$$

式中，$B_s$ 为二次成核速率，$m^{-3} \cdot s^{-1}$；$k_s$ 为二次成核速率常数，是温度的函数；$M$ 为结晶悬浮密度，$kg/m^3$；$P$ 表示结晶器内搅拌强度的量（搅拌转数，$s^{-1}$；或线速度，$m/s$）；$l$、$m$、$n$ 为常数，是操作条件的函数。

此外，二次成核速率还与晶体的表面状态有关。因此，实验测量二次成核速率时，所用晶种需在相同过饱和度的溶液中浸泡较长时间后使用。

实际结晶过程的成核速率是上述初级成核速率和二次成核速率之和，但初级成核速率相对很小，可以忽略不计。所以，成核速率 $B$ 为

$$B = B_s = k_s \Delta c^l M^m P^n \tag{10.16}$$

当外部输入能量（搅拌、流速）相对稳定时，式（10.16）可简化为

$$B = k \Delta c^l M^m \tag{10.17}$$

式中，$k$ 为稳定操作条件下的成核速率常数。

# 10.2　结晶的生长

## 10.2.1　生长速率

结晶的生长（crystal growth）是以浓差为推动力的扩散传质和晶体表面反应（晶格排

列）的两步串联过程，结晶附近的溶质浓度分布如图 10.5 所示。扩散和表面结晶过程的速率可分别用下述方程式表达

$$\left(\frac{\mathrm{d}w}{\mathrm{d}t}\right)_{\mathrm{D}}=k_{\mathrm{D}}A(c-c_{\mathrm{i}}) \tag{10.18}$$

$$\left(\frac{\mathrm{d}w}{\mathrm{d}t}\right)_{\mathrm{R}}=k_{\mathrm{R}}A(c_{\mathrm{i}}-c_{\mathrm{s}})^{i} \tag{10.19}$$

式中，$A$ 为结晶面积，$m^2$；$w$ 为结晶质量，kg；$t$ 为时间，s；$c$ 为母液溶质浓度，$kg/m^3$；$c_{\mathrm{i}}$ 为晶体表面溶质浓度，$kg/m^3$；$c_{\mathrm{s}}$ 为饱和浓度，$kg/m^3$；$i$ 为幂指数；D、R 分别表示扩散和表面反应的下标；$k_{\mathrm{D}}$、$k_{\mathrm{R}}$ 分别为扩散和表面结晶速率常数。

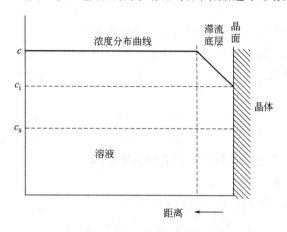

图 10.5  结晶附近的溶质浓度分布

在拟稳态条件下，上述两式的左端相等，结晶的生长速率为

$$\frac{\mathrm{d}w}{\mathrm{d}t}=k_0A(c-c_{\mathrm{s}})^{j} \tag{10.20}$$

式中，$k_0$ 为综合生长速率常数；$j$ 为幂指数。

当过饱和度较低时，式(10.19) 和式(10.20) 中的幂指数 $i=j=1$，则有

$$\frac{\mathrm{d}w}{\mathrm{d}t}=k_0A(c-c_{\mathrm{s}}) \tag{10.20a}$$

其中

$$\frac{1}{k_0}=\frac{1}{k_{\mathrm{D}}}+\frac{1}{k_{\mathrm{R}}} \tag{10.21}$$

考虑结晶器内的结晶生长速率，式(10.18)～式(10.20) 中的 $w$ 和 $A$ 可分别用晶浆浓度 $M$（$kg/m^3$，即结晶悬浮密度）和结晶比表面积 $a$（$m^{-1}$）代替。以式(10.20a) 为例，则有

$$\frac{\mathrm{d}M}{\mathrm{d}t}=k_0a(c-c_{\mathrm{s}}) \tag{10.20b}$$

扩散速率常数 $k_{\mathrm{D}}$ 是流速（$u$）的函数，因此，$k_0$ 也是流速的函数，流速越高，$k_0$ 值越大。在不同的流速下测定 $k_0$ 值，然后外插到流速无限大（$1/u=0$），此时 $1/k_{\mathrm{D}}=0$，就可求出表面结晶速率常数 $k_{\mathrm{R}}$ 值。即在流速很高时，扩散的影响可忽略不计，结晶生长为表面反应速率控制，$k_0=k_{\mathrm{R}}$。这样求得的 $k_{\mathrm{R}}$ 值虽然不能严格反映表面结晶现象，但此 $k_{\mathrm{R}}$ 值对工业结晶过程的设计是有效的。表面结晶速率是温度的函数，温度越高，$k_{\mathrm{R}}$ 值越大。通过不

同操作温度下的动力学实验可测定并回归 $k_R$ 与温度之间的经验关联式，用于结晶过程的设计。

### 10.2.2 ΔL 定律

式(10.20) 含有晶体表面积 $A$，而 $A$ 在结晶生长过程中是不断改变的。因此，上述结晶生长速率方程使用很不方便。如果假定结晶生长过程中几何形状保持不变，即晶体在各个方向上的生长速率相同，保持几何相似性，则可用正方体的边长表示任何晶体的特性晶体长度 (characteristic crystal length)[3]，即

$$l = \frac{6w_c}{\rho_c A_c} \qquad (10.22)$$

式中，$\rho_c$ 为晶体密度；$w_c$ 为单晶重；$A_c$ 为单晶表面积。

如果晶体是边长为 $s$ 的正方体，则 $w_c = \rho_c s^3$，$A_c = 5s^2$，代入式(10.22) 有 $l=s$，即正方体的特性长度等于其边长。对于任何形状的晶体，其质量和表面积与特性长度 $l$ 之间的关系为

$$w_c = \rho_c \varphi_V l^3 \qquad (10.23)$$

$$A_c = 6\varphi_A l^2 \qquad (10.24)$$

式中，$\varphi_V$ 和 $\varphi_A$ 分别为晶体的体积和表面积形状因子。

对于正方体晶体，$\varphi_V = \varphi_A = 1$。

将式(10.23) 和式(10.24) 代入式(10.20) 得

$$\frac{d}{dt}(\rho_c \varphi_V l^3) = 6\varphi_A l^2 k_0 (c - c_s)^j$$

或

$$\frac{dl}{dt} = \frac{2\varphi_A}{\rho_c \varphi_V} k_0 (c - c_s)^j \qquad (10.25)$$

所以

$$\frac{dl}{dt} = G = k_G (c - c_s)^j \qquad (10.25a)$$

$$k_G = \frac{2\varphi_A}{\rho_c \varphi_V} k_0 \qquad (10.26)$$

式中，$G$ 为结晶的线性生长速率；$k_G$ 为线性生长速率常数。

如果 $j=1$，则

$$G = k_G (c - c_s) \qquad (10.25b)$$

式(10.25b) 表明，在同一溶液中（$c - c_s$ 值一定），对于几何形状相似的晶体，其线性生长速率与晶体粒径无关，这就是 ΔL 定律。在混合均匀的结晶器中 ΔL 定律已为许多实验结果所证实，适用于大多数结晶系统。因此，ΔL 定律广泛应用于结晶生长速率的测定和结晶器的设计。本章以后的内容均在 ΔL 定律的基础上加以展开。

## 10.3 结晶过程设计基础

### 10.3.1 晶体粒度分布

结晶是一种颗粒过程，晶体粒径不是均一的，有一定的晶体粒度分布 (crystal size distribution，CSD）。设单位体积中晶体粒度介于 $0\sim l$ 的晶体累积粒数为 $N$，则 $N$ 与 $l$ 之间具有图 10.6 所示的曲线关系。该曲线的切线斜率称为晶体的粒数密度（population density），用 $n$ 表示

$$n=\lim_{\Delta l\to 0}\frac{\Delta N}{\Delta l}=\frac{\mathrm{d}N}{\mathrm{d}l} \tag{10.27}$$

$n$ 是粒度为 $l$ 的晶体的粒数密度，单位为 $\mathrm{m}^{-3}\cdot\mathrm{m}^{-1}$。从图 10.6 可以看出，不同粒度的晶体粒数密度不同。$n$ 随着粒度的增大而降低，即结晶生长时间越长，$l$ 值越大，$n$ 值越小。

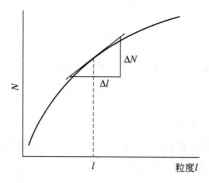

图 10.6　累积粒数 $N$ 与粒度 $l$ 的关系

利用粒数密度与粒度之间的关系可以确定结晶的各种物性参数。用矩量分析法，定义粒度的 $k$ 阶矩量分率为

$$\mu_k=\frac{\int_0^l l^k n\,\mathrm{d}l}{\int_0^\infty l^k n\,\mathrm{d}l} \tag{10.28}$$

如果 $k=0$，则

$$\mu_0=\frac{\int_0^l n\,\mathrm{d}l}{\int_0^\infty n\,\mathrm{d}l} \tag{10.28a}$$

显然，$\mu_0$ 是粒度为 $0\sim l$ 的晶体数占晶体粒子总数的分率。当 $k=1$ 时

$$\mu_1=\frac{\int_0^l ln\,\mathrm{d}l}{\int_0^\infty ln\,\mathrm{d}l} \tag{10.28b}$$

$\mu_1$ 是粒度为 $0\sim l$ 的晶体特性长度之和占晶体总特性长度的分率。同理，$\mu_2$ 和 $\mu_3$ 分别是粒度为 $0\sim l$ 的晶体的表面积和体积（质量）的分率。

$$\mu_2=\frac{6\varphi_A\int_0^l l^2 n\,\mathrm{d}l}{6\varphi_A\int_0^\infty l^2 n\,\mathrm{d}l} \tag{10.28c}$$

$$\mu_3=\frac{\rho_c\varphi_V\int_0^l l^3 n\,\mathrm{d}l}{\rho_c\varphi_V\int_0^\infty l^3 n\,\mathrm{d}l} \tag{10.28d}$$

式(10.28a)～式(10.28d) 的分母分别为单位体积晶浆中晶体总数（$k=0$）、晶体总特性长度（$k=1$）、晶体总表面积（$k=2$）和晶体总质量（$k=3$）。

### 10.3.2 粒数衡算方程

现在考虑图 10.7 所示的结晶操作过程，对粒度为 $l$ 的晶体的粒数做物料衡算。假设结晶器中的晶浆处于全混状态，晶体粒度分布是连续的，忽略晶体的破碎和消失，则对于粒度为 $l$、粒数密度为 $n$ 的晶体，有

$$输入速率 = F_{in}n_{in}$$

$$输出速率 = Fn$$

$$生长速率 = \frac{\partial(VGn)}{\partial l}$$

$$积累速率 = \frac{\partial(Vn)}{\partial t}$$

因为，输入速率－输出速率－生长速率＝积累速率，所以

$$F_{in}n_{in} - Fn - \frac{\partial(VGn)}{\partial l} = \frac{\partial(Vn)}{\partial t} \tag{10.29}$$

式中，$V$ 为结晶器中的晶浆体积，$m^3$；$F_{in}$ 为进料流量，$m^3/s$；$F$ 为出料流量，$m^3/s$；$n_{in}$ 为进料中粒度为 $l$ 的晶体的粒数密度，$m^{-3} \cdot m^{-1}$；$n$ 为结晶器中粒度为 $l$ 的晶体的粒数密度，$m^{-3} \cdot m^{-1}$；$G$ 为结晶线性生长速率，$m/s$。

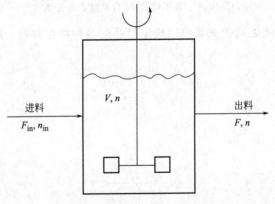

图 10.7 结晶操作示意图

式(10.29) 即为全混槽型结晶器中的粒数衡算方程。下面考察不同的操作形式，以简化式(10.29)，便于结晶过程分析。

#### 10.3.2.1 连续稳态操作

连续稳态操作条件下式(10.29) 右侧第一项为零，进料和出料流量相等（$=F$），$V$ 为常数。如果料液为无晶体存在的过饱和溶液，则 $n_{in} = 0$。设 $\Delta L$ 定律成立，则 $G$ 为常数。所以式(10.29) 简化为

$$\frac{\mathrm{d}n}{\mathrm{d}l} + \frac{nF}{GV} = 0 \tag{10.30}$$

设粒度为零的晶体粒数密度为 $n^0$，则式(10.30) 积分

$$\int_{n^0}^{n} \frac{\mathrm{d}n}{n} = \int_{0}^{l} -\frac{F}{GV}\mathrm{d}l$$

得到

$$n = n^0 \exp\left(-\frac{Fl}{GV}\right) \tag{10.31}$$

因为

$$n=\frac{\mathrm{d}N}{\mathrm{d}l}=\frac{\mathrm{d}N}{\mathrm{d}t}\Big/\frac{\mathrm{d}l}{\mathrm{d}t}$$

所以

$$n^0=\lim_{l\to0}n=\lim_{l\to0}\Big(\frac{\mathrm{d}N}{\mathrm{d}t}\Big/\frac{\mathrm{d}l}{\mathrm{d}t}\Big)=\frac{B}{G} \tag{10.32}$$

即 $n^0$ 为成核速率与线性生长速率之比。

式(10.31) 和式(10.32) 将 $n$ 与 $G$、$B$ 和 $l$ 联系在一起,因此,通过分析连续稳态操作条件下获得的结晶的粒度分布(图 10.6),即可得到 $n$ 与 $l$ 之间的定量关系,利用 $\ln n$ 对 $l$ 作图为一条直线,直线斜率为 $-F/(GV)$,外插到 $l=0$ 的纵轴交点为 $\ln n^0$,从而可求出结晶线性生长速率 $G$ 和成核速率 $B$。用此连续稳态结晶操作是测定结晶动力学的主要方法之一。

将式(10.31) 代入式(10.28a)~式(10.28d) 或其分母,积分后即可获得各个物性参数的分率及其总值。结果列于表 10.1,其中 $\psi$ 为无量纲长度

$$\psi=\frac{Fl}{GV} \tag{10.33}$$

表 10.1　连续稳态结晶操作的结晶物性参数

| 物性参数 | 总值(单位体积晶浆) | 分　率 |
|---|---|---|
| 结晶数(N) | $\dfrac{n^0GV}{F}$ | $1-\mathrm{e}^{-\psi}$ |
| 结晶长度 | $n^0\Big(\dfrac{GV}{F}\Big)^2$ | $1-(1+\psi)\mathrm{e}^{-\psi}$ |
| 结晶表面积 | $12\varphi_A n^0\Big(\dfrac{GV}{F}\Big)^3$ | $1-\Big(1+\psi+\dfrac{1}{2}\psi^2\Big)\mathrm{e}^{-\psi}$ |
| 结晶质量 | $6\varphi_V \rho_c n^0\Big(\dfrac{GV}{F}\Big)^4$ | $1-\Big(1+\psi+\dfrac{1}{2}\psi^2+\dfrac{1}{6}\psi^3\Big)\mathrm{e}^{-\psi}$ |

从表 10.1 可知,粒径为 0~$l$ 的晶体的质量分率为 $\omega$

$$\omega=1-\Big(1+\psi+\frac{1}{2}\psi^2+\frac{1}{6}\psi^3\Big)\mathrm{e}^{-\psi} \tag{10.34}$$

所以 $\omega$ 随 $l$ 的变化速度为

$$\frac{\mathrm{d}\omega}{\mathrm{d}l}=\frac{1}{6}\psi^3\mathrm{e}^{-\psi}\frac{\mathrm{d}\psi}{\mathrm{d}l}=\frac{l^3}{6}\Big(\frac{F}{GV}\Big)^4\exp\Big(-\frac{Fl}{GV}\Big) \tag{10.35}$$

$\mathrm{d}\omega/\mathrm{d}l$ 为 $\omega$ 与 $l$ 关系曲线的斜率,即粒度的质量分率密度 [kg/(kg·m)]。$\mathrm{d}\omega/\mathrm{d}l$ 与 $l$ 的关系曲线示于图 10.8。可见该曲线上存在 $\mathrm{d}\omega/\mathrm{d}l$ 的最大值。令

$$\frac{\mathrm{d}}{\mathrm{d}l}\Big(\frac{\mathrm{d}\omega}{\mathrm{d}l}\Big)=0$$

得

$$L_D=\frac{3GV}{F} \tag{10.36}$$

$L_D$ 是质量分率密度最大的晶体粒度,称为控制粒度或主粒度(dominant crystal size)。控制粒度是结晶器设计中经常使用的参数。

上述连续稳态操作在工业结晶中称为混合悬浮混合出料(mixed suspension-mixed product re-

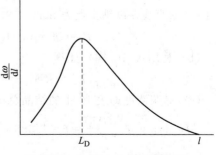

图 10.8　$\mathrm{d}\omega/\mathrm{d}l$ 与 $l$ 的关系曲线:
粒度的质量分率密度分布

moval）操作，简称 MSMPR 操作。利用 MSMPR 操作条件下的结晶产品，分析产品的粒度质量分布，可获得结晶动力学及相关物性参数数据。下面举例说明。

**【例 10.1[3]】** 蔗糖的连续稳态结晶操作的平均停留时间为 2.5h，晶浆浓度为 335 g/L，蔗糖结晶密度为 1.588g/mL，结晶产品的筛分结果列于表 10.2 的第 1 栏和第 2 栏。计算：

（a）结晶生长速率和成核速率；

（b）控制粒度；

（c）利用结晶生长速率计算晶浆浓度。

**解：**（a）各标准筛网直径列于表 10.2 第 3 栏。20 目和 28 目之间的结晶质量分数：

$$\omega = 14\% - 3\% = 11\%$$

平均粒度：

$$l = (0.841 + 0.595)/2 = 0.718 \ (\text{mm})$$

粒度差：

$$\Delta l = 0.841 - 0.595 = 0.246 \ (\text{mm})$$

结晶质量：

$$\Delta M = \omega \times 335\text{g/L} = 11\% \times 335\text{g/L} = 36.85\text{g/L}$$

结晶体积：

$$\Delta V = \Delta M/[(1.588\text{g/mL})(\text{cm}^3/1000\text{mm}^3)] = 2.32 \times 10^4 \text{mm}^3/\text{L}$$

设结晶为正方体，$\varphi_V = 1$，则结晶数为：

$$\Delta N = \Delta V/l^3 = (2.32 \times 10^4 \text{mm}^3/\text{L})/(0.718\text{mm})^3 = 6.27 \times 10^4 \text{L}^{-1}$$

粒数密度为：

$$n = \Delta N/\Delta l = (6.27 \times 10^4 \text{L}^{-1})/0.246\text{mm} = 2.55 \times 10^5 \text{L}^{-1} \cdot \text{mm}^{-1}$$

所以

$$\ln n = 12.45$$

其他筛网之间的结晶平均粒度及粒数密度可按相同的方法算出，分别列于表 10.2 的第 4 栏和第 5 栏。$\ln n$ 对 $l$ 作图得一直线（图 10.9），斜率为 $-9.9$，所以 $\ln n$ 与 $l$ 之间符合式（10.31），并且

$$-\frac{F}{GV} = -9.9 \ (\text{mm}^{-1})$$

因为 $V/F = 2.5\text{h}$，所以

$$G = -(F/V)/(-9.9) = 0.040 \ (\text{mm/h})$$

图 10.9 的直线在纵轴交点为 $\ln n^0 = 19.6$，所以利用式（10.32）得

$$B = Gn^0 = 0.04\text{e}^{19.6} = 1.30 \times 10^7 \ (\text{L}^{-1} \cdot \text{h}^{-1})$$

（b）利用式（10.36）计算

$$L_D = 3GV/F = 3 \times 0.040 \times 2.5 = 0.30 \ (\text{mm})$$

（c）晶浆浓度即表 10.1 的结晶总质量（单位体积），所以

$$M = 6\varphi_V \rho_c n^0 \left(\frac{GV}{F}\right)^4 = 6 \times 1.588 \ \frac{\text{g}}{\text{cm}^3}\left(\frac{1\text{cm}^3}{1000\text{mm}^3}\right) \text{e}^{19.6}\left(\frac{1}{\text{L} \cdot \text{mm}}\right)\left(0.04 \ \frac{\text{mm}}{\text{h}} \times 2.5\text{h}\right)^4$$

$$= 310\text{g/L}$$

此 $M$ 值与实验值（335g/L）基本一致，验证了计算值的正确性。

**表 10.2 蔗糖结晶的粒度分布及粒数密度**

| 筛网（目） | 累积质量分数/% | 筛网直径/mm | 平均粒度 $l$/mm | 粒数密度 $\ln n$ |
|---|---|---|---|---|
| +20 | 3 | 0.841 | | |
| | | | 0.718 | 12.45 |
| +28 | 14 | 0.595 | | |
| | | | 0.51 | 14.61 |
| +35 | 38 | 0.425 | | |
| | | | 0.36 | 16.46 |
| +48 | 76 | 0.295 | | |
| | | | 0.25 | 16.98 |
| +65 | 92 | 0.205 | | |

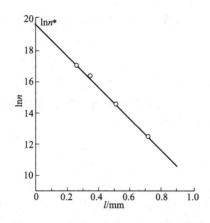

图 10.9 例 10.1 的 $\ln n$ 与 $l$ 关系线图

利用不同过饱和度的料液或不同操作流量（平均停留时间）下的 MSMPR 结晶产品可获得不同过饱和度下的成核速率和生长速率数据，回归得到经验关联式，用于结晶过程设计。

### 10.3.2.2 间歇操作

抗生素和氨基酸等生物产品的产量较小，主要采用间歇式分批结晶操作方式。假设间歇操作过程中晶浆体积不变，$\Delta L$ 定律成立，则式（10.29）简化为

$$\frac{\partial n}{\partial t} + G\frac{\partial n}{\partial l} = 0 \tag{10.37}$$

显然，粒数密度是时间和粒度的函数，设 $n^0(t)$ 为 $l=0$ 的晶体的粒数密度，则式（10.37）的边界条件为

$$n = n^0(t), \quad l=0 \tag{10.37a}$$

工业结晶主要采用添加晶种的操作方法，所以式（10.37）的初始条件为

$$n = n_s(l), \quad t=0 \tag{10.37b}$$

式中，$n_s(l)$ 为粒度为 $l_s$ 的晶种的粒数密度。

式（10.37）为偏微分方程，可用 Laplace 变换或矩量变换，转化为常微分方程后求解。通过定期取样分析结晶的粒度分布，可确定结晶动力学参数。与连续稳态结晶操作相比，间歇操作的粒数衡算方程复杂，确定动力学参数需要大量的计算工作。但与连续稳态操作相比，一批间歇操作即可获得足够的动力学数据，确定成核和生长速率与过饱和度之间的关系。

恒温间歇操作过程中由于结晶不断生长，溶质浓度不断下降。因此，必须采用冷却降温或蒸发浓缩的方法，维持一定的溶液过饱和度。工业结晶操作通常在有晶种存在的第一介稳区内进行，无成核现象。当溶解度曲线和第一超溶解度曲线确定以后，冷却或蒸发速度必须与结晶的生长速率相协调，使操作过程中过饱和浓度差 $\Delta c$ 保持不变，或至少应使过饱和浓度维持在第一介稳区内。如果结晶生长速率已知，并且 $\Delta L$ 定律成立，则操作时间与结晶粒度的关系为

$$t=\frac{l-l_{\mathrm{s}}}{G} \tag{10.38}$$

$$l=l_{\mathrm{s}}+Gt \tag{10.38a}$$

式中，$l_{\mathrm{s}}$ 为晶种粒度；$l$ 为产品结晶粒度。

以冷却式结晶操作为例，溶质浓度与结晶粒度之间符合下述物料平衡关系

$$c_0-c=\varphi_{\mathrm{V}}\,\rho_{\mathrm{c}}N(l^3-l_{\mathrm{s}}^3) \tag{10.39}$$

式中，$c_0$ 为溶液初始浓度；$c$ 为操作时间为 $t$ 时的溶质浓度。

利用式(10.38) 和式(10.39)可确定浓度 $c$ 与时间 $t$ 的关系，如图 10.10(a) 的曲线 A 所示。为使过饱和浓度差 $\Delta c$ 一定，溶液温度的下降必须使溶质的饱和溶解度按曲线 B 下降。将式(10.39)用微分式表达，则

$$-\frac{\mathrm{d}c}{\mathrm{d}t}=\frac{\mathrm{d}M}{\mathrm{d}t} \tag{10.40}$$

上式的初始条件为

$$c=c_0,\ M=M_{\mathrm{s}}=\varphi_{\mathrm{V}}\,\rho_{\mathrm{c}}Nl_{\mathrm{s}}^3,\ t=0,\ l=l_{\mathrm{s}} \tag{10.40a}$$

式中，$M_{\mathrm{s}}$ 为晶种浓度。

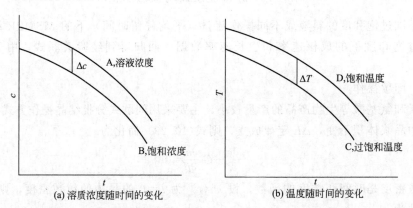

图 10.10 冷却式间歇操作过程中溶质浓度和温度随时间的变化

假定操作过程中过饱和浓度差 $\Delta c$ 不变，则

$$\frac{\mathrm{d}c}{\mathrm{d}t}=\frac{\mathrm{d}(\Delta c+c_{\mathrm{s}})}{\mathrm{d}t}=\frac{\mathrm{d}c_{\mathrm{s}}}{\mathrm{d}t} \tag{10.41}$$

将式(10.41) 和式(10.20b) 代入式(10.40) 得

$$-\frac{\mathrm{d}c_{\mathrm{s}}}{\mathrm{d}t}=k_0a(c-c_{\mathrm{s}}) \tag{10.42}$$

上式中的结晶比表面积 $a$ 可用下式计算

$$a=\left(\frac{M_{\mathrm{s}}}{\varphi_{\mathrm{V}}\,\rho_{\mathrm{c}}l_{\mathrm{s}}^3}\right)(6\varphi_{\mathrm{A}}l^2)=\left(\frac{M_{\mathrm{s}}}{\varphi_{\mathrm{V}}\,\rho_{\mathrm{c}}l_{\mathrm{s}}^3}\right)[6\varphi_{\mathrm{A}}(l_{\mathrm{s}}+Gt)^2] \tag{10.43}$$

而

$$\frac{dc_s}{dt}=\frac{dc_s}{dT}\times\frac{dT}{dt}\tag{10.44}$$

式中，$T$ 为溶液温度。

将式(10.43) 和式(10.44) 代入式(10.42)，并用式(10.25b) 和式(10.26) 整理得

$$\frac{dT}{dt}=-\frac{M_s}{dc_s/dT}\times\frac{3G}{l_s^3}(l_s+Gt)^2\tag{10.45}$$

式(10.45) 是保持过饱和浓度不变时操作温度随时间的变化速率，其中 $dc_s/dT$ 为溶解度曲线的切线斜率。在一定温度范围内可认为溶解度随温度线性变化，即 $dc_s/dT$ 为常数，积分式(10.45) 得

$$T=T_0-\frac{M_s}{dc_s/dT}\times\frac{3Gt}{l_s}\Big[1+\frac{Gt}{l_s}+\frac{1}{3}\Big(\frac{Gt}{l_s}\Big)^2\Big]\tag{10.46}$$

式中，$T_0$ 为初始操作温度。

式(10.46) 即为温度操作线方程，如图 10.10(b) 的曲线 C 所示。图 10.10(b) 中曲线 D 为相应过饱和溶质浓度时的饱和温度曲线。工业结晶操作很难完全按曲线 C 所示的温度操作线进行，但操作温度应控制在曲线 C 和 D 之间。

如果希望最终产品的粒度为 $l_p$，则所需操作时间 $t_p$ 为

$$t_p=\frac{l_p-l_s}{G}\tag{10.38b}$$

无量纲操作时间为 $\tau$

$$\tau=\frac{t}{t_p}\tag{10.47}$$

设操作结束时的温度为 $T_p$，则式(10.46) 可表示为

$$\frac{T-T_0}{T_p-T_0}=\frac{M_s}{M_p}(3\,\eta\tau)\Big[1+\eta\tau+\frac{1}{3}(\eta\tau)^2\Big]\tag{10.48}$$

其中

$$M_p=(T_0-T_p)\frac{dc_s}{dT}\tag{10.49}$$

$$\eta=\frac{l_p-l_s}{l_s}\tag{10.50}$$

式(10.48) 是温度操作线的另一种表达方式。

必须强调指出，式(10.46) 或式(10.48) 表达的温度操作线仅在无晶核产生的较小过饱和浓度范围内成立。如在结晶操作中伴有二次成核现象发生，则需事先利用小规模结晶器确定操作温度曲线，然后逐级放大，最终确定生产规模的操作温度曲线。

利用蒸发式结晶操作时，蒸发速率是控制过饱和浓度的操作变量。如无料液添加，操作过程中料液体积不断减少，蒸发速度 $Q(m^3/s)$ 为

$$Q=\beta[l_s^2+2l_sGt+(Gt)^2]\tag{10.51}$$

其中

$$\beta=\frac{3NG}{c_0}\Big[\rho_c-\frac{(c-c_0)\rho_1}{\rho_s+c}\Big]\tag{10.52}$$

式中，$\rho_s$ 为溶剂密度；$\rho_1$ 为溶液密度。

【例 10.2[3]】 在乙醇溶液中间歇结晶四环素（tetracycline），初始温度为 20℃，在 20℃附近四环素溶解度随温度的变化率为 $1.14×10^{-3}$ g/(mL·℃)，结晶可近似认为是正方体，晶种长度为 0.01cm，密度为 1.06g/cm³，添加浓度为 35mg/L。希望结晶粒度为 0.088cm，过饱和浓度差控制在 0.077g/mL。设结晶生长为扩散速率控制，传质系数为 $6.5×10^{-5}$ cm/s。试确定温度操作线方程。

**解**：因结晶生长为扩散速度控制，所以式（10.21）中 $k_0 = k_D$，生长速率可用式（10.25b）表达，并且根据式（10.26）得到

$$G = 2k_D \left( \frac{\varphi_A}{\varphi_V \rho_c} \right)(c - c_s)$$

因为，$\varphi_A = \varphi_V = 1$，$c - c_s = 0.077$ g/mL，$\rho_c = 1.06$ g/cm³，所以

$$G = 2 × 6.5 × 10^{-5} \frac{cm}{s} \left( \frac{1}{1.06 \text{g/cm}^3} \right) \frac{0.077 \text{g}}{\text{cm}^3}$$

$$= 9.44 × 10^{-6} \text{cm/s}$$

$$= 0.034 \text{cm/h}$$

因为 $l_s = 0.01$ cm，$l_p = 0.088$ cm，所以操作时间 $t_p$ 为

$$t_p = \frac{l_p - l_s}{G} = \frac{(0.088 - 0.01) \text{cm}}{0.034 \text{cm/h}} = 2.3 \text{h}$$

此外，$T_0 = 20$℃，$dc_s/dT = 1.14 × 10^{-3}$ g/(mL·℃)，$M_s = 35$ mg/L $= 3.5 × 10^{-5}$ g/mL。将上述各参数值代入式(10.46)，得温度操作线方程

$$T = 20 - 0.313t(1 + 3.4t + 3.85t^2)$$

式中，$t$ 的单位为 h；$T$ 的单位为℃。

# 10.4  结晶器

工业结晶设备主要分冷却式和蒸发式两种，后者又根据蒸发操作压力分常压蒸发式和真空蒸发式。因真空蒸发效率较高，所以蒸发式结晶器以真空蒸发为主。特定目标产物的结晶具体选用何种类型的结晶器主要根据目标产物的溶解度曲线而定。如果目标产物的溶解度随温度升高而显著增大，则可采用冷却结晶器或蒸发结晶器，否则只能选用蒸发型结晶器。冷却和蒸发结晶器根据设备的结构形式又分许多种，这里仅介绍常用的主要结晶器及其特点。

## 10.4.1  冷却结晶器

### 10.4.1.1  搅拌槽

图 10.11 和图 10.12 是冷却式搅拌槽结晶器的基本结构，其中图 10.11 为夹套冷却式，图 10.12 为外部循环冷却式，此外还有槽内蛇管冷却式。搅拌槽结晶器结构简单，设备造价低。夹套冷却式结晶器的冷却比表面积较小，结晶速度较低，不适于大规模结晶操作。另外，因为结晶器壁的温度最低，溶液过饱和度最大，所以器壁上容易形成晶垢，影响传热效率。为消除晶垢的影响，槽内常设有除晶垢装置。外部循环冷却式结晶器通过外部热交换器冷却，由于强制循环，溶液高速流过热交换器表面，通过热交换器的溶液温差较小，热交换器表面不易形成晶垢，交换效率较高，可较长时间连续运转。

### 10.4.1.2  Howard 结晶器

如图 10.13 所示，Howard 结晶器也是夹套冷却式结晶器，但结晶器主体呈锥形结构。

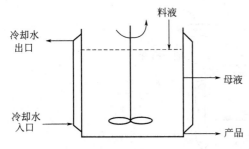

图 10.11　夹套冷却式搅拌槽结晶器

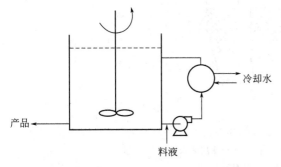

图 10.12　外部循环冷却式搅拌槽结晶器

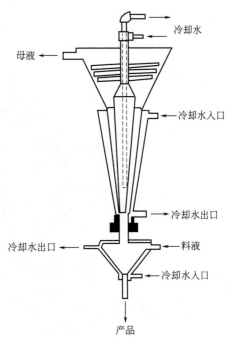

图 10.13　Howard 结晶器

饱和溶液从结晶器下部通入，在向上流动的过程中析出结晶，析出的晶体向下沉降。由于下部流速较高，只有大颗粒晶体能够沉降到底部排出。因此，Howard 结晶器是一种结晶分级型连续结晶器。由于采用夹套冷却，结晶器的容积较小，适用于小规模连续生产。

### 10.4.2　蒸发结晶器

#### 10.4.2.1　Krystal-Oslo 结晶器

蒸发结晶器由结晶器主体、蒸发室和外部加热器构成。图 10.14 是一种常用的 Krystal-Oslo 常压蒸发结晶器[1]。溶液经外部循环加热后送入蒸发室蒸发浓缩，达到过饱和状态，通过中心导管下降到结晶生长槽中。在结晶生长槽中，流体向上流动的同时结晶不断生长，大颗粒结晶发生沉降，从底部排出产品晶浆。因此，Krystal-Oslo 结晶器也具备结晶分级能力。

将蒸发室与真空泵相连，可进行真空绝热蒸发。与常压蒸发结晶器相比，真空蒸发结晶器不设加热设备，进料为预热的溶液，蒸发室中发生绝热蒸发。因此，在蒸发浓缩的同时，溶液温度下降，操作效率更高。此外，为使结晶槽内处于常压状态，便于结晶产品的排出和澄清母液的溢流在常压下进行，真空蒸发结晶器设有大气腿（barometric leg）。大气腿的长度应大于蒸发室液面与结晶槽液面位差和流动摩擦压降之和，即

$$\Delta h = \frac{p}{\rho_1} + \Delta h_f \tag{10.53}$$

式中，$\Delta h_f$ 为由蒸发室流经大气腿及结晶槽的总阻力，m；$p$ 为大气压，$kg/m^2$；$\rho_1$ 为晶浆密度，$kg/m^3$；$\Delta h$ 为蒸发室和结晶槽的液面位差，m。

#### 10.4.2.2　DTB 结晶器

另一种常用的蒸发结晶器称为 DTB 结晶器（draft tube & baffled crystallizer），内设导流管和钟罩形挡板，导流管内又设有螺旋桨，驱动流体向上流动进入蒸发室，如图 10.15 所

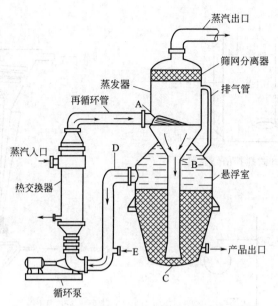

图 10.14 Krystal-Oslo 结晶器

A—闪蒸区入口；B—介稳区入口；C—床层区入口；

D—循环流出口；E—结晶料液入口

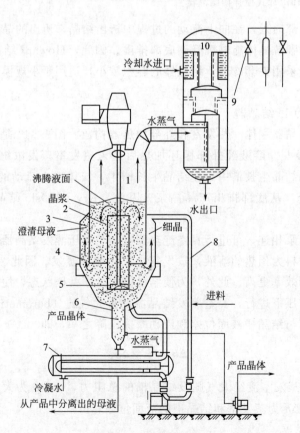

图 10.15 DTB 结晶器

1—结晶器；2—导流管；3—钟罩形挡板；4—澄清区；5—螺旋桨；6—淘洗腿；7—加热器；

8—循环管；9—喷射真空泵；10—大气冷凝器

示[1]。在蒸发室内达到过饱和的溶液沿导流管与钟罩形挡板间的环形面积缓慢向下流动。在挡板与器壁之间流体向上流动，其间细小结晶沉积，澄清母液循环加热后从底部返回结晶器。另外，结晶器底部设有淘洗腿，细小结晶在淘洗腿内溶解，而大颗粒结晶作为产品排出回收。若对结晶产品的粒度要求不高，可不设淘洗腿。

DTB 结晶器的特点是：由于结晶器内设置了导流管和高效搅拌螺旋桨，形成内循环通道，内循环效率高，过饱和度均匀，并且较低（一般过冷度<1℃）。因此，DTB 结晶器的晶浆密度可达到 30%～40%的水平，生产强度高，可生产粒度达 600～1200μm 的大颗粒结晶产品。

### 10.4.2.3 DP 结晶器

DP 结晶器即双螺旋桨（double-propeller）结晶器，如图 10.16 所示[1]。DP 结晶器是对 DTB 结晶器的改良，内设两个同轴螺旋桨。其中之一与 DTB 型一样，设在导流管内，驱动流体向上流动；而另一个螺旋桨比前者大一倍，设在导流管与钟罩形挡板之间，驱动液体向下流动。由于是双螺旋桨驱动流体内循环，所以在低转数下即可获得较好的搅拌循环效果，功耗较 DTB 结晶器低，有利于降低结晶的机械破碎。但 DP 结晶器的缺点是大螺旋桨要求动平衡性能好、精度高，制造复杂。

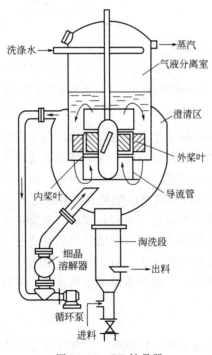

图 10.16　DP 结晶器

# 10.5　结晶操作及其应用

## 10.5.1　结晶操作特性

结晶是在过饱和溶液中生成新相的过程，涉及固液相平衡，影响结晶操作和产品质量的因素很多。目前的结晶过程理论还不能完全考虑各种因素的影响，定量描述结晶现象。针对特定的目标产物及其存在的物系，需要通过充分的实验确定合适的结晶操作条件，在满足结晶产品质量要求的前提下，最大限度地提高结晶生产速度，降低过程成本。一般在设计结晶操作前，必须首先解决如下问题。

### 10.5.1.1 过饱和度

根据结晶动力学理论，增大溶液过饱和度可提高成核速率和生长速率，单纯从结晶生产速度的角度考虑是有利的。但过饱和度过大又会出现如下问题：①成核速率过快，产生大量微小晶体，结晶难以长大；②结晶生长速率过快，容易在晶体表面产生液泡，影响结晶质量；③结晶器壁容易产生晶垢，给结晶操作带来困难。因此，过饱和度与结晶生长速率、成核速率和结晶密度（质量）之间存在图 10.17 所示的关系，即存在最大允许过饱和度，可保证在较高成核速率和生长速率的同时，不影响结晶的密度。所以结晶操作应以此最大允许过饱和度为限度，在不易产生晶垢的过饱和度下进行。

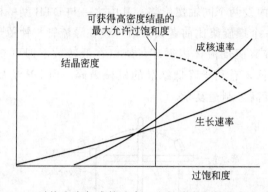

图 10.17　过饱和度与成核速率、生长速率和结晶密度的关系

### 10.5.1.2 温度

许多物质根据操作温度的不同，生成的晶形和结晶水会发生改变，因此，结晶操作温度一般控制在较小的温度范围内。冷却结晶时，如果降温速度过快，溶液很快达到较高的过饱和度，生成大量微小晶体，影响结晶产品的质量。因此，操作温度的降低不宜过快，最好控制在图 10.10(b) 所示的饱和温度曲线与过饱和温度曲线之间。蒸发结晶时，根据溶液依数性原理，由于沸点上升，蒸发室内温度（沸点）较高。如果蒸发速度过快，则溶液的过饱和度较大，生成微小晶体，附着在结晶表面，影响结晶产品的质量。因此，蒸发速度应与结晶生长速率相适应，保持溶液的过饱和度一定。为消除蒸发室沸点上升造成的过饱和度过大，工业结晶操作常采用真空绝热蒸发，不设外部循环加热装置，蒸发室内温度较低，可防止过饱和度的剧烈变化。

### 10.5.1.3 搅拌与混合

增大搅拌速度可提高成核速率和生长速率，但搅拌速度过快会造成晶体的剪切破碎，影响结晶产品质量。为获得较好的混合状态，同时避免结晶的破碎，可采用气提式混合方式，或利用直径或叶片较大的搅拌桨，降低桨的转速。

### 10.5.1.4 溶剂与 pH 值

结晶操作采用的溶剂和 pH 值应使目标溶质的溶解度较低，以提高结晶的收率。但所用溶剂和 pH 值对晶形有影响。例如，普鲁卡因青霉素在水溶液中的结晶为方形晶体，而在醋酸丁酯中的结晶为长棒状。因此，在设计结晶操作前需实验确定使结晶晶形较好的溶剂和 pH 值。

### 10.5.1.5 晶种

工业结晶的晶种分两种情况：①通过蒸发或降温使溶液的过饱和度进入不稳区，自发成核一定数量后，稀释溶液使过饱和度降至介稳区，这部分晶核即成为结晶的晶种；②向处于介稳区的过饱和溶液中添加事先准备好的颗粒均匀的晶种。生物产物的结晶操作主要采用第二种方法。特别是对于溶液黏度较高的物系，晶核很难产生，而在高过饱和度下，一旦产生晶核，就会同时出现大量晶核，容易发生聚晶现象，产品质量不易控制。因此，高黏度物系必须采用在介稳区内添加晶种的操作方法。

### 10.5.1.6　晶浆浓度

晶浆浓度越高，单位体积结晶器中结晶表面积越大，即固液接触比表面积越大，结晶生长速率越快，有利于提高结晶生产速度（即容时产量）。但是，晶浆浓度过高时，悬浮液的流动性差，混合操作困难。因此晶浆浓度应在操作条件允许的范围内取最大值。在间歇操作中，晶种的添加量应根据最终结晶产品的大小，满足晶浆浓度最大的高效生产要求。

### 10.5.1.7　循环流速

采用图10.14～图10.16的外部循环式结晶器时，循环流速的设定要合理。循环流速对结晶操作的影响主要体现在以下几个方面：①提高循环流速有利于消除设备内的过饱和度分布，使设备内的结晶成核速率及生长速率分布均匀；②提高循环流速可增大固液表面传质系数，提高结晶生长速率；③外部循环系统中设有换热设备时，提高循环流速有利于提高换热效率，抑制换热器表面晶垢的生成；④循环流速过高会造成结晶的磨损破碎。因此，循环流速应在无结晶磨损破碎的范围内取较大的值。此外，如果结晶器具备结晶分级功能（如图10.13～图10.16的各种结晶器），循环流速也不宜过高，应保证分级功能的正常发挥。即，此时循环流速除考虑结晶磨损破碎的因素外，还应保证结晶器的分级功能，在满足这两种要求的前提下取较大的值。

### 10.5.1.8　结晶系统的晶垢

结晶操作中常伴有结晶器壁及循环系统中产生晶垢的现象，严重影响结晶过程效率。一般可采用下述方法防止晶垢的产生或除去已产生的晶垢：①器壁内表面采用有机涂料，尽量保持壁面光滑，可防止在器壁上的二次成核现象的发生；②提高结晶系统中各个部位的流体流速，并使流速分布均匀，消除低流速区；③若外循环液体为过饱和溶液，应使其中含有悬浮的晶种；④采用夹套保温方式防止壁面附近过饱和度过高；⑤增设晶垢铲除装置，或定期添加溶剂溶解产生的晶垢；⑥蒸发结晶器的蒸发室壁面极易产生晶垢，可采用喷淋溶剂的方式溶解晶垢。

### 10.5.1.9　共存杂质的影响

结晶的对象一般是多组分物系，目的是选择性结晶目标产物。如果共存杂质的浓度较低，一般对目标产物的结晶无明显影响。但如果在结晶操作中杂质含量不断升高（如采用蒸发式结晶操作时），杂质的积累会严重影响目标产物结晶的纯度。另外，杂质对结晶过程的影响还表现在以下几个方面：①改变目标产物的溶解度，从而使在相同目标产物浓度下的过饱和度改变，直接影响结晶成核速率和生长速率；②杂质在目标产物结晶表面的吸附等作用导致结晶体各晶面生长速率的不同，从而改变结晶的晶习（crystal habit），即晶体的外部形态，能够改变结晶晶习的物质称为晶习修改剂或媒晶剂；③如果杂质进入到晶体的晶格中，会影响目标产物结晶的理化性质（如导电性、催化反应活性）以及生物活性（如抗生素的药效）。因此，结晶操作中需要控制杂质的含量，往往在结晶系统中增设除杂质设备，如在外部循环系统中增设离子交换柱等分离设备，或者设废液排放口，连续排放部分溶液，降低结晶器中积累杂质的浓度。

#### 10.5.1.10　晶习修改剂

晶习修改剂可改变结晶行为，包括晶体外部形态（晶习）、粒度分布和促进生长速率等。因此，为促进生长速率或获得某种希望出现的晶习，可向结晶系统添加晶习修改剂。晶习修改剂的作用通常在一定浓度以上发生，具体浓度因结晶物系而异。一般认为晶习修改剂的作用机理有两种[1]：①不参与目标溶质的结晶，只是集中在晶体表面附近，可能导致晶体表面层发生变化，从而影响结晶行为；②不但存在于母液中，而且被吸附于晶体表面，进入晶格，目标溶质与晶格连接前，必须首先替换晶面上的杂质，从而影响晶面生长速率，导致晶习的改变。

### 10.5.2　应用

#### 10.5.2.1　抗生素

工业结晶技术广泛应用于抗生素的纯化精制。因为抗生素品种很多，性质各不相同，所以，抗生素的结晶根据产品的种类不同采用各种不同的结晶操作方法。下面仅以产量最高的青霉素 G 为例介绍结晶在抗生素纯化精制中的应用[4]。

青霉素 G 的澄清发酵液（pH＝3.0）经乙酸丁酯萃取、水溶液（pH≈7.0）反萃取和乙酸丁酯二次萃取后，向乙酸丁酯萃取液中加入醋酸钾的乙醇溶液，即生成青霉素 G 钾盐。因青霉素 G 钾盐在乙酸丁酯中溶解度很小，故从乙酸丁酯溶液中结晶析出。控制适当的操作温度、搅拌速度以及青霉素 G 的初始浓度，可得到粒度均匀、纯度达 90% 以上的青霉素 G 钾盐结晶。将青霉素 G 钾盐溶于氢氧化钾溶液中，调节 pH 值至中性，加无水乙醇，进行真空共沸蒸馏操作，可获得纯度更高的结晶产品。在上述操作中，用醋酸钠代替醋酸钾，即可得到青霉素 G 钠盐。

另一种青霉素 G 产品是青霉素 G 的普鲁卡因盐，其在水中的溶解度较小。向青霉素 G 钾盐的磷酸缓冲液中加入盐酸普鲁卡因溶液，冷却至 3～5℃，生成的普鲁卡因青霉素 G 就可结晶析出。

#### 10.5.2.2　氨基酸

氨基酸是两性电解质，在等电点附近溶解度最小。因此，等电点结晶法是分离纯化氨基酸的主要单元操作。例如，谷氨酸（glutamicacid，Glu）是目前生产量最大的氨基酸，等电点为 pH3.22。其发酵液可不经除菌处理，直接加盐酸调节 pH 值至 3.0～3.2，同时冷却至 0～5℃，即可回收 70% 以上的谷氨酸。若发酵液经除菌预处理，获得的谷氨酸结晶纯度更高。谷氨酸结晶母液中残留的谷氨酸可用离子交换法回收，或蒸发浓缩后再次结晶回收。

谷氨酸结晶晶形有 α 型和 β 型两种，其中 β 型为针状或粉状，晶粒微细，纯度低，不易回收；而 α 型为斜方六面晶体，纯度高、密度大、易回收，是理想的晶形。等电点结晶操作条件对谷氨酸结晶有重要影响，为获得 α 型结晶必须严格控制操作条件，如加盐酸速度、降温速度和结晶温度等[5]。

赖氨酸（lysine，Lys）的产量仅次于谷氨酸，其发酵液加盐酸调节 pH 值至 4～5 后，真空蒸发浓缩，降温到 4～10℃，可获得赖氨酸结晶，其中 Lys·HCl 质量分数为 97%～98%。

#### 10.5.2.3　反应-结晶耦合

反应-分离耦合操作有利于简化过程工艺，提高目标产物转化率，降低生产过程成本。耦合结晶操作的生物反应过程特别适用于底物或产物的水溶性较低的物系，生物转化过程如下

$$S(s) \rightleftharpoons S(l) \rightleftharpoons P(l) \rightleftharpoons P(s)$$

$$S(s) + P(s)(混合晶体)$$

其中，S 和 P 分别表示底物和产物；s 和 l 分别表示固态和液态。底物和产物是否形成混合晶体与物系有关。一般来说，反应-结晶耦合过程具有如下优点：①消除可逆生物反应平衡转化率的限制，提高转化率；②产物以高浓度的结晶形式存在，有利于提高反应器的使用效率；③产物容易回收。

反应-结晶耦合过程已有许多工业化应用实例。在生物产物方面，甾类、有机酸、氨基酸的生物反应-结晶耦合过程研究多见诸报道。图 10.18 是利用固定化 *Pseudomonas dacunhae* 从 L-天冬氨酸（L-aspartic acid）生物转化生产 L-丙氨酸（L-alanine）的反应-结晶操作工艺流程图[6]。该流程由反应器、结晶槽和换热器构成，底物 L-天冬氨酸粉末悬浮于 10℃ 的结晶槽中，其过滤液加热后送入 37℃ 的反应器内，反应产物 L-丙氨酸及未转化的 L-天冬氨酸循环返回结晶槽。由于结晶槽温度低，L-丙氨酸达到过饱和后即结晶析出，而 L-天冬氨酸不断溶解，溶解液送入反应器中进行生物转化，直到 L-天冬氨酸反应完全为止。图 10.19 为 L-丙氨酸和 L-天冬氨酸的溶解度曲线[6]。可以看出，在反应温度（37℃）下 L-丙氨酸溶解度比结晶槽温度（10℃）下的溶解度高 0.5mol/L，因此，如果控制停留时间（循环速度）使 L-丙氨酸在反应器内的生成量低于 0.5mol/L，反应器内就不会有 L-丙氨酸析出，可保证固定化粒子不会因结晶析出而受到破坏。成本核算结果表明，利用该反应-结晶耦合系统生产 L-丙氨酸的成本比传统方法降低 20％。

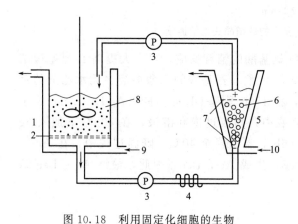

图 10.18　利用固定化细胞的生物
反应-结晶耦合操作流程

1—结晶槽；2—过滤器；3—蠕动泵；4—换热器；
5—生物反应器；6—固定化细胞；7—尼龙网；
8—底物或产物悬浮液；9—控温水（10℃）；
10—控温水（37℃）

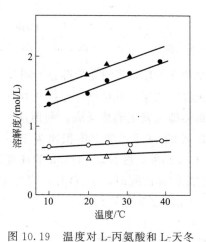

图 10.19　温度对 L-丙氨酸和 L-天冬
氨酸溶解度的影响

L-丙氨酸（▲）0.443mol/L 氨水中；

（●）0.665mol/L 氨水中

L-天冬氨酸（△）0.443mol/L 氨水中；

（○）0.665mol/L 氨水中

#### 10.5.2.4　光学拆分

化学法合成的生物活性物质（如氨基酸）一般为旋光异构体（racemic isomers）的混合物，其中只有一种异构体具有生物活性，称为光学活性体。例如，化学合成的氨基酸中 D-氨基酸和 L-氨基酸各占 50％，其中仅 L-氨基酸具有生物活性。为获得具有生物活性的光学活性物质，需要对旋光异构体进行光学拆分。工业上常用的光学拆分法有利用消旋酶的不对称反应消旋法和结晶法。其中结晶法有下述两种。

(1) 优先结晶法 向旋光异构体的过饱和溶液中添加光学活性体的晶种,诱导光学活性体结晶的生长,从而达到光学拆分的目的。优先结晶法的拆分收率较低,一般为 DL-体总量的 10% 左右。另外,光学活性体结晶必须在另一种旋光异构体的自发成核(初级成核)前从溶液中分离回收,因此操作稳定性较差,操作条件必须严格控制。

(2) 复合体结晶法 向旋光异构体溶液中加入特定物质,该物质与 D- 和 L- 体分别反应形成复合物,利用复合物溶解度的差别进行 D- 或 L- 体复合物的结晶分离,达到光学拆分的目的。这里所用的特定物质一般称光学拆分剂。利用 N-苄氧碳酰天冬氨酸钠盐(N-benzy-loxylcarbonyl Asp-Na,简称 Z-Asp-Na)为光学拆分剂可进行苯丙氨酸、缬氨酸和亮氨酸的 DL 拆分。图 10.20 为 DL-苯丙氨酸(phenylalanine,Phe)的光学拆分过程图。L-Phe 与 Z-L-Asp 的复合物 L-Phe-Z-L-Asp 的溶解度较低,从溶液中结晶析出,过滤回收结晶,分解复合物,即得到 L-Phe。母液中的 L-Phe 经消旋反应,生成的 DL-苯丙氨酸可重新用于光学拆分。

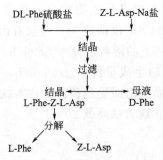

图 10.20 DL-苯丙氨酸复合物的结晶法光学拆分

如果在 DL-氨基酸光学拆分的同时进行 D-氨基酸的消旋反应,可大大提高 L-氨基酸结晶的纯度和收率,并可进行连续化操作。例如,N-酰基氨基酸的乙酸溶液在无水乙酸的存在下加热即可发生消旋反应。利用这一性质,将 150g 酰基-DL-亮氨酸(Ac-DL-Leu)溶于 100mL 乙酸/无水乙酸(体积比为 10:1)溶液中,制成过饱和溶液,在 100℃下加入 6g Ac-L-Leu 晶种,然后以 10℃/h 的速度冷却,6h 后温度降至 40℃。降温过程中,在 Ac-L-Leu 优先结晶的同时,Ac-D-Leu 发生消旋反应,生成 Ac-L-Leu。因此,最终 Ac-L-Leu 结晶达 105g,收率为 70%。

# 10.6 本章总结

本章系统介绍了结晶原理、晶体成核与生长动力学、结晶过程设计理论、结晶器和结晶操作特性。作为新相生成的扩散传质过程,晶体产品存在粒径分布,给结晶过程分析和设计增加了难度。这是结晶过程不同于其他扩散分离过程的显著特点。

作为生物分离技术,结晶主要用于氨基酸、有机酸和抗生素等小分子物质的纯化。蛋白质结晶速度慢,结晶条件难于把握。因此,除少数小分子蛋白质(如胰岛素)外,蛋白质药物的生产很少用结晶技术。但是,获取高质量的单晶是蛋白质结构分析的关键步骤。不同蛋白质结晶的溶液条件不同,需要通过大量实验来确定[7]。生物分子均为弱电解质,分子状态和性质与溶液 pH 密切相关。因此,生物物质结晶操作中 pH 是最主要的操作参数。

除小分子物质的分离纯化外，光学拆分是结晶应用的重要领域。由于利用手性试剂或手性固定相的液相色谱法分离光学活性物质的分辨率有限，并且不易规模放大，利用光学活性体晶种或光学拆分剂的结晶技术具有很大发展潜力。

# 习　　题

1. 试阐述第一和第二超溶解度曲线的物理意义。

2. 试分析第一和第二超溶解度曲线的影响因素。

3. 用 MSMPR 操作连续结晶抗生素，已知结晶近似呈正方体，密度为 1.1g/mL，结晶器的有效体积为 0.1m³，过饱和抗生素溶液流量为 50L/h。若成核速率和结晶线性生长速率分别为 $1.18 \times 10^7 L^{-1} \cdot h^{-1}$ 和 0.056mm/h，试计算：

   （1）结晶产品的控制粒度；

   （2）单位体积内不大于控制粒度的结晶数及其粒数分率；

   （3）单位体积内不大于控制粒度的结晶质量及其质量分率；

   （4）晶浆浓度。

4. 用 MSMPR 操作连续结晶寡肽，已知结晶近似呈正方体，密度为 1.5g/mL，结晶线性生长速率为 0.05mm/h，控制粒度为 0.8mm，要求生产能力为 50kg/h。

   （1）若流量为 1m³/h，试计算所需结晶器体积；

   （2）试计算成核速率应为多少？

5. 介稳区内间歇结晶氨基酸，晶种粒度为 50$\mu$m，欲得到粒度为 1mm、晶浆浓度为 200g/L 的结晶产品。已知结晶近似呈正方体，密度为 1.2g/mL，试计算：

   （1）所需加入的晶种浓度；

   （2）若结晶的线性生长速率为 0.06mm/h，所需操作时间是多少？

# 参 考 文 献

[1] 王静康. 结晶∥化学工程手册：第 10 篇. 北京：化学工业出版社，1996.

[2] Mullin J W. Crystallization Rev ed. London：Butterworths，1993.

[3] Belter P A，Cussler E L，Hu W-S. Bioseparations：Downstream Processing for Biotechnology. New York：John Wiley & Sons Inc，1988：275-298.

[4] 邬竹彦等. 抗生素生产工艺学. 北京：化学工业出版社，1982：319.

[5] 张克旭. 氨基酸生产工艺学. 北京：中国轻工业出版社，1992：210-228.

[6] Takamatsu S，Ryu D D Y. Recirculating bioreactor-separator system for simultaneous biotransformation and recovery of product：immobilized L-aspartate-decarboxylase reactor system. Biotechnol Bioeng，1988，32：184-191.

[7] Tessier P M，Lenhoff A M. Measurements of protein self-association as a guide to crystallization. Curr Opin Biotechnol，2003，14：512-516.

# 11 干燥

干燥（drying）是利用热能除去目标产物的浓缩悬浮液或结晶（沉淀）产品中湿分（水分或有机溶剂）的单元操作，通常是生物产物成品化前的最后下游加工过程。因此，干燥的质量直接影响产品的质量和价值。

本章介绍干燥的一般原理、干燥过程以及可用于生物产物干燥的干燥器工作原理和特点。有关干燥过程的热量与质量衡算理论和干燥器的设计计算方法可参考化工原理教科书（如本章参考文献）或专著。

## 11.1　干燥速度

生物产物中的湿分多为水分，也有少数为有机溶剂的情况，例如，青霉素 G 钾盐的结晶经丁醇洗涤、乙酯顶洗后的干燥即为除去结晶中的乙酸乙酯。为方便起见，本章仅以除去水分的干燥操作为对象。以有机溶剂为湿分的物料干燥与除水分干燥原理相同，但应注意控制操作温度在有机溶剂的燃点以下。

干燥操作通过向湿物料提供热能促使水分蒸发，蒸发的水汽由气流带走或真空泵抽出，从而达到物料减湿进而干燥的目的。因此，干燥是传热和传质的复合过程，传热推动力是温度差，而传质推动力是物料表面的饱和蒸气压与气流（通常为空气）中水汽分压之差。根据向湿物料传热的方式不同，干燥可分为传导干燥、对流干燥、辐射干燥和介电加热干燥，或者是两种以上传热方式联合作用的结果。工业上的干燥操作主要为传导干燥和对流干燥，因此本节主要介绍这两种干燥操作方式。

### 11.1.1　传导干燥

载热体（如空气、水蒸气、烟道气等）不与湿物料直接接触，而是通过导热介质（如不锈钢）以传导的方式传给湿物料。因此，传导干燥又称间接加热干燥。图 11.1 为传导干燥过程的温度分布、水汽分压分布和物料中含水量分布状态模型图。其中 $T_0$、$T_1$、$T_i$ 和 $T_a$ 分别为传导介质与水蒸气（载热体）接触面的温度、物料与传导介质接触面的温度、物料表面温度和空气（载湿体）温度，$p_i$ 和 $p$ 分别为 $T_i$ 温度下水的饱和蒸汽压和空气中水汽的分压。图 11.1 中虚线表示传热和传质滞流表层（假设二者厚度相等）。根据傅里叶导热定律，如果各层温度分布为线性，拟稳状态下的传热通量 $q$（W/m$^2$）为

$$q = \frac{\lambda_1}{l_1}(T_0 - T_1)$$

$$= \frac{\lambda_2}{l_2}(T_1 - T_i)$$

$$= \frac{\lambda_a}{\delta_t}(T_i - T_a) \tag{11.1}$$

式中，$\lambda_1$、$\lambda_2$、$\lambda_a$ 分别为传导介质、湿物料和空气的热导率，W/(m·K)；$l_1$，$l_2$ 分别为传导介质和物料层厚度，m；$\delta_t$ 为传热边界层厚度，m。

设

$$\alpha = \frac{\lambda_a}{\delta_t}$$

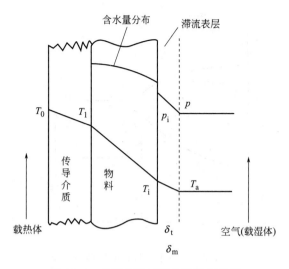

图 11.1 传导干燥过程的传热与传质

则式(11.1) 的最后一项等式变为

$$q = \alpha(T_i - T_a) \tag{11.2}$$

因为空气与物料表面之间为对流传热，故 $\alpha$ 称为传热膜系数 $[W/(m^2 \cdot K)]$，是空气流速的函数，也与物料的表面状态有关。

同理，根据滞流底层（有效膜）传质理论，传质（干燥）通量 $J/[kmol/(m^2 \cdot s)]$ 为

$$J = \frac{D_a}{\delta_m}(c_s - c) = k_a(c_s - c) \tag{11.3}$$

式中，$D_a$ 为水汽扩散系数，$m^2/s$；$\delta_m$ 为传质滞流底层厚度，m；$k_a$ 为传质系数，m/s；$c_s$、$c$ 分别为物料表面和空气中水汽浓度，$kmol/m^3$。

设空气为理想气体，则

$$c_s = \frac{p_i}{RT} \tag{11.4a}$$

$$c = \frac{p}{RT} \tag{11.4b}$$

所以，式(11.3) 可改写为

$$J = \frac{k_a}{RT}(p_i - p) \tag{11.3a}$$

显然，若 $p_i > p$，则水汽被空气带走，物料减湿；若 $p_i < p$，则物料从空气中吸收水分，物料增湿。

## 11.1.2 对流干燥

对流干燥过程中载热体以对流方式与湿物料颗粒（或液滴）直接接触，向湿物料对流传热，故对流干燥又称直接加热干燥。对流干燥的载热体同时又是载湿体。图 11.2 为球形粒子对流干燥过程中某一时刻的温度分布、水汽分布及物料中水含量分布状态模型图。对流干燥过程的传质通量亦用式(11.3) 或式(11.3a) 表示，而传热通量为

$$q = \alpha(T_a - T_i) \tag{11.5}$$

因此，对载湿体而言，传热方向与传导干燥相反 [见式(11.2)]。

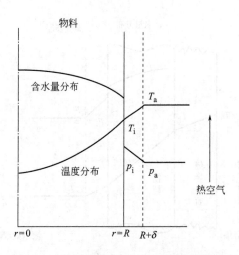

图 11.2　对流干燥过程的传热与传质

除传导干燥和对流干燥外，还有热能以电磁波的形式向湿物料传递的辐射干燥，利用高频电场的交变作用加热湿物料的介电加热干燥。后两种干燥方法能耗较大，操作费用较高，但具有干燥产品均匀洁净的特点。特别是介电加热干燥，湿物料在高频电场作用下被均匀加热，并且随着加热的进行，物料内部含水量较表面高，介电常数大，吸收的热能多，使物料内部温度比表面高，即温度梯度与水分浓度梯度的方向相同，促进了内部水分向外扩散传质，干燥时间可大大缩短。辐射干燥主要用于表面积大而薄的物料，如塑料、布匹、木材和油漆制品等。介电加热干燥主要用于食品工业。

## 11.2　湿空气和物料中水分的性质

根据 11.1 节介绍的各种干燥方式可知，传导干燥的载湿体为空气，对流干燥的载湿体又是载热体，除少数情况利用烟道气外，多数情况亦采用热空气。由于这两种干燥方式的传质推动力均为水汽压差 [见式(11.3a)]，所以了解作为载湿体的空气和物料中水分的性质是干燥过程设计计算的基础。

### 11.2.1　湿空气的性质

地球上的大气是空气和水汽的混合物，因此称为湿空气。湿空气作为载湿体，初始水汽含量决定了其载湿的能力。湿空气中的水汽含量称为湿度（humidity），其定义为湿空气中水汽的质量与湿空气中干空气的质量之比，即

$$H=\frac{n_w M_w}{n_g M_g} \tag{11.6}$$

式中，$M_w$ 和 $M_g$ 分别为水汽和空气的相对分子质量；$n_w$ 和 $n_g$ 分别为水汽和空气的物质的量。

设湿空气的总压为 $p_t$，水汽分压为 $p$，则干空气的分压为 $p_t-p$。根据分压定律（混合气体各组分的摩尔比等于分压之比），并设空气的相对分子质量为 29，则式(11.6)变为

$$H=\frac{18p}{29(p_t-p)} \tag{11.7}$$

所以，当总压一定时，湿度是水汽分压的函数。

若空气中的水汽分压为同温度下的饱和蒸气压 $p_s$，则湿空气呈饱和状态，此时的空气湿度称为饱和湿度，用 $H_s$ 表示

$$H_s = \frac{18 p_s}{29(p_t - p_s)} \qquad (11.8)$$

当空气湿度达到饱和湿度值时，不再有载湿能力。

天气预报中常用"湿度"一词。此时的湿度并非式(11.6)或式(11.7)定义的湿度，而是水汽分压与饱和蒸汽压之比，称为相对湿度（relative humidity），用百分数的形式表示。

$$\varphi = \frac{p}{p_s} \times 100\% \qquad (11.9)$$

若 $\varphi = 100\%$，则 $p = p_s$，表示空气中的水汽已达饱和，即达到该温度下的最高值。$\varphi$ 值越小，距离饱和湿度越远，表示湿空气吸收水汽的能力越强，即载湿能力越大。因此，湿度 $H$ 表示的是水汽含量的绝对值，不能直接反映空气的载湿能力，而相对湿度 $\varphi$ 才能直接反映空气的载湿能力。

空气的另一重要性质是湿球温度（wet bulb temperature）。在湿空气中用普通温度计测得的温度是湿空气的真实温度，称为干球温度（dry bulb temperature）。若用湿纱布包裹普通酒精温度计的感温球，即制成湿球温度计。当湿空气高速度（>5m/s）通过湿纱布表面时，如果空气的相对湿度小于100%，由于湿纱布中水分的蒸发需要潜热，使水温下降；水温的下降使湿空气与纱布表面之间产生温差，向湿纱布传热；当温度下降到一定程度，传热速率与水分蒸发所需的传热速率相等时，达到平衡状态（图11.3），温度不再下降，此时湿球温度计的读数即为湿球温度（$T_w$）。因此，不饱和湿空气的湿球温度小于干球温度（真实温度），空气的相对湿度越小，即空气越干燥，湿球温度越低。所以，空气的湿球温度是衡量其湿度的另一尺度，可用于测定空气湿度。

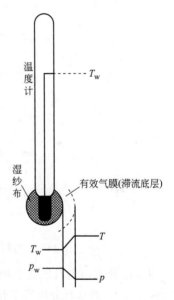

图 11.3  测定湿球温度的原理
$T_w$—湿球温度；$T$—干球温度；
$p_w$—温度为 $T_w$ 时水的饱和蒸汽压；
$p$—空气中水汽分压

### 11.2.2  物料中的水分

水分以各种不同的形式存在于固体物料中。例如，以吸附的形式存在于物料粗糙表面的吸附水分、多孔性物料孔隙中所含的毛细管水分以及渗入物料细胞内的溶胀水分等。各种形式水的蒸汽压如下。

（1）表面吸附水分  表面吸附水分与相同温度下纯水的饱和蒸汽压相同。

（2）非结合水  若水能润湿物料表面，在物料孔隙中呈凹形液面，则蒸汽压下降，较主体水的蒸汽压低。但是，如果孔隙较大，蒸汽压下降的程度很小，水分容易受毛细管引力移动到物料表面。因此，较大孔隙中的水分和吸附水分一样，与相同温度下的纯水的饱和蒸汽压相同，容易蒸发，称为非结合水（unbound water）。表面吸附水分亦属于非结合水。

（3）结合水  如果孔隙很小，孔隙中水的蒸汽压下降明显；另外，细胞内的溶胀水分中因含有可溶性溶质，根据溶液依数性原理，蒸汽压下降。所以，存在于很小毛细管中的水分

和胞内水分的蒸汽压较相同温度下纯水的饱和蒸汽压低，较难蒸发，称为结合水（bound water）。结合水比非结合水较难干燥除去。

　　如将湿物料与温度和湿度一定的空气相接触，物料将根据其初始含水量（kg 水/kg 绝干物料）的多少，排出或吸附水分，直至物料表面所产生的水蒸气压与空气中的水汽分压相等。此时物料中的水分与空气中水分达到平衡状态，物料中的含水量不再改变。物料和与其相接触的空气达到相平衡状态时的含水量称为该物料的平衡含水量，又称平衡水分。显然，一定温度下物料的平衡含水量和与其相接触的空气湿度有关：空气湿度越高，平衡含水量越大（图 11.4）。图 11.4 中 $X^*$ 表示平衡含水量（平衡水分）。如果物料的初始含水量高于平衡含水量，则与湿空气达到平衡状态时所失去的水分称为自由水分。例如，图 11.4 中物料的初始含水量为 0.3kg 水/kg 绝干物料，空气的相对湿度为 64%，当物料与空气达到平衡状态时，物料含水量降至 0.1kg 水/kg 绝干物料，失去的自由水分为 0.2kg 水/kg 绝干物料。

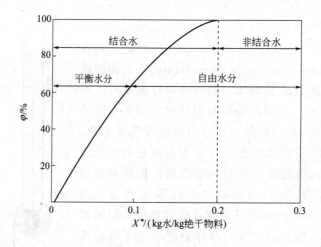

图 11.4　物料的平衡水分与空气相对湿度的关系（温度一定）

　　由于结合水的蒸汽压低于相同温度下纯水的饱和蒸汽压，所以，如果湿空气的相对湿度为 $\varphi=100\%$，即水汽分压等于相同温度下纯水的饱和蒸汽压时，结合水就不能蒸发。因此，图 11.4 中 $\varphi=100\%$ 时的平衡水分即为该物料的结合水分，高于结合水分的部分为非结合水分。温度一定时结合水分是由物料的性质所决定的，而平衡水分与其所接触的湿空气的状态（相对湿度）有关。吸水性物料（如烟叶）的结合水分较高，不易干燥；而非吸水性物料（如黄沙）的结合水分较低，易于干燥。

## 11.3　干燥过程

　　掌握湿空气和物料中水分的性质，可以确定湿物料能够达到的干燥程度，即能够除去的水分量、除去这些水分所需的热量以及作为载湿体的空气量，但不能确定干燥速度。确定干燥速度需将传热与传质动力学相结合，这就是本节将要解决的问题。但是，由于干燥方式很多，各种干燥方式又有许多不同的操作形式，难以逐一介绍。所以，本节仅以盘架传导干燥（tray conduction drying）和球形粒子对流干燥为例，简略介绍干燥速度的计算方法。

### 11.3.1 盘架传导干燥

将湿物料均匀分布于盘架之上，从盘架下面向湿物料传导加热，水分从湿物料外表面蒸发。现对干燥过程做如下假设（图 11.5）。

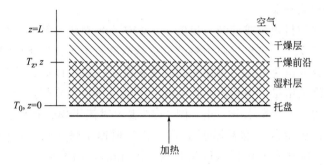

图 11.5　盘架传导干燥过程模型图

① 与盘架接触的物料表面温度恒定，为 $T_0$；

② 物料厚度为 $L$，干燥从与空气接触的外表面开始，当物料的某一层干燥完全后（即含水量达到平衡水分时），其下一层的物料才开始干燥，即干燥层逐渐向内推移，直至全部干燥完全为止。显然，这一假设与第 4 章乳状液膜滴内化学反应的渐进模型相似。

③ 干燥层与湿料层界面处（即干燥前沿）温度恒定，为 $T_z$。

④ 通过盘架的传热量全部用于水分的蒸发。

⑤ 水汽透过干燥层的速度很快，即过程为传热速度控制。

根据上述假设，可得向干燥前沿的传热通量为

$$q = \frac{\lambda}{z}(T_0 - T_z) \tag{11.10}$$

式中，$\lambda$ 为湿物料的有效热导率；$z$ 为湿物料内表面与干燥前沿的距离。

设湿物料的体积含水量为 $\rho_w$（$kg/m^3$，不包括平衡水分），水的汽化潜热为 $\gamma$，则传热速度与水的汽化所需热的速度相等，即

$$qA = \gamma \rho_w A \left(-\frac{dz}{dt}\right) \tag{11.11}$$

式中，$A$ 为物料层截面积。

将式(11.10) 和式(11.11) 合并，得到

$$\frac{\lambda}{z}(T_0 - T_z) = -\gamma \rho_w \frac{dz}{dt} \tag{11.12}$$

因为，$t=0$ 时 $z=L$，在此边界条件下积分式(11.12)，得到

$$z^2 = L^2 - \frac{2\lambda(T_0 - T_z)}{\gamma \rho_w} t \tag{11.13}$$

$z=0$ 时，干燥进行完全，所需的干燥时间为 $t_d$，则

$$t_d = \frac{\gamma \rho_w L^2}{2\lambda(T_0 - T_z)} \tag{11.14}$$

注意式(11.14)中 $t_d$ 与物料层厚度 $L$ 的平方成正比，即厚度提高到 2 倍，所需干燥时间增大到 4 倍。

式(11.14)是在许多假设条件下推导的，与实际传导干燥过程有一定距离。例如：

①实际干燥过程中干燥层内存在温度分布；②$T_z$ 随时间改变；③水汽的扩散可能影响干燥速度等。但式（11.14）有助于对传导干燥过程的理解，可作为设计托盘传导干燥设备的基础。

### 11.3.2 球形粒子对流干燥

对流干燥过程中物料颗粒或液滴与温度一定的热空气对流接触，当物料温度上升到与热空气相对应的湿球温度后，热空气向物料的传热量与物料中水分汽化所需的潜热相等，物料温度不再上升，水分以恒速汽化。当物料的含水量降至一定量以后，物料表面的吸附水分及较大孔隙中的水分汽化殆尽，细孔内的扩散成为干燥速率控制步骤，干燥速率降低，物料温度上升，直至达到物料的平衡水分为止。图 11.6 表示对流干燥过程中物料含水量及温度变化情况。其中 Ⅰ 为预热阶段，物料温度上升；Ⅱ 为恒速干燥阶段（constant rate drying），物料温度不变；Ⅲ 为降速干燥阶段（falling rate drying），温度再次上升。各阶段的干燥速率与含水量的关系示于图 11.7，其中干燥速率开始下降时的物料含水量称为临界含水量，用 $X_c$ 表示。一般预热阶段时间很短，计算时可不予考虑。下面分别考察恒速和降速干燥阶段。

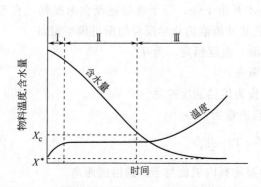
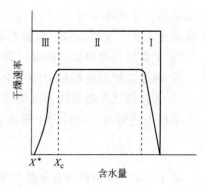

图 11.6  恒定对流干燥过程中含水量和温度的变化          图 11.7  干燥速率曲线

#### 11.3.2.1 恒速干燥阶段

恒速干燥过程中物料温度等于温度和湿度一定的热空气的湿球温度，故传热通量为

$$q = \frac{dQ}{A\,dt} = \alpha(T - T_w) \tag{11.15}$$

传质速率用物料表面和热空气的湿度差表示，传质通量为

$$J = -\frac{dW}{A\,dt} = k_H(H_w - H) \tag{11.16}$$

式中，$Q$ 为由热空气传给物料的热量，kJ；$t$ 为时间，s；$A$ 为传热和传质面积，即物料的表面积，$m^2$；$T$ 为热空气温度，K；$T_w$ 为物料表面温度，等于热空气的湿球温度，K；$W$ 为物料中的水分，kg；$H_w$ 为温度为 $T_w$ 时空气的饱和湿度，kg/kg 干空气；$H$ 为热空气的湿度，kg/kg 干空气；$k_H$ 为以湿度差（$H_w - H$）为推动力的传质系数。

设干燥操作条件保持恒定，即热空气温度 $T$、湿度 $H$ 和流速均保持不变，则 $\alpha$、$k_H$、$T$ 和 $H$ 均为定值。所以，式（11.15）和式（11.16）表示的传热通量和传质通量均保持恒定。由于空气传给物料的显热等于水分汽化的潜热，所以

$$dQ = \gamma_w(-dW) \tag{11.17}$$

式中，$\gamma_w$ 是温度为 $T_w$ 时水的汽化潜热，kJ/kg。

将式(11.15)、式(11.16) 与式(11.17) 结合，得到

$$-\frac{\mathrm{d}W}{A\mathrm{d}t}=\frac{\mathrm{d}Q}{\gamma_w A\mathrm{d}t}=k_H(H_w-H)=\frac{\alpha}{\gamma_w}(T-T_w) \tag{11.18}$$

下面考虑直径为 $d$ 的物料颗粒或液滴的干燥。设物料含水量为 $X$ （kg/kg 干物料），干物料密度为 $\rho_s$（kg/m³），则对于单一粒子

$$\mathrm{d}W=\mathrm{d}\left(\frac{\pi}{6}d^3\rho_s X\right)=\frac{\pi}{6}d^3\rho_s\mathrm{d}X$$

$$A=\pi d^2$$

所以

$$-\frac{\mathrm{d}W}{A\mathrm{d}t}=-\frac{\rho_s d}{6}\times\frac{\mathrm{d}X}{\mathrm{d}t} \tag{11.19}$$

将式(11.19) 代入式(11.18)，整理得

$$-\frac{\mathrm{d}X}{\mathrm{d}t}=\frac{6\alpha}{\gamma_w\rho_s d}(T-T_w) \tag{11.20}$$

在恒速干燥阶段，式(11.20) 的初始条件为

$$t=0,X=X_0 \tag{11.20a}$$

$$t=t_c,X=X_c \tag{11.20b}$$

式中，$X_0$ 为初始含水量，kg/kg 干物料；$X_c$ 为临界含水量，kg/kg 干物料；$t_c$ 为含水量达到 $X_c$ 所需干燥时间，s。

积分式(11.20)，得到

$$t_c=\frac{\gamma_w\rho_s d}{6\alpha(T-T_w)}(X_0-X_c) \tag{11.21}$$

$t_c$ 即为恒速干燥阶段的操作时间。在恒定操作条件下容易测定恒定干燥速率和 $X_c$ 值，进而利用式(11.18) 计算传热膜系数 $\alpha$ 后，即可利用式(11.21) 计算不同操作温度或含水量不同的湿物料的恒速干燥时间。另外，$\alpha$ 是流速的函数，可用已有的无量纲经验关联式计算。

### 11.3.2.2 降速干燥阶段

物料含水量降至临界含水量 $X_c$ 以下后，物料中所含水分主要存在于物料内部的孔隙中，水分向物料表面的扩散成为干燥速率控制步骤，即水分的扩散速率小于物料表面可能达到的汽化速率，使物料表面温度逐渐上升，向物料的传热速率逐渐下降 [见式(11.15)]，造成干燥速率（汽化速率）不断下降。假设干燥速率随含水量 $X$ 线性下降，则

$$-\frac{\mathrm{d}W}{A\mathrm{d}t}=k_X(X-X^*) \tag{11.22}$$

式中，$k_X$ 为干燥速率下降系数，是Ⅲ段干燥速率曲线的斜率。

将式(11.19) 代入式(11.22) 得

$$-\frac{\mathrm{d}\rho_s}{6}\times\frac{\mathrm{d}X}{\mathrm{d}t}=k_X(X-X^*) \tag{11.23}$$

设干燥结束时物料的含水量为 $X_d$，所需时间为 $t_d$。因为，$t=t_c$ 时 $X=X_c$，所以，积分式(11.23) 得到

$$t_d-t_c=\frac{\rho_s d}{6k_X}\ln\frac{X_c-X^*}{X_d-X^*} \tag{11.24}$$

$t_d-t_c$ 即为降速干燥阶段的时间，$t_d$ 为整个干燥过程所需时间。将式(11.21) 代入式

（11.24）得到

$$t_d = \frac{\gamma_w \rho_s d}{6\alpha(T-T_w)}(X_0-X_c) + \frac{\rho_s d}{6k_X}\ln\frac{X_c-X^*}{X_d-X^*}$$ （11.25）

注意，若 $X_d = X^*$，则 $t \to \infty$，说明平衡水分是物料的干燥极限，实际干燥产品中含水量高于平衡水分，根据对物料的干燥要求而定。

# 11.4　干燥设备及其应用

工业用干燥设备种类很多，特别是生物产物的干燥，依产物的性质、存在形式（溶液或固体）和含水量采用各种不同的干燥方式和干燥设备。由于生物产物多为热敏性物质，干燥操作多在低压（真空）、低温下进行。本节主要介绍生物产物干燥过程常用的干燥器。

### 11.4.1　盘架干燥器

盘架干燥器（tray dryer）是外壁绝热的厢形干燥设备，故又称为厢式干燥器（chamber dryer）。图 11.8 为盘架干燥器外形图和内部剖面图的一部分。湿物料置于盘架之上，用热水或低压蒸汽加热盘架，向物料传热。用真空泵保持厢内处于低压状态，可使物料在较低温度下快速干燥。低压（真空）盘架干燥器可用于抗生素、氨基酸和酶等生物产物的干燥，使用时应注意根据产物的性质，在适当的压力和温度下操作，保护产品的生物活性。

盘架干燥多为间歇操作，劳动强度大，处理量小。

### 11.4.2　冷冻干燥器

冷冻干燥器（freeze dryer）也是一种厢式干燥设备，如图 11.9 所示。将湿物料冷冻至冰点以下，干燥器内处于高度真空状态，水分由固态冰升华变为水汽而除去。图 11.9 中A～D分别表示物料在干燥器内的状态和物料干燥过程。冷冻干燥主要用于热敏性非常强的生物物质干燥，如蛋白质类生理活性物质、抗生素、果蔬等。基因工程蛋白质药物主要用真空冷冻干燥。

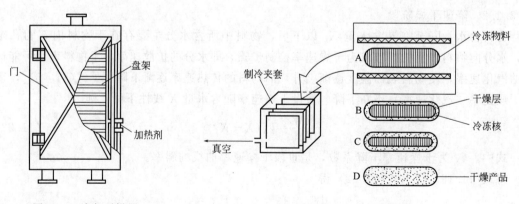

图 11.8　盘架干燥器　　　　　　　图 11.9　冷冻干燥器

### 11.4.3　传送带式干燥器

传送带式干燥器（belt dryer）也是一种热传导式干燥设备，可在常压或真空下操作。图 11.10 为传送带式真空干燥器的示意图，液体原料连续加到传送带上，在传送带运行过程中得到干燥。与盘架干燥器相比，传送带式干燥器可连续化操作，设备密闭性好，不易受微生物污染，可用于氨基酸、维生素、抗生素、糖和酶类的干燥。

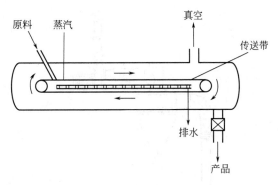

图 11.10　传送带式真空干燥器

### 11.4.4　转筒干燥器

转筒干燥器（tumble dryer）是一种热空气与物料颗粒直接接触的对流干燥设备。图 11.11 为转筒干燥器的一种。转筒与水平面略呈倾斜角度，原料从转筒较高的一端加入，随转筒的转动向较低的一端运行。筒内壁装有抄板（见图 11.11 右侧），可将物料颗粒抄起和洒下，促进物料与热空气的接触。图 11.11 中热空气与物料并流，干燥产品出口端空气温度降低，适合于热敏性产物的干燥。如果产物的耐热性较高，可采用逆流通气操作方式，提高干燥速度，降低产品的含水量。转筒干燥器可用于糖类的干燥。

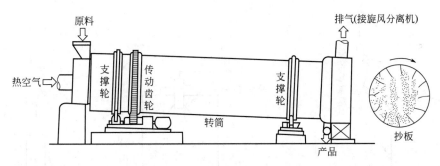

图 11.11　转筒干燥器

### 11.4.5　气流干燥器

如图 11.12 所示，气流干燥器主要由预热器、细长的干燥管和旋风分离器构成。预热的热空气高速（20～40m/s）流过干燥管，颗粒状物料悬浮于热气流中，在气流输送过程中得到干燥，在干燥管出口处用旋风分离器回收干燥产品。由于气流流速很高，粒径很小的颗粒回收困难。所以，气流干燥器的干燥物料颗粒一般不小于 $50\mu m$，通常为 $50\sim300\mu m$，这样既能保证干燥速度快、时间短，又能使产品的旋风分离回收比较容易。气流干燥器处理量大，干燥速度快，可用于淀粉、葡萄糖、氨基酸和抗生素等物质的干燥。

### 11.4.6　流化床干燥器

流化床干燥又称沸腾干燥，热气流速度介于物料颗粒的临界流化速度和带出速度（终端速度）之间，物料颗粒在干燥器内呈流化状态，气流带出的少量细粉用旋风分离器回收。图 11.13 为单层流化床干燥器的示意图，工业上多采用多层流化床干燥器，有利于提高热效率和降低干燥产品含水量。流化床干燥器的处理量大，可用于氨基酸和抗生素的干燥。

### 11.4.7　喷雾干燥器

喷雾干燥器（spray dryer）适用于溶液或悬浮液的干燥，其干燥流程示于图 11.14。原

生物分离工程

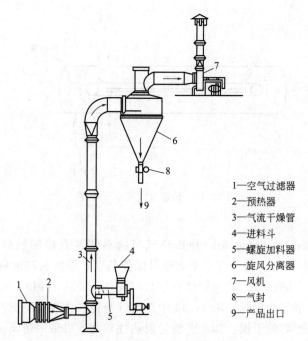

图 11.12　气流干燥器

1—空气过滤器
2—预热器
3—气流干燥管
4—进料斗
5—螺旋加料器
6—旋风分离器
7—风机
8—气封
9—产品出口

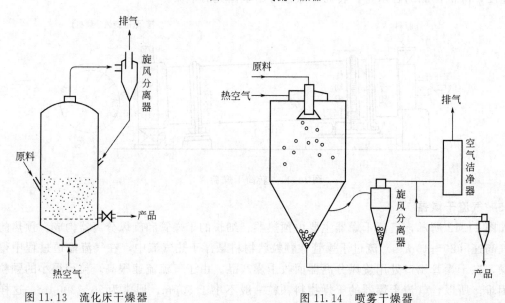

图 11.13　流化床干燥器　　　　图 11.14　喷雾干燥器

料通过喷雾器形成雾滴分散于热气流中，雾滴直径可达 $100\mu m$ 以下。因此干燥比表面积大，干燥速度快，一般干燥时间在 10s 以下。干燥产品落到干燥器底部回收，气流带出的部分用旋风分离器回收。由于喷雾干燥速度快、时间短，所以适用于热敏性物料的干燥。淀粉酶、果胶酶、抗生素、氨基酸、血浆和酵母等生物产物可利用喷雾干燥法干燥。

## 11.5　本章总结

　　由于生物产物具有不同于一般化工产品的特殊性质和用途，在生物产物的干燥过程中必

260

须注意以下两个问题：①生物产物多为热敏性物质，而干燥是涉及热量传递的扩散分离过程，所以在干燥过程中必须严格控制操作温度和操作时间，要根据特定产物的热敏性，采用不使该物质热分解、着色、失活和变性的操作温度，并在最短的时间内完成干燥处理；②干燥操作必须在洁净的环境中进行，防止干燥过程中以及干燥前后的微生物污染。因此，针对具体产品，选择何种干燥方法（设备）取决于产品的性质和生产规模。对于蛋白质等热敏性非常高的生物大分子，特别是蛋白质医药产品，主要利用冷冻干燥法；产量较大的工业酶类蛋白质，则可使用喷雾干燥法；很多抗生素的热敏性也较高，需要控制好操作温度和时间；氨基酸和有机酸等小分子产物的热敏性相对较低，可选范围较大，主要取决于生产规模和产品用途（防菌要求的程度）。盘架干燥器和冷冻干燥器等热传导式干燥设备的生产规模较小，其他对流干燥设备的生产规模相对较大。

# 习　　题

1. 冷冻干燥胆固醇氧化酶溶液，酶浓度为 10mg/mL，冷冻溶液密度为 1.0g/mL，厚度为 1.0cm，热导率为 0.16W/(m·K)，操作温差为 20℃，水的升华热为 2950kJ/kg，试计算所需干燥时间。

2. 喷雾干燥淀粉酶悬浮液，已知悬浮液密度为 1.2g/mL，干燥产品密度为 0.8g/mL，悬浮液固含率为 0.45g/g，临界含水量为 0.1g/g，平衡含水量为 0.01g/g，干燥目标为 0.04g/g（均为湿基），干燥速率下降系数为 0.3kg/(m²·s)，初始雾滴直径为 0.3mm，干燥器的进出口温度分别为 90℃和 60℃，对流传热膜系数为 12kW/(m²·K)，雾滴温度为 18℃，水的汽化潜热为 2450kJ/kg。试计算所需干燥时间。其中空气温度用进出口的平均值，雾滴颗粒直径用干燥前后的平均值。

# 参　考　文　献

姚玉英主编. 化工原理（修订版）：下册. 天津：天津科学技术出版社，2011：245-310.

# 部分习题答案

## 第 2 章

1. (1) $4.18 \times 10^{-7}$ cm/s

   (2) 0.25L/min

2. 滤饼的比阻 $= 8.23 \times 10^{14}$ cm/g

   过滤介质的阻力 $R_m = 0$

5. (1) 48.0min

   (2) 0.208L/min

## 第 3 章

1. $5.68 \times 10^{-3}$ g/L

2. (1) 47.7kg

   (2) 88.3%

## 第 4 章

5. (1) 1606s

   (2) 16500s, 92.1%

6. 洗滤时间 $= 2657$s, 总时间 $= 4257$s; 收率 $= 92.1\%$

## 第 5 章

3. (1) 相比 $= 0.9$; 纯度 $= 91.6\%$

   (2) 最小萃取级数 $= 2.57 = 3$; 实际最大收率 $= 99.5\%$; 纯度 $= 88.0\%$

   (3) 0.55

4. 14.1cm

9. $3.2 \times 10^{-6}$ mol/ $(m^2 \cdot s)$

## 第 6 章

3. 14h

## 第 7 章

1. (1) A $= 0.3$, B $= 0.4$

   (2) 84cm

2. 1.27, 1.19, 0.87, 0.54, 0.31

## 第 10 章

3. (1) 0.336mm

   (2) $2.24 \times 10^7$ $L^{-1}$, 0.95

   (3) 77.2g/L, 0.353

   (4) 219g/L

4. (1) $5.33m^3$

   (2) $5.5 \times 10^4$ $L^{-1} \cdot h^{-1}$

5. (1) 0.025g/L

   (2) 15.8h

## 第 11 章

1. 12.8h

2. 30s